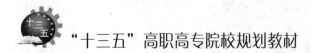"十三五"高职高专院校规划教材

食品化学与营养

王桂桢　陈福玉　魏　沛　主　编

中国质检出版社
中国标准出版社
北　京

图书在版编目（CIP）数据

食品化学与营养/王桂桢，陈福玉，魏沛主编. —北京：中国质检
出版社，2017. 11
"十三五"高职高专院校规划教材
ISBN 978-7-5026-4446-8

Ⅰ．①食…　Ⅱ．①王…②陈…③魏…　Ⅲ．①食品化学 ②食品
营养　Ⅳ．①TS201. 2 ②R151. 3
中国版本图书馆 CIP 数据核字（2017）第 146096 号

内 容 提 要

本书从食品化学和营养学两方面讲述了现阶段人们日常生活中常见的食品化学知识和营养学知识及其相互关系。全书共分十二章，主要内容包括绪论、食物在体内的消化吸收、水分、碳水化合物、脂类、蛋白质、维生素、矿物质、各类食物的营养价值、食品安全与质量标准体系、不同人群的营养和营养与健康等。

本书在编写过程中收集了大量食品化学和营养学知识，紧密结合我国居民现阶段生活中膳食结构的需求和营养状况，参阅了大量文献资料，着重介绍了各个营养素的化学结构、理化特性、生理功能、不同人群的需求及其在现代食品储藏加工中的营养价值的变化，以培养学生运用所学知识分析和解决实际问题的能力。

本书不仅适用于高职高专食品科学与工程专业的学生，也可作为成人教育教材、非食品专业的学生公共选修课教材，还可作为营养普及用书。

中国质检出版社
中国标准出版社 出版发行
北京市朝阳区和平里西街甲 2 号 （100029）
北京市西城区三里河北街 16 号 （100045）
网址：www. spc. net. cn
总编室：（010）68533533　发行中心：（010）51780238
读者服务部：（010）68523946
中国标准出版社秦皇岛印刷厂印刷
各地新华书店经销
*
开本 787×1092　1/16　印张 22.25　字数 483 千字
2017 年 11 月第一版　　2017 年 11 月第一次印刷
*
定价：49.00 元

审 定 委 员 会

本 书 编 委 会

主　编　**王桂桢**（南阳农业职业学院）

　　　　陈福玉（吉林农业科技学院）

　　　　魏　沛（南阳农业职业学院）

副 主 编　**符　英**（南阳农业职业学院）

　　　　华晶忠（吉林省经济管理干部学院）

参　编　**王　君**（南阳农业职业学院）

　　　　王小建（南阳农业职业学院）

　　　　杨　改（周口职业技术学院）

　　　　宋　笛（长春职业技术学院）

　　　　汤春霞（甘肃畜牧工程职业技术学院）

　　　　谢　倩（甘肃畜牧工程职业技术学院）

　　　　华　锋（南阳市粮食购销储备中心）

序 言

民以食为天，食以安为先，人们对食品安全的关注度日益增强，食品行业已成为支撑国民经济的重要产业和社会的敏感领域。近年来，食品安全问题层出不穷，对整个社会的发展造成了一定的不利影响。为了保障食品安全，促进食品产业的有序发展，近期国家对食品安全的监管和整治力度不断加强。经过各相关主管部门的不懈努力，我国已基本形成并明确了卫生与农业部门实施食品卫生监测与食品原材料监管、检验检疫部门承担进出口食品监管、食品药品监管部门从事食品生产及流通环节监管的制度完善的食品安全监管体系。

在整个食品行业快速发展的同时，行业自身的结构性调整也在不断深化，这种调整使其对本行业的技术水平、知识结构和人才特点提出了更高的要求，而与此相关的职业教育正是在食品科学与工程各项理论的实际应用层面培养专业人才的重要渠道，因此，近年来教育部对食品类各专业的职业教育发展日益重视，并连年加大投入以提高教育质量，以期向社会提供更加适应经济发展的应用型技术人才。为此，教育部对高职高专院校食品类各专业的具体设置和教材目录也多次进行了相应的调整，使高职高专教育逐步从普通本科的教育模式中脱离出来，使其真正成为为国家培养生产一线的高级技术应用型人才的职业教育，"十三五"期间，这种转化将加速推进并最终得以完善。为适应这一特点，编写高职高专院校食品类各专业所需的教材势在必行。

针对以上变化与调整，由中国质检出版社牵头组织了"十三五"高职高专院校规划教材的编写与出版工作，该套教材主要适用于高职高专院校的食品类各相关专业。由于该领域各专业的技术应用性强、知识结构更新快，因此，我们有针对性地组织了河南农业职业学院、江苏食品职业技术学院、包头轻工职业技术学院、四川旅游学院、甘肃畜牧工程职业技术学院、江苏农林职业技术学院、无锡商业职业技术学院、江苏畜牧兽医职业技术学院、吉林农业科技学院、广东环境保护工程职业学院、清远职业技术学院、黑龙江民族职业学院以及上海农林职业技术学院等40多所相关高校、职业院校、科研院所以及企业中兼具丰富工程实践和教学经验的专家学者担当各教材的主编与主审，从而为我们成功推山该套框架好、内容新、适应面广的高质量教材提供了必要的保障，以此来满足食品类各专业普通高等教育和职业教育的不断发展和当前全社会对建立食品安全体系的迫切需要；这也对培养素质全面、适应性强、有创新能力的应用型技术人才，进一步提高食品类各专业高等教育和职业教育教材的编写水平起到了积极的推动作用。

针对应用型人才培养院校食品类各专业的实际教学需要，本系列教材的编写尤其注重了理论与实践的深度融合，不仅将食品科学与工程领域科技发展的新理论合理融入教材中，使读者通过对教材的学习，可以深入把握食品行业发展的全貌，而且也将食品行业的新知识、新技术、新工艺、新材料编入教材中，使读者掌握最先进的知识和技能，这对我国新世纪应用型人才的培养大有裨益。相信该套教材的成功推出，必将会推动我国食品类高等教育和职业教育教材体系建设的逐步完善和不断发展，从而对国家的新世纪人才培养战略起到积极的促进作用。

教材审定委员会
2017 年 4 月

前 言
• FOREWORD •

日常生活中，食品的种类、数量、比例、搭配及食用方式是否科学合理直接影响国民的营养与健康，而国民营养与健康状况是衡量一个国家或地区经济发展水平、社会稳定程度以及国民素质高低的重要指标，是国家综合实力的具体体现。国民良好的营养和健康状况既是社会发展的基础，也是社会发展的重要目标。随着我国经济的快速发展及生活节奏的加快，人们的生活条件有了很大的提高，膳食结构也相应发生了很大变化，日常饮食也有了很大改善，无论在家庭或是外出就餐，都开始讲究营养搭配。但高蛋白、高脂肪、高能量、低膳食纤维"三高一低"的膳食结构致使我国的现代"文明病"，如肥胖症、高血压、高脂血、糖尿病、痛风以及肿瘤的发病率不断上升，潜在威胁着人们的健康和生命。此外，一些人认为吃饭会发胖，因此只吃菜不吃饭或很少吃饭，这种不合理的饮食结构又会导致新的营养问题出现，最终因营养不合理而导致疾病。究其原因，是人们普遍缺乏食品化学和营养学知识，缺乏科学的营养学理念、均衡膳食的认知等，不懂日常平衡膳食的重要性，不懂"食物多样，谷类为主，粗细搭配"和"五谷为养，五果为助，五畜为益，五菜为充"的真正含义，因此非常有必要进行食品化学与营养知识的普及。

食品化学与营养是一门多学科交叉、互相渗透的新兴学科，是食品、营养、医学专业的基础课程之一，在食品类学科中具有重要的基础地位。食品化学与营养是利用化学的理论和方法研究食品营养本质的一门学科，即从化学角度研究食品的化学组成、结构、理化性质、营养与生理功能，以及在生产、加工、贮藏、运输过程中的变化及其对食品品质和安全性影响的一门应用性学科。对于食品、营养专业的学生来说，必须掌握食品化学与营养的基本知识和研究方法，才能从事食品加工、流通、贮藏、销售领域工作。通过此门课程的学习，现代大学生们能做到合理饮食，养成良好的饮食习惯，为日后胜任各种繁忙的工作打下良好的身体基础，并肩负起向国民普及推广营养与健康知识的责任。

根据职业教育的特点，本书打破传统学科体系教材模式，以求精、求实、易学的原则，力求教材内容清晰精简，够用实用，突出职教特色，着重实用性、实践性、普及性、典型性、科学性、新颖性。充分体现教材内容与生产、生活实际相融通，充分体现食品行业特点，教学内容体现职业性，力求反映本领域的最新发展动态。本书不仅适用于高职高专食品科学与工程专业的学生，也可作为成人教育教材、非食品专业的学生公共选修课教材，还可作为营养普及用书。

本书共分十二章，以讲授各种营养素为主线，将食品化学、食品营养学的相关内容贯穿其中，主要包括绪论、食物在体内的消化吸收、水分、碳水化合物、脂类、蛋白质、维生素、矿物质和各类食物的营养价值、食品安全与质量标准体系、不同人群的营养和营养与健康等内容。

本书是由来自全国多所院校多年从事食品生产、教学和科研的专家、教授合力编写，由王桂桢、陈福玉、魏沛任主编，符英、华晶忠任副主编，王君、王小建、杨改、谢倩、汤春霞、宋笛、华锋等参编。在编写过程中，采取编者互审、副主编分工审阅、主编把关审核的方式协作完成。同时，在编写过程中得到中国质检出版社和许多同行的大力帮助和指导，在此深表感谢！

由于编者水平有限，疏漏和不足之处在所难免，敬请广大师生和读者批评指正，以便日后修订、完善。

编　者
2017 年 5 月

目 录
•CONTENTS•

第一章 绪论 ………………………………………………………… 1

第一节 食品化学与营养学的基本概念 ………………………………… 1

第二节 食品化学与营养学的发展简史 ………………………………… 1

第三节 食物中常见的化学成分 ………………………………………… 8

第二章 食物在体内的消化吸收 ………………………………… 10

第一节 人体消化系统 …………………………………………………… 10

第二节 食物的消化 ……………………………………………………… 15

第三节 营养物质的吸收 ………………………………………………… 19

第四节 代谢物质的排泄 ………………………………………………… 26

第三章 水分 ………………………………………………………… 29

第一节 水的结构和性质 ………………………………………………… 29

第二节 水在食品及人体中的含量及作用 ……………………………… 33

第三节 水在食物中的存在形式 ………………………………………… 38

第四节 水分活度与食品稳定性的关系 ………………………………… 41

第五节 水的营养学意义及生理功能 …………………………………… 47

第六节 水的需要量及来源 ……………………………………………… 49

第四章 碳水化合物 ……………………………………………… 52

第一节 概述 ……………………………………………………………… 52

第二节 单糖 ……………………………………………………………… 53

第三节 低聚糖 …………………………………………………………… 60

第四节　多糖 ………………………………………………………………………… 68

第五节　膳食纤维 ……………………………………………………………………… 79

第六节　糖类代谢及功能 ……………………………………………………………… 87

第五章　脂类 ……………………………………………………………………… 94

第一节　脂类的结构及理化特征 ……………………………………………………… 94

第二节　油脂在食品贮藏加工过程中的变化 ……………………………………… 106

第三节　脂类的体内代谢及生理功能 ……………………………………………… 115

第四节　膳食脂肪与健康问题 ……………………………………………………… 121

第五节　脂类的供给与食物来源 …………………………………………………… 123

第六章　蛋白质 …………………………………………………………………… 131

第一节　概述 ………………………………………………………………………… 131

第二节　蛋白质的结构和性质 ……………………………………………………… 134

第三节　蛋白质在食品加工和贮藏中的变化 ……………………………………… 149

第四节　蛋白质的生理功能及代谢总述 …………………………………………… 155

第五节　蛋白质的需要量和营养评价 ……………………………………………… 159

第六节　蛋白质的食物来源 ………………………………………………………… 163

第七章　维生素 …………………………………………………………………… 172

第一节　维生素概述 ………………………………………………………………… 172

第二节　水溶性维生素 ……………………………………………………………… 174

第三节　脂溶性维生素 ……………………………………………………………… 187

第四节　维生素在食品加工贮藏过程中的变化 …………………………………… 195

第八章　矿物质 …………………………………………………………………… 201

第一节　概述 ………………………………………………………………………… 201

第二节　矿物质在食品加工中的变化及强化 ……………………………………… 204

第三节　矿物质的生理功能和膳食来源 …………………………………………… 207

第九章　各类食物的营养价值 …………………………………………………… 228

第一节　食物营养价值的评定 ……………………………………………………… 228

第二节　谷类食品的营养价值 ……………………………………………………… 231

第三节　豆类及坚果类的营养价值 ………………………………………………… 235

第四节　蔬菜、薯类和水果的营养价值 ……………………………… 239

第五节　食用菌的营养价值 …………………………………………… 245

第六节　畜禽、水产和蛋类的营养价值 ……………………………… 247

第七节　乳及乳制品的营养价值 ……………………………………… 254

第十章　食品安全与质量标准体系 ……………………………… 259

第一节　食品营养与卫生安全概述 …………………………………… 259

第二节　植物性食品的卫生问题 ……………………………………… 262

第三节　动物性食品的卫生问题 ……………………………………… 264

第四节　食品安全体系简介 …………………………………………… 268

第十一章　不同人群的营养 …………………………………… 292

第一节　孕妇的营养与膳食 …………………………………………… 292

第二节　哺乳期妇女的营养与膳食 …………………………………… 299

第三节　婴儿的营养与膳食 …………………………………………… 303

第四节　幼儿的营养与膳食 …………………………………………… 309

第五节　儿童和青少年的营养与膳食 ………………………………… 311

第六节　老年人的营养与膳食 ………………………………………… 315

第七节　特殊环境人群的营养与合理膳食 …………………………… 318

第十二章　营养与健康 ………………………………………… 323

第一节　营养与免疫 …………………………………………………… 323

第二节　营养与肿瘤 …………………………………………………… 326

第三节　营养与高血压 ………………………………………………… 330

第四节　营养与冠心病 ………………………………………………… 333

第五节　营养与糖尿病 ………………………………………………… 335

第六节　营养与肥胖 …………………………………………………… 338

参考文献 …………………………………………………………… 344

第一章 绪 论

【本章目标】

1. 掌握食品化学与营养学的相关概念以及研究内容。
2. 了解食品化学与营养学的发展简史。
3. 熟悉食物中常见的化学成分。

第一节 食品化学与营养学的基本概念

健康长寿是人类永恒的追求,但真正能实现"长命百岁"理想的人却寥寥无几。世界卫生组织(WHO)对影响人类健康的众多因素进行评估,得出结论:个人的健康和寿命60%取决于生活方式,15%取决于遗传,10%取决于社会因素,8%取决于医疗条件,7%取决于气候影响。早在1992年,WHO就发表了著名的维多利亚宣言,提出健康的四大基石,即"合理膳食、适当运动、戒烟限酒、心理平衡",其中居于首位的就是合理膳食。

膳食是人类生存的基本条件,是人体生长发育和各种体力活动的基础。合理膳食是通过从食物中摄取能量和营养素来满足生存和生长需要,帮助人们预防所有营养失衡性疾病,及慢性非传染性疾病,维护机体健康。合理膳食是全面达到营养供给量的膳食,即保证能量和各种营养素全面达到生理需要量,在各种营养素之间建立起一种生理上的平衡。膳食的本质是营养,营养中的"营"即"谋求"之意,"养"为"养生"之意。因此,营养的含义即谋求养生,是人类通过摄取食物营养素满足机体生理需要的生物学过程。

食品化学与营养学是从化学角度和分子水平上,研究食品中有益成分的化学组成、结构和理化性质,以及人体摄取和利用这些物质用以维持和促进健康的一门科学。食品化学与营养是由食品化学和食品营养学组成,主要研究人体必需营养素的化学特性、功能特性及各类反应,以及人体摄入、消化、吸收、利用和代谢这些营养素的过程。通过研究食物营养成分,揭示营养规律及其改善措施,以保障人类健康、提高生命质量。

第二节 食品化学与营养学的发展简史

人类对食物营养与健康的研究从有文献记载就已经开始,早在6000年前,埃及的祭祀中就曾提到食物是作为药物食用的,后来希腊和罗马学者都曾强调过食品在维持健康中的作用。公元前5000年,印度阿育吠陀认为,人类应该和自然界和谐共存,而疾病的产生正是由于这种和谐被打破了。阿育吠陀(Ayurveda)由两个字组成:"Ayur"指生命,"Veda"为知识、科学之意,因此阿育吠陀的含义为生命的科学。阿育吠陀古疗法主张利用自然界及其产物恢复人与自然的基本平衡,这种观念不仅贯穿于治疗疾病的过程,而且还贯穿于疾病预防的过程。2000多年前,我国的《黄帝内经》中就有"人以水谷为本,故人绝水谷则死"等关于膳食重要性的记载。西汉《淮南子·修务训》中曾提出"药食同源"理论,认为中药与食物是同时起源的,药与食不分,"无毒者可就,有毒者当避",强调使用具有药效的特定膳食来预防和治疗疾病。

一、我国古代食品化学与营养学的研究历史

我国饮食文化源远流长,关于膳食营养的研究有着悠久的历史。早在西周时期,官方就将卫生管理制度分为四类:食医、疾医(内科医生)、疡医(外科医生)和兽医。《周礼》中记载"食医,掌和王之六食、六饮、六膳、百羞、百酱、八珍之齐"。食医负责调配王室贵族饮食的滋味、寒温、营养等,可以说是最早的营养师。在距今2000多年前的春秋战国时代,孔子对膳食和营养的要求就非常细致,并提出独特见解"食而,鱼馁而肉败,不食;色恶,不食;恶臭,不食;不时,不食;割不正,不食;不得其酱,不食;肉虽多,不使胜食气。唯酒无量,不及乱"。也就是说,凡是久放的饭,味道变了,鱼烂了,肉腐败了,都不要吃;食物颜色变坏不要吃;味道变臭不要吃;不是正餐时间不要吃;不按正规方法屠割的肉不要吃;调味品不适合不要吃;肉不可多吃,不能比青菜米饭多。只有饮酒没有限制,以不喝醉,不捣乱闹事为原则。其后继者孟子在此基础上进一步提出了"民以食为天"的论点。

西汉时期的中医经典著作《黄帝内经》中,集纳古代学者膳食营养经典理论,以朴素的辩证思想,提出了许多至今仍然有益的见解。《黄帝内经·素问》中记载"五谷为养,五果为助,五畜为益,五菜为充,气味合而服之,以补精益气。"这是说,人们必须要以谷类、肉类、水果和蔬菜等食物互相搭配食用以补充营养,强健体质。还提及:"谷肉果菜,食养尽之,勿使过之,伤其正也。"这是说,只要人们注重食物的合理搭配,五谷杂粮,水果蔬菜和肉类合理进食,以保持消化吸收。但是,前提是"勿使过之",即不要过食或偏食,否则,非但不能起到补益的作用,反而有伤正气,损坏健康,这些论点可谓是世界上最早的膳食指南。

成书于东汉的《神农本草经》中,记载了许多食物具有药食同源作用。如上品中就有大枣、葡萄、海蛤等22种食品,可养命应天,轻身益气,不老延年;中品中有干姜、海藻、赤小豆等19种,可养性应人,遏病补虚;下品中有9种食物,可治病应地,除寒热邪气。东晋时期的葛洪在《肘后备急方》中记载了海藻酒可以治疗甲状腺肿。南朝齐梁时期的陶弘景提出了以肝补血和补肝明目的见解。唐代孙思邈的《备急千金要方》被后人称为我国最早的一部实用百科全书,全书30卷中有26卷为"食疗"专篇,是我国最早的"食疗"专论。梁朝的《养性延命录》中记载"百病横夭,多由饮食;饮食之患,过于声色;声色可绝之逾年,饮食不可废之一日,为益亦多,为患亦切",将饮食与健康的重要性提升到前所未有的高度。

元代忽思慧的《饮膳正要》主要对食疗食谱、饮食制作、饮食宜忌和食疗食物等进行了详细阐述,是我国现存第一部完整的饮食养生学专著。明代的李时珍在《本草纲目》中,将大约350种食物列为具有治疗作用的范围,并区分为寒、凉、温、热、有毒和无毒等物质,对后期的营养与食疗产生了深远影响。明代陈继儒在《养生肤语》中写道"多饮酒则气升,多饮茶则气降,多肉食谷则气滞,多辛食则气散,多咸食则气坠,多甘食则气积,多酸食则气结,多苦食则气抑。修真之士,所以调燮五脏,流通精神,全赖酌量五味,约省酒食,使不过则可也"。

不但指出五味太过对机体的影响,而且还提出了酒升气、茶降气的观点,丰富了饮食养生的理论和方法。虽然我国在膳食营养方面积累了相当丰富的经验,但随着19世纪自然科学的崛起,西方营养科学研究逐渐超前于我国。

二、我国现代食品化学与营养学的研究历史

中国的现代营养学创建于20世纪初期,在不断挖掘和整理传统中医药基础理论的同时,引进西方化学与营养学科科研成果,以现代化学的实验技术作为传统中医营养理论基础,让中西方化学与营养学理论相互融合,形成了我国现代营养学雏形。

(一)萌芽时期

1913~1924年,为我国现代营养学的萌芽时期。自1910年起,为了满足社会和人们的需要,我国的一些医疗机构和医学院,如济南共和医道学堂和北京的老协和医学校开始教授简单的食品和营养知识。此外,一些外国学者如阿道夫(Adolph)在山东进行了膳食调查以及大豆产品的营养价值研究;北京老协和医院的里德(Read)对荔枝营养成分进行了分析;威尔森(Wilson)和安伯雷(Embrey)对中国食物进行了初步分析;莱文(Levine)和卡德伯里(Cadbury)对广东乳制品进行分析等。由于人员和设备有限,此阶段研究收效甚微,但开创了我国现代营养学的研究历史。

(二)成长时期

1924~1937年,为我国现代营养学的成长时期。这一阶段,国内研究队伍日益壮大,实验设备逐渐增多,加之相关学科的发展,使营养学研究有了长足的进步。北京协和医学院生物化学系对营养学和食品化学的研究起到了带头作用,同时,各地研究机构纷纷兴起,如在北京大学等高校的农学院中也开始增设营养研究室。食品生物化学研究者在此时期进行了食品分析和膳食调查工作,并于1928年和1937年,分别出版了《中国食品营养》和《中国民众最低营养需求》。1927年《中国生理学杂志》问世,开始刊登论文。此外,还有《中华医学杂志》《中国化学会会志》以及北平农学院《营养专报》和中国科学社生物研究所《论文丛刊》等杂志也有关于食品化学和食品营养论文发表。1936年,中国生理学会召开第9届年会时,成立了营养学组,由杨佩松和窦维廉任组长。

(三)动荡时期

1937~1945年,抗日战争爆发期间,为我国现代营养学的动荡时期。由于战争原因导致时局动荡,学术机构纷纷西迁,研究人员、实验设备及图书资料均无法满足。然而,营养科学工作者经过艰苦奋斗,克服了重重困难,取得了很多研究成果。卫生署所属的卫生实验处迁往重庆,成立中央卫生实验院,设营养组,并于1942年改为营养研究所,1945年迁回南京。该所对战争年代的公务员、学生、士兵和农民的膳食与营养状况进行了调查,对食物成分进行分析,并开展钙、磷代谢实验,建立了维生素测定方法,研制了代乳粉等。

1937年后,高等院校相继内迁。1946年,郑集编著《实用营养学》,陈朝玉先后编著《营养化学》《营养概论》和《食物提要》。《中国生理学杂志》停刊,《中国营养学杂志》《中国化学学会会志》《生化简报》四川大学《营养专报》、陆军营养研究所的《营养研究专刊》和《营

养简刊》成为这一时期营养学主要杂志。

1941 年,在重庆召开了全国第一次营养大会,一致赞成成立中国营养学会。1945 年,在重庆召开的第二次全国营养会议宣布正式成立中国营养学会,选举万昕任理事长,郑集任书记。1942 年,出版了《中国营养学杂志》,但杂志出版两期后停刊,1956 年复刊并改为《营养学报》。抗战胜利后,各研究单位纷纷迁回,恢复实验室和工作,1947 年,中国营养学会迁至上海,挂靠国防医学院。

(四)建设时期

从新中国成立到"文革"结束期间,为我国现代营养学的建设时期。1951 年在上海成立解放军医学科学院,并设立营养系。1954 年教育体制学习苏联,在 6 所医学院设置卫生系,内设营养与食品卫生教研室,这 6 所医学院分别是北京医学院、山西医学院、哈尔滨医科大学、上海第一医学院、武汉医学院和四川医学院,1958 年迁至北京,改建为军队卫生营养研究所。

1950 年,在北京成立了中华全国自然科学专门学会联合会(即中国科学技术协会前身),1956 年 7 月更名为中国生理科学会,下设生理、生化、药理、病理、生物物理和营养 6 个专业委员会。1962 年 6 月,召开全国营养与生化学术讨论会,即第一届全国营养学术会。主要讨论蛋白质的营养评价与来源、膳食中营养素供给量标准,以及我国营养研究方向和营养干部培养等问题。此阶段的成就主要包括:

(1)解放战争时期,渡江战斗中战士阴囊皮炎的流行,服用核黄素治愈;抗美援朝时期,部队中大批战士发生夜盲症,极大地影响了战斗力,采用维生素 A 补充,很快痊愈;建国初期,新疆南部流行癞皮病,严重影响了当地农业生产,通过补充烟酸,加碱处理玉米释放烟酸,基本消除了这种缺乏病。

(2)1951 年,中央卫生研究院营养系提出我国居民营养需要量标准,1955 年和 1962 年两次进行修订,改称为膳食中营养素供给量(RDA)。

(3)1952 年,中央卫生研究院营养系编制了《食物成分表》。

(4)1953 年,开展高原营养调查研究,之后相继开展了寒区营养问题和提高耐寒能力研究;高温环境水溶性维生素需要量及提高耐热能力研究;航空航海、辐射条件下营养问题、营养需要量和食物防护效果。

(5)1953 年,研制成 5410 豆奶替代物,1959 年研制成以鱼蛋白粉制备的代乳品。

(6)1959 年,进行第一次全国营养调查,共调查 18 万人。结果发现,蛋白质能量营养不良性水肿发病率较高,湖南发现脚气病,新疆发现癞皮病流行,中国居民膳食中存在钙和维生素不足。

(7)1959 年,证实食盐加碘可防治地方甲状腺肿和地方克汀病。1969 年和 1970 年,在黑龙江推广口服亚硒酸钠片预防克山病,取得良好效果。

(五)发展时期

1978 年改革开放至今为我国现代营养学的发展时期。研究机构方面,1983 年,于若木在《红旗》杂志发表了《营养——关系人民体质的大事》,论述营养学在国家经济建设和提高国民健康素质中的重要性,被誉为中国营养学发展的里程碑。同年,成立中国预防医学中心,1986 年更名为中国预防医学科学院,2002 年再次更名为中国疾病预防控制中心(CDC),下设营养与食品安全所。2003 年中国科学院上海生命科学研究院成立营养科学研究所。专业发展方面,1985 年卫生部召开全国临床营养工作会议,在临床医学专业下设医学营养三级专业,培养临床营养师,预防医学专业下设营养与食品卫生三级专业,培养公共营养师,至1995 年均撤销。但有些医学院或医科大学成立营养研究室,有些农林院校设食品科学或营养卫生学专业。1981 年,召开的第三届中国营养学术会议上,中国营养学会复会并发展成为国家二级学会,于 1984 年成为国际营养科学联合会(IUNS)成员,1985 年加入亚洲营养科学联合会(FANS)。1981 年 10 月《营养学报》复刊,1993 年《中华临床营养杂志》创刊。除此之外,我国食品营养工作者还在强化食品研究、慢性病营养研究和孕婴营养研究等多个领域取得突破,此阶段的成就主要包括:

(1)1982 年、1992 年、2002 年和 2012 年进行了 4 次全国营养调查,2012 年调查发现,我国居民营养状况已得到极大改善,但膳食结构仍不合理,营养缺乏和营养过剩并存,慢性非传染病呈上升趋势。

(2)在需要量研究的基础上,于 1981 年和 1988 年两次修订了人体每日营养素推荐摄入量(RDA),2013 年制定并发行了《中国居民膳食营养素参考摄入量》。

(3)1989 年、1997 年、2007 年和 2016 年陆续修订出版了《中国居民膳食指南》和《平衡膳食宝塔》。

(4)1977 年、1981 年出版了第二、三版《食物成分表》(1952 年为第一版),1991 年和1992 年出版了《食物成分表》全国值和分省值两册。2002 年、2004 年和 2009 年根据国际规范标准再次修订出版。

(5)1974 年至 1984 年,在北方因食品缺硒导致克山病爆发的地区推广亚硒酸盐干预实验,使克山病得到控制,全国再未暴发。1982 年,杨光圻等研究确定了人体硒的需要量和安全摄入量,填补了国际空白,获国际生物无机化学家协会 1984 年度斯瓦茨(Schwarz)奖。

(6)1995 年,我国开始推行全民食盐加碘,在提高碘营养水平和消除碘缺乏方面取得了突出成绩。2003 年,世界卫生组织(WHO)将中国从缺碘国家中去除。

改革开放以来,我国食品营养和食品化学领域研究取得了举世瞩目的成就。但随着社会的快速发展,我国居民的膳食结构发生了重大改变,因膳食结构不合理导致的慢性非传染病发病率逐年升高。加强国民营养教育,帮助人们养成良好的膳食习惯,提升国民整体健康素质的工作仍然任重道远。

三、国外食品化学与营养学的研究历史

(一)自然主义时期

人类在相当长的历史时期对食物和营养的认识是十分肤浅的,很多观点出于迷信或经验。希腊词汇"diaita"的含义是生活方式或存在方式,直到近年来"diet"一词才作为膳食的概念被使用。公元前 9 世纪,古埃及的纸莎草纸卷宗中就曾有食用牛肝治疗夜盲症的记载。《圣经》中也有将肝汁挤到眼睛里治疗眼病的描述。公元前 525 年左右,希腊人西罗多德斯发现,希腊人的头盖骨比普鲁士人硬,主要是由于希腊人日照时间长的缘故。希波克拉底

(公元前460~377年)认为,食物中的特殊成分对维持生命是不可缺少的,只有通过适当的饮食和卫生才能获得健康,并有"食物即药物"的观点。当时就曾有"海藻疗瘿"和动物肝脏治疗夜盲症等食疗方法。但西方学者普遍认为食物中的营养成分是单一的,直到19世纪,这一观点才被纠正。

毕达哥拉斯、赫拉克利特、阿尔克梅翁、希波克拉底以及希腊、罗马和其他一些国家的哲学家、医生和教师等经过大量研究,总结了丰富的经验和理论,为西方科学和医学奠定了基础。公元8~12世纪,阿拉伯文化繁荣时期,在意大利的萨勒诺开办了第一所医学专科学校,波斯、爱维赚纳、伊本·博特朗、迈蔽尼曲以及犹太医师萨拉丁等学者于公元1100年共同编撰了第一本与食品、营养相关的书籍——《健康政体》。古代哲学以饮食和营养作为教学的主要内容,这种理论贯穿于欧洲整个文艺复兴时期及18世纪的启蒙运动时期。

(二)初步探索时期

食品科学源于古代,盛于当今,食品科学的发展,促进了食品营养与食品化学的发展。欧洲从产业革命开始,化学、物理及生理学等基础学科迅速崛起,为近代食品化学与食品营养学的发展奠定了坚实的基础。现代意义上的食品化学和食品营养学奠基于18世纪中叶,该时期的科学家主要针对天然动植物特征成分进行分离与分析。食品化学和食品营养学知识的积累主要是依赖于基础化学的发展,当时对食品的研究是分散的,不系统的,一些重大发现往往是在其他研究中偶尔得到的。这一时期主要有以下成就:

(1)瑞典化学家卡尔·威尔海姆·舍勒(1742—1786年)从事了大量的食物成分分离和测定工作,1780年分离和研究了乳酸的性质,1784年到1785年,从柠檬汁和醋栗酒中分离出柠檬酸,从苹果中分离出苹果酸。他的杰出贡献,为化学的进步带来了巨大的影响。其中从植物和动物原料中分离出各种新的化合物的工作,被认为是农业和食品化学方面精密分析研究的开端。

(2)法国化学家尼古拉斯(1767—1845年)研究了植物呼吸时二氧化碳和氧气的变化,用灰化的方法测定了植物中矿物质含量,并首次对乙醇进行了精确的化学分析。

(3)其它成就还包括:盖·吕萨克(1778—1850年)和泰纳尔(1777—1857年)于1811年设计了定量测定干燥植物中碳、氢、氮的含量(%)的第一种方法;列奥弥尔(1683—1757年)关于消化是化学过程的论证。这一系列启蒙性的科学成就,将食品化学和食品营养学带入到近代科学发展的道路上。

(三)形成成熟时期

19世纪是现代意义上的食品化学和食品营养学的形成期。这一时期是发现和研究各种营养素的鼎盛时期。整个19世纪,由李比希(Liebig)、鲁布纳(Volt-Rubner)和阿特沃特(Atwater)师生三人对物质代谢和能量代谢进行了深入研究。李比希建立了食物组成和物质代谢的概念,并证明活的组织存在着呼吸;鲁布纳提出了热能代谢体表面积计算法则和布鲁纳生热系数;阿特沃特创制了弹式测热计。1827年,英国化学家普劳特(Prout)指出,高等动物的营养需求包括3种主要食物成分,即蛋白质、脂类和碳水化合物。

1. 蛋白质的研究

蛋白质的发现和研究早在 1742 年就已经开始,1785 年,法国化学家贝托莱(Berthollet)证明动物和植物体内存在氮,并有氨存在。1810 年,沃勒斯特(Wollastor)发现了第一种氨基酸——亮氨酸,至今,已有 20 多种氨基酸逐渐被人们发现。直到 1838 年才由荷兰的加·穆德(Jan Muder)首次采用"protein"一词正式命名。19 世纪末,德国科学家费歇尔(Fischer)发现蛋白质是由氨基酸构成,并于 1907 年成功使用。

2. 脂类的研究

1783 年,卡尔谢尔(Karl Scheel)发现甘油三脂是油脂的基本构成。1823 年,谢弗尔(Cherveul)发现了脂肪的化学性质,并初步提出了脂肪的结构。1929 年,伯尔(Burr)等人发现膳食脂肪酸的性质。

3. 碳水化合物的研究

1812 年,俄罗斯人基尔霍夫(Kirchoff)研究发现,植物中碳水化合物存在的形式是淀粉,在稀酸中加热可分解为葡萄糖。1844 年,施密特(Schmidt)最先发现了血液中存在糖类物质。1856 年伯纳德(Bernard)鉴定出肝糖原。

4. 矿物质的研究

1871 年,法国化学家安德烈·杜马(Jean Baptiste Dumas)提出,仅由蛋白质、碳水化合物和脂类组成的膳食不足以维持人类生命。1850 年,法国化学家查亭(Chatin)从甲状腺中分离出碘,同时,明确了钙与人体骨质发育的关系。1953 年,澳大利亚科学家安德伍德(Underwood)发现牛羊的消瘦病是由于牧草中缺乏钴元素所引起。之后陆续在动物实验中发现钼、硒、铬等多种机体必需的微量元素。

5. 维生素的研究

1911 年,波兰化学家卡西米尔·丰克(Casimir Funk)从米糠和酵母中提取出抗脚气病的物质,并鉴别为胺类物质,命名为"Vitamine",从此开始了对维生素的研究。到 20 世纪前半期,科学家们已发现了各种对人体有益的氨基酸、脂肪酸、维生素和矿物质,并对它们的性质和作用进行了深入研究。

(四)科学发展时期

20 世纪后,食品工业逐渐成为发达国家和部分发展中国家的重要工业。主要的食物成分已被化学家、生物学家和营养学家研究探明,食品营养学和食品化学学科建立已趋于成熟,逐渐从其它学科中分离出来形成独立学科。二战结束后,科学家对于食品科学的认识从宏观转向微观。食品化学和食品营养交叉点越来越多,对食物成分的研究进入分子水平和亚细胞水平。20 世纪 60~70 年代,发现了 14 种人体需要的微量元素;20 世纪 70~80 年代,发现了膳食纤维的生理功能。

进入 21 世纪后,随着科学技术的快速发展,对食品化学与营养的研究越来越深入,研究领域更加拓宽,研究手段日趋现代化。分子营养学等许多新兴分支学科正逐渐兴起。营养因素与遗传基因的相互作用、食物中的非营养素生物活性物质等对慢性疾病的预防和治疗,已经成为食品化学与营养研究的新领域。今后,关于食物功能性成分的研究将更加系统和深入,通过饮食来预防和治疗疾病将成为未来研究的重点。

第三节　食物中常见的化学成分

一、食物中的营养素

合理膳食可以促进人体生长发育,增强机体免疫功能和防治各种疾病,从而达到健康长寿的目的。食物中常见的化学成分主要是指食物中的营养素。营养素是人体所必需的营养物质的最基本单位,人体摄取食物主要是为了摄取食物中的营养素。其中人体最主要的营养素包括蛋白质、脂类、碳水化合物(含膳食纤维)、维生素、矿物质和水。由于碳水化合物、脂类和蛋白质需要量多,在膳食中所占的比重大,一般称之为宏量营养素。而矿物质和维生素因需要量相对较少,在膳食中所占比重也较小,称之为微量营养素。

二、必需营养素

目前研究发现,人体需要多种必需营养素,若缺少其中 1 种或多种可导致相应的缺乏症,引起疾病甚至死亡。其中脂类中主要包括不饱和脂肪酸,如亚油酸和 α-亚麻酸;蛋白质包括 9 种必需氨基酸:苯丙氨酸、蛋氨酸、赖氨酸、苏氨酸、色氨酸、亮氨酸、异亮氨酸、缬氨酸和组氨酸(婴幼儿和儿童必需);人体必需的矿物质主要包括:钙、钾、钠、镁、硫、磷、氯、铜、铁、碘、锌、铬、钴、钼和硒;维生素类几乎都是人体必需的,主要包括:维生素 A、维生素 D、维生素 E、维生素 K、维生素 B_1、维生素 B_2、泛酸、烟酸、维生素 B_6、维生素 B_{12}、生物素、叶酸和维生素 C;水和碳水化合物(含膳食纤维)更是人体不可或缺的营养素。

三、营养素的功能

营养素的功能主要包括提供能量、促进生长发育与组织修复以及调节生理功能。其中,主要由碳水化合物、脂类和蛋白质提供能量;主要依靠蛋白质、维生素和矿物质来促进生长发育和组织修复;调节生理功能方面起主要作用的同样是蛋白质、维生素和矿物质。

(一)提供能量

碳水化合物、蛋白质和脂类是三种主要的产能营养素,其中碳水化合物是能量的直接来源。每克碳水化合物可以产生约 4.10kcal～4.35kcal(或 17.15kJ～18.20kJ)的热量;每克蛋白质可产生约 4.35kcal(18.2kJ)的热量;而每克脂肪可产生约 9.45kcal(39.54kJ)的热量。

(二)促进生长发育和组织修复

营养素是人体的物质基础,体内任何组织都是由营养素构成的。因此,人体的生长发育、组织修复以及延缓衰老都与营养状况密切相关。合理的营养可以使人体保持健康,延缓衰老。如钙能够调节神经肌肉的兴奋性;维生素 C 可以起到抗氧化作用,保护身体免受自由基的威胁等。

(三)调节生理功能

人体在生命活动过程中必须不断从外界环境中摄取能量和营养,以维持机体各项生理功能正常运转,保证体内环境处于稳定状态。

(四)维持心理健康

营养素不仅构建了人体神经系统的组织形态,还可以直接影响神经功能的形成。对于儿童而言,可以表现为智力的发育;对于成人来说,则表现为应激适应能力以及对恶劣环境的耐受能力。

(五)预防疾病

营养素的缺乏或过量都会引发疾病,合理膳食是保障营养素均衡的前提。若营养素摄入不足,易发生营养素缺乏病,如缺乏维生素 D 会引起成人骨质疏松等。而营养素摄入过多,如脂类摄入过量容易引起肥胖等慢性非传染疾病。

随着经济的发展和居民收入的增加,人们的膳食结构和生活方式发生了重大变化,营养过剩或不平衡所导致的慢性疾病增多,并且成为使人类丧失劳动能力和死亡的重要原因。

合理的膳食和均衡的营养是保障人体健康的前提。研究食物中营养素的化学性质和生理功能,可以充分发挥食物营养作用,增强成年人体力和精力,保障特殊人群如孕妇、乳母的营养需求,促进婴幼儿、儿童和青少年健康成长,提高老年人防病、抗病能力,帮助人们建立合理的膳食习惯,提升中华民族整体健康素质。

【复习思考题】

1. 什么是食品化学与食品营养学?它们的研究内容是什么?

2. 食品化学与营养学对保障人类营养和健康有什么作用?

3. 人体必需营养素包括哪些?

第一章　绪论

第二章 食物在体内的消化吸收

【本章目标】

1. 了解消化系统的组成和功能。
2. 掌握营养素的消化、吸收和排泄过程以及部位和机理。

第一节 人体消化系统

食物经由人体消化系统由大分子分解成小分子物质后进入体内,再由血液循环或淋巴循环运送到全身各处,并在体内发生分解、合成或转化等代谢,从而发挥其生理作用。从人体解剖的角度来看,人的消化道是由互相延续的空腔器官构成,上端通过口腔、下端通过肛门与外界相通。人体的消化系统如图 2-1 所示,由消化道和消化腺两部分组成。

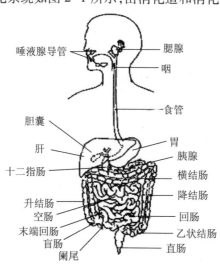

图 2-1 消化系统示意图

消化道是食物消化吸收的场所,主要包括口腔、咽、食管、胃、小肠、大肠。消化腺则由口腔唾液腺、胰腺、肝脏、消化管壁内的小腺体(如胃腺、小肠腺等)组成。消化道和消化腺在对食物的消化吸收功能中承担着各自不同的作用,同时也相互配合、联合作用,共同完成食物中各种成分的消化和吸收。

一、消化道

(一)口腔

口腔是消化道的起始部位,与咽联通。位于消化道的最前端,是食物进入消化道的门户。口腔内参与消化的器官如下。

1. 牙齿

牙齿是人体最坚硬的器官,成人一般有 28 颗恒牙,20 岁后会再长出 4 颗智齿,共 32 颗。根据其形状和功能,牙齿可分为切牙、尖牙和磨牙。切牙用于切断食物,尖牙用于撕扯食物,磨牙用于磨碎食物。通过牙齿的咀嚼,食物可以由大块变成小块,有利于食物在胃肠的消化。

2. 舌

舌是一个由横纹肌构成的肌性器官,肌肉的收缩和舒张可以使舌在口腔内伸缩和卷曲,帮助牙齿完成咀嚼功能。在进食过程中,舌使食物与唾液混合,并将食物向咽喉部推进,用以帮助食物吞咽。同时,舌也是味觉的主要器官。

食物在口腔内的消化过程是经咀嚼后与唾液黏合成团,在舌的帮助下送到咽后壁,经咽与食道进入胃。食物在口腔内主要进行的是机械性消化,伴随少量的化学性消化,且能反射性地引起胃、肠、胰、肝、胆囊等器官的活动,为以后的消化做准备。

(二)咽与食管

咽位于鼻腔、口腔和喉的后方,其下端通过喉与气管和食道相连,是食物与空气的共同通道。当吞咽食物时,咽后壁前移,封闭气管的开口,防止食物进入气管而发生呛咳。食团进入食道后,在食团的机械刺激下,位于食团上端的平滑肌收缩,推动食团向下移动,而位于食团下方的平滑肌舒张,这一过程的反复,便于食团的通过。

(三)胃

胃位于左上腹,是消化道最膨大的部分,其上端通过贲门与食道相连,下端通过幽门与十二指肠相连。胃的肌肉由纵状肌肉和环状肌肉组成,内衬黏膜层。肌肉的舒缩形成了胃的运动,黏膜则具有分泌胃液的作用。胃的运动有容受性舒张、紧张性收缩和胃的蠕动三种形式。

1. 容受性舒张

空腹时,胃的体积只有 30mL ~ 50mL,而在充盈的状态下体积可增大到 1000mL ~ 1500mL。胃的容受性舒张使胃可以很容易地接受食物而不引起胃内压力的增大。胃的容受性舒张的生理意义是使胃的容量适应大量食物的涌入,以完成储存和预备消化食物的功能。

2. 紧张性收缩

胃被充满后,就开始了它的持续较长时间的紧张性收缩。在消化过程中,紧张性收缩逐渐加强,使胃内有一定压力,这种压力有助于胃液渗入食物,并能协助推动食糜向十二指肠移动。

3. 胃的蠕动

胃的蠕动由胃中部发生,向胃底部方向发展,蠕动的作用是使食物与胃液充分混合,以利于利胃液的消化作用,同时对固体食物进行研磨;另外,通过胃的蠕动可以把食物以最适

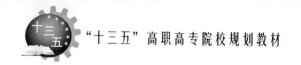

合小肠消化和吸收的速度向十二指肠排放。

(四)小肠

小肠是消化道最长的一段,是食物消化的主要器官。在小肠,食物受胰液、胆汁及小肠液的化学性消化。绝大部分营养成分也在小肠吸收,未被消化的食物残渣由小肠进入大肠。小肠位于胃的下端,长5m~7m,从上到下分为十二指肠、空肠和回肠。十二指肠长约25cm,在中间偏下处的肠管稍粗,称为十二指肠壶腹,该处有胆总管的开口,胰液及胆汁经此开口进入小肠,开口处有环状平滑肌环绕,起括约肌的作用,防止肠内容物返流入胆管。小肠十二指肠以后的部分是空肠。连接空肠和大肠中的盲肠的一段小肠称为回肠。

小肠的运动有以下几种形式。

1. 紧张性收缩

小肠平滑肌的紧张性收缩是其他运动形式有效进行的基础,当小肠紧张性收缩降低时,肠腔扩张,肠内容物的混合和运转减慢;相反,当小肠紧张性增高时,食糜在小肠内的混合和运转过程就会加快。

2. 节律性分节运动

由环状肌的舒缩来完成。在食糜所在的一段肠管上,环状肌在许多点同时收缩,把食糜分割成许多节段;随后,原来收缩处舒张,而舒张处收缩,使原来的节段分为两半,相邻的两半则合拢成一个新的节段;如此反复进行,食糜得以不断地分开,又不断地混合。分节运动的向前推进作用很小,它的作用在于:使食糜与消化液充分混合,便于化学性消化;使食糜与肠壁紧密接触,为吸收创造条件;挤压肠壁,有助于血液和淋巴的回流。

3. 摆动

摆动由小肠的纵状肌完成。由于小肠通过肠系膜固定在腹壁上,因此当小肠的纵状肌舒张时,肠系膜也会被拉长,但由于肠系膜由脂肪构成,其拉伸长度不如小肠,从而使小肠的远端朝向腹壁摆动。摆动的功能是:使食糜进一步粉碎;使食糜与消化液充分混合,便于进行化学性消化。

4. 蠕动

蠕动由环状肌完成,具有把食糜向着大肠方向推进的作用。由于小肠的蠕动很弱,通常只进行一段短距离后即消失,所以食糜在小肠内的推进速度很慢,约为1cm/min~2cm/min。

(五)大肠

大肠是消化道的末段,包括盲肠、阑尾、升结肠、降结肠、乙状结肠、直肠等。人类的大肠内没有重要的消化活动。大肠的主要功能在于吸收水分和盐类,大肠还为消化后的食物残渣提供临时储存场所。一般来说,大肠并不进行消化,大肠中物质的分解也多是细菌作用的结果,细菌可以利用肠内较为简单的物质合成B族维生素和维生素K,但更多的是细菌对食物残渣中未被消化的碳水化合物、蛋白质与脂肪的分解,所产生的代谢产物也大多对人体有害。

大肠的运动少而慢,对刺激反应也较迟缓,这些有利于粪便的暂时储存。大肠的运动有以下几种形式。

1. 袋状往返运动

由环状肌无规律的收缩引起,可使结肠袋中的内容物向两个方向做短距离位移,但并不向前排进。

2. 分节或多袋推进运动

由一个结肠袋或一段结肠收缩完成,把肠内容物向下一段结肠推动。

3. 蠕动

由一些稳定向前的收缩波组成,收缩波前方的肌肉舒张,后方的肌肉收缩,使这段肠关闭合并排空。

大肠中的细菌来自于空气和食物,它们依靠食物残渣而生存,同时,分解未被消化吸收的蛋白质、脂肪和碳水化合物。蛋白质首先被分解为氨基酸,氨基酸再经脱羧产生胺类,或再经脱氨基形成酸,这些可进一步分解产生苯酚、吲哚、甲基吲哚和硫化氢等;糖类可被分解产生乳酸、乙酸等低级酸以及 CO_2、沼气等;脂肪则被分解产生脂肪酸、甘油、醛、酮等,这些成分大部分对人体有害,有的可引起人类结肠癌,故促进排便的可溶性膳食纤维可加速这些有害物质的排泄,缩短它们与结肠的接触时间,有预防结肠癌的作用。

二、消化腺

消化腺是分泌消化液的器官,主要包括唾液腺、胃腺、胰腺、肝脏和肠腺等。其中,胃腺和肠腺分布在消化道管壁内,属于管内腺;而其他消化腺则分布在消化道外,属于管外腺,其分泌的消化液都进入消化道内。

(一)唾液腺

唾液腺由腮腺、舌下腺、颌下腺共同组成,其中腮腺是最大的唾液腺,还有无数的小唾液腺分散在口腔黏膜,唾液就是由这些唾液腺分泌的混合液。

唾液为无色、无味近于中性的低渗液体。唾液中的水分约占99.5%,有机物主要为粘蛋白、溶菌酶等,无机物主要有钠、钾、钙、硫、氯等。

唾液可以湿润与溶解食物,以引起味觉;可清洁和保护口腔,当有害物质进入口腔后,唾液可起冲洗、稀释及中和作用,其中的溶菌酶可杀灭进入口腔的微生物;唾液中的黏蛋白可使食物黏合成团,便于吞咽;唾液中的淀粉酶可对淀粉进行简单的分解,但这一作用很弱,且唾液淀粉酶仅在口腔起作用,当进入胃后,pH 下降,此酶迅速失活。

(二)胃腺

胃腺主要分泌胃液,胃液为透明、淡黄色的酸性液体,pH 为 0.9～1.5。根据分泌物的性质和功能不同,胃腺又可分为贲门腺、泌酸腺和幽门腺。

1. 贲门腺

分布在胃与食管的连接处,是分泌黏液的黏液腺。

2. 泌酸腺

泌酸腺分泌胃酸、胃蛋白酶原和黏液,主要分布在胃底和胃体。泌酸腺的腺细胞还分泌

13

一种称为内因子的糖蛋白,是维生素 B_{12} 吸收不可或缺的物质,它可以和维生素 B_{12} 结合成复合体,保护维生素 B_{12} 在被运送到回肠的过程中不被消化酶破坏,还有促进回肠上皮细胞吸收维生素 B_{12} 的作用。

(1)胃酸 胃酸由盐酸构成,胃酸主要有以下功能:激活胃蛋白酶原,使之转变为有活性的胃蛋白酶;维持胃内的酸性环境,为胃内的消化酶提供最合适的 pH,并使钙、铁等矿物质元素处于游离状态,利于吸收;杀死随同食物进入胃内的微生物;造成蛋白质变性,使其更容易被消化酶所分解。

(2)胃蛋白酶 胃蛋白酶原在胃酸的作用下转变为具有活性的胃蛋白酶。胃蛋白酶可对食物中的蛋白质进行简单分解,主要作用于含苯丙氨酸或酪氨酸的肽键,形成胨,但很少形成游离氨基酸,当食糜被送入小肠后,随 pH 升高,此酶迅速失活。

3. 幽门腺

幽门腺分泌的主要是碱性黏液,黏液的主要成分为糖蛋白。黏液覆盖在胃黏膜的表面,形成一个厚约 $500\mu m$ 的凝胶层,它具有润滑作用,使食物易于通过;黏液膜还保护胃黏膜不受食物中粗糙成分的机械损伤;黏液为中性或偏碱性,可降低胃黏膜表面酸度,减弱胃蛋白酶活性,从而防止酸和胃蛋白酶对胃黏膜的消化作用。

(三)胰腺

胰腺是最重要的消化腺,呈长条形,位于胃的后方,分头、体、尾三部分。胰腺具有内分泌和外分泌的功能。胰岛素属于内分泌激素,由胰腺胰岛中的 B 细胞分泌;胰液属于外分泌物,由胰腺的腺泡细胞和小导管细胞分泌,进入腺泡的导管并汇入一条横贯全腺体的胰管。胰管经胰尖穿出,与胆总管汇合,共同开口于十二指肠乳头顶端,分泌的胰液由此流入腔肠。

(四)肝脏

肝脏是人体最大的腺体,成年人肝脏重约 1500g,分为左右两叶,右叶大而厚,左叶小而薄。肝脏的基本结构和功能单位是肝小叶。肝脏不断分泌胆汁,储存于胆囊,经浓缩后由胆囊排出至十二指肠。胆汁是一种金黄色或橘棕色有苦味的浓稠液体,其中除含有水分和钠、钾、钙、碳酸氢盐等无机成分外,还含有胆盐、胆色素、脂肪酸、磷脂、胆固醇和黏蛋白等有机成分。胆盐是由肝脏利用胆固醇合成的胆汁酸与甘氨酸或牛磺酸结合形成的钠盐或钾盐,是胆汁参与消化和吸收的主要成分。一般认为胆汁中不含消化酶。胆汁的作用是:胆盐可激活胰脂肪酶,使后者催化脂肪分解的作用加速;胆汁中的胆盐、胆固醇和卵磷脂等都可作为乳化剂,使脂肪乳化成细小的微粒,增加了胰脂肪酶的作用面积,使其对脂肪的分解作用大大加速;胆盐与脂肪的分解产物如游离脂肪酸、甘油一酯等结合成水溶性复合物,促进了脂肪的吸收;通过促进脂肪的吸收,间接帮助了脂溶性维生素的吸收。此外,胆汁还是体内胆固醇排出体外的主要途径。

(五)小肠腺

小肠腺分布在小肠内,由肠腺和十二指肠腺组成。肠腺分布在小肠黏膜内,其分泌液构成小肠液的主要成分。小肠液是由十二指肠腺细胞和肠腺细胞分泌的一种弱碱性液体,pH约为 7.6。小肠液中的消化酶包括氨基肽酶、α-糊精酶、麦芽糖酶、乳糖酶、蔗糖酶、磷酸酶等,主要的无机物为碳酸氢盐。小肠液中还含有肠致活酶,可激活胰蛋白酶原。十二指肠腺分布在十二指肠黏膜下层中,分泌碱性液体,含有黏蛋白,黏稠度很高,主要的机能是保护十二指肠的黏膜不被酸性胃液侵蚀。

第二节　食物的消化

食物中的主要营养物质,如蛋白质、脂肪、碳水化合物等都是大分子化合物,不能被人体直接吸收,必须先分解为结构简单的小分子物质后,才能被消化系统转运到血液循环系统,并被机体利用。

消化是食物进入人体后,经过口腔咀嚼、消化道磨碎和分解,变成结构简单的小分子物质的物理、化学变化过程。简单地说,食品在消化道内分解的过程即为消化。

消化的形式有两种:一种是通过口腔对食物的咀嚼以及消化道肌肉的收缩和舒张将食物磨碎,并与消化液充分混合,形成食糜,称为机械性消化或物理性消化;一种是由消化液所含各种消化酶对食物中的营养物质进行化学分解,使之成为结构简单、能被人体吸收的小分子物质则称为化学性消化。在消化道内,机械性消化与化学性消化相互配合、同时进行,共同完成对食物的消化。

一、糖类的消化

糖类是最主要的碳水化合物,通常包括淀粉、纤维素、半纤维素、果胶等。食品中糖类含量最多的通常是淀粉,多来自于各种谷类和薯类食物,也有为数很少的淀粉存在于动物的肌肉和肝脏中,我们称之为糖元,亦称动物淀粉;其次,还有蔗糖和牛奶中的乳糖等。

(一)糖类消化的过程

食品中的糖类物质经消化道有关的酶作用水解成为单糖后才能被吸收,其过程如图2-2所示。

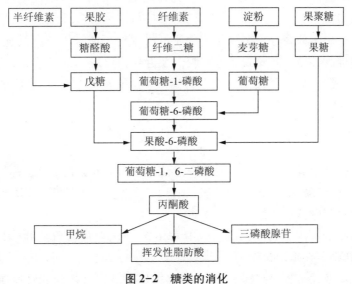

图2-2　糖类的消化

15

糖类物质的消化从口腔开始。口腔内有三对大唾液腺及无数分散存在的小唾液腺,主要分泌唾液。唾液中所含的 α-淀粉酶,对 α-1,4 糖苷键具有专一性,它首先对淀粉进行水解,最终产品可形成糊精与麦芽糖。通常情况下,食物在口腔中停留的时间很短,所以此时淀粉水解的程度不是很大。

(二)糖类消化的部位和机理

糖类物质消化的主要场所在小肠。通常,食品中的糖类物质在小肠上部几乎全部消化分解成各种单糖。来自胰液的 α-淀粉酶可以将淀粉水解为带有 1,6-糖苷键支链的糖,其中有 α-糊精和麦芽糖。而小肠黏膜细胞所含的 α-糊精酶与麦芽糖酶,可以分别将 α-糊精分子及麦芽糖分子进行水解,最终生成葡萄糖。通常情况下,食品中的直链淀粉主要受 α-淀粉酶的作用而被水解,使分子量逐渐变小,最终成为麦芽糖和葡萄糖;而食品中的支链淀粉和糖原,则在 α-淀粉酶作用下,先分解形成小的低聚支链糖,再由小肠黏膜细胞中的 1,6-α-低聚葡萄糖苷酶来分解支链 1,6-键上的葡萄糖基,之后的分解过程与直链淀粉相同,最终产物为葡萄糖。

食品中的双糖可被小肠黏膜微绒毛中的双糖酶所分解。蔗糖可被蔗糖酶分解为葡萄糖和果糖。乳糖酶可将乳糖水解为葡萄糖和半乳糖。此外,α-糊精酶、蔗糖酶具有催化麦芽糖水解,生成葡萄糖的作用,其中 α-糊精酶的活力最强,约占水解麦芽糖总活力的 50%,蔗糖酶约占 25%。

大豆及豆类制品中含有一定量的棉子糖和水苏糖。棉子糖为三碳糖,由半乳糖、葡萄糖和果糖组成;水苏糖为四碳糖,由两分子半乳糖、一分子葡萄糖和一分子果糖组成。由于人体内没有水解此类碳水化合物的酶,所以它们不能被机体消化吸收,而是滞留于肠道并在肠道微生物的作用下发酵、产气,故而称之为"胀气因素"。大豆在加工成豆腐时,胀气因素大多已被去除。豆腐乳中的根霉也可以分解并去除此类碳水化合物,因而也不会出现胀气现象。

食品中含有的膳食纤维,如纤维素是 β-葡萄糖通过 β-1,4-糖苷键连接而成的多糖。由于人体消化道内没有 β-1,4-糖苷键水解酶,故使得许多膳食纤维(水溶性、非水溶性)都不能被消化吸收。由多种高分子多糖组成的半纤维素也不能被人体所消化吸收。另外,食品工业中常用的琼脂、果胶、海藻胶等植物胶以及近年得以应用的魔芋粉(主要含由甘露糖和葡萄糖以 2∶1 或 3∶2 聚合而成的魔芋甘露聚糖)等多糖类物质,也不能被人体所消化吸收。

二、脂类的消化

脂类是脂肪(中性脂肪及油)和类脂(磷脂、糖脂、固醇及其酯)的总称。膳食中的脂类主要是中性脂肪,即三酰甘油酯(也称甘油三酯);其次为少量的磷脂、固醇及胆固醇酯,它们的某些理化特性及代谢特点类似于中性脂肪。

胃液中仅含有少量的脂肪酶,其最适 pH 是 6.3~7.0,而成人胃液的 pH 为 0.9~1.5,所以,脂肪在胃内几乎不发生消化作用。

脂类的消化主要在小肠中进行,小肠内存在着小肠液以及由胰腺和肝脏所分泌的胰液和胆汁。小肠液中也含有脂肪酶。由肝细胞产生的胆汁中含有胆酸盐,它能使不溶于水的脂肪乳化,有利于胰脂肪酶的作用。胆酸盐主要是结合胆汁酸所形成的钠盐。胆固醇是胆汁酸的前身。胆酸盐和胆固醇等都可乳化脂肪,形成脂肪微滴,使之分散于水溶液中,增加与脂肪酶的接触面积,促进脂肪的分解。胰液中含有胰脂肪酶,它主要水解三酰甘油酯分子中 C_1 和 C_3 酯键,将脂肪分解为甘油和脂肪酸。

脂类不溶于水,它们在食糜这种水环境中的分散程度对其消化具有重要意义。因为酶解反应,只在疏水的脂肪滴与溶解于水的酶蛋白之间的界面进行,所以乳化成分或分散的脂肪更容易消化。脂肪形成均匀乳浊液的能力受其熔点限制。此外,食品乳化剂如卵磷脂等,对脂肪的乳化、分散起着重要的促进作用。

脂肪的水解是不恒定的。大约有 50% 可完全水解,生成相应的脂肪酸与甘油;其余大部分可分解为具有很强乳化作用的单酰甘油酯,另一小部分则分解为二酰甘油酯,它们与胆汁中的胆酸盐及脂肪酸一起形成混合性胶粒,与肠粘膜微绒毛接触,以利于吸收。此外,脂肪酶解的速度也因其脂肪酸的长度及组成而异,通常带有短链和中链脂肪酸的三酰甘油酯容易被酶完全水解为脂肪酸与甘油;含不饱和脂肪酸的三酰甘油酯,其酶解的速度要快于含饱和脂肪酸的三酰甘油酯。

食品中的磷脂需由胰液中的磷脂酶的催化作用,才能被水解成甘油和磷酸等物质。

食品中脂类物质的消化代谢情况如图 2-3 所示。

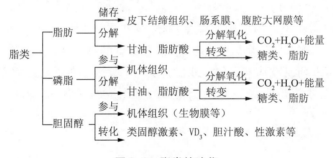

图 2-3 脂类的消化

三、蛋白质的消化

蛋白质的消化在胃中开始。胃液中含有胃蛋白酶(由胃蛋白酶原经活化而成),它能水解各种水溶性蛋白质,但主要水解由苯丙氨酸或酪氨酸组成的肽键,对亮氨酸或谷氨酸组成的肽键也有一定作用。其水解产物主要是多肽和少量氨基酸。胃蛋白酶也是唯一能消化胶原的酶,胶原是肉中纤维组织的主要成分,它必须先被消化才能使肉中其他成分受到消化酶的作用,继而在胰蛋白酶、糜蛋白酶的作用下,使蛋白质在小肠上段受到进一步的消化。此外,胃蛋白酶对乳中酪蛋白还具有凝乳作用。

食物由胃进入小肠后,分别受到来自胰液和小肠黏膜细胞产生的多种不同酶的作用,对其中的蛋白质进行进一步的消化分解。

(一)胰液

胰液是由胰腺分泌的、无色无臭的碱性液体,它所含的蛋白酶有许多种,可分为内肽酶与外肽酶两大类。

1. 内肽酶

胰蛋白酶、糜蛋白酶、弹性蛋白酶均属于内肽酶,它们只能使肽链从中间水解。通常情况下,它们均以非活性的酶原形式存在于胰液中。小肠液中的肠致活酶可将无活性的胰蛋白酶原激活成具有活性的胰蛋白酶。酸、胰蛋白酶本身及组织液也具有活化胰蛋白酶原的作用。具有活性的胰蛋白酶可以将糜蛋白酶原激活成糜蛋白酶,而发挥其作用。胰蛋白酶、糜蛋白酶以及弹性蛋白酶都可以使蛋白质肽链内的某些肽键水解,但具有各自不同的肽键专一性。例如,胰蛋白酶主要水解由赖氨酸及精氨酸等碱性氨基酸残基的羧基组成的肽键,产生羧基端为碱性氨基酸的肽;糜蛋白酶主要作用于芳香族氨基酸,如由苯丙氨酸、酪氨酸等残基的羧基组成的肽键,产生羧基端为芳香族氨基酸的肽,有时也作用于由亮氨酸、谷氨酰胺及蛋氨酸残基的羧基组成的肽键;弹性蛋白酶则可以水解各种脂肪族氨基酸,如缬氨酸、亮氨酸、丝氨酸等残基所参与组成的肽键。

2. 外肽酶

外肽酶主要是羧肽酶 A 和羧肽酶 B。羧肽酶 A 可水解羧基末端为各种中性氨基酸残基组成的肽键,羧肽酶 B 主要水解羧基末端为赖氨酸、精氨酸等碱性氨基酸残基组成的肽键。经糜蛋白酶及弹性蛋白酶水解而产生的肽,可被羧基肽酶 A 进一步水解。经胰蛋白酶水解产生的肽,则可被羧肽酶 B 进一步水解。

胰液中各蛋白酶在十二指肠中水解蛋白质,所得的产物中仅 1/3 为氨基酸,其余为寡肽。肠内消化液中水解寡肽的酶较少,但在肠黏膜细胞的刷状缘及胞液中均含有寡肽酶,它们能从肽链的氨基末端或羧基末端逐步水解肽键,分别称之为氨基肽酶和羧基肽酶。刷状缘含多种寡肽酶,能水解各种由 2~6 个氨基酸残基组成的寡肽,而胞液寡肽酶则主要水解二肽与三肽。

(二)小肠液

小肠液中的肠致活酶可将无活性的胰蛋白酶原激活成具有活性的胰蛋白酶。食物中的蛋白质在消化道内的水解过程与作用,如图 2-4 所示。

图 2-4 是食物中单纯蛋白质的消化过程。至于食物中由单纯蛋白质和辅基结合成的结合蛋白质,如核蛋白、血红蛋白等,它们在消化道中酶的作用下,辅基先与蛋白质部分分离开,然后蛋白质部分就按照上述过程逐步水解为氨基酸,而辅基部分则分别在相应的酶催化下进行分解代谢。

大豆、棉籽、花生、油菜籽、菜豆等食物,尤其是豆类食物中含有能抑制胰蛋白酶、糜蛋白酶等多种蛋白酶的物质,统称为蛋白酶抑制剂,最具有代表性的是胰蛋白酶抑制剂,又称抗胰蛋白酶因素。这类食物需经适当的加工后方可食用。除去蛋白酶抑制剂的有效方法是,常压蒸汽加热 30min,或 98kPa 压力蒸汽加热 15min~30min。

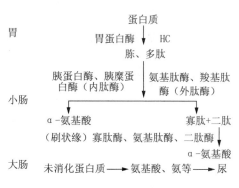

图 2-4 蛋白质的消化

四、维生素的消化

在人体消化道内没有分解维生素的酶。胃液的酸性、肠液的碱性等变换不定的环境条件,再加上其他食物成分以及氧的存在等,都可能对不同维生素的消化产生不同的影响。

水溶性维生素在动植物性食品的细胞中以结合蛋白质的形式存在,在细胞崩解以及蛋白质的消化过程中,这些结合物被分解,从而释放出维生素;脂溶性维生素因溶解于脂肪中,所以它可随着脂肪的乳化与分散而同时被消化。

维生素只有在一定的 pH 范围内,而且往往是在无氧的条件下才具有最大的稳定性,因此,对于那些易氧化的维生素,如维生素 A 在消化过程中也可能会受到破坏。我们可通过供给或摄取足够量的抗氧化剂如维生素 E 来减少它们在消化过程中的氧化分解。

五、矿物质的消化

矿物质的种类很多,它们在食品中呈现的状态不同,会对人体产生不同的影响。有些矿物质是以离子状态(即溶解状态)存在于食品中,例如多种饮料中的钾、钠、氯三种离子,既不生成不溶性盐,也不生成难分解的复合物,所以,它们可直接被机体所吸收利用。另外一些矿物质则相反,它们结合在食品的有机成分上,例如乳酪蛋白中的钙结合在磷酸根上,铁多存在于血红蛋白之中,许多微量元素存在于酶当中。由于人体胃肠道中没有能够将这些矿物质从相应的化合物中分解出来的酶,这些矿物质往往是在食物的消化过程中,随着所结合的有机成分的分解而被释放出来,所以它们可利用的程度与食品的性质以及与其他食品成分的相互作用密切相关。虽然这些呈结合态的矿物质在食物成分的消化过程中可以被分解释放,但是被释放出来之后,也可能再次被结合而生成一些不溶性或难溶性的盐,如某些蔬菜所含的草酸就能与钙、铁等离子生成难溶的草酸盐,某些谷物食品所含的植酸也可与钙、铁等离子生成难溶性的盐,从而造成这些矿物质吸收利用率的下降或不能利用。所以,我们在食用或食品加工时,要注意这些情况的变化,合理地选配食物,以便更好、更有效地利用矿物质。

第三节 营养物质的吸收

吸收是指食物中的小分子物质或经消化后的产物通过消化道黏膜的上皮细胞进入血液和淋巴的过程。食物中营养素的消化是吸收的重要前提,在食物进行消化的过程中,有部分营养素被吸收。因此,消化和吸收又是两个不可完全分开的过程。

消化后的小分子营养物质在消化道被吸收,但吸收的部位和吸收的速度与消化道的组织结构、食物被消化的程度以及食物在消化道内停留的时间等都有着密切的关系。

一、吸收的部位

在口腔和食道内,只有一些脂溶性的物质,如硝酸甘油可以通过口腔黏膜被吸收,迅速进入血液。其他食物是不能被吸收的。

胃也不是吸收营养素的主要场所,但可以吸收少量水分,酒精也能被吸收。小肠是吸收营养素的主要场所。一般情况下,碳水化合物、蛋白质、脂肪的消化产物大部分在十二指肠和空肠被吸收,胆盐和维生素 B_{12} 在回肠被吸收,如图 2-5 所示。因此,小肠内容物进入大肠时,除一部分水和无机盐外,已基本不含可被吸收的营养素。

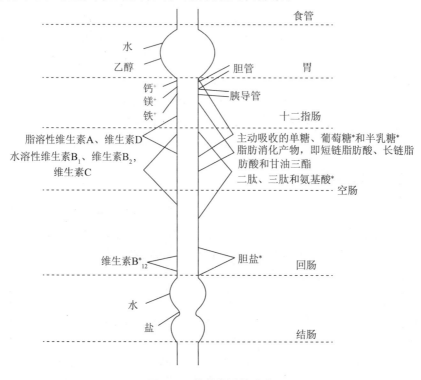

图 2-5　营养物质的吸收

　　小肠作为吸收营养素的主要场所,与其组织结构有着十分密切的关系。小肠黏膜含有环形皱褶、绒毛结构及微绒毛结构,使小肠黏膜吸收面积与同样长短的简单圆柱体的面积相比,约增加 600 倍,可达 $200m^2$ 左右。小肠绒毛内还含有丰富的毛细血管、毛细淋巴管、平滑肌纤维等结构。毛细淋巴管纵贯绒毛中央,称为中央乳糜管。肠内容物的机械和化学性刺激通过局部反射,可以使绒毛产生节律性的伸缩和摆动,进一步加速毛细血管和中央乳糜管中吸收的营养素向静脉和淋巴管流动,有利于吸收。在小肠中吸收的物质不仅含有从口腔摄入的食物中的营养素,还包括消化腺分泌的消化液中的水分、无机盐等。

　　除了在组织结构上具备作为吸收主要场所的条件外,小肠内多种消化酶能对营养素进行水解,在小肠内形成结构简单、能被吸收的小分子物质。食物在小肠内停留 3h~8h,有充足的吸收时间,所以这些条件都使小肠成为吸收营养素的主要场所。

二、吸收的方式

　　消化道肠腔中被消化的营养素必须先透过消化道肠黏膜进入肠黏膜细胞内,再进一步转运至毛细血管或淋巴管。人体消化道黏膜细胞的膜与其他细胞膜结构一样,是由液态脂质双分子层构成的基本构架。从理论上讲,只有脂溶性的营养素才能通过,但食物中营养素大多是水溶性的,说明必须有特殊的物质转运功能才能完成这一过程。胃肠道黏膜吸收营养物质的方式主要有被动转运和主动转运两种。

(一)被动转运

被动转运主要包括以下作用：

1. 滤过

滤过靠膜两边的流体压力差而进行。肠黏膜上皮细胞可看成是一个滤过器,如果肠腔内压力超过毛细血管压或毛细淋巴管压时,水分或其他物质就可借压力差滤入毛细血管或毛细淋巴管内。

2. 渗透

渗透靠膜两侧的渗透压差而进行。这与膜两侧溶质的浓度差密切相关,溶质分子可以借助于膜两侧的渗透压差,从浓度高的一侧渗入到浓度低的一侧,而水分则是从渗透压较低的一侧进入到渗透压较高的一侧,最后达到两侧的渗透压相等。

3. 单纯扩散

单纯扩散是由于不停顿的分子运动而产生的。比如,将两种不同浓度的同一溶液相邻地放在一起,那么高浓度区域中的溶质分子就会有向低浓度区域的净运动,这种现象就称为扩散。

4. 易化扩散

易化扩散指一些不溶于脂质的物质或脂溶性很小的物质如葡萄糖、氨基酸、Na^+、K^+、Ca^{2+}、Cl^-等,在细胞膜蛋白质的帮助下,由膜的高浓度一侧向低浓度一侧扩散的过程。其特点是细胞膜的每一种蛋白质只能转运具有某种特定化学结构的物质,它不是单纯的物理扩散,而是有某种化学反应参与其中。

(二)主动转运

细胞膜将某些物质的分子由低浓度的一侧向高浓度的一侧转运,这种转运需要载体的协助并要消耗能量,故称为主动转运。也可以说是由于细胞膜上存在着一种具有"泵"样作用的转运蛋白,它可以逆浓度梯度进行,因此需要能量消耗。至于主动转运完成的确切机理尚不清楚,但有载体系统参与是肯定的,被吸收的营养物质与特定的膜载体相结合,形成能推动营养物质穿过膜的复合物,一旦营养物质通过了膜,载体便和它分开。

(三)胞饮作用

胞饮作用是一种通过细胞膜的内陷将物质摄取到细胞内的过程。即细胞膜的一小部分向内凹入,并逐渐加深,将营养物微滴包围,然后合拢,从而将微滴吸入细胞中。这一过程能使细胞吸收某些完整的脂类和蛋白质,这也是新生儿从初乳中吸收抗体的方式。此外,这种未经消化的天然蛋白质进入体内,可能是某些人产生食物过敏的原因。

三、各类营养物质的吸收

(一)糖类消化产物的吸收

在天然食物中,最主要的糖类是淀粉和糖原,它们被消化成单糖后由小肠上段进行吸收。糖被吸收的主要形式是单糖,人体肠道内的单糖主要是葡萄糖,也还有少量的半乳糖和果糖等。糖在胃中几乎不吸收,而在小肠中则几乎完全被吸收。糖被吸收的途径主要是通过血液吸收。

1. 糖的选择性吸收

各种单糖的吸收速度是不同的。若葡萄糖的吸收速度为100,则半乳糖为110、果糖为70、木糖醇为36、山梨醇为29、甘露糖为19。

2. 糖的吸收机理

糖的吸收机理依单糖种类而异。目前认为葡萄糖、半乳糖的吸收方式是主动转运,吸收速度很快,它需要载体蛋白质,并且要消耗能量,可以逆浓度梯度进行。当血液和肠腔中的葡萄糖浓度比例为200∶1时,糖的吸收仍可进行。戊糖、多元醇则以单纯扩散的方式进行吸收,即由高浓度区经细胞膜扩散和渗透到低浓度区,吸收速度相对较慢。果糖一旦进入肠上皮细胞后,一部分转变为葡萄糖和乳糖,所以果糖的吸收速度介于主动吸收的葡萄糖和被动吸收的甘露糖之间。

糖的种类不同,在小肠各部分的吸收率也不同。己糖的吸收很快,而戊糖则很慢。在己糖中,又以半乳糖和葡萄糖的吸收为最快,果糖次之,甘露糖最慢。进入体内的单糖由血液经门静脉进入肝被合成为糖原或直接被利用。

(二)脂类消化产物的吸收

脂类消化产物的吸收主要在十二指肠的下部和空肠的上部。

1. 脂肪吸收机理

脂肪在十二指肠经胆酸盐乳化后与各种脂肪酶接触,被消化分解为甘油、游离脂肪酸、单酰甘油酯以及少量的二酰甘油酯和未消化的三酰甘油酯。这些水解产物又靠胆酸盐微粒"引渡"到小肠上段黏膜细胞的刷状缘以扩散方式被吸收,而胆酸盐微粒则返回肠腔的食糜中再一次参与引渡。通常,由短链和中链脂肪酸组成的三酰甘油酯容易分散和被完全水解,水解所产生的短链和中链脂肪酸即以游离态与白蛋白结合直接通过血液循环经门静脉入肝;由长链脂肪酸组成的三酰甘油酯经水解后,所得的长链脂肪酸在肠壁被再次酯化成三酰甘油酯,新生成的三酰甘油酯与胆固醇、磷脂及脂蛋白结合形成乳糜微粒,经小肠黏膜绒毛的中心乳糜管,通过淋巴循环最后流入总的血液循环,运送到有关组织进行贮存和利用。

各种脂肪酸因极性和水溶性不同,故其吸收速率也不同。吸收率由大到小规律依次为:短链脂肪酸>中链脂肪酸>不饱和长链脂肪酸>饱和长链脂肪酸。脂肪酸的水溶性越小,胆酸盐对其吸收的促进作用也越大。甘油的水溶性大,不需要胆酸盐即可通过黏膜经门静脉吸收进入血液。

大部分食用脂肪均可被完全消化、吸收与利用。如果大量摄入消化吸收慢的脂肪,很容易使人产生饱腹感,而且其中的一部分尚未被消化吸收就会随粪便排出。那些易被消化吸收的脂肪,则不易令人产生饱腹感,并很快就会被机体吸收与利用。

正常机体内,摄入的脂肪至少有95%是被吸收的,也就是说,一般食用脂肪的消化率可达95%,像奶油、椰子油、豆油、玉米油与猪油等,几乎都能全部被人体在6h~8h内消化,并在摄入后的2h可吸收24%~41%,4h可吸收53%~71%,6h吸收达68%~86%。婴儿与老年人对脂肪的吸收速度较慢。脂肪乳化剂不足可降低吸收率。若摄入过量的钙,会影响高熔点脂肪的吸收,但不影响多不饱和脂肪酸的吸收,这可能是钙离子与饱和脂肪酸形成难溶的钙盐所致。

2. 不同种类脂肪的吸收

(1)中性脂肪的吸收 中性脂肪的三酰甘油酯约有 50% 在小肠内受胰脂肪酶的作用可被完全分解为脂肪酸和甘油,约有 25% 只分解到单酰甘油酯阶段便终止,还有一部分则未能进行分解。一般来说,中性脂肪酸以及多数长链脂肪酸是采取淋巴途径吸收,然后间接进入血液;而对于碳链小于 12 个碳原子的短链和中链脂肪酸以及甘油,则可以原样不变地由上皮细胞进入血管。由于人类膳食中的动植物油内含 15 个碳原子以上的长链脂肪酸较多,所以脂肪的吸收途径以淋巴为主。

(2)磷脂的吸收 食物中的磷脂在小肠内经磷脂酶的催化水解生成甘油、脂肪酸、磷酸及胆碱等,除脂肪酸外,其余大都易溶于水而被吸收,脂肪酸及约 1/4 未经水解的磷脂在胆盐协助下被小肠细胞吸收,被吸收的磷脂水解产物又在小肠黏膜细胞内再合成完整的磷脂,一部分磷脂参与形成乳糜微粒,在血液循环中运送脂肪。

(3)胆固醇的吸收 人体从食物中获得的胆固醇,称为外源性胆固醇,约为 10mg/d ~ 1000mg/d,多来自于动物性食物,一般有 1/3 左右被吸收;由肝脏合成并随胆汁流入肠腔的胆固醇称为内源性胆固醇,约为 2g/d ~ 3g/d。机体本身吸收胆固醇的能力有限,通常成年人对胆固醇的吸收速率约为每天 10mg/kg。大量进食胆固醇时吸收量可加倍,但最多每天吸收 2g。内源性胆固醇约占胆固醇总吸收量的一半。食物中的自由胆固醇可由小肠黏膜上皮细胞吸收,胆固醇酯经过胰胆固醇酯酶水解后吸收。肠黏膜上皮细胞将三酰甘油酯等组合成乳糜微粒时,也把胆固醇掺入在内,成为乳糜微粒的组成部分。吸收后的自由胆固醇又可再酯化成胆固醇酯。胆固醇并不是百分之百被吸收,自由胆固醇的吸收率比胆固醇酯要高;禽卵中的胆固醇大多数是非酯化的,较易吸收;植物固醇如 β-谷固醇,不但不容易被吸收,而且还能抑制胆固醇的吸收,因为植物固醇会与胆固醇相互竞争黏膜细胞上的载体,可见食物胆固醇的吸收率波动较大。通常食物中的胆固醇约有 1/3 能够被机体吸收。胆固醇的吸收部位主要在空肠,吸收的方式靠简单的扩散来进行。胆固醇进入黏膜上皮细胞后,即转入肠内淋巴管内运走。

(三)蛋白质消化产物的吸收

1. 蛋白质吸收

食物中蛋白质在小肠内被蛋白酶水解后,其水解产物大约 1/3 为氨基酸,2/3 为寡肽。当水解成为氨基酸时可被立即吸收,而且吸收的速度很快,在肠内容物中的自由氨基酸含量不超过 7%。

正常情况下,蛋白质的消化产物几乎不在胃中吸收或吸收极少,真正吸收蛋白质消化产物的部位在小肠,尤其是小肠上部。当食糜到达小肠末端时,几乎所有的氨基酸都已被吸收,它的吸收途径为血液。

2. 氨基酸吸收

氨基酸的吸收机理与单糖相似,也是主动转运。在小肠上皮细胞上,目前已确定有四种不同的转运氨基酸的载体系统,不同的转运载体系统会作用于不同氨基酸的吸收,而且吸收的速度也大不相同。第一种是中性氨基酸转运系统,它对中性氨基酸有高亲和力,可转运芳香族氨基酸(苯丙氨酸、色氨酸及酪氨酸)、脂肪族氨基酸(丙氨酸、丝氨酸、苏氨酸、缬氨酸、亮氨酸及异亮氨酸)、含硫氨基酸(蛋氨酸及半胱氨酸),以及组氨酸、胱氨酸、谷氨酰胺等。这类载体系统转运速度最快,所吸收各氨基酸的速度依次为:蛋氨酸>异亮氨酸>缬氨酸>苯丙氨酸>色氨酸>苏氨酸。部分甘氨酸也可借此载体进行转运。第二种是碱性氨基酸转运系统,它可转运赖氨酸、精氨酸等碱性氨基酸,其转运速度较慢,仅为中性氨基酸载体系统转运速率的5%~10%。第三种是酸性氨基酸转运系统,它主要转运天门冬氨酸和谷氨酸。第四种是亚氨基酸和甘氨酸转运系统,它能转运脯氨酸、羟脯氨酸及甘氨酸,其转运速度很慢,因含有这些氨基酸的二肽可直接被吸收,故此载体系统在氨基酸吸收上意义不大。

上述这些氨基酸的转运系统具有立体特异性,人体能利用的主要是L-氨基酸,各种L-氨基酸要比相应的D-氨基酸容易在体内被吸收。一般来说,人体小肠吸收中性氨基酸的能力比吸收酸性氨基酸或碱性氨基酸要强;对左旋氨基酸的转运速度也比右旋氨基酸要快。

除了肠腔中的游离氨基酸外,有些低聚肽也能被很快吸收,这对于患氨基酸转运系统疾病时,配制"要素膳"有重要意义,如患胱氨酸尿症时,以低聚肽方式供给有关氨基酸,则其吸收很顺利。吸收到体内的氨基酸由门静脉送到肝脏,再进入总循环,最后送到各组织、细胞利用。

(四)维生素的吸收

维生素通常被分为水溶性维生素和脂溶性维生素两大类。

对水溶性维生素的吸收是以简单的扩散方式进行,特别是分子质量相对较小的维生素就更易被吸收。维生素B_{12}虽为水溶性但其分子较大,其吸收有自己的特点:它只有与胃腺壁细胞分泌的、相对分子质量为53000的一种糖蛋白(又称内因子)结合成大分子复合物,方能被吸收,而且只有在回肠才能被吸收。此外,大肠内菌群制造的各种B族维生素,可由大肠吸收。

脂溶性维生素A、维生素D、维生素E、维生素K,因其溶解性和脂类相似,所以它们也需要胆汁进行乳化后才能被小肠吸收,其吸收机理与脂类物质相似,采取简单扩散的方式吸收。脂肪可促进脂溶性维生素的吸收。

(五)水的吸收

人体每天的饮水量约1.5L,加上各种消化液中的水分约有6.5 L,总量可达8L左右,这样大量的水分,只有少量(约0.15 L)随粪便排出,其余绝大部分都被消化道吸收。通常,成人每日的排尿量平均约为1.5 L。

水分吸收的主要部位是小肠,大肠也可吸收所剩余的相当含量水分,胃也能吸收少量的水分。人体中的水分可以自由地穿过消化道的膜,从肠腔通过黏膜细胞进入机体组织。水分的这种流动主要通过渗透作用和滤过作用,而且以渗透作用为主。小肠吸收其他物质时所产生的渗透压,是促使水分被吸收的重要因素,特别值得注意的是Na^+的转运,由Na^+的主动吸收使上皮细胞内渗透压增加,从而促进了水分的吸收。而对于滤过作用来说,只有在小肠收缩肠腔内流体静压力增高时才可实现,但液体的移动量不大。另外,在任何物质被吸收的同时,往往都伴有水分的吸收。

(六)矿物质的吸收

矿物质可通过单纯扩散方式被动吸收,也可通过特殊转运途径主动吸收,具体因矿物质种类而异。食物中钠、钾、氯等的吸收主要取决于肠内容物与血液之间的渗透压差、浓度差和 pH 差。其他矿物质元素的吸收则与其化学形式,与食品中其他物质的作用,以及机体的机能状况等密切相关。

一般来说,单价碱性盐类如钠、钾、铵盐吸收很快,而多价碱性盐类如钙、镁等吸收较慢。凡能与钙结合而形成沉淀的盐如硫酸盐、磷酸盐、草酸盐等,则不能吸收。

1. 钠和氯的吸收

钠和氯通常以氯化钠(食盐)的形式摄入。人体每日由食物获得的氯化钠几乎完全被吸收。钠和氯的摄入量与排出量一般大致相当,当食物中缺乏钠和氯时,其排出量也相应减少。根据电中性原则,溶液中的正负离子电荷必须相等,因此,在钠离子被吸收的同时,必然有等量电荷的阴离子朝同一方向,或有另一种阳离子朝相反方向转运,故氯离子至少有一部分是随钠离子一同吸收的。由于钠是主动转运的物质,小肠上皮细胞内存在着钠泵,可使钠逆化学梯度进行快速转运,由此也可以认为,氯离子的吸收主要是钠离子吸收的结果。

2. 钙的吸收

钙的吸收是通过主动转运来进行,它需要利用有氧代谢所产生的高能磷酸键,还需要维生素 D。钙盐只有在水溶液状态(即钙为离子状态,如氯化钙、葡萄糖酸钙溶液),而且不被肠腔中任何其他物质所沉淀的情况下,才能被吸收。肠内容物的酸度,对于钙的吸收具有重大影响。在 pH 约为 3 时,钙呈离子化状态,吸收最好。如肠内容物中磷酸盐过多,就会形成不溶解的磷酸钙,使钙不能吸收。此外,脂肪食物可以促进钙的吸收,因为脂肪分解后释放出的脂肪酸,可与钙结和形成所谓的钙肥皂,它可与胆汁酸结合形成水溶性复合物而被吸收。钙在肠道中的吸收很不完全,有 70%~80%存留在粪便中,这主要是由于钙离子可与食物及肠道中存在的植酸、草酸、磷酸等形成不溶性钙盐所致。机体缺钙时,钙的吸收率会增大。

3. 铁的吸收

(1)影响铁吸收的因素,与其存在形式及机体的机能状态等密切相关。由于我国目前的膳食结构还是以植物性食物为主,所以食物中的铁绝大部分是三价的高铁形式,而高铁和有机铁都不容易被吸收,必须还原为亚铁形式后才能被吸收。亚铁吸收的速度比相同量的高铁要快 2 倍~5 倍。维生素 C 能将高铁还原为亚铁而促进其吸收。铁在酸性环境中易溶解,从而容易被吸收。食品中的植酸盐、草酸盐、磷酸盐、碳酸盐等可与铁形成不溶性的铁盐而妨碍其吸收。在血红蛋白、肌红蛋白中,铁与卟啉相结合形成的血红素铁则可直接被肠黏膜上皮细胞吸收,这类铁既不受植酸盐、草酸盐等抑制因素的影响,也不受维生素 C 等促进因素的影响。胃黏膜分泌的内因子对此铁的吸收有利。

(2)铁的吸收部位主要在小肠上段,尤其是十二指肠,铁的吸收最快。肠黏膜吸收铁的能力取决于黏膜细胞内铁的含量。经肠黏膜吸收的铁可暂时贮存于细胞内,随后慢慢转移至血浆中。当黏膜细胞吸收了铁而尚未转移到血浆中时,肠黏膜再吸收铁的能力可暂时失去。这样,积存在黏膜细胞中的铁就将成为再吸收铁的抑制因素。机体患缺铁性贫血时,铁

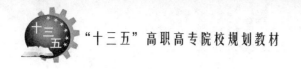

的吸收会增加。

第四节 代谢物质的排泄

食物中的营养物质及其他成分经过消化、吸收进入人体后,被组织细胞摄取,作为生长发育、组织更新的原料被利用,或作为能量的来源维持机体新陈代谢的需要。在这个过程中会不断产生对自身无用或有害的代谢产物,这些代谢废物如果不及时清除出体外,就会在体内堆积而对机体造成伤害,因此机体必须通过排泄活动将它们及时地运送到体外。人体必须将这些代谢的最终产物,以及进入机体的异物或有害物质和一些过剩的物质排出体外,才能维持体内环境的稳定,将这一过程称为排泄。

人体的排泄器官主要是肾,其次是肺、皮肤、肝和肠。排泄的途径有四条:首先是气管、支气管及肺等呼吸器官的排泄,主要的排泄物是二氧化碳和少量的水分;经由皮肤的排泄,主要是以汗液的形式散发出机体多余的热量、水分和氯化钠、尿素等代谢产物;肾脏的排泄,是人体最为重要的排泄途径,它以尿液的形式排泄体内过多的水分、尿素、离子等代谢产物,对维持机体内环境的稳定性有特别重要的意义;最后一条排泄的途径是由大肠粪便的排泄。从严格的生理学意义上讲,只将经过血液循环、由某些排泄器官向体外排泄的过程,称为排泄。因此,大肠的排泄应该特指经肝脏排出、并在肠道中起了变化的胆色素,经肠黏膜细胞排出的一些无机盐,如钙、镁等物质的排泄,而不包括食物未消化的或消化后的未被吸收的残渣。但从食物营养素代谢的整个过程来看,为了叙述的方便,我们也将其一并叙述。

一、粪便的排泄

人类的大肠没有主要的消化活动,主要的作用是吸收一部分水分,并为从小肠转运来的未被消化吸收的残余物质提供暂时贮存的场所。

(一)粪便的形成与成分

食物残渣在大肠的停留时间比较长,一般在 10h 左右,在这段时间里,食物残渣中的水分被大肠黏膜细胞吸收。大肠内存在有大量的细菌,它们来自食物和空气,由口腔入胃,最后到达大肠。大肠内的温度和酸碱度很适合细菌的生长繁殖,繁殖的速度也相当快,人体排出的粪便中约有 20%~30% 为活的或死的细菌。有些细菌中含有分解食物残渣的酶,能将蛋白质分解为蛋白胨、氨基酸、氨、硫化氢、组胺、吲哚等,这一过程称为腐败式分解。糖及脂肪也能被分解,产物为乳酸、醋酸、二氧化碳、脂肪酸、胆碱等,这一过程称为发酵式分解。膳食纤维在大肠中最易被细菌发酵,发酵的程度及速度与膳食纤维的种类、存在形式以及物理性状、肠道中菌群等有关。适量膳食纤维的摄入并在肠道中发酵,有利于改善肠道功能。

大肠排出的粪便,除食物的残渣、脱落的消化道细胞、细菌等物质,还含有机体代谢后的废物,如肝脏排泄的胆色素衍生物等;血液通过肠壁排至肠腔的一些重金属,如钙、镁的盐类等,也随着粪便排出体外。

(二)粪便的排泄

正常人的直肠一般是空的,没有粪便存在。当肠蠕动将粪便推入直肠时,刺激了肠壁的感受器,冲动神经传至脊髓的低级排便中枢及大脑皮层,引起便意和排便反射,正常人的直肠对于粪便的压力刺激具有一定的阈值,达到这一压力阈值时就会引起便意。但排便动作可以受大脑皮层的影响,意识可以加强或抑制便意。人们如果对便意经常抑制,就会使直肠渐渐对类似的压力失去正常的敏感度。粪便在肠道中停留的时间过长,水分的吸收过多,使粪便干燥,引起排便的困难,这是产生便秘的主要原因之一。便秘时,粪便中的一些有毒的代谢产物也有可能再被人体吸收,因而会有损健康。

正常情况下,每日从粪便中排泄的水分约为150mL,但腹泻时,特别是水样腹泻,就会造成水分的大量流失,有时甚至会影响到生命安全。

二、尿液的排泄

泌尿是肾脏的重要功能。通过尿液的排泄,可以调节人体的水分含量。同时还能排泄体内代谢的产物,控制体液中离子成分的浓度,维持人体晶体成分的稳定。因此,通过尿液的排泄,可以维持人体内环境的相对稳定。

(一)尿液的成分与排泄量

正常人每昼夜排出的尿量约在1000mL~2000mL之间。一般为1500mL。尿量的多少与水的摄入量和由其他途径所排出水量有关。如果排汗量、粪便的排水量不变,则摄入的水越多排泄的尿液也越多。若每昼夜的尿量长期保持在2500mL以上,称为多尿;每昼夜的排量在100mL~500mL范围,称为少尿;如果每天的尿量不足100mL,则称为无尿。如果尿量过多机体水和电解质的损失过多,则会导致脱水和电解质紊乱,若尿量太少,则会引起水分的潴留,代谢产物的积聚,对机体健康的影响更大。

尿液中95%~97%是水分,固体物只有3%~5%。固体物分为有机物和无机物两类。有机物中主要成分为尿素,还有肌酐、马尿酸、尿胆素等,主要是食物或机体蛋白质代谢后的产物。无机物主要是氯化钠,还有硫酸盐、磷酸盐、钾、铵等。氯化钠的含量随食物中盐含量的多少而波动。硫酸盐主要来自蛋白质的代谢。磷酸盐主要来自含磷的蛋白质和磷脂的代谢。固体物质虽然只占尿液成分中很少的比例,但能否及时清除,却对机体内环境的稳定起着十分重要的作用。

正常人的尿液一般呈酸性,pH 5.0~7.0,最大变化范围是4.5~8.0。尿液的pH主要受食物性质的影响,荤素杂食的人,尿液呈酸性,pH在6.0左右。素食的人,尿液偏碱性。

(二)尿液的形成与重吸收

人体尿液的形成,先是流经肾小球的血浆通过滤过膜的滤过,形成原尿。人体两侧肾脏24h原尿的生成量约为180L,其晶体渗透压与血浆完全相间,但正常人每昼夜尿量约为1.5L左右,因为原尿进入肾小管、集合管,经过肾小管和集合管的选择性重吸收,大约99%的水分被重吸收,最终只有约1%的水分形成终尿排出体外。一些对机体有用的物质,如钠、钾、钙、葡萄糖和氨基酸等也被重吸收进入血液,同时肾小管还将一些机体的代谢终产物通过分泌主动排泄到终尿中。因此,排泄出体外的终尿,是人体在代谢过程需要排泄的废物,而葡萄糖、氨基酸等物质正常情况下是不会出现在尿液中的。

当机体代谢出现异常时,如机体蛋白质的代谢以负氮平衡为主时,或摄入的蛋白质远远超出人体的需要时,蛋白质的代谢产物增加,表现为尿液中尿素、肌酐的含量增加,而糖尿病患者血糖浓度增加到一定限量时,尿液中也会有葡萄糖出现。因此,肾脏功能正常时,可以通过测定尿液中成分的变化,来推测机体的物质代谢和营养状况。

(三)尿液的排放

排尿是一种反射活动,当膀胱中的尿量达到一定程度时,因膀胱壁受到牵拉,产生神经冲动,沿神经系统传入神经中枢,产生排尿的欲望而排尿。

三、汗液的排泄

皮肤是人体进行排泄的另一个重要途径。汗液是皮肤汗腺的分泌物,即汗液在皮肤表面以明显的汗滴形式排泄水分而引起蒸发散热的一种形式。皮肤上有肉眼可见的汗滴时,称为可感蒸发;当机体的水分直接透过皮肤和黏膜表面,并且在还未能形成水滴前就蒸发掉了,这种形式称为不感蒸发。

汗液的排泄是机体散热的一条有效的途径,机体营养物质代谢释放出来的化学能,50%以上是以热能的形式用于体温的维持。另外的 50% 载荷于三磷酸腺苷(ATP),供给细胞代谢过程中的能量需要,在能量的转化与利用过程中,最终也变为热能。机体的营养物质代谢、细胞的生物氧化过程不断地进行,热能的产生也是持续的。因此,机体要维持体温的恒定,就要将多余的热能散发出体外。汗液的排泄无论是不感蒸发还是有感蒸发,都是很好的散热途径,特别是当环境温度等于或高于机体的皮肤温度时,其他的散热活动,如辐射、对流、传导等停止时,汗液的蒸发就成了惟一的机体散热的渠道。

汗液的排泄除了具有散热的功能外,还具有排泄机体其他代谢产物的作用。汗液中水分的含量约为 99% ,另外的 1% 是固体成分,以氯化钠为主,也有少量的氯化钾、尿素、乳酸等。

汗液中一般不含葡萄糖和蛋白质,实验表明,汗液不是简单血浆的滤出液,而是汗腺细胞主动分泌的。从汗腺细胞分泌出来的汗液是等渗的,但流经汗腺管腔时,一部分钠和氯被重吸收,所以最终排出的汗液一般是低渗的。当然,汗液中氯化钠的含量也受到食物中食盐含量的影响,当机体的营养素代谢异常、中间代谢产物增加时,汗液中的排泄量也会增加,从而使体表产生异味。

【复习思考题】

1. 名词解释:消化、吸收、排泄。
2. 胆汁在消化过程中有何作用?
3. 简述吸收原理,简要说明碳水化合物、蛋白质、脂肪等营养素的吸收过程。
4. 消化的方式有哪些?
5. 在消化吸收过程中,唾液、胃液、胆汁、胰液、小肠液、大肠液等各自所含的成分及作用是什么?
6. 糖类、脂类、蛋白质、维生素、矿物质等营养素在机体内进行消化与吸收的机理是什么?
7. 糖唾液有何作用?
8. 胃在消化吸收过程中的作用有哪些?

第三章 水 分

【本章目标】

1. 了解水的化学结构、理化性质;水在食品及人体内的分布及作用。

2. 掌握水在食品中存在形式及水分活度对食品稳定性的影响、食品中的水分含量、水的物理特性。

3. 掌握水分的营养学意义、生理功能及人体需求量和来源。

第一节 水的结构和性质

水是食品中非常重要的一种成分,也是构成大多数食品的主要组成成分,对食品的结构、外观、质地、风味以及对腐败的敏感性有着很大的影响。了解掌握水的结构和性质,在食品的加工过程中,可以使水的膨润、浸透等方面的作用充分发挥出来。从食品化学方面考虑,水对食品的鲜度、硬度、流动性、呈味性、保藏性和加工等方面都具有重要的影响。水也是微生物繁殖的重要因素,影响着食品的可储藏性和保质期。从物理化学方面来看,水在食品中起着分散蛋白质和淀粉等成分的作用,使它们形成溶胶或溶液。在许多法定的食品质量标准中,水分是一个重要的指标。因此,研究水的结构和物理化学性质,水在食品中分布及其状态,对食品营养有着重要的意义。

一、水的结构

(一)水分子的结构

要了解水的性质,就要了解水结构,要想弄清水结构就要先从单个水分子的性质开始研究。水分子由两个氢原子与一个氧原子在两个σ共价键的作用下形成的,每个键的离解能为$4.614×10^2$ kJ/mol,氧的两个定域分子轨道对称地定向在原来轨道轴的周围,因此水分子呈现四面体结构,氧原子位于四面体中心,四面体的四个顶点中有两个被氢原子占据,其余两个为氧原子的非共用电子对所占有,如图3-1所示。

常温下液态水中,若干个水分子缔合成为$(H_2O)_n$的水分子簇。其原因是:一是水分子中氧原子的电负性大,O-H键的共用电子对强烈地偏向于氧原子,使得氢原子几乎成为带有一个正电荷的裸露质子,整个水分子形成偶极分子,因此水分子之间存在较强的静电吸引力(氢原子的正极端同氧原子的负极端)。二是水分子的氢原子极易与另一个水分子中的氧原子外层孤对电子形成二维氢键。水分子在氢键缔合时,一方面以分子中近乎裸露的氢原子与相邻水分子中的氧原子的孤对电子形成氢键,另一方面又以分子中氧原子的孤对电子与另一个相邻水分子中近乎裸露的氢原子形成氢键。上述两类氢键,对处于中心的水分子

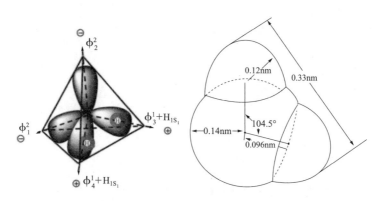

图 3-1　单分子水的立体模式

而言是不同的,前一类氢键,中心的水分子为氢键授体,在形成氢键时提供氢原子;在后一类氢键中,中心的水分子是氢键受体,形成氢键时接受氢原子。从理论上说,每 1 个水分子(在界面上的除外)都可以作为中心水分子与相邻的 4 个水分子同时形成 4 个氢键,得到四面体结构,如图 3-2 所示。每个水分子在三维空间的氢键给体数目和受体数目相等,因此,水分子间的吸引力比同样靠氢键结合成分子簇的其他小分子(如 NH_3 和 HF)要大得多。由于水具有形成三维氢键的能力,可以从理论上解释水的许多异常性质。例如,水的热容、熔点、沸点、表面张力和相变热都很大,这些都与破坏水分子间氢键需要额外的能量有关。水的高介电常数则是由于氢键所产生的水分子簇,导致多分子偶极,从而有效地提高了水分子的介电常数。

(二)冰的结构

冰(ice)是由水分子形成的结晶,水分子之间有序排列,靠氢键连接在一起形成非常"疏松"(低密度)的刚性结构。每个水分子的配位数等于 4,均与最邻近的 4 个水分子缔合可形成四面体结构(见图 3-3)。相比之下,液态水则是一种短而有序的结构,因此,冰的比容较大。冰在熔化时,一部分氢键断裂,所以转变成液相后水分子紧密地靠拢在一起,体积减少,密度增加。

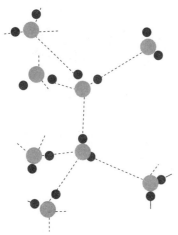

图 3-2　水分子的四面体构型下的
氢键模式(以虚线表示)

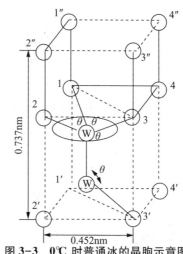

图 3-3　0℃ 时普通冰的晶胞示意图
(圆圈表示水分子中的氧原子,最邻近水分子的
O-O 核间距是 0.276nm, $\theta = 109°$)

从图3-4（a）中可以清楚地看出，当几个晶胞结合在一起形成晶胞群时，冰呈正六方结构。从图3-4（b）图中可见，水分子W与水分子1、2、3和位于平面下的另外一个水分子（正好位于W的下面）形成四面体结构。如果从三维角度观察图3-4（a），则可以得到图3-4（b）的结果，即冰结构中存在两个平面（由空心和实心的圆分别表示），它们是彼此接近和平行的，冰在压力下滑动或流动时它们作为一个单元运动，此类平面构成冰的"基本平面"，许多平面的堆积就构成了冰的结构，冰在C轴方向是单折射而在其他方向是双折射，所以C轴是冰的光学轴。

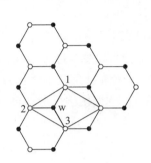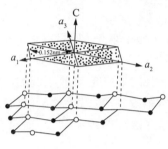

（a）从C轴所观察到的正六边形结构　　　　（b）基本平面的三维图

图3-4　冰的"基本平面"

（每个圆代表一个水分子的氧原子，空心和实心代表基本平面上层和下层中氧原子）

常压和温度0℃时，在冰结构中，只有普通正六方晶系的冰晶体是稳定的，另外的九种同质多晶和一种非结晶或玻璃态的无定形结构。六方形、不规则树枝状、粗糙的球形和易消失的球晶，以及各种中间状态的冰晶体，是冷冻食品中存在的四种主要冰晶体结构，大多数冷冻食品中的冰晶体是高度有序的六方形结构，但在含有大量明胶的水溶液中，由于明胶对水分子运动的限制以及妨碍水分子形成正六方结晶，多形成立方体和玻璃状冰晶。

水的温度降到冰点时，水并不一定结冰，其原因是溶质可以降低水的冰点或就是产生过冷现象。所谓过冷是由于无晶核存在，液体水温度降到冰点以下仍不析出固体，但是，若向过冷水中投入一粒冰晶或摩擦器壁产生冰晶，过冷现象立即消失。当在过冷溶液中加入晶核，则会在这些晶核的周围逐渐形成长大的结晶，这种现象称为异相成核。冰晶的大小受过冷度高低影响，过冷度愈高结晶速度愈慢。当大量的水慢慢冷却时，由于有足够的时间在冰点温度产生异相成核，因而形成粗大的晶体结构。若冷却速度很快就会发生很高的过冷现象，则很快形成晶核，但由于晶核增长速度相对较慢，因而就会形成微细的结晶结构，这种微细的结晶结构对于冷冻食品的品质提高是十分重要的。

冰晶体的大小和结晶速度受溶质、温度、降温速度等因素影响，溶质的种类和数量也影响冰晶体的数量、大小、结构、位置和取向。图3-5为冷冻时晶核形成速率与晶体长大速率的关系示意图。

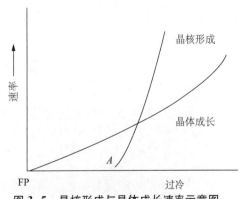

图3-5　晶核形成与晶体成长速率示意图

冰晶的大小与晶核数目有关,形成的晶核愈多则晶体愈小。晶核数目受结晶温度和结晶热传递速度的直接影响。一般食品在冷冻的过程中,冰点的温度低于0℃,大多数天然食品的初始冻结点在-2.6℃～-1.0℃,原因是食品中的水均是溶解了其中可溶性成分所形成的溶液,随着冻结量增加,冻结点持续下降到更低温度,直到食品达到低共熔点(食品中水完全结晶的温度)。大多数食品的低共熔点为-65℃～-55℃,而我国冷藏食品的温度一般定为-18℃,如果冷藏食品达到低共熔点,需要消耗掉大量的能量,-18℃这个温度离低共熔点相差甚多,但已使大部分水结冰,且最大程度地降低了其中的化学反应,基本达到了冷藏的目的。

冰晶的分布与冷冻食品质量有很大关系,目前还没完全掌握,但是食品在冷冻时,由于水转变成冰时可产生"浓缩效应",即食品体系中有一部分水转变为冰的时候,溶质的浓度相应增加,同时pH、离子强度、黏度、渗透压、蒸汽压及其它性质也会发生变化,从而会影响食品的品质。"浓缩效应"可以导致蛋白质絮凝、鱼肉质地变硬,化学反应速度增加等不良变化,甚至一些酶在冷冻时被激活,从而对食品的品质产生影响,这些在具体食品加工中需注意。

二、水的理化性质

(一)水的比热、汽化热、熔化热

1. 比热容

又称比热容量,简称比热,用符号 C 表示,表示物体吸热或散热能力。比热容越大,物体的吸热或散热能力越强。国际单位制中的比热容单位是焦耳每千克摄氏度[J/(kg·℃)]。水的比热容为4200 J/(kg·℃),即把1kg的水加热升高1℃所需要的热能是4200J,水的比热大意味着在同样受热或冷却的情况下,水的温度变化要小些。食品比热容在其加工、流通、保鲜环节起着重要的作用。食品比热容不仅与其含水率、组分、温度有关,还与食品的结构、水和组分的结合情况等有关,其中含水率是影响比热容的重要因素。食品在冷却过程中水分不发生相变,其比热容是一定值。由于干食品的比热小于水的比热,因此食品比热容 C 值的大小主要与食品的水分含量有关,食品水分含量越高,C 值越大,冷却过程中所耗冷量越多,在某一工况下食品冷却所需要的时间越长。在计算食品冷却热负荷、预测食品冷却时间和设计食品冷却装置时,C 值是一个十分重要的参数。

2. 汽化热

在标准大气压下,使一摩尔物质在一定温度下蒸发所需要的热量,称为汽化热,常用单位为千焦/摩尔。由于汽化热只改变物质的相而不改变物质的温度,所以又称汽化潜热。当液体蒸发或沸腾时,欲保持温度不变,都必须从外界输入能量,这就是液体汽化时需要汽化热的原因。水的汽化热为40.8kJ/mol(2260kJ/kg)。

3. 熔化热

熔化热是单位质量的晶体在熔化时变成同温度的液态物质所需吸收的热量。也等于单位质量的同种物质,在相同压强下的熔点时由液态变成固态所放出的热量,常用单位为焦耳每千克(J/kg)。冰的熔化热是 3.36×10^5 J/kg。

由于水分子间存在强烈的氢键缔合作用,当发生相转变时,必须供给额外的能量(如汽化热、熔化热)来破坏水分子之间的氢键。这对食品冷冻、干燥和加工都是非常重要的因素。

(二)水的介电常数大、溶解力强

水的介电常数同样会受到氢键键合的影响,虽然水分子是一个偶极子,但水分子间靠氢键键合形成分子群,成为多极子,这便导致水的介电常数增大。20℃时,水的介电常数80.36。而大多数生物体内干物质的介电常数为 2.2~4.0。理论上,任何物质的水分含量增加1%,介电常数增加 0.8 左右。由于水的介电常数大,因此水溶解离子型化合物的能力较强;极性化合物如糖类、醇类、醛类等均可与水形成氢键而溶于水中。即使非极性不溶于水的物质,如脂肪和某些蛋白质,也能在适当的条件下分散在水中形成乳浊液或胶体溶液。

(三)水的密度

水的密度的变化和温度相关,冰的密度也与温度有关。冰结晶的成长及冰体积的膨胀(体积增加约9%)都会引起食品的细胞组织机械损伤和破坏,从而使冷冻食品质地发生物理变化。

(四)水的热导率和热扩散速度

水的热导率较大,然而冰的热导率却是同温度下水的 4 倍,因此水的冻结速度比熔化速度要快得多。冰的热扩散速度是水的 9 倍,因此在一定的环境条件下,冰的温度变化速度比水大得多。

正是由于水的以上理化特性,导致含水食品在加工贮藏过程中的许多方法和工艺条件必须以水为重点来进行考虑和设计,特别是在利用食品低温加工技术时,要充分重视水的热传导和热扩散特征。

第二节　水在食品及人体中的含量及作用

水是食品中的重要组分,各种食品都有其特定的水分含量,含水量的多少与其色、香、味、形及腐败和发霉等现象有极大关系。水是人体除了氧气以外维持生命的必需营养素,一旦缺水,就会影响营养物质的代谢、吸收,影响正常的生命活动。因此,水在生物体中含量是食品营养研究的重点,生物体中水分的含量对动物的营养和食品的加工有着重要的作用。

一、天然食品中水分的含量

天然食品中水分的含量范围一般在 50%~92%(谷物和豆类等种子 12%~16%),成年人体中水分的含量占体重的 1/2~2/3。一些常见的食品含水量见表 3-1。

表 3-1　一些食品中水分的含量

类别	食品名称	水分含量/%	类别	食品名称	水分含量/%
畜产品、水产品等	动物肉和水产品	50~85	水果、蔬菜等	新鲜水果	90
	新鲜蛋	74		果汁	85~93
	干蛋粉	4		番石榴	81
	鹅肉	50		甜瓜	92~94
	鸡肉	75		成熟橄榄	72~75
高脂肪食品	人造奶油	15		鳄梨	65
	蛋黄酱	15		浆果	81~90
	食品用油	0		柑橘	86~89
	沙拉酱	40		干水果	<25
	果酱	<35		豆类(青)	67
糖类	白糖及其制品	<1		豆类(干)	10~12
	蜂蜜及其他糖浆	20~40		黄瓜	96
谷物及其制品	全粒谷物	10~12		马铃薯	78
	燕麦片等早餐食品	<4		红薯	69
	通心粉	9		小萝卜	78
	面粉	10~13		芹菜	79
	饼干等	5~8	乳制品	奶酪(切达)	40
	面包	35~45		鲜奶油	60~70
	馅饼	43~59		奶粉	4
	面包卷	28		液体乳制品	87~91

食品的加工过程中经常有一些涉及对水的加工处理，从食品中除去水分的方法包括加热干燥、蒸发浓缩、超滤、反渗透等，或将水分转化为非活性成分(冷冻)，或将水分物理固定(凝胶)，以达到提高食品稳定性的目的。

二、水与食品的相互作用

食品的含水量与其风味、腐败及发霉变质等现象有着极大关系，如香肠的口味就与其吸水、持水情况关系很大，而含水多的食物都容易发霉、腐败。此外，食品中水分含量的变化也常引起食品的物理性质发生变化，如面包和饼类烘烤后水分含量和淀粉结构发生变化的结果。由于水在溶液中的存在状态，与溶质(即食品)的性质以及溶质同水分子的相互作用有关，下面分别介绍不同种类溶质与水之间的相互作用。

(一)水与离子或离子团的相互作用

一些简单无机离子或离子基团(Na^+，Cl^-，$—COO^-$，$—NH_3^+$等)不具有氢键受体又没有给体的，只能通过自身的电荷与水分子偶极子产生相互作用，通常称为水合作用。与离子和离子团相互作用的水，是食品中结合最紧密的一部分水，如 Na^+ 与水分子的结合能大约是水分子间氢键键能的 4 倍,但低于共价键能。从实际情况来看,所有的离子对水的正常结构均有破坏作用,典型的特征就是水中加入盐类以后,水的冰点下降。

当水中添加可离解的溶质时,纯水的正常结构遭到破坏。由于水分子具有大的偶极矩,因此能与离子产生相互作用,如图 3-6,由于水分子同 Na^+ 的水合作用能约 83.68 kJ/mol,比水分子之间氢键结合作用能(约 20.9 kJ/mol)大四倍,因此离子或离子基团加入到水中,会破坏水中的氢键,导致改变水的流动性。

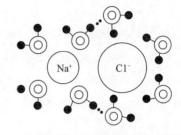

图 3-6 离子的水合作用和水分子的取向

在稀盐溶液中,离子对水结构的影响是不同的,一些半径大的离子,如 K^+、Rb^+、Cs^+、NH_4^+、Cl^-、Br^-、I^-、NO_3^-、BrO_3^-、IO_3^- 和 ClO_4^- 等,电场强度弱,能破坏水的网状结构,所以溶液比纯水的流动性更大。一些半径小或多价的离子,电场强度较强,例如 Li^+、Na^+、H_3O^+、Ca^{2+}、Ba^{2+}、Mg^{2+}、Al^{3+}、F^- 和 OH^- 等,它们有助于水形成网状结构,这类离子的水溶液比纯水的流动性小。实际上,从水的正常结构来看,所有的离子对水的结构都起破坏作用,因为它们均能阻止水在 0℃下结冰。

(二)水与极性基团的相互作用

一些极性基团,如羟基、氨基、羰基、酰氨基和亚氨基等,与水间的相互作用力比水与离子间的相互作用弱,例如在蛋白质周围,结合水至少有两种存在状态,一种是直接被蛋白质结合的水分子,形成单层水;另一种是外层水分子(即多层水),结合能力较弱,蛋白质的结合水中大部分属于这种水,但与游离水相比,它们的移动性变小。除了上述两种情况外,当蛋白质中的极性基团与几个水分子作用形成"水桥"结构时(图 3-7),表示木瓜蛋白酶肽链之间存在一个 3 分子水构成的水桥,这部分水也是结合水,可以预料大多数氢键键合溶质都会阻碍水结冰。

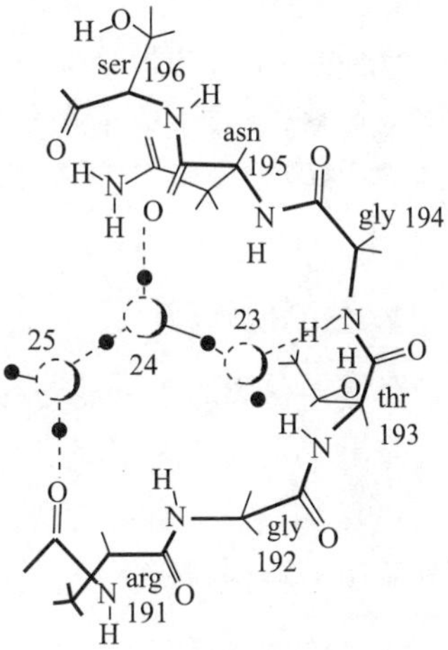

图 3-7 木瓜蛋白酶中的三分子水桥

(三)食品中水分与溶质间的相互作用

1. 水与离子和离子基团的相互作用

在水中添加可解离的溶质,会破坏纯水的正常结构,这种作用称为离子水合作用。但在不同的稀盐溶液中,离子对水结构的影响是有差异的。某些离子如 K^+、Rb^+、Cs^+、Cl^- 等具有破坏水的网状结构效应,而另一类电场强度较强、离子半径小的离子或多价离子则有助于水形成网状结构,如 Li^+、Na^+、H_3O^+、F^- 等。离子的效应不仅仅改变水的结构,而且影响水的介电常数、水对其他非水溶质和悬浮物质的相容程度。

2. 水与具有氢键键合能力的中性基团的相互作用

食品中蛋白质、淀粉、果胶等成分含有大量的具有氢键键合能力的中性基团,它们可与水分子通过氢键键合。水与这些溶质之间的氢键键合作用比水与离子之间的相互作用弱，与水分子之间的氢键相近，且各种有机成分上的极性基团不同，与水形成氢键的键合作用强弱也有区别。

3. 水与非极性物质的相互作用

向水中加入疏水性物质，如烃、稀有气体及引入脂肪酸、氨基酸、蛋白质的非极性基团，由于它们与水分子产生斥力，从而使疏水基团附近的水分子之间的氢键键合作用增强，此过程称为疏水水合作用；当水体系存在有多个分离的疏水基团，那么疏水基团之间相互聚集，此过程称为疏水相互作用。

4. 水与双亲分子的相互作用

水能作为双亲分子的分散介质，在食品体系中，水与脂肪酸盐、蛋白脂质、糖脂、极性脂类、核酸类，这些双亲分子亲水部位羧基、羟基、磷酸基或含氮基团的缔合导致双亲分子的表观"增溶"。

三、含水食品的水分转移

食品的水分含量、分布不是固定不变的，水分的转移在食品储藏、运输、加工的过程中常常发生，变化的结果有两种情况：一是水分在同一食品的不同部位或在相互接触的不同食品之间发生位转移，导致了原来水分的分布状况改变；二是发生水分的相转移，特别是气相和液相水的互相转移，导致了食品含水量的降低或增加，这对食品的贮藏性及其他性质有着极大的影响。

（一）水分的位转移

由于温度差引起的水分的转移，是食品的水分将从高温区域进入低温区域，这个过程较为缓慢。而由于水分活度不同引起的水分位转移，是水分从高水分活度（A_w）区域向低水分活度（A_w）的区域转移。如把水分活度大的蛋糕与水分活度低的饼干放在同一环境中，蛋糕里的水分就逐渐转移到饼干里，使得两种食品的品质都受到不同程度的影响。

（二）水分的相转移

在一定温度、湿度等环境条件下，食品的平衡水分含量称为食品的含水量。如果环境条件发生变化，则食品的水分含量也就发生变化。如在空气中暴露的食品，空气湿度的变化就会引起食品中水分的相转移，食品中水分相转移的方向和强度受空气湿度变化的方式影响。食品中水分的相转移主要形式为水分蒸发和蒸气凝结。

1. 水分蒸发

食品的水分蒸发就是食品中的水分由液相转变为气相而散失的现象，它严重影响食品质量。利用水分的蒸发进行食品的干燥或浓缩，可得到低水分活度的干燥食品或中等水分食品；但对新鲜的水果、蔬菜、肉禽、鱼贝等来讲，水分的蒸发会对食品的品质会发生不良的影响，例如会导致食品外观的萎蔫皱缩，食品的新鲜度和脆度受到很大的影响，严重时会丧失其商品价值；同时，水分蒸发还会导致食品中水解酶的活力增强，高分子物质发生降解，食品的品质降低、货架寿命缩短等问题。

水分的蒸发主要与环境中空气的饱和湿度差有关。饱和湿度差是指空气的饱和湿度与同一温度下空气中的绝对湿度之差,是决定食品水分蒸发量的一个极为重要的因素。饱和湿度差越大,则空气达到饱和状态所能再容纳的水蒸气量就越多,反之就越少。因此饱和湿度差越大,则食品水分的蒸发量就越大;反之,食品水分的蒸发量就小。

空气流动可以把食品周围的环境中水蒸气带走,降低了食品周围空气的水蒸气压,使食品中水分蒸发加快,由于水分蒸发导致食品表面干燥,进而影响食品的物理品质。

2. 水蒸气的凝结

当空气中的水蒸气与食品表面、食品包装容器表面等接触时,如果表面的温度低于水蒸气的饱和温度,则水蒸气有可能在表面上凝结成液态水称为水蒸气凝结。一般情况下由于食品的性质不同,形成的液态水有两种情况,一是如果食品为亲水性物质,则水蒸气凝聚后铺展开来并与之溶合,如糕点、糖果等就容易被凝结水润湿,并可将其吸附;二是如果食品为憎水性物质,则水蒸气凝聚后收缩为小水珠,如蛋的表面和水果表面的蜡质层均为憎水性物质,水蒸气在其上面凝结时就不能扩展而收缩为小水珠。

水不仅是食品中最普遍的组分,而且是决定食品品质的关键成分之一。水也是食品腐败变质的主要影响因素,它决定了食品中许多化学反应、生物变化的进行。但是水的性质及在食品中的作用极其复杂,对水的研究还需深入的进行。

四、水在人体内含量及作用

(一)人体内水的含量

水是构成身体的主要成分之一,而且还具有重要的调节人体生理功能的作用,水是维持生命的重要物质基础。对人的生命而言,断水比断食的威胁更为严重,断水至失去全身水分10%就可能导致死亡。

水是人体中含量最多的成分,因年龄、性别和体型存在明显个体差异。新生儿总体水最多,约占体重的80%;婴幼儿次之,约占体重的70%,随着年龄的增长,总体水逐渐减少,10~16岁以后,减至成人水平;成年男子总体水约为体重的60%,女子为50%~55%;40岁以后随肌肉组织含量的减少,总体水也逐渐减少,一般60岁以上男性为体重的51.5%,女性为45.5%。总体水还随机体脂肪含量的增多而减少,因为脂肪组织含水量较少,仅10%~30%,而肌肉组织含水量较多,可达75%~80%。水在体内主要分布于细胞内和细胞外,各占总体水的2/3和1/3。各组织器官的含水量相差很大,以血液中最多,脂肪组织中较少,见表3-2。女性体内脂肪较多,故水含量不如男性高。

表3-2　各组织器官的水分含量(以重量计)

组织器官	水分/%	组织器官	水分/%
血液	83.0	脑	74.8
肾	82.7	肠	74.5
心	79.2	皮肤	72.0

表 3-2(续)

组织器官	水分/%	组织器官	水分/%
肺	79.0	肝	68.3
脾	75.8	骨骼	22.0
肌肉	75.6	脂肪组织	10.0

(二)水在人体内的作用

水对于人的生命活动非常重要,在人体内的主要作用是:

1. 水构成细胞和体液的重要组成成分

成人体内水分含量约占体重的 65%,血液中含水量占 80%以上,水广泛分布在组织细胞内外,构成人体的内环境。

2. 水参与人体内新陈代谢

水具有较大的流动性,在消化、吸收、循环、排泄过程中,可协助加速营养物质的运送和废物的排泄;水的溶解力很强,并有较大的电解力,可使水溶物质以溶解状态和电解质离子状态存在。这是由于水的存在,使人体内新陈代谢和生理化学反应得以顺利进行。

3. 调节人体体温

水的比热值大,大量的水吸收代谢过程中产生的能量,使体温不至于显著升高。水的蒸发热大,在 37℃体温的条件下,蒸发 1g 水可带走 2.4kJ 的能量。因此在高温下,体热可随水分经皮肤蒸发散热,以维持人体体温的恒定。

4. 润滑作用

在关节、胸腔、腹腔和胃肠道等部位,都存在一定量的水分,对器官、关节、肌肉、组织能起到缓冲、润滑、保护的作用。

第三节 水在食物中的存在形式

人类在很早就认识到食品的腐败变质同水之间有着紧密的联系,虽然食品中含有大量水分,但在切开它们时,一般都不会流出水来,人类最早保存食品的方法是采取晾晒或高温加热除去食品中的水分含量,提高溶质的浓度,达到防腐保存的目的。食品中溶质的存在,使得食品中的水分以不同的状态存在,一种水与普通水一样是能自由流动的水,称为自由水或游离水,也称体相水。另一种是与食品中蛋白质、碳水化合物等以氢键结合着而不能自由运动,称结合水或固定水。这两种状态水的区别就在于它们同亲水性物质的缔合程度的大小,而缔合程度的大小则又与非水成分的性质、盐的组成、pH、温度等因素有关。

一、结合水

结合水,通常是指存在于溶质及其他非水组分邻近的、与溶质分子之间通过化学键结合的那一部分水,与同一体系的游离水相比,它们呈现出低的流动性和其他显著不同的性质,这些水在-40℃不会结冰,不能作为溶剂,食物中的微生物孢子不能利用结合水进行发芽和繁殖。根据被结合的牢固程度不同,结合水又可分为化合水、邻近水和多层水三种。

(一)化合水

化合水又称"组成水",是与非水物质结合程度最强并构成非水物质整体的那部分水。例如,存在于蛋白质的空隙区域内或者化学水合物中的水。这部分水在高水分含量食品中只占很小比例,它们在-40℃不结冰,不能作为所加入溶质的溶剂,也不能被微生物所利用,不能干燥去除。

(二)邻近水

邻近水又称"单层水",是与非水物质结合强度稍强的结合水,它们通过水离子和水偶极等缔合作用与非水物质结合,占据着非水成分的大多数亲水基团的第一层位置,其中与离子或离子基团相缔合的水是结合最紧密的一种邻近水。这部分水同样在-40℃不结冰,也不能作为所加入溶质的溶剂,微生物也不能利用,干燥也不能去除。

(三)多层水

多层水是指占有第一层中剩下的位置以及在单层水以外形成的几个水层,主要是靠水-水和水-溶质间氢键而形成。"多层水"占有第一层中剩下的位置以及形成单层水以外的几个水层,多层水也不同于纯水,虽然它的结合强度不如单层水,但是仍与非水组分靠得足够近,因此大多数多层水在-40℃仍不结冰,即使结冰,冰点也大大降低,且溶剂能力有所降低。

综上来看,食品体系中结合水是由化合水和吸附水(即:单层水+多层水)组成的。应该注意的是,结合水不是完全静止不动的,它们同附近水分子之间的位置交换作用会随着水结合程度的增加而降低,但是它们之间的交换速度不会为零。

二、游离水

食品中除结合水之外,没有与非水成分结合的水,称为游离水,又称体相水,它又可分为三类:滞化水、毛细管水和自由流动水。

(一)滞化水

滞化水是指被组织中的显微、亚显微结构和膜所阻留住的水,这些水不能自由流动,又称不移动水。例如,100g的动物肌肉组织中,总含水量为70g~75g,含蛋白质为20g,除去近10g结合水外,其余水的极大部分是滞化水。

(二)毛细管水

在生物组织的细胞间隙和食品结构组织中,存在着的一种由毛细管力所截留的水,称为毛细管水,在生物组织中又称为细胞间水,其物理和化学性质与滞化水相同。

(三)自由流动水

动物的血、淋巴和尿液,植物的导管和细胞内液泡中的水,以及食品中肉眼可见的水,这部分水可以自由流动,称为自由流动水(见表3-3)。

第三章 水分

表3-3 食品中水的分类与特征

分类		特 征	典型食品中比例/%
结合水	化合水	食品非水成分的组成部分	<0.03%
	单层水	与非水成分的亲水基团强烈作用形成单分子层;水-离子以及水-偶极结合	0.1%~0.9%
	多层水	在亲水基团外形成另外的分子层;水-水以及水-溶质结合	1%~5%
游离水	自由流动水	自由流动,性质同稀的盐溶液,水-水结合为主	5%~96%
	滞化水和毛细管水	容纳于凝胶或基质中,水不能流动,性质同自由流动水	5%~96%

三、结合水与游离水的区别

食品中结合水和游离水之间的界限是很难定量地作严格区分,只能根据物理、化学性质作定性的区分(见表3-4)。

表3-4 食品中结合水和游离水的性质比较

性质	结合水	游离水
一般描述	存在于溶质或其他非水组分附近的水。包括化合水、邻近水及几乎全部多层水	位置上远离非水组分,以水-水氢键存在
冰点(与纯水比较)	冰点大为降低,甚至在-40℃不结冰	能结冰,冰点略微降低
溶剂能力	无	大
平均分子水平运动	大大降低甚至无	变化很小
蒸发焓(与纯水比)	增大	基本无变化
高水分食品中占总水分比例/%	<0.03~3	约96%
微生物利用性	不能	能

结合水与游离水的区别如下:

(1)结合水的量与食品中有机大分子的极性基团数量有比较稳定的比例关系。如100g蛋白质可结合的水平均高达50g,100g淀粉的持水能力为30g~40g。结合水对食品的风味起着重要作用,当结合水被强行与食品分离时,食品的风味和质量就会发生改变。

(2)结合水的蒸汽压比游离水低得多,所以在一定温度(如100℃)下结合水不能从食品中分离出来。食品行业规定,一般水分含量的定量测定以105℃恒重后的样品重量减少量作为食品的水分含量。

（3）结合水不易结冰（冰点约-40℃）。由于这种性质,使得植物的种子和微生物的孢子（几乎没有游离水）得以在很低的温度下保持其生命力;而多汁的组织如新鲜水果、蔬菜、肉等在冰冻后,其细胞结构往往被水膨胀变成的冰所破坏,解冻后,冰化为水,因为水的体积小于冰,所以,细胞组织不同程度地崩溃。

（4）结合水不能作为溶剂,游离水能为微生物所利用,绝大部分结合水则不能。

第四节　水分活度与食品稳定性的关系

食品中水分含量与食品腐败变质存在着一定的关系。浓缩或脱水就是通过降低水分含量,提高溶质的含量来提高食品的保存性。新鲜或干燥食品中的含水量,都随环境条件的变动而变化。当食品吸收的水量等于从食品中蒸发的水量时,食品的水分含量就不再发生变化,此时的水分称为平衡水分。但当环境条件发生变化,则这种蒸发与吸湿的平衡就又被打破,直到建立起新的平衡。即食品中的水分并不是静止的,而是处于一种活动的状态。对于食品的含水量常用百分数表示,但这种表示方法不容易确定食品的稳定性,特别是在低温下,原因一是含水食品中溶质对水的束缚能力会影响水的汽化、冻结、酶反应和微生物的利用,如在相同的水分含量时,不同的食品的腐败难易程度是不同的;二是水与食品中非水成分作用后处于不同的存在状态,与非水成分结合牢固的水被微生物或化学反应利用程度降低。所以,可用另外一指标水分活度（A_w）来表示。

一、水分活度

（一）水分活度的概念

水分活度（A_w）是表示水与食品成分之间的结合程度,是食品质量指标中的重要指标。在较低的温度下,利用食品的水分活度比利用水分含量更容易判断食品的稳定性。食品中水分活度的表示为:

$$A_w = \frac{f}{f_0} \approx \frac{p}{p_0} = \frac{ERH}{100}$$

式中,f、f_0 为食品中水的逸度、相同条件下纯水的逸度;p、p_0 为食品中水的分压、在相同温度下纯水的蒸汽压;ERH 为食品的平衡相对湿度。

固定组成的食品体系其水分活度（A_w）值还与温度有关,克劳修斯-克拉贝龙方程表达了水分活度（A_w）与温度之间的关系:

$$\frac{d\ln A_w}{d(1/T)} = \frac{-\Delta H}{R}$$

式中,T 为绝对温度;R 是气体常数;ΔH 是在样品的水分含量下等量净吸附热。

从此方程可以看出 $\ln A_w \sim T^{-1}$ 为线性关系,当温度升高时,A_w 随之升高,这对密封在袋内或罐内食品的稳定性有很大影响。还要指出的是,$\ln A_w$ 对 T^{-1} 作图得到的并非始终是一条直线,在冰点温度出现断点。在低于冰点温度条件下,温度对水活度的影响要比在冰点温度以上大得多,所以对冷冻食品来讲,水分活度的意义就不是太大,因为低温下的化学反应、微生物繁殖等均很慢。

(二)水分活度的测定

水分活度的测定是研究食品保藏性能时经常采用的一个方法,目前对食品水分活度测定常用的方法有以下三种。

1. 水分活度计测定法

利用经过氯化钡饱和溶液(20℃时的水分活度为0.9000)校正过的相对湿度传感器,通过测定一定温度下的样品蒸气压的变化,可以确定样品的水分活度。水分活度仪测定的结果准确、快速,目前水分活度仪种类很多,均可满足不同使用者的需求。

2. 恒定相对湿度平衡室法

这种方法测定时需经历较长的时间,使样品与饱和盐溶液之间达到扩散平衡才可以得到较好的准确数值。具体做法是置样品于恒温25℃且密闭的小容器中,用不同的饱和盐溶液(使溶液产生的ERH从大到小)使容器内样品环境达到水的吸附-脱附平衡,平衡后测定样品的含水量,扩散时间依据样品性质变化较大,样品量约为1g;通过在密闭条件下,样品与系列水分活度不同的标准饱和盐溶液之间的扩散-吸附平衡,测定、比较样品重量的变化来计算样品的水分活度(推测值样品重量变化为零时的 A_w);在没有水分活度仪的情况下,这种方法是一个很好的替代方法,不足之处是分析繁琐,时间较长。至于不同盐类饱和溶液的 A_w 可以在理化手册上查找,也可以参考表3-5所给出的部分常用饱和盐溶液。

表3-5　一些饱和盐溶液所产生的恒定湿度

盐类	温度/℃	湿度/%	盐类	温度/℃	湿度/%
硝酸铅	20	98	溴化钠	20	58
磷酸二氢铵	20~25	93	重铬酸钠	20	52
铬酸钾	20	88	硫氰酸钾	20	47
硫酸铵	20	81	氯化钙	24.5	31
醋酸钠	20	76	醋酸钾	20	20
亚硝酸钠	20	66	氯化锂	20	15

3. 化学法

利用与水不相溶的有机溶剂(一般采用高纯度的苯)萃取样品中的水分,此时在苯中水的萃取量与样品的水活度成正比;通过卡尔-费休滴定法测定样品萃取液中水含量,再通过与纯水萃取液滴定结果比较后,可以计算出样品中水分活度。

二、水分活度与食品稳定性的关系

同一类的食品,由于其组成、新鲜度和其它因素的不同而有差异,实际上食品中的脂类自动氧化、非酶褐变、微生物生长、酶促反应等都与之有很大的关系,即食品的稳定性与水分活度有着密切的联系。

(一)水分活度与微生物生长关系

表3-6列出了适合于各种普通微生物生长的水分活度范围,还举出了按照水分活度分类的部分常见食品。

表3-6　食品中水分活度与微生物生长的关系

A_w值	在此范围内最低A_w一般能抑制的微生物	在此水分活度内的食品
1.00~0.95	假单胞菌属、埃希氏杆菌属、变形杆菌属、志贺杆菌属、芽孢杆菌属、克雷伯氏菌属、梭菌属、产气荚膜梭状杆菌、酵母	极易腐败变质的新鲜食品、水果、蔬菜、肉、鱼和乳制品罐头、熟香肠和面包;含约40%(质量分数)的蔗糖或7% NaCl 的食品
0.95~0.91	沙门氏杆菌属、副溶血红蛋白弧菌、肉毒梭状芽孢杆菌、沙雷氏杆菌、乳酸杆菌属、足球菌属、某些霉菌、酵母(红酵母、毕赤酵母属)	干酪、腌制肉(咸肉和火腿)、某些浓缩水果汁、含有55%(质量分数)蔗糖或12% NaCl 的食品
0.91~0.87	许多酵母(假丝酵母、球似酵母、汉逊氏酵母属)、微球菌	发酵香肠、松蛋糕、干干酪、人造奶油及含65%(质量分数)蔗糖或15% NaCl 的食品
0.87~0.80	大多数霉菌(产毒素的青霉菌)、金黄色葡萄球菌、大多数酵母菌属、德巴利氏酵母菌	大多数浓缩果汁、甜炼乳、巧克力糖浆、槭糖浆和水果糖浆、面粉、大米、含15%~17%水分的豆类、水果糕点、火腿、软糖
0.80~0.75	大多数嗜盐杆菌、产真菌毒素的曲霉	果酱、马茉兰、橘子果酱、杏仁软糖、果汁软糖、某些棉花糖
0.75~0.70	嗜干性霉、双孢子酵母	含10%水分的燕支片、牛轧糖、勿奇糖、果冻、棉花糖、糖蜜、某些干果、坚果、粗蔗糖
0.70~0.65	嗜高渗酵母、少数霉菌(刺孢曲霉、二孢红曲霉)	含约15%~20%的干果、太妃糖和焦糖、蜂蜜
0.5	微生物不繁殖	含水分约12%的面条和水分含量为1%的调料
0.4	微生物不繁殖	含约5%水分的全蛋粉
0.3	微生物不繁殖	含3%~5%水分的曲奇饼、脆点心和面包屑

(二)水分活度与食品化学反应的关系

水分活度(A_w)值除影响化学反应和微生物生长外,还影响干燥和半干燥食品的质地。例如,欲保持饼干、膨化玉米花和油炸马铃薯薯片的脆性,防止砂糖、奶粉和速溶咖啡的结块,以及硬糖果、蜜饯等黏结,均应保持适当的低的A_w值。

(三)冰对食品稳定性的影响

冷冻是保藏大多数食品最理想的方法,其作用主要是低温,而不是因为形成冰。低温保藏的优点是在低温下微生物的繁殖被抑制、一些化学反应的速度常数降低。保藏性提高与此时水从液态转化为固态的冰无关系。食品的低温冷藏虽然可以提高一些食品的稳定性,但低温形成的冰对食品带来不利的影响,主要表现在两个方面:一是体积增加。食品中水转化为冰后,其体积会增加9%,体积的膨胀就会产生局部压力,导致细胞状食品受到机械性损伤,造成食品解冻后汁液的流失,或者使得细胞内的酶与细胞外的底物产生接触,产生不良反应。二是冰冻浓缩效应。这是由于在所采用的商业保藏温度下,食品中仍然存在非冻结相,在非冻结相中非水成分的浓度提高,使非结冰相的pH、可滴定酸度、离子强度、黏度、冰点、表面和界面张力、氧化—还原电位等都将发生明显的变化。此外,还将形成低共熔混合物,溶液中有氧和二氧化碳逸出,水的结构和水与溶质之间的相互作用也剧烈地改变,同时大分子更紧密地聚集在一起,使之相互作用的可能性增大。在此条件下冷冻给食品体系化学反应带来的影响有相反的两方面:降低温度,减慢了反应速度;溶质浓度增加,加快了反应速度。表3-7中就温度、浓度两种因素的影响程度进行比较,综合列出了它们最后对反应速度的影响。

表3-7　冷冻过程中温度和溶质浓缩对化学反应速度的最终影响

情况	化学速度变化		两种作用的相对影响程度	冻结对反应速度的最终影响
	温度(T)	溶质浓缩的影响(S)		
1	降低	降低	协同	降低
2	降低	略有增加	T>S	略有降低
3	降低	中等程度增加	T=S	无影响
4	降低	极大增加	T<S	增加

食品冷冻可加速非酶催化转化速率,如氧化反应加快蛋白质溶解度降低,对食品质量产生特别重要的影响,对牛肌肉组织所挤出的汁液中蛋白质,在低于结冰温度的各种不同温度下,经过30d时间形成的不溶性蛋白质的量研究数据可以说明:

(1)一般是在刚好低于样品起始冰点几度时冷冻速率明显加快。

(2)正常冷冻储藏温度(-18℃)时的转化速率要比0℃时快的多。这一点与冷冻还是一种有效的保藏技术的结论是相吻合的。

冷冻时,在细胞食品体系中一些酶催化反应被加快,这是与冷冻导致的浓缩效应无关,一般认为是由于酶被激活,或由于冰体积增加而导致的酶-底物位移。典型的例子见表3-8。

表3-8　冷冻过程中酶催化反应被加速的例子

反应类型	食品样品	反应加速的温度/℃
糖原损失和乳酸蓄积	动物肌肉组织	-3~-2.5
磷脂的水解	鳕	-4
过氧化物的分解	快速冷冻马铃薯与慢速冷冻豌豆中的过氧化物酶	-5~-0.8
维生素C的氧化	草莓	-6

(四)玻璃态、分子移动性与食品稳定性

1. 食品的玻璃态

玻璃态是物质的一种存在状态,此时的物质象固体一样具有一定的形状和体积,又像液体一样分子之间的排列,因此是非晶态或无定形态,类似于我们熟知的透光材料玻璃;处于此状态的大分子聚合物的链段运动被冻结,只允许小尺寸的运动,所以其形变很小,因此称为玻璃态;而当大分子聚合物转变为柔软而具有弹性的固体时,就处于橡胶态。所谓无定形是指物质所处的一种非平衡、非结晶状态,当饱和条件占优势并且溶质保持非结晶时,此时形成的固体就是无定形态;所谓玻璃化温度,是指当非晶态的食品从玻璃态到橡胶态的转变(玻璃化转变)时的温度。物质在不同条件下所处状态以及这些状态间的相互转化条件见图 3-8。当食品发生玻璃化转变时,其物理和力学性能都发生急剧变化,如食品的比容、比热、膨胀系数、导热系数、折光指数、形变模量等都发生突变或不连续变化。

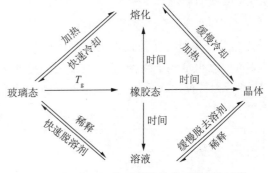

图 3-8 不同条件下物质所处状态以及相互变化

2. 分子移动性

通常以水和在食品中占支配地位的溶质作为二元物质体系绘制食品的状态图。在恒压下,以溶质含量为横坐标,以温度为纵坐标作出的二元体系状态图如图 3-9 所示。图中的粗实线和粗曲线均代表亚稳态,如果食品状态处于玻璃化曲线(T_g 线)的左上方又不在其他的亚稳态线上,食品就处于不平衡状态。

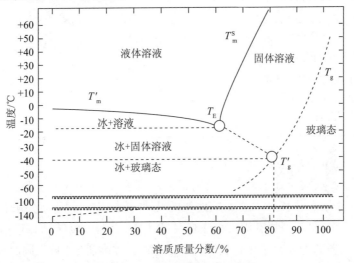

图 3-9 二元食品体系的状态图

T'_m 是融化平衡曲线,T^S_m 是溶解平衡曲线,T_E 是低共熔点(即共熔点),
T_g 是玻璃化曲线,T'_g 是特定溶质的最大冷冻浓缩溶液的玻璃化温度。

第三章 水分

已经知道大多数食品均具有玻璃化温度(T_g),一般食品中的溶质在温度下降时不会结晶,持续的降温会使其转化为玻璃态。水、溶质对食品的T_g有影响,例如一般情况下水含量增加1%其T_g降低$5℃～10℃$。一种食品的T_g随溶质、溶剂的不同而不同,但是它的T_g却是一个与溶质有关的量,它与溶质的相对分子质量有关,在溶质相对分子质量小于3000时,随相对分子质量增加T_g成比例增加。目前T_g与后面将要提到的分子移动性一样,已经被用于研究食品的稳定性等方面。但是需要指出的是,复杂体系的T_g很难测定,只有简单体系的T_g可以较容易地测定。

3. 食品稳定性

利用水分活性预测和控制食品稳定性已经在生产中得到广泛应用,而且是一种十分有效的方法,另外分子流动性与食品的稳定性也密切相关,对食品稳定十分重要。分子流动性(Mm),也叫是分子淌度,它与食品的一些重要的扩散控制性质有关。已经证明一些食品性质和行为特征由 Mm 决定,如表3-9所示几类食品。

表3-9　分子流动性对食品品质的影响

干燥或半干燥食品	冷冻食品
流动性和黏性	水分迁移(冰结晶冰现象发生)
结晶和再结晶过程	乳糖的结晶(在冷甜食品中出现砂状结晶)
巧克力表面起糖霜	酶活力在冷冻时留存,有时还出现表观提高
食品干燥时的爆裂	在冷冻干燥的初级阶段发生无定形区的结构塌陷
干燥或中等水分的质地	食品体积收缩(冷冻甜食中泡沫样结构部分塌陷)
冷冻干燥中发生的食品结构塌陷	
微胶囊风味物质从芯材的逸散	
酶的活性	
美拉德反应	
淀粉的糊化	
淀粉老化导致的焙烤食品的陈化	
焙烤食品在冷却时的爆裂	
微生物孢子的热灭活	
酶的活性	

分子流动性(Mm)就是分子的旋转移动和平动移动性的总度量,物质处于完全而完整的结晶状态下 Mm 为零,物质处于完全的玻璃态(无定型态)时 Mm 值也几乎为零。决定食品 Mm 值的主要成分是水和食品中占支配地位的几种非水成分。因为水分子体积小,常温下为液态,同时黏度也很低,所以在温度处于样品的T_g时仍然可以转动和移动;而作为食品主要成分的蛋白质、多糖等大分子化合物,不仅是食品品质的决定因素,同时还影响食品的粘度、扩散性质,所以它们决定食品的分子移动性;绝大多数食品的 Mm 值不等于零。

分子流动性(Mm)与水分活度(A_w)是研究食品稳定性两个相互补充的方法,A_w法主要是研究食品中水分的可利用性,Mm 法则主要是研究食品的微观黏度和组分的扩散能力。

从 Mm 方法与 A_w 方法应用对象来看,在估计由扩散控制的性质,如冷冻食品的物理性质,冷冻干燥的最佳条件和结晶作用、胶凝作用和淀粉老化等物理变化时,Mm 方法明显地更为有效;在估计不含冰的产品中,微生物生长和非扩散限制的化学反应速度如固有的慢速反应,例如高活化能反应,和在较低黏度介质像高水分食品中的反应时,应用 A_w 法更有效;在估计产品保藏在接近室温时导致结块、粘结和脆性的条件时二者具有大致相同的效果。

因为目前尚不能够快速、准确和经济地测定食品的 Mm,在实用性上 Mm 方法不能达到或超过现有的 A_w 方法,所以 A_w 方法仍然是对食品中水分进行相关研究时最有效的手段,特别是大多数食品的贮藏条件仍是在冰点以上保存。

第五节　水的营养学意义及生理功能

人类生存的三要素空气、水和食物,水是生命的源泉。水的溶解力强、介电常数大、黏度小、比热高等这些突出的物理和化学性质,使得水在生物体内具有特殊重要意义。

一、水的营养学意义

人体的 2/3 是由水构成的,是仅次于氧气的重要的营养物质,它比食品更为重要。人体在整个生命的新陈代谢过程中,各种营养物质吸收、运送,有毒的或废弃的物质的排出都离不开水,还有打喷嚏、呼吸、出汗、流泪、呕吐、大小便等这些生理活动,如果没有水都将无法进行。一个人绝食 1~2 周,只要饮水尚可生存,但如果绝食又绝水则仅能存活几天,换句话说,人可以几天不吃饭,但绝不可几天不饮水。这是因为人体对其他营养成分都有一定贮备,可以动用,而人体对水则无任何贮备,每天排出的水必须及时补充,否则会发生水平衡紊乱。

二、水的生理功能

(一)水是构成身体重要的成分

水是人体细胞组织的组成成分,细胞的成分大部分是水。生物学上把细胞内外的水分合称为体液。体液是指存在于动物体内的水和溶解于水中的各种物质如无机盐、葡萄糖、氨基酸、蛋白质等所组成的液体,在细胞内的体液称细胞内液,细胞外的称为细胞外液。大多数细胞内液都占细胞总重量的 80% 以上,每个细胞都被细胞外液所包围,所以细胞生存的每时每刻都离不开水。水能稀释细胞内容物和体液,使物质能在细胞内、细胞外和消化道内保持相对的自由运动,保持体内矿物质的离子平衡,保持物质在体内的正常代谢。生物体内的水大部分与蛋白质结合形成胶体,这种结合使组织细胞具有一定的形态、硬度和弹性。水是构成细胞胶态原生质的重要成分,如果体内缺水,细胞的胶态即无法维持,各种代谢就无法进行。就会出现消化液分泌减少,食物消化也会受到影响,致使食欲下降、血流减缓、体内废物积累、代谢活动降低、体力衰竭,继而导致病痛。如果身体缺水导致大脑供水不足的话,会影响人的正常思维。

(二)水参与并促进人体内代谢

水是一种良好的溶剂,具有溶解性强的特点,可溶解许多物质,人体所需的多种营养物质和各种代谢产物都能溶于水中,即使不溶于水的物质,如脂肪和一些蛋白质,也能在适当的条件下分散于水中成为乳浊液或胶体溶液。人所需要的食物通过咀嚼和唾液的润湿,经食道到肠胃才能完全消化而被吸收,这个过程就必须有水参与。另外,因水的强大溶解力、较大的电离能力,这使人体内的水溶物质以溶解状态和电解质离子状态存在,使得人体内的所有化学反应,或者说人体内的代谢反应能顺利进行。因水具有较大的流动性能,存在于体内各个组织器官中,充当了体内各种营养物质的载体,在营养物质的运输和吸收、气体的运输和交换、代谢产物的运输与排泄中都有水参与,如把氧气、维生素、葡萄糖、氨基酸、酶、激素等运送到全身;把尿素、尿酸等代谢废物运往肾脏,随尿液排出体外,水都是起着极其重要的作用,正是由于水的溶解能力和运送功能使人体内新陈代谢和生理化学反应得以顺利进行。

(三)水能维持淋巴和血液循环

淋巴和血液是水在人体内的另一种存在形式。人体的血液含水量约为80%,如果身体脱水或缺水,就会引起淋巴发炎。失水量过多,还会导致血溶量减少,产生低血压,从而影响人体的各种器官功能,尤其是心、脑、肾的机能活动。因为在各大动脉系统供水不足时,血管就会主动收缩,以保证血液在血管中的充盈,这种状况会直接导致大脑供血不足或心血管阻塞、头晕、心跳加快、心脏病等。所以,血溶量与水的含量有着密切关系。

(四)水能调节人体体温

水与体温的关系非常密切,由于水的比热值高,每毫升水升高或降低10℃,就放出或吸收大约4.2kJ热值,又由于人体含有大量的水,在代谢过程中,产生的热能被水吸收,使体温不会显著升高,而且水的蒸发热数值大,蒸发1mL水,需吸收2.43MJ水,因此人体只要蒸发少量的水,就能散发大量的热,所以可以维持恒定的体温。夏季高温天气防止中暑最好的办法就是多喝水,水借着血液流到皮肤,再由汗腺排出皮肤表面,通过汗液蒸发,可散发大量能量,皮肤表面的温度降低,避免体温升高。当人体缺水时,多余的能量就难以及时散出,从而引发中暑。另外,天冷时,血管收缩,血液流到皮肤的量减少,水分也不容易排出。这样,体温才能保持平衡,使人体时刻保持体温的正常状态。

(五)水的润滑作用

水的黏度小,在人体内还起着润滑的作用,内脏器官的相互挤压、摩擦,如果没有水溶液的润滑作用,内脏器官就会损伤。水还可以增加器官运动的灵活性,如关节、韧带、肌肉、浆膜等的润滑液体都是水溶液。一旦缺水,人体的各种器官、关节、肌肉、组织等就不能达到良好的缓冲、润滑和保护的效果,人体的各项机能也会因此而受到影响。另外,水还具滋润肌肤、维持腺体器官正常分泌等功能。

(六)水具有医药作用和医疗功能

对高热、腹泻、脱水的病人,常用静脉输液,输入生理盐水及必需的药物,由静脉血管导入体内,可以迅速到达全身各处。水能促进毒物的排泄,一般的疾病多是由各种病原入侵所致,在服用药物消灭病原以后,就需要排出病原,此时病人多喝开水或多吃流质类食物,通过产生足够的汗液和尿液,将死亡的病原、代谢废物和多余的药物排出体外。水还能够改善体液组织的循环,调节肌肉张力,并维持机体的渗透压和酸碱平衡。

第六节　水的需要量及来源

一、人体对水的需要量

人体对水的需要量主要受代谢情况、年龄、体力活动、温度、膳食等因素的影响,故水的需要量变化很大。表3-10为《中国居民膳食营养素参考摄入量》(2013版)内中国居民膳食水适宜摄入量(AI)。

表3-10　中国居民膳食水适宜摄入量(AI)

人群	饮水量/(L/d)		总摄入量/(L/d)	
	男	女	男	女
0岁~	—		0.7	
0.5岁~	—		0.9	
1岁~	—		1.3	
4岁~	0.8		1.6	
7岁~	1.0		1.8	
11岁~	1.3	1.1	2.3	2.0
14岁~	1.4	1.2	2.5	2.2
18岁~	1.7	1.5	3.0	2.7
50岁~	1.7	1.5	3.0	2.7
65岁~	1.7	1.5	3.0	2.7
80岁~	1.7	1.5	3.0	2.7
孕妇(早)	—	+0.2	—	+0.3
孕妇(中)	—	+0.2	—	+0.3
孕妇(晚)	—	+0.2	—	+0.3
乳母	—	+0.6	—	+1.1

注:1.如果在高温或进行中等以上身体活动时,应适当增加水摄入量;

　　2.总摄入量包括食物中的水以及饮水中的水。

(一)水缺乏对人的影响

如果水摄入不足或水丢失过多,可引起体内失水亦称脱水。按照水与电解质丧失比例的不同,分为三种类型。一是高渗性脱水,以水的流失为主,电解质流失相对较少。当失水量占体重的2%~4%时,为轻度脱水,表现为口渴、尿少、尿比重增高及工作效率降低等。失水量占体重的4%~8%时,为中度脱水,除口渴尿少等上述症状外,可见皮肤干燥、口舌干裂、声音嘶哑及全身软弱等表现。如果失水量超过体重的8%,即为重度脱水,可见皮肤黏膜

49

干燥、高热、烦躁、精神恍惚等。若达 10% 以上,则可危及生命。二是低渗性脱水,以电解质流失为主,水的流失较少。此种脱水特点是循环血量下降,血浆蛋白质浓度增高,细胞外液低渗,可引起脑细胞水肿,肌肉细胞内水过多并导致肌肉痉挛。早期多尿,晚期尿少甚至闭尿,尿比重降低,尿 Na^+、Cl^- 降低或缺乏。三是等渗性脱水,此类脱水是水和电解质按比例流失,体液渗透压不变,临床上较为常见。其特点是细胞外液减少,细胞内液一般不减少,血浆 Na^+ 浓度正常,兼有上述两型脱水的特点,有口渴和尿少表现。

(二)水过量对人的影响

一般正常的成年人,在正常的饮食的情况下,每天可以喝到 14.5L 左右的水不会引起体内的水过量,大量的水通过肾排出体外。正常情况下肾脏每天可排出 1.5L 左右尿量,如饮水过量,肾脏来不及将其排出体外,体内积存的水分便会稀释血浓度,导致血液中 Na^+ 浓度降低,而 Na^+ 是维持人体细胞功能的重要电解质,因此影响身体的各种机能,破坏正常运作。轻者出现晕眩、乏力或疲倦、头痛、水肿;严重的就得紧急送医。

喝水有利于健康,大量饮水能把身体内代谢物及时清扫干净,以防止患结石症等等。但喝水有利于健康也并不是以"多"为标准的,而是根据每人个人状况而定,老年人忌讳过多饮水,饮水过多就会加重心、肾负担;心脏病、高血压、肾病和水肿的人也不能一次大量猛喝水;因劳动或运动,而大量出汗后也不宜一次喝得太多水;孕妇如果饮水过多,反而会引起或加重浮肿。饮水的方法最好是少量多饮,一次饮水过多和喝得过快对身体均不利。从饮食卫生角度而言,喝凉开水、盐开水、茶水或新鲜矿泉水较好。

二、人体水来源、排出及其调节

(一)人体水来源

体内水的来源包括饮水和食物中的水及内生水三大部分。通常每人每日饮水约 1200mL,食物中含水约 1000mL,内生水约 300mL。内生水主要来源于蛋白质、脂肪和碳水化合物代谢时产生的水。每克蛋白质产生的代谢水为 0.42mL,脂肪为 1.07mL,碳水化合物为 0.6mL。

(二)人体水排出

每天人体正常水的来源和排出处于动态平衡。水的来源和排出量每日维持在 2500mL 左右,多余的水会及时的排出体外。体内水的排出以肾脏为主,约占 60%,其次是经肺、皮肤和粪便。一般成人每日尿量为 500mL~4000mL,最低量为 300mL~500mL,低于此量,可引起代谢产生的废物在体内堆积,影响细胞的功能。皮肤以出汗的形式排出体内的水,出汗分为非显性和显性两种,前者为不自觉出汗,很少通过汗腺活动产生;后者是汗腺活动的结果。一般成年人经非显性出汗排出的水量为 300mL~500mL,婴幼儿体表面积相对较大,非显性失水也较多。显性出汗量与运动量、劳动强度、环境温度和湿度等因素有关,特殊情况下,每日出汗量可达 10L 以上。经肺和粪便排出水的比例相对较小,但在特殊情况下,如高温、高原环境以及胃肠道炎症引起的呕吐、腹泻时,可造成大量失水,见表 3-11。

表 3-11　正常成人每日水的出入量平衡量

来源	摄入量/mL	排出器官	排出量/mL
饮水或饮料	1200	肾脏(尿)	1500
食物	1000	皮肤(蒸发)	500
内生水	300	肺(呼气)	350
		大肠(粪便)	150
合计	2500	合计	2500

(三)人体水调节

人体在口渴中枢、垂体后叶分泌的抗利尿激素及肾脏调节下维持正常平衡。口渴中枢是调节体内水平衡的重要环节,当血浆渗透压过高时,可引起口渴中枢神经兴奋,激发饮水行为。抗利尿激素通过改变肾脏远端小管和集合小管对水的通透性,以影响水分的重吸收调节水的排出。抗利尿激素的分泌也受血浆渗透压、循环血量和血压等调节。肾脏则是水分排出的主要器官,通过排尿多少和对尿液的稀释及浓缩功能,调节体内水平衡。当机体失水时,肾脏排出浓缩性尿,使水保留在体内,防止循环功能衰竭;体内水过多时,则排尿增加,减少体内水量。电解质与水的平衡有着依存关系,钠主要存在于细胞外液,钾主要存在于细胞内液,都是构成渗透压、维持细胞内外水分恒定的重要因素。因此钾、钠含量的平衡是维持水平衡的根本条件。当细胞内钠的含量增加时,水进入细胞引起水肿;反之丢失钠过多,水量减少,引起缺水。而钾与钠具有拮抗作用。

【复习思考题】

1. 名词解释:结合水、自由水、水分活度、分子流动性。
2. 水分对人体有何重要生理功能?
3. 试述水分活度与食品稳定性的关系。
4. 冰与水相比,对食品影响较大的性质差异主要在哪些方面?
5. 如何维持人体的水平衡?

第三章　水分

第四章 碳水化合物

【本章目标】

1. 了解糖类的分类、化学结构,掌握糖类的理化特征及其在食品加工中的应用。
2. 熟悉食品中常见的单糖、低聚糖、多糖及其加工特征。
3. 熟悉膳食纤维的定义、化学组成、理化特征及其生理功能。
4. 掌握人体对糖类的摄入量、代谢机理与生理功能。

第一节 概 述

碳水化合物是自然界中存在量最大的一类化合物,具有广谱化学结构和生物功能,是绿色植物光合作用的主要产物,也是人类所需的最基础物质之一,如谷物、蔬菜、水果中均含有大量的碳水化合物。早期认为,这类化合物由碳和水组成,表达式为 $C_n(H_2O)_m$,即所含碳元素与水分子呈某种比例,故有"碳水化合物"之称。碳水化合物包括糖类和无氮浸出物,糖类是碳水化合物中最重要的成分。

根据糖类的化学结构特征,糖类的定义应是多羟基醛或多羟基酮及其衍生物和缩聚物的总称。

根据水解程度,碳水化合物分为单糖、低聚糖(寡糖)和多糖三大类。

单糖是不能再被水解的糖类的基本单位。根据单糖分子中碳原子的数目,可将单糖分为丙糖(三碳糖)、丁糖(四碳糖)、戊糖(五碳糖)等;根据其单糖分子中所含羰基的特点又可分为醛糖和酮糖。自然界中最重要的也最常见的单糖是葡萄糖和果糖。

低聚糖又称寡糖,是由 2～10 个单糖分子缩合而成、水解后可以再生成单糖的化合物。按水解后所产生的单糖分子数目,低聚糖分为二糖、三糖、四糖等,其中以二糖最为重要,如蔗糖、乳糖、麦芽糖等;按其是否还原性质,可分为还原性低聚糖和非还原性低聚糖。

多糖又称多聚糖,是指单糖聚合度大于 10 的糖类,如淀粉、糊精、糖原、纤维素及果胶等。根据组成不同,多糖可分为均多糖和杂多糖两类。均多糖是指由相同的糖基组成的多糖,如淀粉、纤维素等。杂多糖是指由两种或多种不同的单糖单位组成的多糖,如半纤维素、果胶质、黏多糖等。根据所含非糖基团的不同,多糖又可分为纯粹多糖和复合多糖,主要有糖蛋白、糖脂、氨基糖、脂多糖等。此外,根据多糖功能的不同可分为构成多糖和活性多糖。

碳水化合物的主要生物学作用是通过氧化释放出大量能量,以满足生命活动的需要。例如,粮食中的淀粉经机体摄入后消化水解成葡萄糖被吸收,在组织细胞中氧化,为机体的生命活动提供能量。糖类也可以直接或间接地转化为生命必需的其他物质,如蛋白质和脂类物质,为机体合成各种有机物质提供原料。此外,糖类也是细胞和生物体的重要组成成分,如核糖和脱氧核糖是细胞中核酸的成分;糖类与脂类形成的糖脂是组成神经组织与细胞膜的重要成分;糖类与蛋白质结合的糖蛋白具有多种复杂的功能。在食品中,糖类除具有营养价值外,其低分子糖类可作为甜味剂,大分子糖类可作为增稠剂和稳定剂。此外,糖类还是食品加工过程中产生香味和色泽的前体物质,对食品的感官品质产生重要作用。

第二节　单糖

一、单糖的结构

在化学结构上,除二羟基丙酮外,所有的单糖都含有一个或更多的手性碳原子(即不对称碳原子)。因此大多数单糖具有旋光异构体,按照它们与 D-甘油醛或 L-甘油醛的关系可分为 D-型和 L-型两大类。天然存在的单糖大部分是 D-型糖,食物中只有两种天然存在的 L-型糖,即 L-阿拉伯糖和 L-半乳糖。

常见的醛糖可以看成是 D-甘油醛的衍生物,从 3C~6C 衍生出来的 D-醛糖的构型用费歇尔式表示,如图 4-1。而酮糖是由二羟丙酮派生来的,如图 4-2 所示。

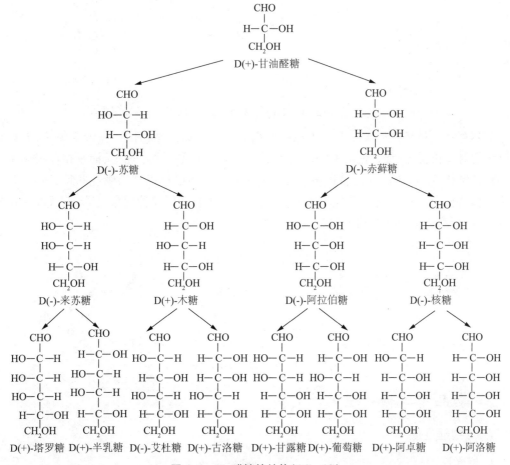

图 4-1　D-醛糖的结构(3C~6C)

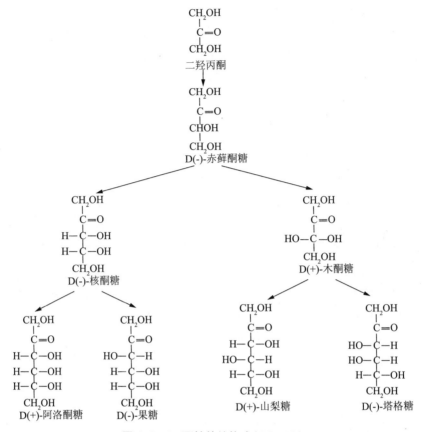

图 4-2　D-酮糖的结构式（3C~6C）

天然存在的糖环结构实际上并不像哈沃斯表示的投影式平面图。以葡萄糖为例，根据 X 射线衍射分析得知，葡萄糖的吡喃环上 5 个碳原子并不在一个平面上，而是扭曲成两种不同的环式结构式结构（构象）:船式和椅式（图 4-3）。很多己糖以相当刚性的且在热力学上稳定的椅式构象存在，只有少数是韧性的船式构象。还有其他几种构象，如半椅式和邻位交叉式构象，但都因能量较高而不常见。

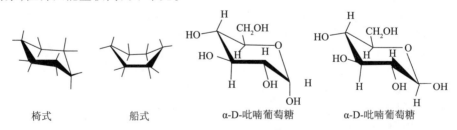

图 4-3　葡萄糖的两种构象

二、食品中单糖的理化性质

(一)物理性质

1. 旋光性

旋光性是一种物质使偏振光的振动平面发生旋转的特性,是鉴定糖类的一个重要指标。

使偏振光平面向右旋转的称为右旋糖,表示为(+);使偏振光平面向左旋转的称为左旋糖,表示为(-)。除丙酮糖外,其余单糖分子结构中均含有手性碳原子,所以其溶液都具有旋光性。旋光度是指在一定条件下,一定浓度的糖液使平面偏振光旋转的角度。比旋光度是指1mL含有1g糖类的溶液在其透光层为0.1m时使平面偏振光旋转的角度,通常用$[\alpha]_\lambda^t$表示。t为测定时的温度。λ为测定时的波长,采用钠光时用D表示。表4-1列出了几种单糖的比旋光度。

表4-1 各种糖在20℃(钠光)时的比旋光度值$[\alpha]_D^{20}$

糖类名称	比旋光度	糖类名称	比旋光度
D-葡萄糖	+52.2°	D-果糖	-92.4°
D-半乳糖	+80.2°	D-甘露糖	+14.2°
D-阿拉伯糖	-105.0°	D-木糖	+18.8°
L-阿拉伯糖	+104.5°		

许多单糖在水溶液中都有变旋现象。糖溶液放置一定时间后,其比旋光度发生改变。这是因为糖分子在溶液中发生了构型的部分转化,从α型转化成β型,或从β型转化成α型,当达到转化平衡时,α型和β型的比例达到一定值,此时旋光度也稳定在一恒定值。例如,α-D-葡萄糖和β-D-葡萄糖的比旋光度分别为+112.2°和+18.7°,α-D-果糖和β-D-果糖的比旋光度分别为-21°和-133.5°,因此测定时需要使糖溶液静置一定时间,以使旋光度稳定在一恒定值。

2. 甜度

甜味是糖类的重要物理性质,甜味的强弱一般采用感官比较法来衡量,因此所获得的数值只是一个相对值。甜度通常是以蔗糖为基准物,一般以10%或15%的蔗糖水溶液在20℃时的甜度为1.0,其他糖在同一条件下与其相比较所得的数值,由于这种甜度是相对的,所以又称为比甜度。表4-2列出了一些单糖的比甜度。

表4-2 一些单糖的比甜度

糖类名称	比甜度	糖类名称	比甜度
蔗糖	1.0	β-D-果糖	1.5
α-D-葡萄糖	0.7	α-D-甘露糖	0.6
α-D-半乳糖	0.3	α-D-木糖	0.5

甜味是由物质的分子结构所决定的,单糖都有甜味,绝大多数低聚糖也有甜味,多糖则无甜味。糖甜度的高低与糖的分子结构、分子量、分子存在状态有关,也受到糖的溶解度、构型及外界因素的影响,优质糖应具备甜味纯正,甜度高低适当,甜感反应快,无不良风味等特点。常用的几种单糖基本符合这些要求,但稍有差别。蔗糖甜味纯正而独特,与之相比,果糖的甜感反应最快,甜度较高,持续时间短,而葡萄糖的甜感反应较慢,甜度较低。

3. 溶解度

单糖分子中具有多个羟基,所以它们能溶于水,尤其是热水,但不能溶于乙醚、丙酮等非极性有机溶剂。糖类溶解度的大小与分子结构和温度等条件有关。糖分子结构中极性大的基团越多或极性越强,其溶解度就越高。果糖中酮羰基的极性大于葡萄糖中醛羰基的极性,因而果糖在水中的溶解度较高。在水溶液中,一般温度升高,糖类的溶解度增大。在同一温度下,果糖的溶解度最高,为蔗糖的 1.88~3.10 倍。

糖的浓度大小还与其水溶液的渗透压密切相关,进而影响糖制食品的保存性。在糖制品中,糖浓度只有在 70% 以上才能抑制霉菌、酵母的生长。在 20℃ 时,单独的果糖、蔗糖、葡萄糖最高浓度分别为 79%、66%、50%,故只有果糖在此温度下具有较好的食品保存性,而单独使用蔗糖、葡萄糖均达不到防腐、保质的要求。

4. 吸湿性、保湿性与结晶性

吸湿性是指糖在空气湿度较高的情况下吸收水分的性质。保湿性是指糖在空气湿度较低的条件下保持水分的性质。吸湿性和保湿性对保持食品的柔软性、弹性、储存及加工都有重要的意义。不同糖的吸湿性不一样。在所有糖中,果糖的吸湿性最强,其次是葡萄糖,所以用果糖或果葡糖浆生产面包、糕点、软糖、调味品等,口感更好,但也正因其吸湿性、保湿性强,所以不能用于生产硬糖、酥糖及酥性饼干。不同种类食品对糖的吸湿性和保湿性要求不同,如硬糖果要求吸湿性低(避免遇潮湿天气因吸收水分而导致溶化),所以以蔗糖为主(添加淀粉糖浆防止结晶);软糖果则需保持一定水分(避免遇干燥天气而干缩),应用果葡糖浆、淀粉糖浆为宜;糕饼为了限制水进入食品,其表层涂抹糖霜粉,吸湿性要小,常添加乳糖、蔗糖、麦芽糖;蜜饯、面包、糕点为控制水分损失,保持松软,必须添加吸湿性较强的糖,如淀粉糖浆、果葡糖浆。

通常结晶性越好,则吸湿性越小。不同的单糖其结晶形成的难易程度不同,如蔗糖与葡萄糖易结晶,但蔗糖晶体粗大,葡萄糖晶体细小;果糖及果葡糖浆较难结晶。在糖果生产中,就利用了糖结晶性质上的差别。例如,当饱和蔗糖溶液由于水分蒸发后,形成过饱和溶液,此时在温度骤变或有晶体存在的情况下,蔗糖分子会整齐地排列在一起重结晶,利用这个特性可以制造冰糖等。又如生产硬糖时,不能单独使用蔗糖,否则,当熬煮到水分小于 3% 时,冷却后就会出现蔗糖结晶,使硬糖碎裂而得不到透明坚硬的硬糖产品。此外,在糖果制作过程中加入其他物质,如牛奶、明胶等,会阻止蔗糖结晶的产生。

5. 工艺学特性

单糖与食品有关的其他工艺学特性包括黏度、渗透压、发酵性、冰点及抗氧化性等。

(1)黏度。单糖黏度可以调节食品稠度和可口性。一般来说,糖的黏度随温度的升高而下降,但葡萄糖的黏度却是随温度的升高而增大;单糖的黏度比蔗糖低。糖浆的黏度特性对食品加工具有现实的生产意义。如在一定黏度范围,可使糖浆熬煮成糖膏,糖膏具有可塑性,适合糖果工艺中的拉条和成型;在搅拌蛋糕蛋白时,加入熬好的糖浆,就是利用其黏度来包裹稳定蛋白中的气泡。

(2)渗透压。糖溶液的渗透压与其浓度和分子质量有关,即渗透压与糖的摩尔浓度成正比。另外,在同一浓度下,单糖的渗透压为双糖的 2 倍。例如,果糖或果葡糖浆就具有渗透压特性,故其防腐效果较好。

(3)发酵。糖类发酵对食品具有重要的意义,酵母菌能使葡萄糖、果糖、麦芽糖、蔗糖、甘露糖等发酵生产酒精,同时产生 CO_2,这是酿酒生产及面包疏松的基础。但各种糖的发酵速度是不一样的,大多数酵母发酵糖的顺序为:葡萄糖>果糖>蔗糖>麦芽糖。乳酸菌除可发酵上述糖外,还可发酵乳糖产生乳酸。此外,由于蔗糖、葡萄糖、果糖等具有发酵性,因此在某些食品的生产中,可用其他甜味剂代替糖类,以避免微生物生长繁殖而引起食物变质或汤汁浑浊现象的发生。

(4)冰点。一般来说,糖溶液浓度越高,分子量越小,冰点降低越多,其降低顺序为:葡萄糖>蔗糖>淀粉糖浆。食品加工中应用该性质生产雪糕、冰淇淋等,加淀粉糖浆替代部分蔗糖,这样,冰点降低小,节约电能,抗结晶性好,冰粒细腻,黏度、口感好,甜度合适。

(5)抗氧化性。单糖的抗氧化性可保持水果的风味、颜色和所含维生素等,这是因为糖溶液中溶氧量小,而且糖本身具有抗氧化性。

(二)化学性质

单糖含有多羟基醛或多羟基酮的结构,因此具有醇羟基的成酯、成醚、成缩醛等反应和羰基的某些加成反应。此外,由于分子内各种功能基团之间的相互影响,单糖还能发生一些特殊反应。

1. 酯化作用

单糖为多元醇,与酸作用生成酯。生物化学上比较重要的糖酯是磷酸酯。生物体内的单糖与磷酸能生成各种磷酸酯,如:D-葡萄糖-6-磷酸、D-果糖-6-磷酸等,它们都是重要的代谢中间产物。在人体内,单糖的磷酸化因是需能过程而不易发生,多由高能磷酸化合物,如腺苷三磷酸(ATP)提供磷酸基团和所需能量。

2. 酸的作用

酸对糖类的作用因酸的种类、浓度和温度的不同而不同。很弱的酸能促进 a 异构体和 β 异构体的转化。室温时,稀酸不影响糖类的稳定性。在稀酸和加热条件下,单糖会发生分子间脱水反应缩合成糖苷,产物包括二糖和其他低聚糖。糖类与强酸共热脱水生成糠醛及其衍生物,如戊糖生成糠醛,己糖生成 5-羟甲基糠醛,己酮糖较己醛糖更容易发生此反应。反应方程式见图 4-4。

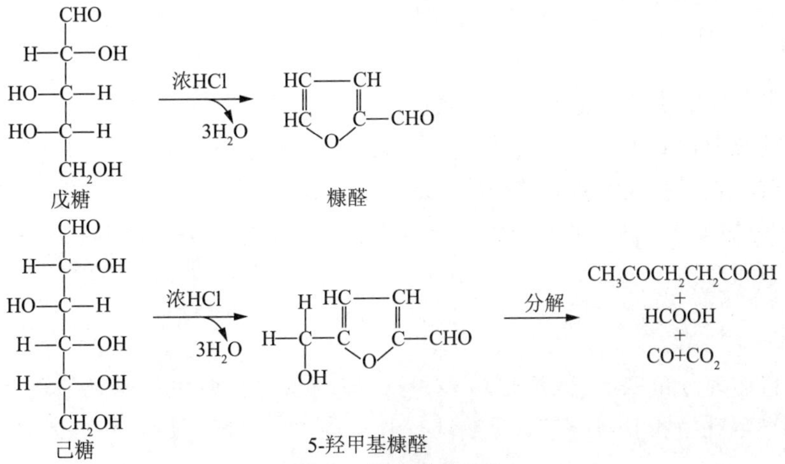

图 4-4 糖与酸的反应

糠醛与5-羟甲基糠醛能与酚类物质作用生成有色的缩合物,利用这个性质可以鉴定糖类。例如,α-萘酚与糠醛或羟甲基糠醛作用生成紫色物质,以此鉴定糖类的存在;间苯二酚与盐酸遇酮糖呈红色,遇醛糖呈很浅的颜色,利用这一特性来鉴定酮糖和醛糖。

3. 成苷反应

单糖的半缩醛羟基很容易与醇及酚的羟基反应,失水而形成缩醛式衍生物,称糖苷。其中,非糖部分称为配糖体,如甲基等。如果配糖体也是单糖,缩合产物为双糖。两部分之间的连键称为糖苷键。糖苷键可以通过氧、氮、硫或碳原子连接,形成的糖苷称为O-苷、N-苷、S-苷和C-苷。自然界常见的为O-苷和N-苷。O-苷键是单糖聚合物中的一级结构键,N-苷键见于核苷。核糖和脱氧核糖与嘌呤或嘧啶碱形成的糖苷称为核苷或脱氧核苷,在生物学上具有重要意义。由于单糖有α型与β型之分,生成的糖苷也有α与β两种形式。α-与β-甲基葡萄糖苷是最简单的糖苷,天然存在的糖苷多为β型。α-与β-甲基葡萄糖苷是最简单的糖苷,天然存在的糖苷多为β型。它们的分子结构式见图4-5。

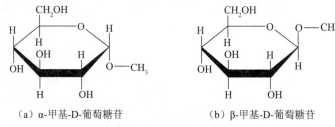

(a) α-甲基-D-葡萄糖苷　　　　　(b) β-甲基-D-葡萄糖苷

图4-5　甲基葡萄糖苷结构式

糖苷与糖类的化学性质完全不同。糖类是半缩醛,很容易变为醛,从而显示醛的多种反应。糖苷需水解后才能分解为糖类与配糖体,所以糖苷比糖稳定。糖苷不与苯肼发生反应,不易被氧化,也无变旋现象。

三、重要的单糖及其衍生物

(一)重要的单糖

1. 戊糖

自然界中存在的戊醛糖主要有D-核糖、D-2-脱氧核糖、D-木糖和L-阿拉伯糖。它们大多以戊聚糖或糖苷形式存在。其中D核糖和D-2-脱氧核糖是核酸的重要组成部分,它们的衍生物核醇是某些维生素与辅酶的组成成分。D-木糖和L-阿拉伯糖存在于植物和细菌细胞壁中,是黏质、树胶及半纤维素的组成成分。戊酮糖有D-核酮糖和D-木酮糖,均是糖类代谢的中间产物。

2. 己糖

己糖在自然界分布最广,数量也最多,与机体的营养代谢也最密切。重要的己醛糖有D-葡萄糖、D-半乳糖和D-甘露糖;己酮糖有D-果糖,结构简式见图4-6、图4-7。

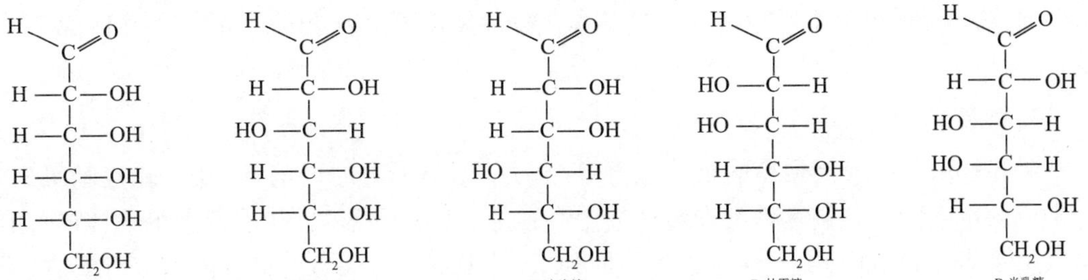
D-阿洛糖 D-葡萄糖 D-古洛糖 D-甘露糖 D-半乳糖

图 4-6 几种 D-醛糖的结构式(C6)

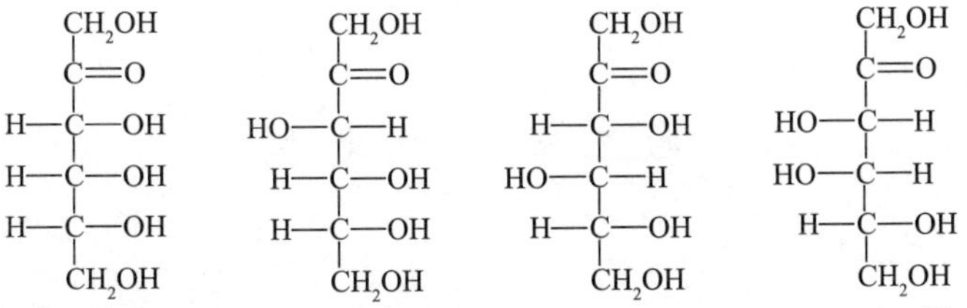
D-阿洛酮糖 D-果糖 D-山梨糖 D-塔罗糖

图 4-7 几种 D-酮糖的结构式(C6)

D-葡萄糖(右旋糖)在自然界分布极广,其$[\alpha]_D^t$为+62.6。葡萄糖是许多糖类的组成成分,也是人和动物体所需能量的主要来源。葡萄糖液能被多种微生物发酵,是发酵工业的重要原料。工业上以淀粉为原料,经酸法或酶法水解来生产葡萄糖。

D-半乳糖和 D-甘露糖是葡萄糖的差向异构体。D-半乳糖是乳糖、棉籽糖、琼脂、黏多糖和半纤维素的组成成分,其$[\alpha]_D^t$为+80.2°,可被乳糖酵母发酵。D-甘露糖是植物黏质和半纤维素的组成成分,其$[\alpha]_D^t$为+14.2°,酵母可使其发酵。

D-果糖(左旋糖)通常与葡萄糖共存于水果及蜂蜜中,是天然糖类中最甜的糖。果糖易溶于水,在常温下难溶于乙醇,其$[\alpha]_D^t$为-92.4°,酵母可使其发酵。果糖为己酮糖,游离状态时具有吡喃结构,构成二糖或多糖时则具有呋喃糖结构。在常温常压下使用异构化酶可使葡萄糖转化为果糖。

(二)重要的单糖衍生物

1. 糖醇

糖醇是单糖分子内的醛基、酮基经催化还原后的产物,较稳定,有甜味。它们与糖类结构的不同是分子中不含羰基,且无还原性。广泛分布在植物界的糖醇有山梨醇和甘露醇,木糖醇可由木糖还原制得。它们通常是有机体的组成成分及代谢产物,直接或间接地参与生命活动。糖醇可防龋齿,食用后不影响人体血糖值,因而在医药工业、食品工业等领域应用较广。

2. 糖酸

单糖氧化后可生成相应的糖酸。依据氧化条件不同,醛糖被氧化成 3 种不同的类型,即糖酸、糖二酸和糖醛酸。常见的糖酸有葡萄糖酸、葡萄糖醛酸、葡萄糖二酸。葡萄糖酸和葡萄糖醛酸都是机体的代谢中间产物。在食品工业中,葡萄糖酸可用作蛋白质凝固剂和食品防腐剂;葡萄糖醛酸通常以稳定的内酯形式存在,葡萄糖酸-σ-内酯可作为凝固剂、酸味剂、螯合剂。

3. 糖苷

糖苷是由单糖或低聚糖的半缩醛羟基与另一糖分子中的羟基、氨基或硫羟基等失水而生成的水合物。它们是糖类在自然界中存在的一种重要形式,几乎各类生物体内都有,但以植物界分布最广,主要存在于植物的种子、叶及皮内。天然的糖苷配基有醇类、醛类、酚类和嘌呤等,常见的有黄酮、蒽醌、三萜等,大多数有很强的毒性、味苦或有特殊香气。微量糖苷可药用,如苦杏仁苷、强心苷、人参皂苷等。除此之外,许多糖苷还是天然的颜料和色素。

第三节 低聚糖

低聚糖,是由 $2\sim10$ 个单糖通过糖苷键连接形成的直链或支链糖类物质。它们可溶于水,存在于多种天然食品物料中,尤以植物类物料较多,如果蔬、谷物、豆科、海藻和植物胶等,此外在牛奶、蜂蜜和昆虫类中也有分布。按水解后所生成的单糖分子的数目,低聚糖可分为二糖、三糖、四糖、五糖等,低聚糖的糖基组成可以是同种的(均低聚糖),如麦芽糖、环糊精等;也可以是不同种的(杂低聚糖),如蔗糖、棉籽糖等。低聚糖的种类很多,自然界中有上千种,其中二糖和三糖最为常见:蔗糖、麦芽糖、乳糖和棉籽糖是其重要代表。

一、低聚糖的结构

(一)二糖

二糖又称双糖,是最简单的低聚糖,由 2 分子单糖以糖苷键连接而成,水解后生成 2 分子单糖。当单糖的半缩醛羟基与另一单糖的羟基(非半缩醛羟基)形成糖苷键时,这种二糖有半缩醛羟基,具有还原性和变旋现象;如果两个单糖的糖苷键以半缩醛羟基连接形成,这种二糖为非还原糖,没有半缩醛羟基,不具有还原性和变旋现象。目前已知的二糖有 140 多种,最常见的二糖为蔗糖、乳糖和麦芽糖。

1. 蔗糖

蔗糖俗称食糖,是最重要的二糖。它形成并广泛存在于光合植物中,不存在于动物中。蔗糖的主要来源是甘蔗、甜菜和糖枫。它是由 α-D-吡喃葡萄糖的 C_1 与 β-D-呋喃果糖的 C_2 通过 α-1,2 糖苷键结合的非还原糖。它的分子结构式见图 4-8。

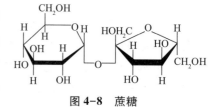

图 4-8 蔗糖

2. 乳糖

乳糖是由 α-D-葡萄糖和 β-D-半乳糖以 β-1,4 糖苷键结合而成。它是哺乳动物乳汁中的主要糖类成分,含量约为 5%。乳糖是一种还原糖,不能被酵母发酵。它的分子结构式见图 4-9。

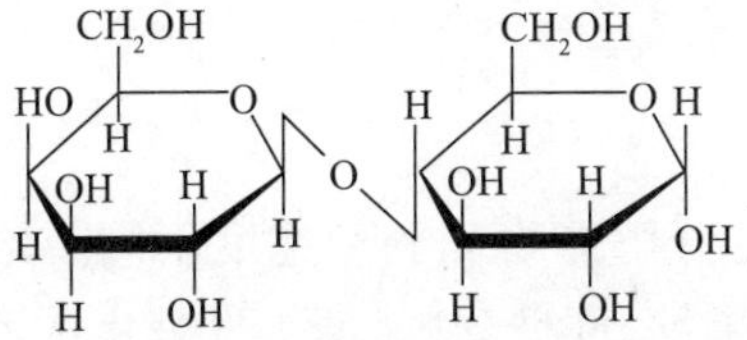

图 4-9　乳糖（β-D-吡喃半乳糖基（1→4）α-D-吡喃葡萄糖苷）

3. 麦芽糖

麦芽糖又称饴糖，是由 2 分子葡萄糖通过 α-1,4 糖苷键结合而成的双糖。大量存在于发芽的谷粒、麦芽中。麦芽糖有还原性，极易被酵母发酵。麦芽糖的分子结构式见图 4-10。

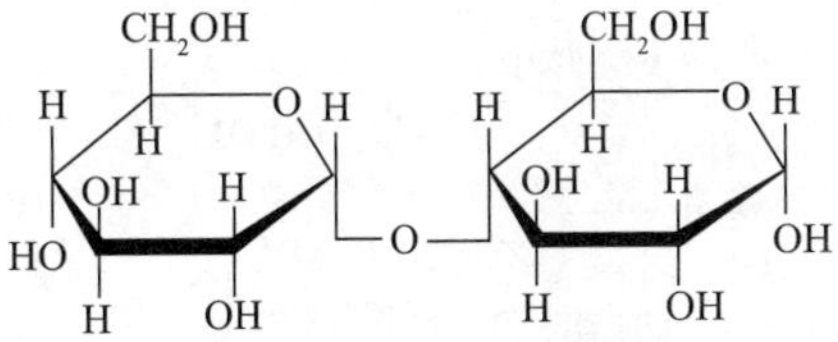

图 4-10　麦芽糖

（二）三糖和四糖

棉籽糖又称蜜三糖，是除蔗糖外的另一种广泛存在于植物界的低聚糖，棉籽、甜菜、豆科植物种子，各种谷物粮食中均含有棉籽糖。它是由半乳糖、葡萄糖和果糖以糖苷键连接而成的三糖，为非还原性糖。棉籽糖可被蔗糖酶水解为果糖和蜜二糖，被 α-半乳糖苷酶水解为半乳糖和蔗糖。

水苏糖是一种由 2 分子半乳糖、1 分子果糖和 1 分子葡萄糖构成的四糖，多存在于豆类来源的食物中。通常与棉籽糖和蔗糖同时存在。人类消化道没有可水解水苏糖或棉籽糖的酶，但这些糖类可在肠道被肠道菌群发酵。

二、低聚糖的性质

（一）甜度和溶解度

1. 甜度

低聚糖随着聚合度的增加，甜度降低。几种常见二糖的甜度顺序为：蔗糖（1.0）>麦芽糖（0.3）>乳糖（0.2）>海藻糖（0.1）。果葡糖浆的甜度因其果糖含量不同而宜，果糖含量越高，甜度越高。

2. 溶解度

蔗糖的溶解度介于果糖和葡萄糖之间，麦芽糖的溶解度较高，而乳糖的溶解度较低。

（二）旋光性和变旋性

低聚糖分子中都存在不对称碳原子，因而都有旋光性。例如，蔗糖 $[\alpha]_D^t$ 为 +66.5，是右旋糖；麦芽糖和乳糖也都具有各自的比旋光度。但并非所有的低聚糖都有变旋性，蔗糖由于分子中不存在半缩醛羟基，因此不具有变旋性；麦芽糖和乳糖保留有半缩醛羟基，因而具有变旋性。

(三)发酵性

不同微生物对各种糖类的分解能力和利用速度不同。霉菌在许多碳源上都能生长繁殖;酵母可使葡萄糖、麦芽糖、果糖、蔗糖、甘露糖等发酵生成乙醇和二氧化碳。大多数酵母发酵糖类的速度顺序为葡萄糖>果糖>蔗糖>麦芽糖。乳酸菌除可发酵上述糖类外,还可发酵乳糖产生乳酸。但大多数低聚糖不能被酵母和乳酸菌等直接发酵,低聚糖要在水解后产生单糖才能被发酵。

(四)水解反应

低聚糖的水解反应是指低聚糖在酶、酸或碱作用下,糖苷键断裂、糖链分解的过程。低聚糖水解产物一般为单糖,如图 4-11 所示。

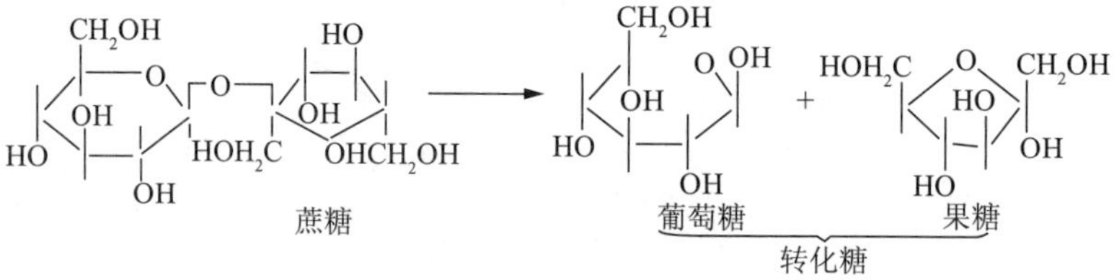

图 4-11　低聚糖的水解

酶催化的低聚糖的水解是食品或食品原料中经常进行的反应,如蜂蜜大量存在的转化糖、乳糖酶催化乳糖水解为葡萄糖和半乳糖等。化学法水解低聚糖常以酸作为催化剂,在酸性条件下,除低聚糖中的 1、6 苷键较难水解外,其他苷键均可分解。

(五)抗氧化性

糖液具有抗氧化性,因为氧气在糖溶液中的溶解度大大减少,如 20℃时,60%的蔗糖溶液中,氧气溶解度约为纯水的 1/6。糖液可用于防止果蔬氧化,它可阻隔果蔬与大气中氧的接触,阻止果蔬氧化,同时可防止水果挥发性酯类的损失。糖液也可延缓糕饼中油脂的氧化酸败。另外,糖与氨基酸发生美拉德反应的中间产物也具有明显的抗氧化作用。

(六)黏度和吸湿性

糖浆的黏度特性对食品加工具有现实的生产意义。蔗糖、麦芽糖的黏度比单糖高,聚合度大的低聚糖黏度更高,在一定黏度范围可使由糖浆熬煮而成的糖膏具有可塑性,以适合糖果工艺中的拉条和成型的需要。另外糖浆的黏度可利于提高蛋白质的发泡性质。低聚糖多数吸湿性较小,可作为糖衣材料,防止糖制品的吸湿回潮,或用于硬糖、酥性饼干的甜味剂。

(七)结晶性

蔗糖易结晶,晶体粗大;淀粉糖浆是葡萄糖、低聚糖和糊精的混合物,不能结晶,并可防止蔗糖结晶。在糖果生产中,要应用糖结晶性质上的差别。例如生产硬糖时不能单独使用蔗糖,否则会因蔗糖结晶破裂而使产品不透明、不坚韧。旧式生产硬糖时,采用加酸水解法使一部分蔗糖变为转化糖,以防止蔗糖结晶。新式生产硬糖时采用添加适量淀粉糖浆,则会降低糖果的结晶性,同时能增加其黏性、韧性和强度,取得相当好的效果。生产蜜饯、果脯等高糖食品时,为防止单独使用蔗糖产生的结晶返砂现象,适当添加果糖或果葡糖浆替代蔗糖,可大大改善产品品质。

三、低聚糖的生理功能

低聚糖能促进双歧杆菌的繁殖,使之在肠道内各类菌群中一直保持优势,从而增进人体健康。低聚糖的具体功能如下。

(一)提高免疫力

双歧杆菌从低聚糖获取营养后,其数量和杀菌能力都大大增强,肠道运动也因此活跃起来。进入人体的病菌和病毒大部分会被双歧杆菌杀死,还有一部分随着粪便被及时排出体外。同时,由于有害菌得到抑制,体内产生的毒素很少,被肠道吸引的毒素寥寥无几,淋巴和肝脏等解毒、杀菌器官解决它们游刃有余。可见,服用低聚糖是提高人体免疫力的最佳途径之一。

(二)护肝解毒

低聚糖能够快速增殖双歧杆菌,有效抑制有害菌增殖,保进肠道蠕动,能够防止肠道内有害物质的大量产生,减轻肝脏负担,从而起到防止和治疗各种肝障碍疾病的作用。

(三)抑制病原菌

这点从母乳喂养儿比代乳品喂养儿健康便可证明,前者肠道内双歧杆菌占压倒性优势(占总菌数的99%)。

(四)双向调节作用

双向调节作用指的是既可以防治便秘又可以防治腹泻。服用低聚糖可改善肠内微生态环境,使肠内的双歧杆菌占优势。当双歧杆菌占优势时,醋酸和乳酸等有机酸就会增加,刺激肠壁,可以获得自然通便的良好效果。低聚糖发酵时产生的短链脂肪酸,能刺激肠道蠕动,增加粪便湿润度,有利于预防便秘。双歧杆菌增殖可以有效抑制有害菌的繁殖,对预防细菌性腹泻有良好的作用。

(五)降低胆固醇

低聚糖有降低血清胆固醇、降低血压的作用;双歧杆菌在肠道内大量繁殖,增加胞外分泌物,能使机体的免疫能力提高,有抗肿瘤作用。

(六)供给人体营养

低聚糖如大豆低聚糖的主要成份棉子糖和水苏糖,对双歧杆菌有明显的增殖作用,双歧杆菌在肠道内能自身合成或促进合成维生素 B_1、维生素 B_6、维生素 B_{12}、烟酸和叶酸等维生素,同时,还能促进钙质和乳制品的消化吸收,迅速给机体补充营养。

另外,在面食领域,阿拉伯木聚糖作为面食品质改良剂,因为其具有持水力是面粉的10倍的功能,所以常用于面食品质改良。改良后的面食在胃中形成高黏度溶胶,可降低酶降解速率和饭后血糖含量,产生饱腹感,起到节食减重的作用。同时可促进双歧菌的增殖和胃肠的蠕动,加速肠道有毒物质的排泄。故阿拉伯木聚糖是一种具特定功能的面食品质改良剂,各种麦麸均含有阿拉伯木聚糖。此外具有抗氧化功能的低聚糖,具有对自由基的清除作用,从而抑制红细胞膜脂质过氧化。

功能性低聚糖可以作为食品配料广泛应用于各类食品,如低聚果糖成功应用于酸乳、饮料、乳酪、馅料、冰淇淋、焙烤、巧克力、糖果、肉制品食品中等。在保健食品领域,低聚糖具有恢复肠道微生态平衡、防止便秘、调节血糖、降低胆固醇、改善维生素代谢、提高矿物质吸收等作用。在生化肥料领域,低聚糖对土壤微生物也有菌群调节作用,能提高化肥的利用率,缓解当前环境领域的压力。

四、食品中重要的低聚糖

低聚糖存在于多种天然食物中,尤以植物性食物为多,如果蔬、谷物、豆科植物种子和一些植物块茎中,此外还存在于牛奶、蜂蜜及一些发酵制品中等。其中以蔗糖、麦芽糖、乳糖最常见,它们可被机体消化吸收,生理功能一般,属于普通低聚糖。除此之外的一些低聚糖,因其具有显著的生理功能,在机体胃肠道内不被消化吸收而直接进入大肠内优先为双歧杆菌所利用,是双歧杆菌增殖因子。另外,一些具有防止龋齿功能,属于具有保健作用的低聚糖,近年来备受业内专家的重视,已开发出各种保健食品。

(一)普通低聚糖

1. 蔗糖

在自然界中,蔗糖广泛地分布于植物的根、茎、叶、花、果实及种子内,尤以甘蔗、甜菜中最多。蔗糖是人类需求最大,也是食品工业中最重要的能量型甜味剂,在人类营养上起着巨大的作用。制糖工业常用甘蔗、甜菜为原料提取蔗糖。

纯净蔗糖为无色透明结晶,易溶于水,难溶于乙醇、氯仿、醚等有机溶剂。蔗糖甜度较高,甜味纯正,相对密度1.588,熔点160℃,加热到熔点,便形成玻璃样晶体,加热到200℃以上形成棕褐色的焦糖。此焦糖常被用作酱油的增色剂。

蔗糖不具有还原性,不能与苯肼作用产生糖脎,无变旋作用(因无 α、β 型)。蔗糖也不因弱碱的作用而引起烯醇化,但可被强碱破坏。稀酸或转化酶都能水解蔗糖。蔗糖的比旋光度为 $[\alpha]_D^{20} = +66.5°$,当其水解后,所生成的产物及旋光度见下式:

$$C_{12}H_{22}O_{11} + H_2O \rightarrow C_6H_{12}O_6 + C_6H_{12}O_6$$

（蔗糖）　　　　　　（D−葡萄糖）（D−果糖）

+66.4°　　　　　　　　+52.5°　　　　　−92°

最终平衡时,蔗糖水解液的比旋光度 $[\alpha]_D^{20} = -19.9°$,这种变化称为蔗糖的转化作用。蔗糖水解产生的葡萄糖和果糖混合物,比蔗糖甜,被称为转化糖浆。

蔗糖广泛用于含糖食品的加工中。高浓度蔗糖溶液对微生物有抑制作用,可大规模用于蜜饯、果酱和糖果的生产。蔗糖衍生物——三氯蔗糖是一种强力甜味剂,蔗糖脂肪酸酯用作乳化剂。蔗糖也是家庭烹调的佐料。

2. 麦芽糖

麦芽糖存在于麦芽、花粉、花蜜、树蜜及大豆植株的叶柄、茎和根部。谷物种子发芽时就有麦芽糖的生成,生产啤酒所用的麦芽汁中所含糖成分主要是麦芽糖。

常温下,纯麦芽糖为透明针状晶体,易溶于水,微溶于酒精,不溶于醚。其熔点为102℃~103℃,相对密度1.540,比甜度为0.3,甜味柔和,有特殊风味。麦芽糖易被机体消化吸收,在糖类中营养最为丰富。

麦芽糖有还原性,能形成糖脎,有变旋作用,比旋光度为$[\alpha]_D^{20} = +136°$。麦芽糖可被酵母发酵,水解后产生两分子葡萄糖。工业上将淀粉用淀粉酶糖化后加酒精使糊精沉淀除去,再经结晶即可制得纯净麦芽糖。通常晶体麦芽糖为β型,麦芽糖是食品中使用的一种温和的甜味剂。

3. 乳糖

乳糖是哺乳动物乳汁中的主要糖成分,牛乳含乳糖4.6%~5.0%,人乳含乳糖5%~7%,在植物界十分罕见。纯品乳糖为白色固体,溶解度小,比甜度为0.2。乳糖具有还原性,能形成脎,含有α和β两种立体异构体,α-型的$[\alpha]_D^{20}$为+85.0°,熔点是223℃;β-型的$[\alpha]_D^{20}$为+34.9°,熔点是252℃。乳糖最终的比旋光度$[\alpha]_D^{20}$为+55.3°。

乳糖可被乳糖酶和稀酸水解后生成葡萄糖和半乳糖。乳糖不被酵母发酵,但乳酸菌可使乳糖发酵变为乳酸。乳糖可以促进婴儿肠道双歧杆菌生长,也有助于机体内钙的代谢和吸收,但对体内缺乳糖酶的人群,它可导致乳糖不耐症。

4. 果葡糖浆

果葡糖浆又称高果糖浆或异构糖浆。它是以酶法糖化淀粉所得的糖化液经葡萄糖异构酶的异构化,将其中一部分葡萄糖异构成果糖,即由果糖和葡萄糖为主要成分组成的混合糖浆。果葡糖浆根据其所含果糖的多少,分为果糖含量为42%、55%、90%三代产品,其甜度分别为蔗糖的1.0、1.4、1.7。

果葡糖浆是一种近代开发出来的、发展最快的淀粉糖品,其最大的优点就是含有相当数量的果糖,而果糖具有多方面的独特性质,如甜度的协同增效,冷甜爽口性,高溶解度与高渗透压,吸湿性、保湿性与抗结晶性,优越的发酵性与加工贮藏稳定性,显著的褐变反应等,而且这些性质随果糖含量的增加而更加突出。果糖在代谢中不受胰岛素影响,进入血液速度较慢,使血糖变化范围较小,目前作为蔗糖的替代品在食品加工领域中应用日趋广泛。

5. 环糊精

环糊精是由葡萄糖以α-1,4糖苷键结合而成的闭合结构的低聚糖,其结构具有高度对称性,呈圆筒形立体结构,空腔深度和内径为0.7mm~0.8mm;分子中糖苷氧原子是共平面的,分子上的亲水基葡萄糖残基C_6位上的伯醇羟基均排列在环的外侧,而疏水基C-H键则排列在圆筒内壁,使中间的空穴呈疏水性。因此,当溶液中亲水性和疏水性物质共存时,疏水性物质会被环内的疏水基吸引而形成包络物。α-环状糊精的结构见图4-12。

鉴于环糊精分子的结构特性,即很容易以其内部空间包结脂溶性物质如香精油、风味物质等,因此

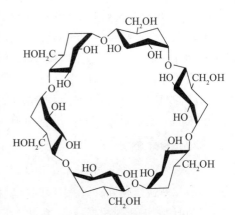

图4-12 α-环状糊精的结构图

可作为微胶囊化的壁材,充当易挥发嗅感成分的保护剂,不良风味的修饰包埋剂,食品化妆品的保湿剂、乳化剂,营养成分和色素的稳定剂等。

(二)功能性低聚糖

在一些天然食物中还存在一些不被消化吸收并具有某些特殊功能的低聚糖,如低聚果糖、低聚木糖等,它们又称为功能性低聚糖。功能性低聚糖一般具有以下特点:低甜度,不被人体消化吸收,提供的热量很低,食用后基本不增加血糖和血脂,能促进肠道双歧杆菌等有益菌的增殖,具有润肠通便的作用,可预防牙齿龋变、结肠癌等。

1. 低聚果糖

低聚果糖又称寡果糖或蔗果三糖族低聚糖,是指在蔗糖分子的果糖残基上通过 β-1,2-糖苷键连接 $1\sim3$ 个果糖基而成的蔗果三糖、蔗果四糖和蔗果五糖的混合物。其结构式可表示为 G-F-Fn(G 为葡萄糖,F 为果糖,$n=1\sim3$),属于果糖与葡萄糖构成的直链杂低聚糖。低聚果糖的结构见图 4-13。

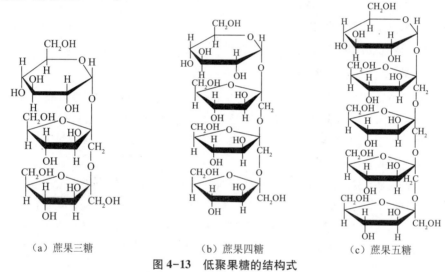

(a)蔗果三糖　　　　　(b)蔗果四糖　　　　　(c)蔗果五糖

图 4-13　低聚果糖的结构式

低聚果糖除具有一般功能性低聚糖的物理化学性质外,还能明显改善肠道内微生物种群比例,它是肠内双歧杆菌的活化增殖因子,可减少和抑制肠内腐败物质的产生,抑制有害细菌的生长,调节肠道内平衡;能促进微量元素铁、钙的吸收与利用,以防止骨质疏松症;可减少肝脏毒素,能在肠中生成抗癌的有机酸,有显著的防癌功能;且口味纯正香甜可口,具有类似脂肪的香味和爽口的滑腻感。低聚果糖不能被人体直接消化吸收,只能被肠道细菌吸收利用,故其热值低,不会导致肥胖,间接也有减肥作用。对糖尿病患者来说也是一种良好的甜味剂。低聚果糖不能被口腔细菌如突变链球菌利用,因而具有防龋齿作用。

2. 低聚木糖

低聚木糖是由 $2\sim7$ 个木糖以 β-1,4 糖苷键连接而成的低聚糖,以木二糖和木三糖为主。木二糖含量越高,低聚木糖的质量越好。甜度为蔗糖的 40%,具有较高的耐热和耐酸性能,在 pH $2.5\sim8$ 内相当稳定,在此 pH 范围内经 100℃加热 1h,低聚木糖几乎不分解。低聚木糖的结构见图 4-14。

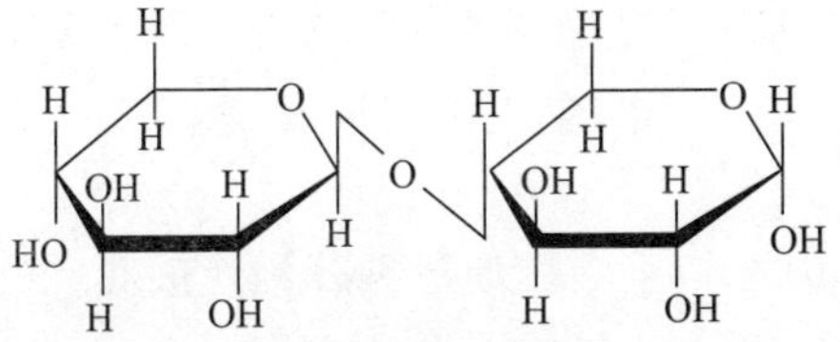

图 4-14 低聚木糖(木二糖)的结构式

低聚木糖一般是以富含木聚糖的植物性物质,如玉米芯、甘蔗渣、棉籽壳和麸皮等为原料,通过木聚糖酶水解制得。自然界中很多霉菌和细菌都产木聚糖酶,工业上多采用球毛壳霉产生的内切木聚糖酶水解木聚糖,然后分离提纯制得低聚木糖。

低聚木糖具有改善肠道环境,防止龋齿,促进机体对钙的吸收等作用。低聚木糖在体内代谢不依赖胰岛素,因此被认为是最有前途的功能性低聚糖之一,得到广泛应用。

3. 大豆低聚糖

大豆低聚糖是从大豆籽粒中提取出的可溶性低聚糖的总称。水解后,主要成分为水苏糖、棉籽糖和蔗糖。广泛存在于各种植物中,以豆科植物中含量居多。一般是以生产浓缩或分离大豆蛋白时得到的副产物大豆乳清为原料,经加热沉淀,活性炭脱色,真空浓缩干燥等工艺制取。

大豆低聚糖中对双歧杆菌起增殖作用的因子是水苏糖和棉籽糖。二者能量值很低,具有良好的热稳定性和酸稳定性,可部分代替蔗糖作为功能性食品的基料,应用于清凉饮料、乳酸菌饮品、面包、糕点等食品中。

4. 低聚乳果糖

商品化的低聚乳果糖是一种包括低聚乳果糖、乳糖、葡萄糖以及其他游离低聚糖在内的混合物。纯净的低聚乳果糖是由半乳糖、葡萄糖、果糖残基组成,是以乳糖和蔗糖(1∶1)为原料,在节杆菌产生的 β-呋喃果糖苷酶催化作用下,将蔗糖分解产生的果糖基转移至乳糖还原性末端的 C_1 位羟基上生成,低聚乳果糖结构式见图 4-15。

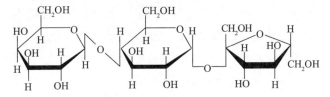

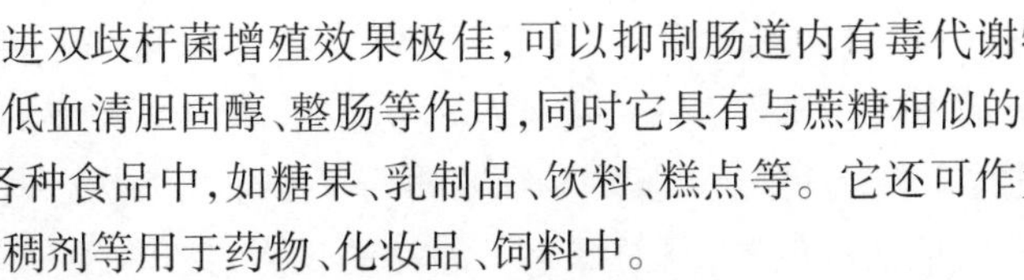

图 4-15 低聚乳果糖的结构式

低聚乳果糖促进双歧杆菌增殖效果极佳,可以抑制肠道内有毒代谢物的产生。它具有低热值、难消化、降低血清胆固醇、整肠等作用,同时它具有与蔗糖相似的甜味和食品加工特性,可广泛应用于各种食品中,如糖果、乳制品、饮料、糕点等。它还可作为甜味剂、填充剂、稳定剂、增香剂、增稠剂等用于药物、化妆品、饲料中。

除上述几种保健低聚糖外,其他低聚糖如异麦芽酮糖、低聚半乳糖、低聚龙胆糖、低聚甘露糖、海藻糖、乳酮糖等都已有所研究或已经工业化。

第四章 碳水化合物

第四节　多糖

多聚糖简称多糖,是由 10 个以上单糖通过糖苷键连接而成的。它们是自然界中分子结构复杂且庞大的糖类物质。多糖中单糖的个数称为聚合度(DP),大多数多糖的 DP 为 200～3000,纤维素可达 7000～15000。多糖的性质已完全不同于单糖,无甜味,无还原性,具有旋光性,但无变旋现象。多糖分子结构中含有多个羟基,可与水分子通过氢键结合,具有亲水性和水合能力,在水中可吸水膨胀,形成胶体溶液。

多糖具有两种结构:一种是直链,另一种是支链,都是由单糖分子通过 1,4-糖苷键和 1,6-糖苷键结合而成的高分子化合物。多糖按其来源可分为植物多糖、动物多糖、微生物多糖和海洋生物多糖。按多糖在生物体内的生理功能分类,可分为贮存多糖和结构多糖。贮存多糖是作为碳源物贮存的一类多糖,在需要时可通过生物体内酶系统作用而分解释放能量,故又称为贮能多糖,如淀粉和糖原。结构多糖在生长组织里进行合成,是细菌细胞壁或动植物支撑组织所必需的物质,如几丁质和纤维素。按多糖的组成成分可将其分为同聚多糖和杂聚多糖两种。前者由一种单糖组成,后者则由一种以上的单糖或其衍生物组成,其中有些还含有非糖物质。

自然界 90%以上的糖类以多糖形式存在,目前已发现了数百种天然多糖。多糖的结构很复杂,功能也多种多样,除作为贮能物质和支持物质外,还具有多种生物活性。其生物活性与细胞的抗原性及细胞凝集反应、细胞连接、细胞识别等有关,在与非糖物质结合后,这样的功能特性更为明显。多糖也是工业上重要多聚体的原料来源。

一、多糖的性质

(一)多糖的溶解性

多糖含有大量的羟基,多糖分子链中的每个糖基单位平均含有 3 个羟基,有几个氢键结合位点,每个羟基均可和一个或多个水分子形成氢键。此外,环上的氧原子以及糖苷键上的氧原子也可与水形成氢键,因此,每个单糖单位能够完全被溶剂化,使得多糖具有较强的持水能力和亲水性,因此整个多糖分子是水溶性的,易于水合和溶解。在食品体系中,多糖具有限制水分移动的能力,同时水分也是影响多糖物理与功能性质的重要因素。因此,食品的许多功能性质和质构都同多糖和水分有关。

多糖相对分子量大,它不会显著降低水的冰点,是一种冷冻稳定剂(不是冷冻保护剂)。例如,淀粉溶液冷冻时,形成两相体系,一相是结晶水相(即冰),另一相是由 70%淀粉与30%非冷冻水相组成的玻璃态物质。非冷冻水是高度浓缩的多糖溶液的组成部分,由于黏度很高,因而水分子的运动受到限制;当大多数多糖处于冷冻浓缩状态时,水分子不能移动到冰晶晶核或晶核长大的活性位置,因而抑制了冰晶的长大,提供了冷冻稳定性,从而有效地保护了食品产品的结构与质构不受破坏,提高了产品的质量与储藏稳定性。

除了高度有序具有结晶的多糖不溶于水外,大部分多糖不能结晶,因而易于水合和溶解。在食品工业和其他工业中,常使用的水溶性多糖与改性多糖被称为胶或亲水胶体。

(二)多糖溶液的黏度与稳定性

多糖主要具有增稠和胶凝功能,此外还能控制流体食品、饮料等的流动性质与质构,以及改善半固体食品的变形性等。在食品产品中,一般使用0.25%~0.5%浓度的多糖,即能产生极大的黏度甚至形成凝胶。

高聚物溶液的黏度同分子的大小、形状及其在溶剂中的构象有关。一般多糖分子在溶液中呈无序的无规则线团状态(见图4-16),但是大多数多糖的实际状态与严格的无规则线团存在偏差,而线团的性质同单糖的组成与连接有关,有些是紧密的,有些是松散的。

溶液中线性高聚物分子旋转时占有很大的空间,分子间彼此碰撞频率高,产生摩擦,因而具有很高的黏度。线性高聚物溶液黏度很高,甚至当浓度很低时,其溶液的黏度仍然较高。而相对分子质量相同的多糖,支链黏度小于直链。因为高度支链化的多糖分子比相同分子质量的直链多糖分子占有的体积小得多,因而相互碰撞频率也低,溶液的黏度就比较低。

对于带一种电荷的直链多糖,由于同种电荷产生静电斥力,引起链伸展,使链长增加,高聚物占有体积增大,因而溶液的黏度大大提高。而一般情况下,不带电的直链均匀多糖倾向于缔合和形成部分结晶,这是因为不带电的多糖分子链段相互碰撞易形成分子间键,因而产生缔合或形成部分结晶。例如,直链淀粉在加热条件下溶于水,当溶液冷却时,分子立即聚集,产生沉淀,即淀粉老化。

多糖溶液一般具有两类流动性质,一类是假塑性,另一类是触变性。线性高聚物分子溶液一般是假塑性。一般来说,相对分子量越高的胶,假塑性越大。假塑性大的称为"短流",其口感是不黏的,假塑性小的称为"长流",其口感是黏稠的。

大多数亲水胶体溶液的黏度随温度升高而下降,因而利用此性质,可在高温下溶解较高含量的亲水胶体,溶液冷却下来后就起到增稠的作用。但黄原胶溶液除外,黄原胶溶液在0℃~100℃内,黏度基本保持不变。

图4-16 无规则团状多糖分子图

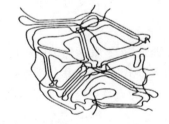

图4-17 典型的三维网状凝胶结构示意图

(三)凝胶

胶凝作用是多糖的又一重要特性。在许多食品中,一些高聚物分子能形成海绵状的三维网状凝胶结构(见图4-17)。连续的三维网状凝胶结构是由高聚物分子通过氢键、疏水相互作用、范德华引力、离子桥连、缠结或共价键形成的连接区,网孔中充满了液相,液相是由低相对分子质量的溶质和部分高聚物组成的水溶液。

凝胶具有二重性,即同时具有固体性质和液体性质,三维网状结构对外界应力具有显著的抵抗作用,这使其在某些方面呈现弹性固体性质。连续液相中的分子是完全可以移动的,使凝胶的硬度比正常固体小,因此,在某些方面呈现黏性液体性质。使之成为具有黏弹性的半固体,表现出部分弹性与黏性。虽然多糖凝胶只含有1%高聚物,含有99%水分,但能形成弹性很强的凝胶,如果冻、甜食凝胶、仿水果块等。

不同的胶具有不同用途,其选择标准取决于所期望的黏度、凝胶强度、流变性质、体系的pH值、加工温度、与其他配料的相互作用、质构以及价格等。此外,必须考虑所期望的功能特性。亲水胶体具有多功能用途,它可以作为增稠剂、结晶抑制剂、澄清剂、成膜剂、脂肪代用品、絮凝剂、泡沫稳定剂、缓释剂、悬浮稳定剂、吸水膨胀剂、乳状液稳定剂以及胶囊剂等,这些性质常作为用途的选择依据。

(四)多糖的风味结合功能

大分子糖类化合物是一类很好的风味固定剂,应用最普遍的是阿拉伯胶。阿拉伯胶能在风味物质颗粒的周围形成一层膜,从而可以防止水分的吸收、蒸发和化学氧化造成的损失。阿拉伯胶和明胶的混合物用于微胶囊的壁材,这是食品风味成分固定方法的一大进展。

二、同聚多糖

(一)淀粉

淀粉广泛分布于自然界,特别是在植物的种子、根茎及果实中含量较高,如大米中含70%~80%,小麦中含60%~65%,是植物体内重要的贮存多糖。淀粉是许多食品的组分之一,也是人类营养最重要的糖类来源。商品淀粉是从谷物如玉米、小麦、米和块根类如马铃薯、甜薯及木薯等制得的。

淀粉由许多a-D-葡萄糖分子以糖苷键连接而成。天然淀粉有两种类别,一种是直链淀粉,另一种是支链淀粉。这两种淀粉在不同植物中的含量比例随植物种类与品种生长期的不同而异。多数淀粉的直链淀粉与支链淀粉之比为(15%~25%):(75%~85%),而有些谷物如糯米、蜡质玉米几乎只含支链淀粉。

1. 淀粉的结构

直链淀粉主要是由D-吡喃葡萄糖通过α-1,4-糖苷键连接而成的直链结构(图4-18),相对分子质量为3.2×10^4~1.6×10^5,相当于200~980个葡萄糖残基。线性糖链在分子内氢键的作用下,卷曲盘旋成具有局部规则的螺旋状空间排列,每一圈螺旋约含有6个D-葡萄糖单位,并向左旋转。在溶液中,直链淀粉有螺旋结构、部分断开的螺旋结构和不规则的卷曲结构。

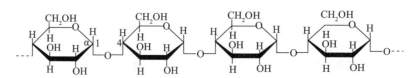

图4-18 溶液中直链淀粉的3种结构

支链淀粉是一种高度分支的大分子,相对分子质量为1×10^5~1×10^6,相当于聚合度为600~6000个葡萄糖残基。它是由D-吡喃葡萄糖通过α-1,4-糖苷键连接构成主链,支链通

过 α-1,6-糖苷键与主链连接,呈复杂的树枝状结构(图4-19),分支点的 α-1,6-糖苷键占总糖苷键的 4%~5%。支链淀粉分支短链的长度平均为 24~30 个葡萄糖残基,分支与分支之间相距 11~12 个葡萄糖残基,各分支也卷曲成螺旋结构。

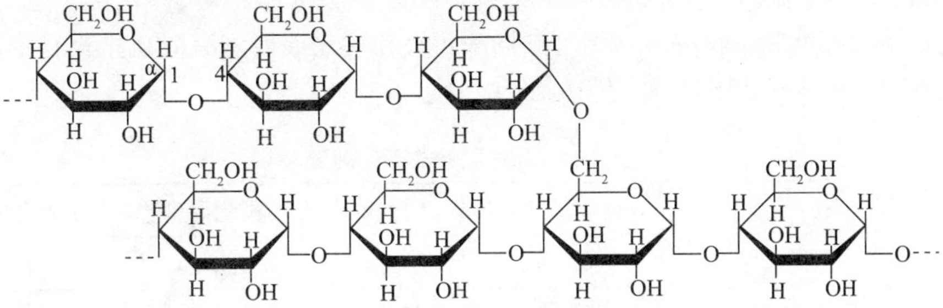

图4-19　支链淀粉的结构

直链淀粉有两个末端,一个末端的葡萄糖半缩醛羟基是游离的,能被碱性弱氧化剂氧化,称为还原端;另一个末端的葡萄糖半缩醛羟基已经形成糖苷键,不能被碱性弱氧化剂氧化,称为非还原端。而支链淀粉有一个还原端和 $n+1$ 个非还原端(n 为分支数)。

2. 淀粉的物理性质

淀粉为白色无定形粉末,没有还原性,不溶于一般有机溶剂。因分子内含有羟基而具有较强的吸水性和持水能力,所以淀粉的含水量较高,约为 12%,含水量与淀粉的来源有关。

淀粉与碘可以形成有颜色的复合物,直链淀粉与碘形成的复合物呈棕蓝色,支链淀粉与碘的复合物呈蓝紫色。这种颜色反应与直链淀粉的分子大小有关,聚合度为 4~6 的短直链淀粉遇碘不显色,聚合度为 8~20 的短直链淀粉遇碘显红色,聚合度大于 40 的直链淀粉遇碘呈深蓝色。支链淀粉的聚合度虽大,但其分支侧链部分的螺旋聚合度只有 20~30 个葡萄糖残基,所以与碘呈现紫色或紫红色。糊精据相对分子质量递减的程度,与碘呈色由蓝紫色、紫红色、橙色到不呈色。

淀粉与碘的这种颜色反应并不是化学反应。在水溶液中,直链淀粉分子以螺旋结构方式存在,每个螺旋吸附一个碘分子,借助于范德华力连接在一起,形成一种稳定的淀粉碘复合物,从而改变碘原有的颜色。当外界条件破坏了复合物的结构后,如加热可使螺旋结构伸展,结合的碘分子就会游离出来。因此,热淀粉溶液因螺旋结构伸展,遇碘不显深蓝色,冷却后,因又恢复螺旋结构而呈深蓝色。

3. 淀粉的糊化

生淀粉分子靠分子间氢键结合而排列得很紧密,形成束状的胶束,彼此之间的间隙很小,即使水分子也难以渗透进去。具有胶束结构的生淀粉称为 β-淀粉。β-淀粉在水中经加热后,一部分胶束被溶解而形成空隙,于是水分子进入内部,与余下部分淀粉分子进行结合,胶束逐渐被溶解,空隙逐渐扩大,淀粉粒因吸水,体积膨胀数十倍,生淀粉的胶束即行消失,这种现象称为膨润现象。继续加热,胶束则全部崩溃,形成淀粉单分子,并为水包围,而成为溶液状态,这种现象称为糊化,处于这种状态的淀粉成为 α-淀粉。

糊化作用可分为三个阶段:①可逆吸水阶段。水分进入淀粉粒的非晶质部分,体积略有膨胀,此时冷却干燥,可以复原,双折射现象不变。②不可逆吸水阶段。随温度升高,水分进入淀粉微晶间隙,不可逆大量吸水,结晶"溶解"。③淀粉粒解体阶段,淀粉分子全部进入溶液。

各种淀粉的糊化温度不相同,即使同一种淀粉因颗粒大小不一,糊化温度也不一致,通常用糊化开始的温度和糊化完成的温度共同表示淀粉糊化温度。有时也把糊化的起始温度称为糊化温度。表4-3列出几种淀粉的糊化温度。

表4-3 几种淀粉的糊化温度

淀粉名称	开始糊化温度/℃	完成糊化温度/℃	淀粉名称	开始糊化温度/℃	完成糊化温度/℃
粳米	59	61	小麦	65	68
糯米	58	63	荞麦	69	71
玉米	64	72	甘薯	70	76
大麦	58	63	马铃薯	59	67

淀粉糊化、淀粉溶液黏度以及淀粉凝胶的性质不仅取决于温度,还取决于共存的其他组分的种类和数量。在许多情况下,淀粉和单糖、低聚糖、脂类、脂肪酸、盐、酸以及蛋白质等物质共存。高浓度的糖降低淀粉糊化的速度、黏度的峰值和凝胶的强度,二糖在推迟糊化和降低黏度峰值等方面比单糖更有效。脂类,如三酰基甘油以及脂类衍生物,能与直链淀粉形成复合物而推迟淀粉颗粒的糊化。在糊化淀粉体系中加入脂肪,会降低达到最大黏度的温度。加入长链脂肪酸组分或加入具有长链脂肪酸组分的一酰基甘油,将使淀粉糊化温度提高,达到最大黏度的温度也升高,而凝胶形成的温度与凝胶的强度则降低。由于淀粉具有中性特征,低浓度的盐对糊化或凝胶的形成影响很小。而经过改性带有电荷的淀粉,可能对盐比较敏感。大多数食品的pH范围在4~7,这样的酸浓度对淀粉膨胀或糊化影响很小。而在高pH时,淀粉的糊化速度明显增加,在低pH时,淀粉因发生水解而使黏度峰值显著降低。在许多食品中,淀粉和蛋白间的相互作用对食品的质构产生重要影响。淀粉与面筋蛋白在混合时形成了面筋,在有水存在的情况下加热,淀粉糊化而蛋白质变性,使焙烤食品具有一定质构。

4. 淀粉的老化

经过糊化的α-淀粉在室温或低于室温下放置后,会变得不透明甚至凝结而沉淀,这种现象称为淀粉的老化。这是由于糊化后的淀粉分子在低温下又自动排列成序,相邻分子间的氢键又逐步恢复形成致密、高度晶化的淀粉分子微束的缘故。

老化过程可看作是糊化的逆过程,但是老化不能使淀粉彻底复原到生淀粉(β-淀粉)的结构状态,它比生淀粉的晶化程度低。不同来源的淀粉,老化难易程度并不相同,一般来说直链淀粉较支链淀粉易于老化,直链淀粉越多,老化越快,支链淀粉几乎不发生老化。其原因是它的结构呈三维网状空间分布,妨碍了微晶束氢键的形成。老化后的淀粉与水失去亲和力,影响加工食品的质构,并且难以被淀粉酶水解,因而也不易被人体消化吸收。淀粉老化作用的控制在食品工业中有重要意义。

生产中可通过控制淀粉的含水量、贮存温度、pH及加工工艺条件等方法来防止淀粉老化。淀粉含水量为 30%~60% 时,较易老化;含水量小于 10% 或在大量水中,则不易老化;老化作用最适温度在 2℃~4℃ 之间,大于 60℃ 或小于 -20℃ 都不发生老化;在偏酸(pH 4 以下)或偏碱的条件下也不易老化。也可将糊化后的 α-淀粉,在 80℃ 以上的高温迅速除去水分(水分含量最好达 10% 以下)或冷至 0℃ 以下迅速脱水,成为固定的 α-淀粉。α-淀粉加水后,因无胶束结构,水易于进入,因而将淀粉分子包围,不需加热,亦易糊化。这就是制备方便米面食品的原理。

5. 淀粉的水解

淀粉、果胶、纤维素和半纤维素等在酶、酸、碱等条件下的水解在食品加工中具有重要意义。工业上利用淀粉水解可生产糊精、淀粉糖浆、麦芽糖浆、葡萄糖等产品。糊精是淀粉水解或高温裂解产生的多苷链断片。淀粉糖浆为葡萄糖、低聚糖和糊精的混合物,可分为高、中、低转化糖浆三大类。麦芽糖浆也称为饴糖,其主要成分为麦芽糖,也有麦芽三糖和少量葡萄糖。葡萄糖为淀粉水解的最终产物,结晶葡萄糖有含水 α-葡萄糖、无水 α-葡萄糖和无水 β-葡萄糖三种。

6. 抗消化淀粉

抗消化淀粉又称抗性淀粉、抗酶淀粉。人们发现,有部分淀粉在人体小肠内无法被消化吸收,于是过去一直认为淀粉可在小肠内完全消化吸收的观点受到了挑战,一种新型的淀粉分类方法也就应运而生。目前,国内外多数学者根据抗消化淀粉的形态及物理化学性质,又将抗消化淀粉分为 4 种:即 RS1,RS2,RS3,RS4。

RS1 称为物理包埋淀粉,是指淀粉颗粒因细胞壁的屏障作用或蛋白质等的隔离作用而难以与酶接触,因此不易被消化。加工时的粉碎及碾磨,摄食时的咀嚼等物理动作可改变其含量。常见于轻度碾磨的谷类、豆类等食品中。

RS2 指抗消化淀粉颗粒,为有一定粒度的淀粉,通常存在于生的薯类和香蕉。经物理和化学分析后认为,RS2 具有特殊的构象或结晶结构(B 型或 C 型 X 衍射图谱),对酶具有高度抗性。

RS3 为老化淀粉,主要为糊化淀粉经冷却后形成的。凝沉的淀粉聚合物,常见于煮熟又放冷却的米饭、面包、油炸土豆片等食品中。这类抗消化淀粉又分为 RS3a 和 RS3b 两部分,其中 RS3a 为凝沉的支链淀粉,RS3b 为凝沉的直链淀粉,RS3b 的抗酶解性最强。

RS4 为化学改性淀粉,该类淀粉经基因改造或化学方法引起的分子结构变化以及一些化学官能团的引入而产生抗酶解性,如乙酰基、羟丙基淀粉,热变性淀粉及磷酸化淀粉等。

食品中存在的抗消化性淀粉有许多有益作用,与膳食纤维相似,能刺激有益菌群生长,被认为是膳食纤维的一种;具有调节血糖的作用;食后可增加排便量,减少便秘,减少结肠癌的危险;可降低血胆固醇和甘油三酯,具有一定的减肥作用等。目前市场上已有抗消化性淀粉出售,如 Novelose 和 Crystalean 等品牌的淀粉,抗消化性淀粉的含量分别为 30% 和 10%。

7. 淀粉改性

天然淀粉烧煮时形成质地差、黏性、橡胶态的淀粉糊,在淀粉糊冷却时形成不期望的凝胶。为了适应各种使用的需要,需将天然淀粉经物理处理(如:将淀粉糊化后迅速干燥即得 α-淀粉,α-淀粉应用于鳗鱼饲料、家用洗涤剂)、化学处理或酶处理,使淀粉原有的物理性质如水溶性、黏度、色泽、味道和流动性等发生一定的变化。这种经过处理的淀粉总称为改性淀粉。改性淀粉的种类很多,例如可溶性淀粉、酯化淀粉、醚化淀粉、氧化淀粉、交联淀粉、漂白淀粉、磷酸淀粉等。

(1)可溶性淀粉 可溶性淀粉是经过轻度酸或碱处理的淀粉,其淀粉溶液加热时有良好的流动性,冷凝时能形成坚柔的凝胶。α-淀粉则是由物理处理方法生成的可溶性淀粉。生成可溶性淀粉的一般方法是在25℃~55℃的温度下(低于糊化湿度),用盐酸或硫酸作用于40%的玉米淀粉浆;处理的时间可依据黏度来决定,一般为6h~24h;用纯碱或者稀NaOH中和水解物,再经过滤和干燥,即得到可溶性淀粉。可溶性淀粉用于制造胶姆糖和糖果。

(2)酯化淀粉 淀粉的糖基单体含有3个游离羟基,能与酸或酸酐形成淀粉酯,其取代度能从0变化到最大值3。可采用醋酐、三聚磷酸钠及三偏磷酸钠等对淀粉进行酯化,常见的有淀粉醋酸酯、淀粉硝酸酯、淀粉磷酸酯和淀粉黄原酸酯等。酯化淀粉有更好的增稠性、糊透明性,还可改善冷冻解冻的稳定性。可用作焙烤食品、汤汁粉料、汤料、冷冻食品等的增稠剂和稳定剂,微胶囊的壁材等。

磷酸为三价酸,与淀粉作用生成的酯衍生物有淀粉一酯、淀粉二酯和淀粉三酯。用正磷酸钠和聚磷酸钠进行酯化,得到磷酸淀粉一酯。磷酸淀粉一酯具有较高的黏度、透明度和胶黏性。用三氯氧磷($POCl_3$)进行酯化时,可得淀粉磷酸一酯和交联的淀粉磷酸二酯、三酯的混合物。淀粉磷酸二酯和淀粉磷酸三酯属于交联淀粉。交联淀粉颗粒的溶胀性受到抑制,糊化困难,黏度和黏度稳定性均高。酯化度低的淀粉磷酸酯可改善某些食品的抗冻结解冻性能,降低冻结解冻过程中水分的离析。

(3)醚化淀粉 淀粉糖基单体上的游离羟基可被醚化而得到醚化淀粉,低取代度甲基淀粉醚具有较低的糊化温度、较高的水溶解度和较低的凝沉性。取代度1.0的甲基淀粉醚能溶于冷水,但不溶于氯仿。如果取代度再提高,水解溶度降低,氯仿溶解度增加。颗粒状或糊化淀粉在碱性条件下易于发生环氧乙烷或环氧丙烷反应,生成部分取代的羟乙基或羟丙基淀粉醚衍生物。低取代度的羟乙基淀粉具有较低的糊化温度,受热溶胀速度较快,糊的透明度和胶黏性较高,凝沉性较弱,干燥后形成透明、柔软的薄膜。如淀粉与氧化丙烯反应即可制得羟丙基淀粉,其醚化度的最大允许量为0.02~0.2。羟丙基化降低了淀粉的糊化温度,淀粉糊是透明的,不会老化,耐冷冻和解冻,可作为增稠剂和填充剂。

(4)氧化淀粉 工业上用次氯酸钠(NaClO)处理淀粉,即可制成氧化淀粉。由于直链淀粉被氧化后,链成为扭曲状,因而不易引起老化。氧化淀粉的糊黏度较低,但稳定性较高,较透明,成膜性好;在食品加工中可形成稳定溶液,适用作分散剂或乳化剂。高碘酸或其钠盐也能氧化相邻的羟基成醛基,在研究淀粉(糖类)结构时非常有用。

(5)交联淀粉 用具有多元官能团的试剂,如甲醛、环氧氯丙基、三氯氧磷、三聚磷酸盐等作用于淀粉颗粒,将不同淀粉分子经"交联键"结合而生成的淀粉称为交联淀粉。交联淀粉具有良好的机械性能,并且耐热、耐酸、耐碱;随交联度增加,甚至在高温受热时也不糊化。在食品工业中,交联淀粉可用作增稠剂和赋形剂。

8. 淀粉在食品加工中的应用

淀粉在糖果制造中用作填充剂,可作为制造淀粉软糖的原料,也是淀粉糖浆的主要原料。豆类淀粉和粘高粱淀粉则利用其胶凝特性来制造高粱饴类的软性糖果,具有很好的柔糯性。淀粉在冷饮食品中作为雪糕和棒冰的增稠稳定剂。淀粉在某些罐头食品生产中可作增稠剂,如制造午餐肉罐头和碎肉、羊肉罐头时,使用淀粉可增加制品的粘结性和持水性。在制造饼干时,由于淀粉有稀释面筋浓度和调节面筋膨润度的作用,可使面团具有适合于工艺操作的物理性质,所以在使用面筋含量太高的面粉生产饼干时,可以添加适量的淀粉来解决饼干收缩变形的问题。

以淀粉为原料,通过水解反应生产的糖品,总称为淀粉糖。淀粉糖可分为葡萄糖、果葡糖浆、麦芽糖浆、淀粉糖浆四大类,淀粉糖甜味纯正、柔和,具有一定的保湿性和防腐性,又利于胃肠的吸收,广泛用于果酱、蜜饯、糖果、罐头、果酒、果汁及碳酸饮料等食品和医疗保健品的生产中。

(二)半纤维素

半纤维素存在于所有陆地植物中,而且经常在植物木质化部分,是构成植物细胞壁的材料。构成半纤维素的单体有木糖、果糖、葡萄糖、半乳糖、阿拉伯糖、甘露糖及糖醛酸等,木聚糖是半纤维素物质中最丰富的一种。

粗制的半纤维素可分为一个中性组分(半纤维素 A)和一个酸性组分(半纤维素 B),半纤维素 B 在硬质木材中特别多。两种纤维素都有 β-D-(1-4)糖苷键结合成的木聚糖链。在半纤维素 A 中,主链上有许多由阿拉伯糖组成的短支链,还存在 D-葡萄糖、D-半乳糖和 D-甘露糖。从小麦、大麦和燕麦粉得到的阿拉伯木聚糖是这类糖的典型例子。半纤维素 B 不含阿拉伯糖,它主要含有 4-甲氧基-D-葡萄糖醛酸,因此它具有酸性。水溶性小麦面粉戊聚糖结构见图 4-20。

半纤维素在焙烤食品中的作用很大,它能提高面粉结合水的能力。在面包面团中,改进混合物的质量,降低混合物能量,有助于蛋白质的进入和增加面包的体积,并能延缓面包的老化。

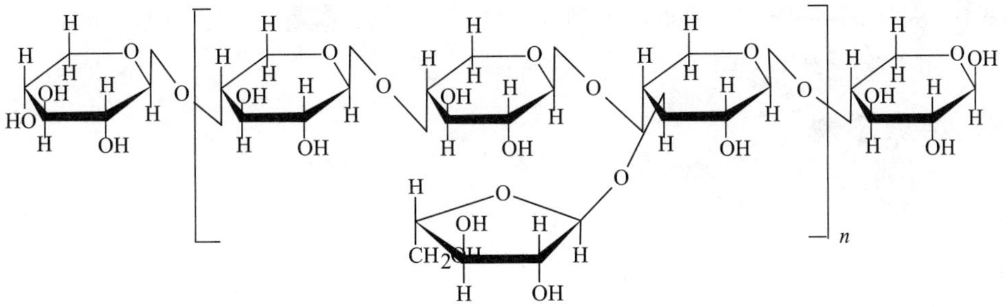

图 4-20 水溶性小麦面粉戊聚糖的结构

半纤维素是膳食纤维的一个重要来源,对肠蠕动、粪便量和粪便通过时间产生有益生理效应,对促使胆汁酸的消除和降低血液中的胆固醇方面也会产生有益的影响。事实表明它可以减轻心血管疾病、结肠紊乱,特别是防止结肠癌。食用高纤维膳食的糖尿病人可以减少对胰岛素的需求量,但是,多糖胶和纤维素在小肠内会减少某些维生素和必需微量元素的吸收。

（三）壳聚糖

壳聚糖又称几丁质、甲壳质、甲壳素,是一类由 N-乙酰-D-氨基葡萄糖或 D-氨基葡萄糖以 β-1,4-糖苷键连接起来的低聚合度水溶性氨基多糖。主要存在于甲壳类(虾、蟹)等动物的外骨骼中,在虾壳等软壳中含壳多糖 15%～30%,蟹壳等外壳中含壳多糖 15%～20%。其基本结构单位是壳二糖,如图 4-21 所示。

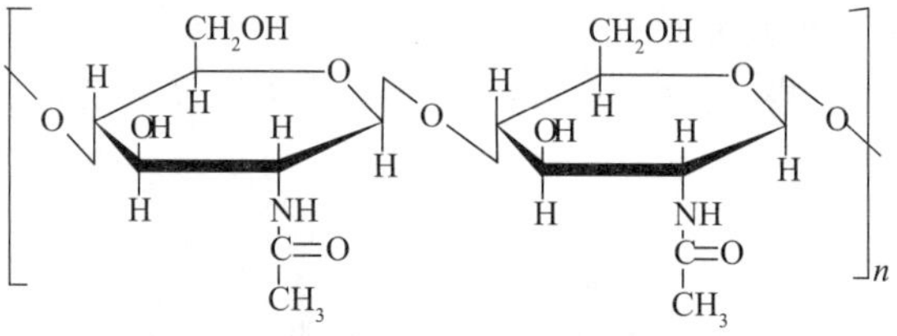

图 4-21　壳二糖的结构式

壳多糖脱去分子中的乙酰基后,转变为壳聚糖,其溶解性增加,称为可溶性的壳多糖。因其分子中带有游离氨基,在酸性溶液中易成盐,呈阳离子性质。壳聚糖随其分子中含氨基数量的增多,其氨基特性越显著,这正是其独特性质所在,由此奠定了壳聚糖的许多生物学特性及加工特性的基础。

壳聚糖在食品工业中可作为黏结剂、保湿剂、澄清剂、填充剂、乳化剂、上光剂及增稠稳定剂;而作为功能性低聚糖,它能降低胆固醇,提高机体免疫力,增强机体的抗病抗感染能力,尤其有较强的抗肿瘤作用。因其资源丰富,应用价值高,已被大量开发使用。工业上多用酶法或酸法水解虾皮或蟹壳来提取壳聚糖。

目前在食品中应用相对多的是改性壳聚糖尤其是羧甲基化壳聚糖。其中 N,O-羧甲基壳聚糖在食品工业中作增稠剂和稳定剂,N,O-羧甲基壳聚糖由于可与大部分有机离子及重金属离子络合沉淀,被用为纯化水的试剂。N,O-羧甲基壳聚糖又可溶于中性 pH7 水中形成胶体溶液,它具有良好的成膜性,被用于水果保鲜。

三、杂聚多糖

（一）果胶

1. 果胶的结构

果胶(pectin)是细胞壁的基质多糖,存在于相邻细胞壁间的胞间层中,起着将细胞黏在一起的作用。主要存在于植物的果实、种子、根、茎和叶中,但以水果和蔬菜中含量最多,可使水果、蔬菜具有较硬的质地。

果胶的基本结构是 D-吡喃半乳糖醛酸以 α-1,4-糖苷键组成的无分支长链大分子,主链是 150～500 个 α-D-半乳糖醛酸基(相对分子质量为 30000～100000)通过 1,4 糖苷键连接而成,其中部分羧基被甲酯化,见图 4-22。果胶分子主链上还存在 a-L-鼠李糖残基,在鼠李糖富集的链段中,鼠李糖残基处于毗连或交替的位置。果胶的伸长侧链还包括少量的半乳聚糖和阿拉伯聚糖。

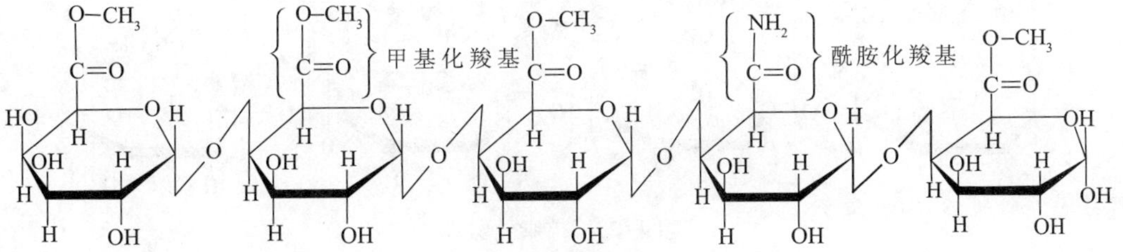

图 4-22 果胶的结构

2. 果胶的性质

根据果胶分子羧基酯化度(DE)的不同,天然果胶一般分为两类:其中一类分子中超过一半的羧基是甲酯化($-COOCH_3$)的,称为高甲氧基果胶(HM),余下的羧基是以游离酸($-COOH$)及盐($-COO^-Na^+$)的形式存在;另一类分子中低于一半的羧基是甲酯化的,称为低甲氧基果胶(LM)。酯化度(DE)指酯化的半乳糖醛酸残基数占半乳糖醛酸残基总数的百分比,DE≥50%的为高甲氧基果胶。

果胶能形成具有弹性的凝胶,果胶的胶凝作用不仅与其浓度有关,而且因果胶的种类而异,普通果胶在浓度1%时可形成很好的凝胶。果胶在食品工业中的应用最为广泛,常用来作为糖果、果冻、果汁、罐头、果酱及各种饮料的胶凝剂、增稠剂、稳定剂及乳化剂等。

3. 果胶在食品中的应用

果胶的主要用途是作为果酱与果冻的胶凝剂。果胶的类型很多,不同酯化度的果胶能满足不同的要求。高酯化度(HM)果胶与低酯化度(LM)果胶用于制造凝胶软糖。果胶另一用途是在生产酸奶时作水果基质,LM果胶特别适合。果胶还可作为增稠剂和稳定剂。HM果胶可应用于乳制品,它在pH 3.5~4.2范围内能阻止加热时酪蛋白聚集,这适用于经巴氏杀菌或高温杀菌的酸奶、酸豆奶以及牛奶与果汁的混合物。HM与LM果胶能应用于蛋黄酱、番茄酱、浑浊型果汁、饮料以及冰淇淋等,一般添加量<1%;但是凝胶软糖除外,它的添加量为2%~5%。

(二)琼脂

琼脂(agar)又名琼胶、洋菜等,是一类海藻多糖的总称。琼脂是一个非均匀的多糖混合物,可分离成琼脂聚糖和琼脂胶两部分。琼脂聚糖的基本二糖重复单位是由 β-D-吡喃半乳糖连接 3,6-脱水 α-L-吡喃半乳糖基单位构成的(图4-23);琼脂聚糖链的半乳糖残基约每10个有1个被硫酸酯化。琼脂胶的重复单位与琼脂聚糖相似,但含5%~10%的硫酸酯,一部分 D-葡萄糖醛酸残基和丙酮酸以缩醛形式结合形成酯。

琼脂能吸水膨胀,不溶于冷水而溶于热水。琼脂凝胶最独特的性质是当温度大大超过胶凝起始温度时仍然保持稳定性。例如,1.5%琼脂的水分散液在30℃形成凝胶,熔点35℃时,琼脂凝胶具有热可逆性,凝胶加热时融化,冷置后便凝固,能够重复进行。

琼脂不能被人体利用,在食品工业中作为果冻、果糕凝冻剂,在果汁饮料中作为浊度稳定剂,在糖果工业中作为软糖基料等,还可以作为微生物培养基组分。琼脂通常可与其他聚合物,如角豆胶、明胶等合并使用。

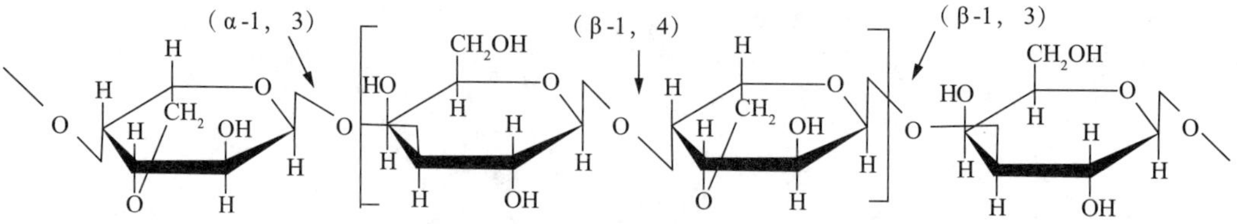

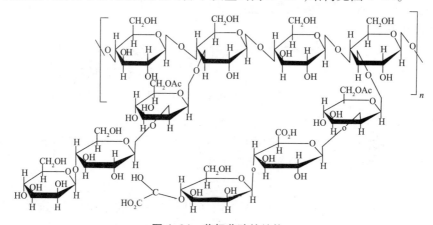

图 4-23　琼脂的结构

(三)细菌多糖

1. 黄杆菌胶

黄杆菌胶又称黄原胶,是由几种黄杆菌合成的细胞外多糖,是应用较广的食品胶。它由纤维素主链和三糖侧链构成,分子结构中的重复单元是五糖,其中三糖侧链由两个甘露糖与一个葡萄糖醛酸组成。黄杆菌胶的相对分子质量约为 2×10^6,结构见图 4-24。

图 4-24　黄杆菌胶的结构

黄杆菌胶在食品工业应用广泛。能溶于冷水和热水,低浓度时具有高的黏度,在宽广的温度范围内($0℃\sim100℃$)溶液黏度基本不变,盐类及 pH 对其黏度的影响小于其他植物胶质,同其他胶具有协同作用,能稳定悬浮液和乳浊液,具有良好的冷冻与解冻稳定性。

2. 茁霉胶

茁霉胶又称出芽短梗孢糖、茁霉多糖、普鲁兰糖。它是由出芽茁霉在含葡萄糖、麦芽糖、蔗糖等糖分的底物中生长时形成的胶质胞外多糖,是以麦芽三糖为结构的重复单位,通过$\alpha-(1,6)$糖苷键连接而成的多聚体,聚合度为 100～5000 个葡萄糖残基,见图 4-25。

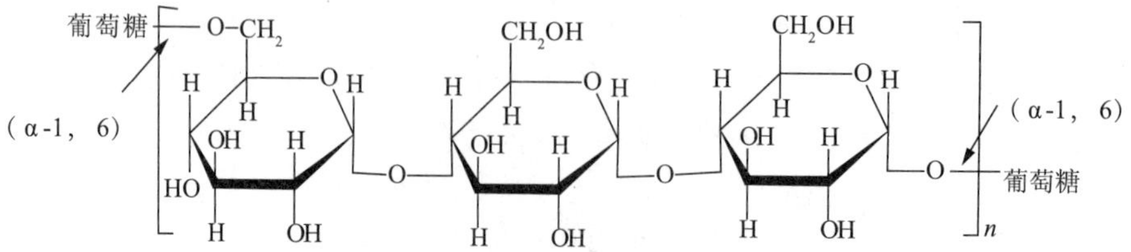

图 4-25　茁霉胶的化学结构

茁霉胶纯品为无色无味的白色粉末,易溶于水,溶水后形成黏性溶液,通常作为食品增稠剂。用茁霉胶制成的薄膜为水溶性,不透氧气,透明无色,抗油,对人体没有毒性,因而是良好的食品被覆包装材料。茁霉胶是人体利用率较低的多糖,可代替淀粉来制备低能量食物和饮料。

四、功能性多糖

功能性多糖是一类具有多种生理活性的高分子糖类物质,一般由 10 个以上的同一单糖、杂多糖或黏多糖组成。功能性多糖普遍存在于生物体内,它们参与细胞内的各种生命现象与生理过程的调节,具有许多重要的生物学功能。按其来源可将功能性多糖分为植物多糖(如银杏多糖、枸杞多糖、茶叶多糖、苦瓜多糖、大枣多糖等)、动物多糖(如肝素、硫酸软骨素、透明质酸等)、微生物多糖等,微生物多糖也可进一步细分为真菌多糖(如香菇多糖、茯苓多糖、灵芝多糖、木耳多糖等)和细菌多糖(如肺炎球菌荚膜多糖、脑膜炎球菌荚膜多糖等,多作为疫苗研究)。

功能性多糖大多具有免疫调节功能,有的还有明显的抗肿瘤、抗辐射、降血糖、抗病毒、抗氧化、降血脂、提高缺氧耐受力等生理功能,但这些功能并不是独立的。一方面,某些多糖具有多种不同的生理功能;另一方面,多糖的多种生理功能中,许多作用机制可能是相同的,如抗肿瘤、抗辐射、抗衰老等活性都同多糖的非特异性免疫增强作用有关。由于功能性多糖的特殊保健功能,把多糖作为主要功效成分研制开发成保健食品,让特定人群食用,对改善机体代谢状况和维持人体健康具有重要意义。目前在保健食品应用方面研究较多的是真菌多糖、植物多糖和藻类多糖。经国家食品药品监督管理局(SFDA)批准的既是食品又是药品的保健食品原料中的山药、茯苓、人参、胖大海、黄芪、桑叶等,以及普通食物。如香菇、银耳、黑木耳、南瓜、大枣等都含有功能性多糖。保健食品中常用到的多糖有香菇多糖、灵芝多糖、银耳多糖、南瓜多糖、枸杞多糖、茶叶多糖、山药多糖、海带多糖、螺旋藻多糖等。例如,市场上已批准的,以灵芝或灵芝孢子粉作为主要原料生产的保健食品,其功效成分/标志性成分为粗多糖,申报的功能多为增强免疫力,申报的剂型主要有胶囊剂、片剂、口服液、粉剂、茶剂等。

第五节　膳食纤维

一、概述

(一)膳食纤维的定义

膳食纤维定义为凡是不能被人体内源酶消化吸收的可食用植物细胞、多糖、木质素以及相关物质的总和。这一定义包括了食品中的大量组成成分,如纤维素、半纤维素、木质素、胶质、改性纤维素、粘质、低聚糖、果胶以及其他少量组成成分,如蜡质、角质、软木质。

(二)膳食纤维的分类

膳食纤维有许多种分类方法,根据溶解特性的不同,可将其分为不溶性膳食纤维和水溶

79

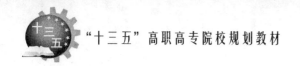

性膳食纤维两大类。

不溶性膳食纤维是指不被人体消化道酶消化且不溶于热水的那部分膳食纤维,是构成细胞壁的主要成分,包括纤维素、半纤维素、木质素、原果胶和动物性的甲壳素和壳聚糖。其中木质素不属于多糖类,它是使细胞壁保持一定韧性的芳香族碳氢化合物。

水溶性膳食纤维是指不被人体消化酶消化,但溶于温水或热水且其水溶性又能被四倍体积的乙醇再沉淀的那部分膳食纤维。主要包括存在于苹果、桔类中的果胶,植物种子中的植物胶,海藻中的海藻酸、卡拉胶、琼脂和微生物发酵产物黄原胶,以及人工合成的羧甲基纤维素钠盐等。

中国营养学会将膳食纤维分为:总的膳食纤维、可溶膳食纤维和水溶膳食纤维、非淀粉多糖。

(三)膳食纤维的测定方法

膳食纤维的测定方法可分为两大类:重量法和化学法。

重量法较简单,主要测定总膳食纤维、可溶性膳食纤维和不可溶性膳食纤维。重量法中目前应用较多的是酶法。一般分别用 AACC32-07、AACC32-06 方法测定总膳食纤维、可溶性膳食纤维和不可溶性膳食纤维。

化学法则可定量地测定其中每一种中性糖和总的酸性糖(糖醛酸),还可单独测定木质素。但化学法受仪器设备制约,因而不适用于常规的膳食纤维分析。

总之,目前膳食纤维的定义与测定方法之间仍然存在一定的差距,包含所有膳食纤维组成成分的测定方法有待于进一步建立。

(四)膳食纤维与粗纤维的区别

不同于常用的粗纤维的概念,传统意义上的粗纤维是指植物经特定浓度的酸、碱、醇或醚等溶剂作用后的剩余残渣。强烈的溶剂处理导致几乎 100% 水溶性纤维、50%~60% 半纤维素和 10%~30% 纤维素被溶解损失掉。因此,对于同一种产品,其粗纤维含量与总膳食纤维含量往往有很大的差异,两者之间没有一定的换算关系。

虽然膳食纤维在人体口腔、胃、小肠内不被消化吸收,但人体大肠内的某些微生物仍能降解它的部分组成成分。从这个意义上说,膳食纤维的净能量并不严格等于零。而且,膳食纤维被大肠内微生物降解后的某些成分被认为是其生理功能的一个起因。

(五)膳食纤维的来源

来源于植物的有:纤维素、半纤维素、木质素、果胶、阿拉伯胶、愈疮胶和半乳甘露聚糖等;来源于动物的有:甲壳素、壳聚糖和胶原等;来源于海藻多糖类有:海藻酸盐、卡拉胶和琼脂等;微生物多糖如黄原胶等。

二、膳食纤维的化学组成与理化性质

(一)膳食纤维的化学组成

膳食纤维的化学组成包括 3 大类:纤维状碳水化合物(纤维素)、基质碳水化合物(果胶类物质等)、填充类化合物(木质素)。其中,纤维素和基质碳水化合物是构成细胞壁的初级成分,通常是死组织,没有生理活性。来源不同的膳食纤维,其化学组成的差异可能很大。

1. 纤维素

纤维素是细胞壁的主要结构物质,在植物细胞壁中,纤维素分子链由结晶区与非结晶区组成,非结晶结构内的氢键结合力较弱,易被溶剂破坏。纤维素的结晶区与非结晶区之间没有明确的界限,转变是逐渐的。不同来源的纤维素,其结晶程度也不相同。通常所说的非纤维素多糖泛指果胶类物质、β-葡聚糖和半纤维素等物质。

2. 果胶及果胶类物质

果胶主链是经 α-1,4-糖苷键连接而成的聚半乳糖醛酸(GalA),主链中连有 1,2- 鼠李糖(Rha),部分 GalA 经常被甲基酯化。果胶类物质主要有阿拉伯聚糖、半乳聚糖和阿拉伯半乳聚糖等。果胶能形成凝胶,对维持膳食纤维的结构有重要的作用。

3. 木质素

本质素是由松柏醇、芥子醇和对羟基肉桂醇 3 种单体组成的大分子化合物。天然存在的木质素大多与碳水化合物紧密结合在一起,很难将之分离开来。木质素没有生理活性。

(二)膳食纤维的生理特性

从膳食纤维的化学组成来看,其分子链中各种单糖分子的结构并无独特之处,但由这些并不独特的单糖分子结合起来的大分子结构,却赋予膳食纤维一些独特的理化特性,从而直接影响膳食纤维的生理功能。

1. 高持水力

膳食纤维化学结构中含有很多亲水基团,具有很强的持水力。不同品种的膳食纤维,其组成、结构及物理特性不同,持水力也不同。膳食纤维的持水性可以增加人体排便的体积与速度,减轻直肠内压力,同时也减轻了泌尿系统的压力,从而缓解了诸如膀胱炎、膀胱结石和肾结石这类泌尿系统疾病的症状,并能使毒物迅速排出体外。

2. 吸附作用

膳食纤维分子表面带有很多活性基团,可以吸附螯合胆固醇、胆汁酸以及肠道内的有毒物质(内源性毒素)、化学药品和有毒医药品(外源性毒素)等有机化合物。膳食纤维的这种吸附整合的作用,与其生理功能密切相关。

其中研究最多的是膳食纤维与胆汁酸的吸附作用,它被认为是膳食纤维降血脂功能的机理之一。肠腔内,膳食纤维与胆汁酸的作用可能是静电力、氢键或者疏水相互作用,其中氢键结合可能是主要的作用形式。

3. 对阳离子有结合和交换能力

膳食纤维化学结构中所包含的羧基、羟基和氨基等侧链基团,可产生类似弱酸性阳离子交换树脂的作用,可与阳离子,尤其是有机阳离子进行可逆的交换,从而影响消化道的 pH、渗透压及氧化还原电位等,并出现一个更缓冲的环境以利于消化吸收。

4. 无能量填充剂

膳食纤维体积较大,遇水膨胀后体积更大,易引起饱腹感。同时,由于膳食纤维还会影响可利用碳水化合物等成分在肠内的消化吸收,使人不易产生饥饿感。所以,膳食纤维对预防肥胖症十分有利。

5. 发酵作用

膳食纤维虽不能被人体消化道内的酶所降解,但却能被大肠内的微生物所发酵降解,产生乙酸、丙酸和丁酸等短链脂肪酸,使大肠内 pH 降低,从而影响微生物菌群的生长和增殖,促进好气有益菌的大量繁殖,抑制厌气腐败菌。

不同种类的膳食纤维降解的程度不同,果胶等水溶性纤维素几乎可被完全酵解,纤维素等水不溶性纤维则不易为微生物所作用。同一来源的膳食纤维,颗粒小者较颗粒大者更易降解,而单独摄入的膳食纤维较包含于食物基质中的膳食纤维更易被降解。由好气菌群产生的致癌物质较厌气菌群少,即使产生也能很快随膳食纤维排出体外,这是膳食纤维能预防结肠癌的一个重要原因。另外,由于菌落细胞是粪便的一个重要组成部分,因此膳食纤维的发酵作用也会影响粪便的排泄量。

6. 溶解性与黏性

膳食纤维的溶解性、黏性对其生理功能有重要影响,水溶性纤维更易被肠道内的细菌所发酵,黏性纤维有利于延缓和减少消化道中其他食物成分的消化吸收。在胃肠道中,这些膳食纤维可使其中的内容物黏度增加,增加非搅动层厚度,减少胃排空率,延缓和降低葡萄糖、胆汁酸和胆固醇等物质的吸收。

三、膳食纤维的生理功能

(一)调整肠胃功能

膳食纤维能使食物在消化道内通过的时间缩短,一般在大肠内的滞留时间约占总时间的97%,食物纤维能使物料在大肠内的移运速度缩短40%,并使肠内菌群发生变化,增加有益菌,减少有害菌,从而预防便秘、静脉瘤、痔疮和大肠癌等,并预防其他并发症状。

1. 防止便秘

膳食纤维使食糜在肠内通过的时间缩短,大肠内容物(粪便)的量相对增加,有助于大肠的蠕动,增加排便次数。此外,膳食纤维在肠腔中被细菌产生的酶所酵解,先分解成单糖而后又生成短链脂肪酸。短链脂肪酸被当作能量利用后在肠腔内产生二氧化碳并使酸度增加、粪便量增加以及加速肠内容物在结肠内的转移而使粪便易于排出,从而达到预防便秘的作用。

2. 改善肠内菌群组成和辅助抑制肿瘤

膳食纤维能改善肠内的菌群组成,使双歧杆菌等有益菌活化、繁殖,并因而产生有机酸,使大肠内酸性化,从而抑制肠内有害菌的繁殖,并吸收掉有害菌所产生的二甲基联氨等致癌物质。粪便中可能会有一种或多种致癌物,由于膳食纤维能促使它们随粪便一起排出.缩短了粪便在肠道内的停留时间,减少了致癌物与肠壁的接触,并降低致癌物的浓度。此外,膳食纤维还能清除肠道内的胆汁酸,从而减少癌变的危险性。已知膳食纤维能显著降低大肠癌、结肠癌等癌症的发生率。

3. 缓和由有害物质所导致的中毒和腹泻

当肠内有中毒菌和其所产生的各种有毒物质时,小肠腔内的移动速度亢进,营养成分的消化、吸收速率降低,并引起食物中毒性腹泻。当有膳食纤维存在时,可缓和中毒程度,延缓食物在小肠内的通过时间,提高消化道酶的活性和促进营养成分正常的消化吸收。

4. 保护阑尾

膳食纤维在消化道中可防止小的粪石形成,减少此类物质在阑尾内的蓄积,从而减少细菌侵袭阑尾的机会,避免阑尾炎的发生。

(二)调节血糖值

膳食纤维中的可溶性纤维,能抑制餐后血糖值的上升,其原因是可溶性纤维延缓和抑制对糖类的消化吸收,并改善末梢组织对胰岛素的感受性,降低对胰岛素的要求。水溶性膳食纤维随着凝胶的形成,阻止了糖类的扩散,推迟了在肠内的吸收,因而抑制了糖类吸收后血糖的上升和血胰岛素升高的反应。此外,膳食纤维能改变消化道激素的分泌,如胰液的分泌减少,从而抑制了糖类的消化吸收,并减少小肠内糖类与肠壁的接触,从而延迟血糖值的上升。因此,提高可溶性膳食纤维的摄入量可以防止 II 型糖尿病的发生。但对 I 型糖尿病的控制作用很小。

(三)调节血脂

可溶性膳食纤维可螯合胆固醇,从而抑制机体对胆固醇的吸收,且都是降低对人体健康不利的低密度脂蛋白胆固醇,而高密度脂蛋白胆固醇降得很少或不降。相反,不溶性纤维很少能改变血浆胆固醇水平。此外,膳食纤维能结合胆固醇的代谢分解产物胆酸,从而会促使胆固醇向胆酸转化,进一步降低血浆胆固醇水平。流行病学的调查表明,纤维摄入量高,可以使冠心病死亡的危险性大幅度降低。

(四)控制肥胖

大多数富含膳食纤维的食物,仅含有少量的脂肪。因此,在控制能量摄入的同时,摄入富含膳食纤维的膳食会起到减肥的作用。粘性纤维使糖的吸收减慢,防止了餐后血糖的迅速上升并影响氨基酸代谢,对肥胖病人起到减轻体重的作用。膳食纤维能与部分脂肪酸结合,使脂肪酸通过消化道,不能被吸收,因此对控制肥胖症有一定的作用。

(五)消除外源有害物质

膳食纤维对汞、砷、镉和高浓度的铜、锌等重金属都具有清除能力,可使它们的浓度由中毒水平降低到安全水平。

四、膳食纤维的过量

过量摄入膳食纤维会束缚 Ca^{2+} 和一些微量元素,如许多膳食纤维对 Ca、Cu、Zn、Fe、Mn 等金属离子都有不同程度的束缚作用,不过,是否影响矿物元素代谢还有争论。过量摄入膳食纤维还会束缚人体对维生素的吸收和利用。研究表明,果胶、树胶、大麦、小麦、燕麦、羽扇豆等的膳食纤维对维生素 A、维生素 E 和胡萝卜素都有不同程度的束缚能力。由此说明膳食纤维对脂溶性维生素的有效性有一定影响。过量摄入膳食纤维会引起不良生理反应,尤其是过量摄入凝胶性强的膳食纤维,如瓜尔豆胶等,可能造成的一些副作用,如腹胀、大便次数减少、便秘等。过量摄入膳食纤维也可能影响到人体对其他营养物质的吸收。如膳食纤维会对氮代谢和生物利用率产生一些影响,但损失氮很少,在营养上几乎未起很大作用。

五、膳食纤维的推荐摄入量

鉴于膳食纤维对人体有利的一面,但过量摄入也有副作用,为此许多科学工作者对膳食纤维的合理摄入量进行了大量细致的研究。美国 FDA 推荐的成人总膳食纤维摄入量为 $20g/d \sim 35g/d$。美国能量委员会推荐的总膳食纤维中,不溶性膳食纤维占 $70\% \sim 75\%$,可溶性膳食纤维占 $25\% \sim 30\%$。

我国低能量摄入(7.5MJ)的成年人,其膳食纤维的适宜摄入量为 $25g/d$;中等能量摄入的(10MJ)为 $30g/d$;高能量摄入的(12MJ)为 $35g/d$。膳食纤维生理功能的显著性与不同种类膳食纤维的比例有很大关系,合理的可溶性膳食纤维和不溶性膳食纤维的比例大约是 1:3。

六、膳食纤维的加工

膳食纤维的资源非常丰富,现已开发的膳食纤维共 6 大类约 30 余种。这 6 大类包括:谷物纤维、豆类种子和种皮纤维、水果和蔬菜纤维、微生物纤维、其他天然纤维以及合成和半合成纤维。然而,目前在生产实际中应用的只有 10 余种,利用膳食纤维最多的是烘焙食品。

(一)不同加工方法影响

膳食纤维依据原料及对其纤维产品特性要求的不同,其加工方法有很大的不同,必需的几道加工工序为原料粉碎、浸泡冲洗、漂白脱色、脱水干燥和成品粉碎、过筛等。不同的加工方法对膳食纤维产品的功能特性有明显的影响。

反复的水浸泡冲洗和频繁的热处理会明显减少纤维终产品的持水力与膨胀力,这样会恶化其工艺特性,同时影响其生理功能的发挥,因为膳食纤维在增加饱腹感、预防肥胖症、增加粪便排出量、预防便秘与结肠癌方面的作用,与其持水力、膨胀力有密切的关系,持水力与膨胀力的下降会影响膳食纤维在这方面功能的发挥。

高温短时间的挤压机处理会对纤维产品的功能特性产生良好的影响。有试验表明,小麦与大豆纤维经挤压机处理后,由于高温、高剪切挤压力的作用,大分子的不溶性纤维组分会断裂部分连接键,转变成较小分子的可溶性组分,变化幅度达 $3\% \sim 15\%$(依挤压条件的不同而异),这样就可增加产品的持水力与膨胀力。而且,纤维原料经挤压后可改良其色泽与风味,并能钝化部分引起不良风味的分解酶,如米糠纤维。

(二)膳食纤维的加工

1. 小麦纤维

小麦麸俗称麸皮,是小麦制粉的副产物。麸皮的组成因小麦制粉要求的不同而有很大差异,在一般情况下,所含膳食纤维约为 45.5%,其中纤维素占 23%,半纤维素占 65%,木质素约 6%,水溶性多糖约 5%,另含一定量的蛋白质、胡萝卜素、维生素 E、Ca、K、Mg、Fe、Zn、Se

等多种营养素。在当今食品日趋精细之时,不失为粗粮佳品。

加工方法:原料预处理→浸泡漂洗→脱水干燥→粉碎→过筛→灭菌→包装→成品。麸皮受小麦本身及贮运过程中可能带来的污染影响,往往混杂有泥沙、石块、玻璃碎片、金属屑、麻丝等多种杂质,加工前的原料预处理中去杂是一个重要步骤,其处理手段一般有筛选、磁选、风选和漂洗等。

因麸皮中植酸含量较高,植酸可与矿物元素螯合,从而影响人体对矿物元素的吸收,因此,对麸皮植酸的脱除成了小麦纤维加工的重要步骤。先将小麦麸皮与50℃~60℃的热水混合搅匀,麸皮与加水量之比为(0.1~0.15)∶1,用硫酸调节 pH 至5.0,搅拌保持6h,以利用存在于麸皮中的天然植酸酶来分解其所含有的植酸。随后,用 NaOH 调节 pH 至6.0,在水温为55℃条件下加入适量中性或碱性蛋白酶分解麸皮蛋白,时间2h~4h。然后升温至70℃~75℃,加入淀粉酶保持0.5h~3h,以分解去除淀粉类物质,再将温度提高至95℃~100℃,保持0.5h,灭酶同时起到杀菌的作用。之后分数次清洗、过滤和压榨脱水,再送到干燥机烘干至所需要的水分,通常是7%左右。洗涤步骤有时也可在升温灭酶之前进行。这样制得的产品为粒状,80%的颗粒大小为0.22 mm 左右。其化学成分是:果胶类物质4%、半纤维素35%、纤维素18%、木质素13%、蛋白质≤8%、脂肪≤5%、矿物质≤2%和植酸≤0.5%,膳食纤维总量在80%以上。这种产品对20℃水的膨胀力为4.7mL/g,并保持17h不变。该产品颗粒适宜,可直接食用,也可与酸奶、面包等一起食用;若要加工成食品添加剂,只需再经粉碎过筛即可。

小麦纤维在加工制备时,考虑到其吸水(潮)性较强。因而生产过程必须连续,且容器的密闭性要求高,尤其是南方地区湿度较高,需对生产环境的相对湿度作一些特殊处理,以免产品吸潮过量而影响产品质量。

2. 豆皮纤维

(1)大豆皮膳食纤维的工艺流程是:大豆皮→粉碎→筛选→调浆→软化→过滤→漂白→离心→干燥→粉碎→成品。

以大豆的外种皮为原料,为增加外种皮的表面积,并且更有效地除去不需要的可溶性物质(如蛋白质),可用锤片粉碎机将原料粉碎至大小以全部通过30目~60目筛为适度。然后加入20℃左右的水使固形物浓度保持在2%~10%,搅打成水浆并保持6min~8min,以使蛋白质和某些糖类溶解,但时间不宜太长,以免果胶类物质和部分水溶性半纤维素溶解损失掉。浆液的 pH 保持在中性或偏酸性,pH 过高易使之褐变,色泽加深;pH 低色泽浅,柔和。将上述处理液通过带筛板(325目)振动器进行过滤,滤饼重新分散于25℃、pH 为6.5的水中,固形物浓度保持在10%以内,通入0.01%的过氧化氢进行漂白,25min 后经离心机或再次过滤得白色的湿滤饼,干燥至含水分8%左右,用高速粉碎机使物料全部通过100目筛为止,即得天然豆皮纤维添加剂。纤维最终得率为70%~75%。

(2)多功能纤维的工艺流程是:豆渣→湿热处理→脱腥→干燥→粉碎→筛选→成品。

多功能纤维(MFA)是由大豆种子的内部成分组成,与通常来自种子外覆盖物或麸皮的普通纤维明显不同。这种纤维是由大豆湿加工所剩的新鲜不溶性残渣为原料,经过特殊的湿热处理转化内部成分而达到活化纤维生理功能的作用,再经脱腥、干燥、粉碎和过筛等工序而制成,其外观呈乳白色,粒度小于面粉。

化学分析表明,MFA 含有 68% 的总膳食纤维和 20% 的优质植物蛋白,添入食品中既能有效地提高产品的纤维含量又有利于提高蛋白含量。所以,更确切地说应称之为"纤维蛋白粉"。MFA 有良好的功能特性,可吸收相当于自身重量 7 倍的水分,也就是吸水率达到700%,比小麦纤维的吸水率 400% 高出很多。由于 MFA 的持水性高,有利于形成产品的组织结构,以防脱水收缩。在某些产品如肉制品中,它能使肉汁中的香味成分发生聚集作用而不逸散。此外,高持水特性可明显提高某些加工食品的经济效益,如在焙烤食品(如面包)中添加它可减少水分损失而延长产品的货架寿命。这种多功能纤维添加剂能在很多食品中得到应用,并能获得附加的经济效益。

3. 甜菜纤维

新鲜甜菜废粕洗净去杂质并挤干,分别用自来水、1.5% 柠檬酸、95% 乙醇浸泡 1h,然后用匀浆器打碎。用自来水冲洗,4 层尼龙布过滤至滤液变清。挤去水分,50℃下烘干,再用粉碎机磨成粉末。

该方法生产的产品食物纤维含量达到 76%~80%,1g 干纤维的持水能力为 6.1g~7.8g。与一般食物纤维相比,甜菜纤维具有中等水平的持水能力,1g 干纤维的吸油能力为 1.51g~1.77g。

4. 玉米纤维

利用玉米淀粉加工后的下脚玉米皮为原料,用枯草芽孢杆菌 α-淀粉酶(0.02 g/50 g)及少量蛋白酶,在 60℃下酶解 90min 后过滤,干燥而得。也可由玉米秸经碱、酸水解后精制而得。但酶法生产比酸法、碱法操作简单,设备要求低,产品中无机物含量低。产品为乳白色粉末,无异味,含半纤维素 70%、纤维素 25%、木质素 5%,80℃时可吸水 6 倍。

七、膳食纤维的应用

(一)在焙烤食品中的应用

膳食纤维在焙烤食品中的应用比较广泛。丹麦自 1981 年就开始生产高膳食纤维面包、蛋糕、桃酥、饼干等焙烤食品,用量一般为面粉含量的 5%~10%,如其用量超过 10%,将使面团醒发速度减慢。由于膳食纤维吸水性特强,故配料时应适当增加水量。

(二)在果酱、果冻食品中的应用

此类食品主要添加水溶性膳食果胶,所用果蔬原料主要是苹果、山楂、桃、杏、香蕉和胡萝卜等。

(三)在制粉业中的应用

利用特殊加工工艺生产含麸量达 50%~60% 的面粉,适口性稍差于精白粉,但蛋白质含量、热量优于精白粉,粗脂肪低于精白粉,面粉质地疏松,可消化的蛋白质优于精白粉。国内市场仍处于开发和起步阶段。

(四)在制糖业中的开发应用

采用酶法生产工艺生产双歧杆菌的增殖因子——低聚糖,对双歧杆菌增殖效果明显,生产成本低,低热值,用途广,可实现工业化生产。

(五)在馅料、汤料食品中的应用

为了改变膳食纤维面食制品中外观质量,人们将膳食纤维与焦糖色素、动植物油脂、山梨酸、水溶性维生素、微量元素等营养成分以及木糖醇、甜菊甙等甜味剂混合后,加热制成膳食纤维馅料,可用于牛肉馅饼、点心馅、汉堡包等面食制品,效果较好。此外,也可在普通汤料中加入1%的膳食纤维后一同食用,同样能达到补充膳食纤维之目的。

(六)在油炸食品中的应用

取豆渣膳食纤维1kg,加水0.5kg,淀粉5kg,混匀后蒸煮30min,再加入食盐90g、糖100g、咖喱粉50g,混匀、成型,干燥至含水量15%左右,油炸后得油炸膳食纤维点心。也可在丸子中加入30%膳食纤维,混匀,油炸制成油炸丸子或油条。

(七)在饮料制品中的应用

膳食纤维饮料于10年前就已盛行欧洲,并于1988年风靡美国。日本雪印等公司从1986年起先后推出了膳食纤维饮料或酸奶,每100g饮料含2.5g~3.8g膳食纤维,其销量势头良好。台湾地区多家食品公司也陆续生产出膳食纤维饮料,并在台湾地区饮料市场上异军突起。此外,也可将膳食纤维用乳酸杆菌发酵处理后制成乳清饮料。

(八)在其他食品中的应用

除上述应用之外,膳食纤维还可用于快餐、膨化食品、糖果、酸奶、肉类及其他一些功能性方便食品等。

第六节 糖类代谢及功能

一、糖类的消化

食品中糖类含量最多的通常是淀粉,多来自于各种谷类和薯类食物,也有为数很少的淀粉存在于动物的肌肉与肝脏之中,我们称之为糖原,亦叫动物淀粉;其次是蔗糖和牛奶中的乳糖等。食品中的糖类物质经消化道有关的酶作用水解成为单糖后才能被吸收,其过程如图4-26所示。

糖类物质的消化从口腔开始。口腔内有3对大唾液腺及无数分散存在的小唾液腺,主要分泌唾液。唾液中所含的仅一种淀粉酶,仅对$\alpha-1,4$糖苷键具有专一性,它首先对淀粉进行水解,最终产品可形成糊精与麦芽糖。由于在通常情况下,食物在口腔中停留的时间很短,所以此时淀粉水解的程度不是很大。当食物进入胃以后,在pH为0.9~1.5的酸性环境中,唾液淀粉酶便很快失去了活性。

糖类物质消化的主要场所在小肠。来自胰液的α-淀粉酶可以将淀粉水解为带有1,6糖苷键支链的α-糊精与麦芽糖。而小肠黏膜细胞所含的糊精酶(内含1,6-低聚葡萄糖苷酶)和麦芽糖酶,则可以分别将糊精分子及麦芽糖分子进行水解,最终生成葡萄糖。通常情况下,食品中的直链淀粉主要受淀粉酶的作用而被水解,使分子量逐渐变小,最终成为麦芽糖和葡萄糖;而食品中的支链淀粉和糖原,则在α-淀粉酶的作用下,先分解形成小的低聚支链糖,再由小肠粘膜细胞中的1,6-α-低聚葡萄糖苷酶来分解支链1,6-键上的葡萄糖基,之后的分解过程与直链淀粉相同,最终产物为葡萄糖。

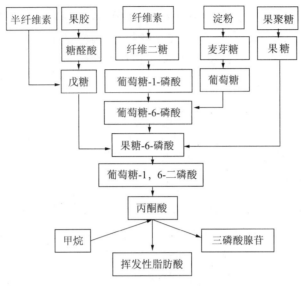

图4-26 糖的消化示意图

食品中的双糖可被小肠黏膜微绒毛中的双糖酶所分解。蔗糖可被蔗糖酶分解为葡萄糖和果糖。乳糖酶可将乳糖水解为葡萄糖和半乳糖。此外,α-糊精酶、蔗糖酶具有催化麦芽糖水解,生成葡萄糖的作用,其中α-糊精酶的活力最强,约占水解麦芽糖总活力的50%,蔗糖酶约占25%。

大豆及豆类制品中含有一定量的棉子糖和水苏糖。棉子糖为三碳糖,由半乳糖、葡萄糖和果糖组成;水苏糖为四碳糖,由两分子半乳糖、一分子葡萄糖和一分子果糖组成。由于人体内没有水解此类糖的酶,所以它们不能被机体消化吸收,而是滞留于肠道并在肠道微生物的作用下发酵、产气,故而称之为"胀气因素"。大豆在加工成豆腐时,胀气因素大多已被去除。豆腐乳中的根霉可以分解并去除此类糖类,因而也不会出现胀气现象。豆腐乳中的根霉也可以分解并去除此类碳水化合物,因而也不会出现胀气现象。

食品中含有的膳食纤维,如纤维素是由β-葡萄糖通过β-1,4-糖苷键连接而成的多糖。由于人体消化道内没有β-1,4-糖苷键水解酶,故使得许多膳食纤维(水溶性、非水溶性)都不能被消化吸收。由多种高分子多糖组成的半纤维素也不能被人体所消化吸收。另外,食品工业中常用的琼脂、果胶、海藻胶等植物胶以及近年得以应用的魔芋粉(主要含由甘露糖和葡萄糖以2∶1或3∶2聚合而成的魔芋甘露聚糖)等多糖类物质,也不能被人体所消化吸收。

通常,食品中的糖类物质在小肠上部几乎全部消化分解成各种单糖。

二、糖类消化产物的吸收

在天然食物中,最主要的糖类是淀粉和糖原,它们被消化成单糖后由小肠上段进行吸收。人体肠道内的单糖主要是葡萄糖,也还有少量的半乳糖和果糖等。糖在胃中几乎不吸收,而在小肠中则几乎完全被吸收。糖被吸收的途径主要是血液。

(一)糖的选择性吸收

各种单糖的吸收速度是不同的。若葡萄糖的吸收速度为100,则半乳糖为110、果糖为70、木糖醇为36、山梨醇为29、甘露糖为19。这一情况与在大鼠身上所观察到的吸收比例关系非常相似(半乳糖:葡萄糖:果糖:甘露糖:木糖:阿拉伯糖=110:100:43:19:15:9)。

(二)糖的吸收机理

食物中的糖被消化成单糖在小肠上段被吸收。目前认为,葡萄糖、半乳糖的吸收方式是主动转运,吸收速度很快,在肠黏膜上皮细胞刷状缘的肠腔面运入细胞内,再扩散入血液,它需要载体蛋白质,并且要消耗能量,它可以逆浓度梯度进行,当血液和肠腔中的葡萄糖浓度比例为200:1时,糖的吸收仍可进行。另据知,葡萄糖的主动转运与Na^+的转运相偶联,当Na^+的转运被阻断后,葡萄糖的转运也不能进行。肠腔内Na^+的浓度为10 mmol/100g~14 mmol/100g,而小肠上皮细胞内Na^+的浓度只有5 mmol/100g,而且细胞内的电位比肠腔低10mV,这一电化学梯度的维持,靠上皮细胞内侧的"钠泵"将细胞内的Na^+连续地排到细胞外液,有利于葡萄糖的主动转运(图4-27)。戊糖、多元醇则以单纯扩散的方式进行吸收,即由高浓度区经细胞膜扩散和渗透到低浓度区,吸收速度相对较慢。果糖一旦进入肠上皮细胞后,一部分转变为葡萄糖和乳糖,所以果糖的吸收速度介于主动吸收的葡萄糖和被动吸收的甘露糖之间。

因载体蛋白对各种单糖的结合不同,糖的种类不同,在小肠各部分的吸收率也不同。单糖的主动转运与钠的转运密切相关,当钠的主动转运被阻断后,单糖的转运也不能进行。因此认为单糖的主动吸收需要存在载体蛋白与钠和糖同时结合后才能进入小肠黏膜细胞内。进入体内的单糖由血液经门静脉入肝合成糖原或直接被利用。

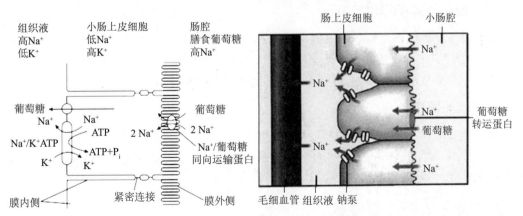

图4-27 小肠中葡萄糖主动转运示意图

三、糖类的生理功能

(一)供给和储存能量

糖类的主要生理功能是供能。消化、吸收和利用功能较其他热源物质迅速而完全,供能较及时,氧化终产物为水和CO_2,生理无害。即使在缺氧条件下,仍能进行酵解提供部分能量。

当蛋白质与糖类一起被摄入时,蛋白质在体内的贮留量比单独摄入时要多,主要是增加了ATP的形成,有利于氨基酸的活化以及合成蛋白质,对蛋白质具有节约作用。

作为热源物质,糖类比脂肪和蛋白质易消化吸收,产能快,更经济。每克葡萄糖可供能17KJ。糖类是生命的燃料。糖原是肌肉和肝脏中糖类的储存物质,肝脏储存人体内大约1/3的糖原。肌肉的肌糖原是肌肉活动最有效的能量来源,心脏的活动也主要靠磷酸葡萄糖和糖原氧化供给能量。

(二)构成人体组织

糖类是构成人体组织并参与许多生命过程的重要物质。糖脂是细胞膜和神经组织的结构成分之一;糖蛋白是细胞的组成成分之一,还是人体中许多抗体、酶、激素的重要组成成分;核糖与脱氧核糖参与核酸的构成。

(三)维持神经系统的功能

糖类对维持中枢神经系统的功能是必需的,葡萄糖是脑、神经和肺组织必需的能源物质。大脑没有能量储备,必须依靠血液中的葡萄糖来供能。血糖降低,脑功能即受影响,长期的低血糖可对大脑造成不可逆性的损害。

(四)保护肝脏

肝脏储备有较丰富的糖原时能够分解产生较多的葡萄糖醛酸,葡萄糖醛酸是体内一种重要的结合解毒剂,对某些细菌毒素和化学毒物如四氯化碳、酒精、砷等都有解毒能力。

(五)增强肠道消化功能

膳食纤维在人体内能刺激肠道蠕动,可缩短肠内容物通过肠道的时间,所以,膳食纤维有肠道"清洁工"之称。膳食纤维还能够延缓或阻碍食物中脂肪和葡萄糖的吸收,它可降低血液中的胆固醇浓度,膳食纤维可改善肠内细菌丛,发挥免疫作用。

(六)抗生酮作用

如在糖类和挥发脂肪酸代谢障碍时,脂肪在体内大量氧化代谢不完全而形成丙酮、β-羟丁酸和乙酰乙酸,在体内达到一定浓度即发生酮病。糖类代谢过程中产生的草酰乙酸具有抗生酮作用,为脂肪正常代谢所必需。

四、糖类的营养学特性

食物中的糖类可分为两大类:一类是人类机体的消化能力可利用的糖类;另一类是虽具有糖类的结构,却很难或不能为人体所利用的糖类,如纤维素,但这一类多糖物质却对人类的消化过程具有重要而有利的影响。还有一些糖类本身不能算是糖类,而是多元醇,它们在人体内的代谢仍沿着糖的代谢通路进行。营养学上主要糖类的特性见表4-4。

表4-4　营养学上主要糖类及特性

糖类		主要特性
血糖生成	葡萄糖	机体基本的糖类,亦称血糖
	果糖	果糖代谢不受胰岛素控制,甜度比葡萄糖高
	蔗糖	食用量最多的双糖,与血脂有一定的关系
	淀粉	自然界中最多的糖类之一,不溶于冷水,加热成胶状,易于消化
	乳糖	存在于乳汁中,其主要功能为提高婴儿肠道抵抗力和钙的吸收率
	糖原	易溶于水,在酶作用下迅速分解为葡萄糖,动物肝、肌肉等组织含量高
非血糖生成	纤维素	葡萄糖以β-1,4糖苷键合成,人体内无酶分解它,纤维素具有维持机体正常消化作用的功能
	果胶类	以葡萄糖醛酸为主链构成的一种无定形物质,主要存在于果蔬等软组织中,易与食物中无机盐结合,从而影响无机盐的吸收
	木质素	人类和食草动物不能消化,具有刺激肠道蠕动,维持机体消化功能正常的作用

五、糖类在人体内的动态变化

(一)糖在体内的转移、贮存和利用

(1)进入血液被氧化利用;

(2)合成糖原贮存;

(3)转变为非糖物质。

(二)血糖浓度的调节

血糖在24h内稍有变动,正常空腹血糖浓度为3.9mmol/L～6.1mmol/L。血糖浓度由血糖来源和去路两个方面的动态平衡决定。其中,肝脏是体内调节血糖最主要的器官,通过肝细胞中的酶进行;肌肉等组织对血糖的摄取和利用也对血糖浓度造在一定影响;胰岛素有降低血糖的功能,肾上腺素、胰高血糖素等则可升高血糖浓度,两类激素相互联系、相互制约,共同维持血糖浓度的相对恒定。

六、糖类的摄入量和食物来源

(一)糖类的摄入量

糖类是人类最容易获得的能量来源,而且它们在体内大部分用于能量的消耗。在此基础上,对糖类的来源也作出要求,即包括复合糖类淀粉、非淀粉多糖以及低聚糖等糖类。限制纯能量食物如糖的摄入量,提倡摄入营养素或能量密度高的食物,以保障人体能量和营养素的需要量及改善胃肠道环境和预防龋齿的需要。建议正常成年人每天摄入糖类250g～350g。

（二）糖类的食物来源

糖类在自然界分布很广。糖类主要来源于植物性食物如谷类、薯类和根茎类食物中,它们都含有丰富的淀粉。粮谷类一般含糖类 60%~80%,薯类含糖类 15%~29%,豆类含糖类 40%~60%。各种单糖和双糖,除一部分存在于水果蔬菜等天然食物中外,绝大部分是以加工食物如蔗糖、糖果甜食、糕点、甜味水果、含糖饮料及蜂蜜等形式直接食用。

动物性食品中肝脏富含糖原。乳中含有乳糖,是婴儿最重要的糖类。体内糖原可由蛋白质或脂肪等非糖物质异生合成,正常情况下,不致发生缺乏。

膳食纤维在植物性食物中含量丰富,蔬菜中一般含有 3%,水果中含有 2%。由于加工方法、食入部位及品种不同,膳食纤维含量也不同。同种蔬菜或水果的边缘表皮或果皮的膳食纤维含量高于中心部位,如果食用时将其去掉,就会损失部分膳食纤维。所以,在食用未受污染的水果蔬菜时,应尽可能将果皮与果肉同食。但是,食物中过多的膳食纤维将影响人体对某些矿物质和维生素的吸收。

膳食中糖类供给量主要与民族饮食习惯、生活水平、劳动性质及环境因素有关,一般供热约占全日总能的 55%~65%,提倡以谷类为主的多糖食物。

七、糖类摄入过量的危害

（一）糖与肥胖

糖是产能营养素,对于人体有着很大的作用,当糖进入到人体以后,一部在胰岛素的作用下分解,来供应人体所需要的能量,另一部分也在胰岛素的作用下合成糖原储存起来,以备急用。但是人体合成糖原是有上限的,再多的糖就会转化成脂肪储存到体内,久而久之引起肥胖,而肥胖能引起很多慢性疾病,包括心脑血管疾病、糖尿病、癌症等。

（二）其他疾病

1. 影响 B 族维生素的吸收

人体摄入糖后,在体内分解产生热量的同时,其产生的代谢产物需要 B 族维生素参与,最后排出体外。长期过量食糖,会使体内 B 族维生素因消耗过多而缺乏,尤其是维生素 B_1 的缺乏,会引起脚气病、神经炎、浮肿等。

2. 导致骨骼脱钙

大量吃糖,会过多地消耗体内的钙,造成骨骼脱钙,导致骨质疏松,并易发生骨折。

3. 引起高血压、导致肥胖

体内摄入过多的糖,可刺激人体内胰岛素水平升高,促使血管紧张度增加,引发高血压;血液中高胰岛素水平也会增加,肾脏重吸收钠和水,引起水钠滞留体内,血容量增加而产生高血压。

4. 引发糖尿病

人的机体是有识别能力的,当长期摄入大量的糖类食物时,胰腺就会拼命的工作,拼命的分泌胰岛素,来将这些糖分解、合成糖原。当胰岛素分泌不足时易导致糖尿病。

5. 引起厌食

过多食用甜食,使血糖升高,抑制了食欲,依赖甜的味道,也是部分儿童厌食的重要原因。儿童经常食糖,特别是空腹食糖,可损害机体对蛋白质等重要营养物质的吸收,影响身体发育和智力发展。

6. 引发痛风

糖过量易导致人体内源性尿酸的形成,而尿酸过高,就很容易引发痛风,美国的一项调查显示,大量喝甜饮料的人痛风的发病率比不喝甜饮料的人高出 120 倍。

7. 其他作用

糖与蛋白质结合可改变蛋白质原来的分子结构,变成一种凝聚的物质,不仅营养价值下降,而且难于吸收。过量食用甜食容易引起情绪兴奋,会诱使人产生过度兴奋、无名烦恼等情绪。

【复习思考题】

1. 糖分哪几种? 其理化特征有哪些?
2. 糖类在食品加工中有哪些特征? 各有什么作用?
3. 简述膳食纤维的理化特征及生理功能。
4. 糖类在人体中的代谢机理是什么? 有哪些生理功能?

第四章 碳水化合物

第五章 脂 类

【本章目标】

1. 了解脂类组成、分类、化学结构和命名;了解脂类的供给量及食物来源。
2. 理解脂类的生理功能,膳食脂肪与健康问题的关系。
3. 掌握脂类的分类和必需脂肪酸。
4. 掌握脂肪氧化的机理及影响因素,及油脂在加工贮藏中发生的化学变化。

第一节 脂类的结构及理化特征

脂类(lipids)又称脂质,是脂肪和类脂的总称。脂类是一大类天然疏水有机化合物,不溶于水而溶于乙醚、石油醚、氯仿等有机溶剂;都具有酯的结构或可能成为酯的物质如醇、酸;脂类能被生物体利用,在活细胞结构中有极其重要的生理作用。另外,还有少量性质类似油脂的非酰基甘油化合物的类脂,如磷脂、甾醇、糖脂、固醇类胡萝卜素等,也包括脂溶性维生素和脂蛋白。

目前,人类食用和工业用的脂类主要来源于植物和动物。植物油大部分来自于油料作物如大豆、菜籽、花生以及含油棕榈、椰子以及橄榄树的种子或果仁中。动物体脂类主要存在于皮下组织、腹腔、肝和肌肉内的结缔组织中。许多微生物细胞中也能积累脂肪。

人类可食用的脂类,是食品中重要的组成成分和人类的营养成分,是一类高热量化合物。三大营养物质中,油脂产生热量最高,每克油脂完全氧化产生的热量是蛋白质、糖类产生热量的二倍多;油脂还能提供给人体必需的脂肪酸,如亚油酸、亚麻酸和花生四烯酸等;油脂是脂溶性维生素 A、D、E 和 K 的载体。但是过多摄入油脂会对人体产生不利影响,如引起肥胖,增加心血管疾病发病率,是近几十年来研究和争论的热点。

一、概述

(一)分类

1. 按物理状态分

可以分为脂肪和油。常温下为固态的称为脂肪,常温下为液态的称为油。油和脂在化学性质上没有本质区别。

2. 按来源分

可以分为乳脂类、植物脂、动物脂、海产品动物油、月桂酸类、亚麻酸类、油酸-亚油酸类、微生物油脂等。

（1）乳脂类 乳脂类来源于母牛和其他产乳动物的乳汁,含有大量的棕榈酸、油酸和硬脂酸,少量的支链脂肪酸和奇数脂肪酸及一定数量的 C4~C12 短链脂肪酸,该类脂具有较重的气味。

（2）植物脂类 一般为植物种子油,饱和脂肪酸和不饱和脂肪酸的含量比约为 2∶1。该类脂熔点较高,但熔点范围较窄(32℃~36℃)。

（3）动物脂肪类 为家畜的贮存脂肪。动物如猪、羊、牛等体内的贮存脂肪含有大量的 C16 和 C18 饱和脂肪酸以及不饱和脂肪酸。不饱和脂肪酸中最多的为油酸和亚油酸。这类脂肪的软硬取决于它们的组成,并影响它们的最终用途。这些脂肪还含有可观数量的完全饱和的三酰基甘油,并具有相当高的熔点。

（4）海生动物油类 含有大量的长链多不饱和脂肪酸,双键数目可多达 6 个,含有丰富的维生素 A 和 D。由于它们的高度不饱和性,所以比其它动、植物油更易氧化。

（5）亚麻酸类 亚麻酸类脂肪含有大量亚麻酸,同时也含有一些油酸和亚油酸。例如豆油、菜籽油、亚麻籽油、麦胚油、大麻籽油和紫苏子油等,其中,大豆油是可食用油的主要来源。由于亚麻酸易氧化,该类油不易贮藏。

（6）油酸、亚油酸类 这类油脂来自于植物,含有大量的油酸和亚油酸,以及含量低于20%的饱和脂肪酸,如棉籽油、玉米油、花生油、向日葵油、红花油、橄榄油、棕榈油和芝麻油、玉米油等。

（7）月桂酸类 这类脂肪存在于可可豆、巴西棕坚果以及棕榈树的种子中。如椰子油和巴巴苏棕榈油,含有 40%~50% 的月桂酸,中等含量的 C6,C8,C10 脂肪酸,和较低含量的不饱和脂肪酸。这类油脂熔点较低,多用于其它工业,很少食用。

（8）微生物油脂 又称单细胞油脂,是由酵母、霉菌、细菌和藻类等微生物在一定条件下利用碳水化合物、碳氢化合物和普通油脂为碳源、氮源、辅以无机盐生产的油脂和另一些有商业价值脂质。

3. 按碳链不饱和程度分

可以分为干性油、半干性油、不干性油。其中,干性油的碘值大于130,桐油、亚麻籽油、红花油等属于干性油;半干性油的碘值介于100~130,棉籽油、大豆油等属于半干性油;不干性油的碘值小于100,花生油、菜子油、蓖麻油等属于不干性油。

4. 按构成的脂肪酸分

可以分为单纯酰基油,混合酰基油。三酰基甘油类是食品脂类中最丰富的一类,它是动物储存脂肪和油的主要组成。

5. 按化学结构分

根据 Bloor 分类法(1926),可以分为简单脂类、复合脂类、衍生脂类,见表 5-1。

表 5-1 脂类的分类

主类	亚类	组成
简单脂类	酰基甘油	甘油 + 脂肪酸(占天然脂类 95% 左右)
	蜡	长链脂肪醇 + 长链脂肪酸

表 5-1（续）

主类	亚类	组成
复合脂类	磷酸酰基甘油	甘油 + 脂肪酸 + 磷酸盐 + 含氮基团
	鞘磷脂类	鞘氨醇 + 脂肪酸 + 磷酸盐 + 胆碱
	脑苷脂类	鞘氨醇 + 脂肪酸 + 糖
	神经节苷脂类	鞘氨醇 + 脂肪酸 + 碳水化合物
衍生脂类	符合脂类定义物质,但不是简单或符合脂类	类胡萝卜素,类固醇,脂溶性维生素等

（1）简单脂类

简单脂类是脂肪酸与醇形成的酯,包括酰基甘油酯和蜡。酰基甘油酯,又称甘油三酯或中性脂肪,以甘油为主链,甘油分子中三个羟基都被脂肪酸酯化。甘油分子本身无不对称碳原子,但如果它的三个羟基被不同的脂肪酸酯化,则中间一个碳原子成为不对称原子,因而有两种不同的构型(L-构型和 D-构型)。天然的甘油三酯都是 L-构型。蜡是由长链脂肪醇与长链脂肪酸形成的酯,广泛分布于动、植物组织内,在生理上蜡有保护机体的作用。

（2）复合脂类

复合脂类是含有其他化学基团的脂肪酸酯。动物体内主要含磷脂和糖脂两种复合脂类。

磷脂是生物膜的重要组成部分,主链为甘油-3-磷酸,甘油分子中的另外两个羟基都被脂肪酸所酯化。磷脂水解后可以产生含有脂肪酸和磷酸的混合物。根据主链的结构可分为磷酸甘油酯和鞘磷脂。磷酸甘油酯包括卵磷脂(PC)和脑磷脂(PE)等物质,构成生物膜脂双层结构的基本骨架。由鞘氨醇参与构成的磷脂称为鞘磷脂,参与细胞识别及信息传递。

（3）衍生脂类

衍生脂类主要包括脂肪酸及其衍生物前列腺素,以及类胡萝卜素,类固醇,脂溶性维生素等。

类固醇,是一大类以环戊烷多氢菲为骨架的物质,环上有羟基。动物、植物组织中都含有类固醇,对动、植物的生命活动很重要。动物普遍含胆固醇。植物很少含胆固醇而含有豆固醇、菜子固醇、菜油固醇、谷固醇等。菌类中含有麦角固醇。

胆固醇以游离形式或脂肪酸酯的形式,存在于动物的血液、脂肪、脑、神经组织、肝、肾上腺、细胞膜的脂质混合物和卵黄中。胆固醇能被动物吸收利用,且动物自身也能合成,人体内胆固醇含量太高或太低都对人体健康不利。胆固醇不溶于水、稀酸及稀碱液中,不能皂化,在食品加工中几乎不受破坏。

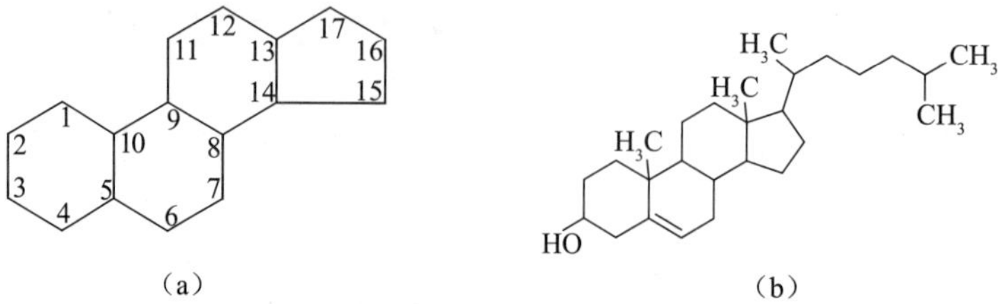

（a）　　　　　　　　　　　　（b）

图 5-1　环戊烷多氢菲(a)和胆固醇(b)的结构

(二)组成

天然脂肪是甘油与脂肪酸的一酯、二酯和三酯,分别称为一酰基甘油酯(甘油一酯)、二酰基甘油酯(甘油二酯)和三酰基甘油酯(甘油三酯)。

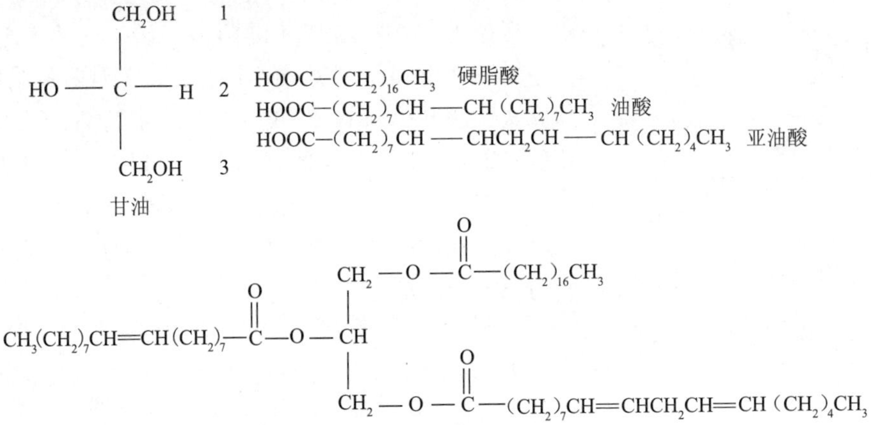

$$\begin{array}{l} CH_2OH \quad 1 \\ | \\ HO\!-\!\!\underset{|}{C}\!-\!H \quad 2 \qquad \begin{array}{l} HOOC\!-\!(CH_2)_{16}CH_3 \quad 硬脂酸 \\ HOOC\!-\!(CH_2)_7CH\!=\!CH(CH_2)_7CH_3 \quad 油酸 \\ HOOC\!-\!(CH_2)_7CH\!=\!CHCH_2CH\!=\!CH(CH_2)_4CH_3 \quad 亚油酸 \end{array} \\ CH_2OH \quad 3 \\ 甘油 \end{array}$$

$$CH_3(CH_2)_7CH\!=\!CH(CH_2)_7\!-\!\overset{\displaystyle O}{\overset{\|}{C}}\!-\!O\!-\!\underset{\displaystyle |}{\overset{\displaystyle |}{CH}}\overset{\displaystyle CH_2\!-\!O\!-\!\overset{O}{\overset{\|}{C}}\!-\!(CH_2)_{16}CH_3}{}$$
$$CH_2\!-\!O\!-\!\overset{O}{\overset{\|}{C}}\!-\!(CH_2)_7CH\!=\!CHCH_2CH\!=\!CH(CH_2)_4CH_3$$

Sn-甘油-1-硬脂酸脂-2-油酸脂-3-亚油酸脂

图 5-2　典型甘油三脂的分子结构及其组成

1.甘油

甘油,俗称丙三醇,是多种脂类的构成成分。甘油的各种化学性质均来自于它的三个醇羟基,按顺序分别称为 1 羟基、2 羟基、3 羟基。甘油与有机酸或无机酸发生酯化反应,形成多种脂类物质。同一种酸与不同位置的甘油羟基发生酯化反应形成的酯,其理化性质会略有差别。

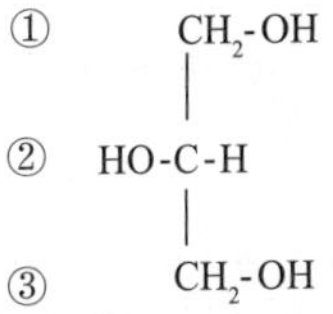

$$\begin{array}{l} ① \quad CH_2\text{-}OH \\ \qquad | \\ ② \quad HO\text{-}C\text{-}H \\ \qquad | \\ ③ \quad CH_2\text{-}OH \end{array}$$

图 5-3　甘油的结构

2.脂肪酸

脂肪酸是天然油脂遇水分解生成的脂肪族羧酸类化合物的总称,是脂肪族的一元羧酸。

(三)化学结构和命名

1.脂肪酸的化学结构与命名

(1)脂肪酸的结构

天然脂肪酸属于羧酸类化合物,绝大多数为偶碳直链,极少数为奇数碳链和具有支链的酸。脂肪酸按其碳链长短可分为长链脂肪酸(含 14 个碳原子以上),中链脂肪酸(含 6~12 个碳)和短链脂肪酸(含 5 个碳原子以下);按其是否含有不饱和双健可分为饱和脂肪酸(SFA)和不饱和脂肪酸(USFA)。

①饱和脂肪酸　脂肪酸碳链中不含双键的称为饱和脂肪酸。天然食用油脂中存在的饱和脂肪酸主要是长链(碳原子数>14)、直链、偶数碳原子的脂肪酸,奇碳链或具支链的极少。短链脂肪酸在乳脂中有一定量的存在。

②不饱和脂肪酸　脂肪酸碳链中含有双键的称为不饱和脂肪酸。天然食用油脂中存在的不饱和脂肪酸常含有一个或多个烯丙基($-CH\!=\!CH-CH_2-$)结构,其特点是两个双键之间夹有一个亚甲基。

根据不饱和脂肪酸分子结构中所含双键的多少,不饱和脂肪酸可分为单不饱和脂肪酸(MUSFA)和多不饱和脂肪酸(PUSFA)。单不饱和脂肪酸碳链中只含一个不饱和双键。多不饱和脂肪酸碳链中含有两个以上双键。根据双键连接方式是否共轭,多不饱和脂肪酸可分为共轭脂肪酸和非共轭脂肪酸。天然脂肪中以非共轭脂肪酸为多,共轭的为少。

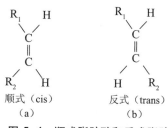

图 5-4　顺式脂肪酸和反式脂肪酸

根据不饱和脂肪酸双键两边与碳原子上相连的原子或原子团在空间排列方式不同,可以分为顺式脂肪酸(c)和反式脂肪酸(t)(图 5-4)。顺、反脂肪酸的物理与化学特性有差别,如顺油酸的融点为 13.4℃,而反油酸的融点为 46.5℃。天然脂肪酸大部分都是顺式结构,只有极少数是反式。在油脂加工和储藏过程中,部分顺式脂肪酸会转变为反式脂肪酸。

（2）脂肪酸的命名

根据脂肪酸所含碳原子个数、不饱和双键个数及具体位置,脂肪酸的命名主要有以下几种方法。

①系统命名法　具体方法是选择含羧基和双键的最长碳链为主链,从羧基端开始编号,并标出不饱和键的位置,例如:

丁酸 $CH_3(CH_2)_2COOH$

亚油酸 $CH_3(CH_2)_4CH=CHCH_2CH=CH(CH_2)_7COOH$　　9,12-十八碳二烯酸

α-亚麻酸: $CH_3(CH_2CH=CH)_3(CH_2)_7COOH$　　9,12,15-十八碳三烯酸

②数字缩写命名法　具体缩写方法是:脂肪酸碳原子总数:双键总数(双键编号位置)。通过缩写,脂肪酸可以用简单的数字表示,如十四烷酸可以记为 C14：0 或 14：0。

$CH_3CH_2CH_2CH_2CH_2CH_2CH_2CH_2CH_2COOH$ 缩写为 10：0

$CH_3(CH_2)_4CH=CHCH_2CH=CH(CH_2)_7COOH$ 缩写为 18：2 或 18：2(9,12)。

双键编号位置有两种表示法。方法一,从羧基端开始以阿拉伯数字记数,第一个双键定位后,其余双键的位置也随之而定。如亚油酸(9,12-十八碳二烯酸)两个双键分别位于第 9、第 10 碳原子和第 12、第 13 碳原子之间,可记为 18：2(9,12)。方法二,从甲基端开始编号,以 n-数字或 ω 数字编号,该数字为编号最小的双键的碳原子位次,如油酸(9,12-十八碳二烯酸)从甲基端开始数,第一个双键位于第 6、第 7 碳原子之间,可记为 18：2(n-6) 或 18：2ω6。其中,n 是碳原子位置数。

n 或 ω 法仅限于:双键为顺式、直链的不饱和脂肪酸。若有多个双键应为五碳双烯型(-CH=CHCH_2CH=CH-),即具有非共轭双键结构)。其他结构的脂肪酸不能用 n 法或 ω 法表示。

有时,还可以标出双键的顺反结构及位置,c 表示顺式,t 表示反式,位置从羧基端编号,如顺-9-十八碳一烯酸与反 9-十八碳一烯酸,见图 5-5。

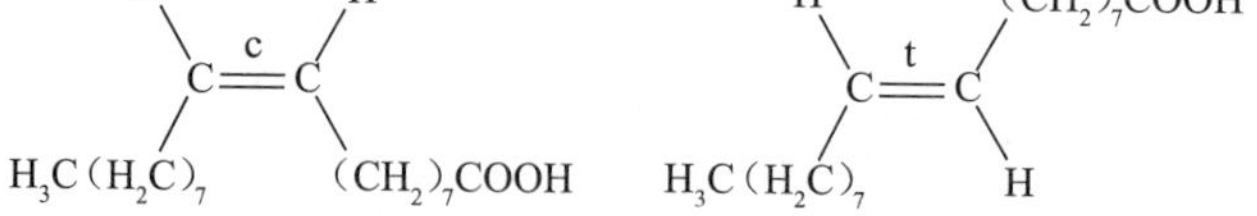

(a)顺-9-十八碳一烯酸　　　　(b)反-9-十八碳一烯酸

图 5-5　顺-9-十八碳一烯酸与反-9-十八碳一烯酸

③ 俗名或普通名 许多脂肪酸最初是从天然产物中得到的,故常常根据其来源命名。例如硬脂酸、软脂酸、月桂酸、肉豆蔻酸、棕榈酸等。

④ 英文缩写 用英文缩写符号代表酸的名字,例如月桂酸为 La,油酸为 O、亚油酸为 L 等。常见脂肪酸的数字、名称见表 5-2。

表 5-2 一些常见脂肪酸的名称和代号

俗名	系统命名	数字缩写	英文缩写
酪酸	丁酸	4:0	B
月桂酸	十二碳酸	12:0	La
肉豆蔻酸	十四碳酸	14:0	M
棕榈酸	十六碳酸	16:0	P
硬脂酸	十八碳酸	18:0	St
花生酸	二十碳酸	20:0	LA
棕榈油酸	9-十六碳一烯酸	16:1	Po
油酸	9-十八碳一烯酸	18:1ω9	O
亚油酸	9,12-十八碳二烯酸	18:2ω6	L
α-亚麻酸	9,12,15-十八碳三烯酸	18:3ω3	α-Ln,SA
γ-亚麻酸	6,9,12-十八三烯酸	18:3ω6	γ-Ln,GLA
花生四烯酸	5,8,11,14-二十碳四烯酸	20:4ω6	An
	5,8,11,14,17-二十碳五烯酸	20:5ω3	EPA
	4,7,10,13,16,19-二十二碳六烯酸	22:6ω6	DHA

2. 脂肪的结构与命名

食用脂肪中最丰富的是三酰基甘油类,它是动物脂肪和植物油的主要组成。

(1)三酰基甘油的结构

中性的酰基甘油是由一分子甘油与三分子脂肪酸酯化而成。

$$
\begin{array}{ccc}
CH_2\text{-}OH & & CH_2\text{-}COOR_1 \\
| & & | \\
HO\text{-}C\text{-}H \quad +3RnCOOH \longrightarrow & & R_2COO\text{-}C\text{-}H \\
| & & | \\
CH_2\text{-}OH & & CH_2\text{-}COOR_3 \\
\end{array}
$$

如果 R_1、R_2 和 R_3 相同则称为单纯甘油酯或同酸甘油三酯,当 R_1、R_2 和 R_3 不相同时,则称为混合甘油酯或异酸甘油三酯。

(2)三酰基甘油的命名

三酰基甘油的命名通常采用赫尔斯曼提出的 Fisher 投影式,又称立体有择位次编排命名法(Sn 命名法)。该法规定甘油投影式第二个碳原子的羟基位于中心左边,将碳原子从顶部到底部的次序编号为 1~3,甘油的三个羟基从上到下定位为 Sn-1,Sn-2,Sn-3,见图 5-6。

第五章 脂类

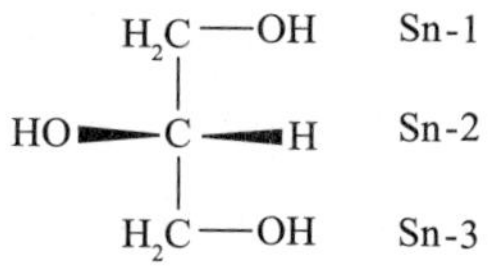

$$\begin{array}{ccc}
H_2C——OH & & Sn-1 \\
HO——C——H & & Sn-2 \\
H_2C——OH & & Sn-3
\end{array}$$

图 5-6 甘油的 Fisher 平面投影

例如,当硬脂酸在 Sn-1 位酯化,油酸在 Sn-2 位酯化,而豆蔻酸在 Sn-3 酯化时,形成的甘油三酯可采用如下三种命名方式:①中文命名表示为:1-硬脂酰-2-油酰-3-豆蔻酰-Sn-甘油;或 Sn-甘油-1-硬脂酰酯-2-油酰酯-3-豆蔻酰酯;②英文缩写命名 Sn-StOM;③数字命名 Sn-18:0-18:1-14:0。

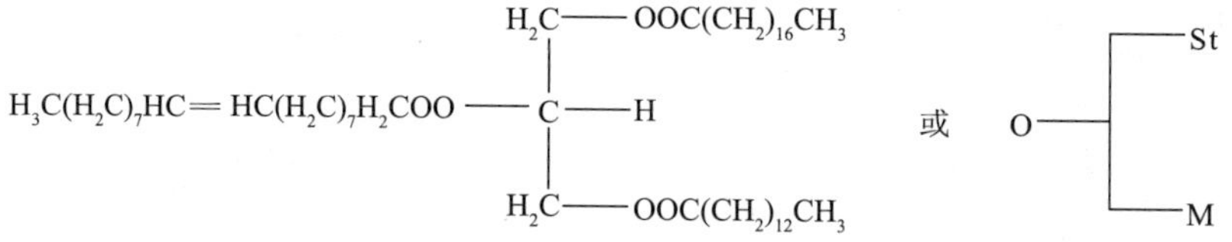

$$H_3C(H_2C)_7HC=HC(H_2C)_7H_2COO——\overset{\displaystyle H_2C——OOC(CH_2)_{16}CH_3}{\underset{\displaystyle H_2C——OOC(CH_2)_{12}CH_3}{C——H}} \quad 或 \quad O—\begin{cases} St \\ \\ M \end{cases}$$

图 5-7 1-硬脂酰-2-油酰-3-豆蔻酰-Sn-甘油结构式

Sn-命名法虽然准确但十分繁琐,有时采用传统的 α、β 命名法来表示甘油酯的立体结构。α 是指 sn-1 位,α′是指 sn-3 位,β 指 sn-2 位。为方便起见,甘油三酯会以简单的形式表示,如 SSS、SSU、SUU 及 UUU 分别表示三饱和脂肪酸甘油酯、一不饱和二饱和脂肪酸甘油酯、一饱和二不饱和脂肪酸甘油酯及三不饱和脂肪酸甘油酯。

3. 类酯的结构和命名

类酯中最重要的是磷脂。常见的甘油醇磷脂按磷脂酸的衍生物命名,如 Sn-3-磷脂酰胆碱。或者用系统命名,类似于三酰基甘油系统命名,如下列化合物(结构见图 5-8)命名为 Sn-1-硬脂酰 2-亚油酰-3-磷脂酰胆碱。

磷脂的种类很多,常见磷脂的结构如下:

(1)磷脂酰胆碱 俗称卵磷脂,因为磷脂酰胆碱连接在甘油的 α 位上,又称 α-卵磷脂。卵磷脂是合成血浆脂蛋白的重要组分,是自然界分布最广泛的一种磷脂,存在于植物的种子、动物的卵和神经组织中,因在蛋黄中含量最高,约 8%～10% 而得名。商品化的卵磷脂通常是从大豆中得到的。卵磷脂颜色是白色,在空气中易氧化,氧化后呈黄色,甚至褐色。卵磷脂是一种重要的抗氧化剂,还是食品工业中重要的乳化剂。卵磷脂易溶于乙醚、乙醇,不溶于丙酮,可用此性质分离纯化卵磷脂。结构式见图 5-8。

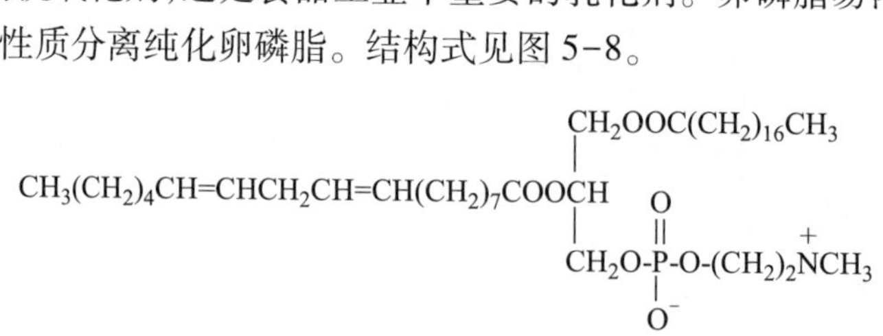

$$CH_3(CH_2)_4CH=CHCH_2CH=CH(CH_2)_7COOCH \begin{array}{l} CH_2OOC(CH_2)_{16}CH_3 \\ \overset{\displaystyle O}{\underset{\displaystyle O^-}{CH_2O-P-O-(CH_2)_2NCH_3^+}} \end{array}$$

图 5-8 磷脂酰胆碱(卵磷脂,PC)结构式

(2)脂酰乙醇胺 Sn-3-磷脂酰乙醇胺,俗称脑磷脂,约占脑干物质重的 4%～6%,因在脑组织含量最多得名。脑磷脂最早是从动物的脑组织和神经组织中提取的,在心、肝及其他组织中也有,常与卵磷脂共存于组织中。脑磷脂与卵磷脂结构相似,只是以氨基乙醇代替了胆碱。脑磷脂可加速血液凝固。结构式见图5-9。

(3)胆碱是卵磷脂和鞘磷脂的组成部分,还是神经传递物质乙酰胆碱的前体物质,对细胞的生命活动有重要的调节作用。结构式见图5-10。

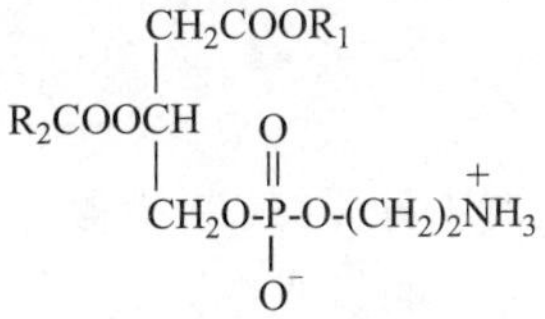

图5-9　脑磷脂的结构

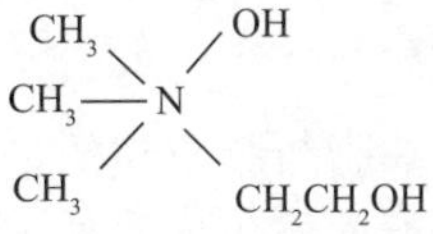

图5-10　胆碱的结构

二、脂类的理化性质

脂类具有独特的物理和化学性质,对食品的品质有十分重要的影响。脂类化学性质活泼,在食品加工、储存以及精制、运输过程中容易发生水解、聚合、氧化等反应以及与其他食品成分相互作用,产生了许多化合物,影响食品的色、香、味,以及营养和安全。

(一)物理性质

油脂的物理性质主要指的是油脂的颜色、密度、气味等性质,在油脂分析、制取及加工中都十分重要。

1. 颜色

纯净的脂肪酸及其油脂都是无色的。天然油脂中略带黄绿色,是由于含有一些脂溶性色素,如类胡萝卜素、叶绿素等所致。

2. 密度

脂肪酸的密度一般都比水轻。

3. 溶解性

脂类不溶于水,易溶于乙醚、石油醚、氯仿、丙酮等有机溶剂。

4. 气味

多数油脂无挥发性,所以,纯净脂肪是无色无味的。但在日常生活中,不同的油脂都有其特征气味,可以通过这些气味来分辨它们。这些气味主要是由数量少但种类很多的挥发性非脂成分引起的。如芝麻油的香气是由乙酰吡嗪引起的,椰子油的香气是由壬基甲酮引起的,而菜籽油受热时产生的刺激性气味,则是由其中所含的黑芥籽茸分解所致。见图5-11。

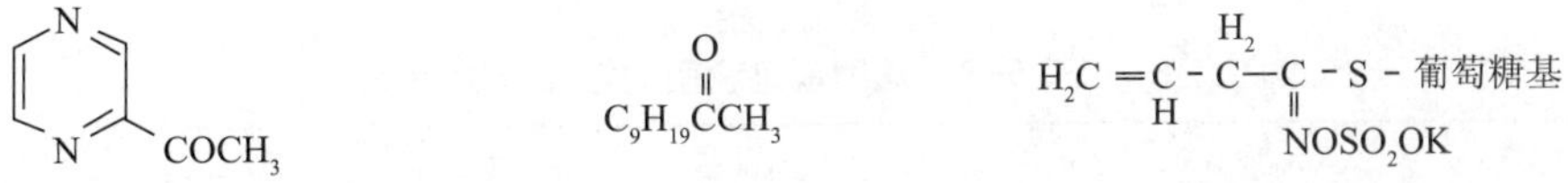

（a）乙酰吡嗪（芝麻香味）　　（b）壬基甲酮（椰子油香味）　　（c）黑芥籽茸（菜油）

图5-11　乙酰吡嗪(芝麻香味)、壬基甲酮(椰子油香味)、黑芥籽茸(菜油)结构式

油脂气味可以反映油脂的品质变化,如果加工不当、违规储藏、超期存放、高温加热、反复使用等因素导致的油脂品质变化,都会在油脂的挥发组分中体现出来。油脂气味的产生除了与油料本身的特性有关外,还与油脂提取工艺、精炼加工、成品的储存状况、使用情况等因素有关。

5. 光学性质

(1)折射率

折射率是油脂与脂肪酸的一个重要特征数值,对鉴别油脂种类,控制检测加工过程具有重要意义。折射率变化规律如下:相对分子质量增加,脂肪酸的折光率随之增大;分子中不饱和双键的数量越多,折光率越大;具有共轭双键的脂肪酸折光率最大;脂肪酸的折光率比由它构成的三酰基甘油酯的折光率小;单酰基甘油酯比相应的三酰基甘油酯折光率大。象奶油等含低饱和度酸多的油,折光率就低,而亚麻油等不饱和酸含量多的油,折光率就高,在制造硬化油如人造奶油加氢时,可以根据折光率的下降情况来判断加氢的程度。

(2)吸收光谱

吸收光谱中的可见光谱用于分析油脂中的色素。天然纯净的脂肪酸、三酰基甘油等分子中没有长的共轭双键,不能吸收可见光,它们是无色的。但在加工过程,一般的油脂常溶解了一定量的色素物质,所以都带有一定色泽。把油脂的吸收光谱与已知的纯净化合物的光谱比较,即可知该油脂中所含的色素。色素中胡萝卜素的最大吸收波长为450nm,叶绿素为660nm,棉酚为366nm。

吸收光谱中的紫外光谱可以测定不饱和脂肪酸的含量。饱和脂肪酸分子内没有不饱和双键,因此对紫外光没有吸收。不饱和脂肪酸随分子内双键数的增加,吸收率有所增加,最大吸收波长向长波方向移动。共轭二稀酸于230nm~235nm处有单一吸收峰,共轭三烯酸于260、270和280nm处表现有三重峰,峰值波长会随双键的构形稍有改变。

吸收光谱中的红外光谱可提供油脂的晶体结构、构造等有用的信息,用得最多的是识别脂肪酸的反式异构体。因为红外的波长范围是2.5mm~25mm,顺式脂肪酸的不饱和双键在红外区段没有特征吸收;反式脂肪酸的双键在波长10mm附近有一特征吸收峰,且峰值波长基本不受反式双键数的影响,但共轭多烯结构对此特征波长有一定影响。

6. 油脂的热性质

(1)熔点

天然的油脂没有确定的熔点(melting point,mp),仅有一定的熔点范围。油脂最高熔点范围40℃~50℃。这是因为:①天然油脂是混合三酰基甘油酯,各种三酰基甘油酯的熔点不同;②三酰基甘油是同质多晶型物质,从 α 晶型开始熔化到 β 晶型溶化结束需要一个温度阶段。见表5-3。

表5-3　几种常见油脂的熔点范围如下

油脂	大豆油	花生油	向日葵油	棉籽油	猪油	牛脂
mp/℃	-8~18	0~3	-16~19	3~42	8~48	40~50

油脂熔点变化规律:脂肪酸的碳链越长,饱和度越高,则熔点越高;反式结构的熔点高于

顺式结构;共扼双键结构的熔点高于非共扼双键结构;从甘油一酯到甘油二酯到甘油三酯,熔点变大。可可脂和陆生动物油脂因为饱和脂肪酸含量较高,因此熔点较高,在室温下呈固态;而植物油因不饱和脂肪酸含量较高,室温下呈液态。棕榈油和可可籽油虽然含饱和脂肪酸较多,但因碳链较短,故其熔点低于大多数的动物脂肪。

（2）沸点

脂类的沸点与其组成的脂肪酸有关,一般在180℃~200℃。脂肪酸碳链增长,沸点也随之增高;脂类沸点与其饱和程度关系不大,碳链长度相同,饱和度不同的脂肪酸沸点相差不大。油脂和脂肪酸的沸点变化规律:甘油三酯>甘油二酯>甘油一酯>脂肪酸>脂肪酸的低级醇酯,蒸汽压则按相反的顺序变化。

（3）烟点、闪点、着火点

接触空气时加热时,油脂的稳定性指标可以用烟点,闪点,着火点表示。

烟点:在不通风的情况下,加热油脂观察到的油脂发烟时的温度,称为烟点。各类油脂的烟点差异不大,精炼后的油脂烟点一般为240℃,但未精炼的油脂,特别是游离脂肪酸含量高的油脂,其烟点、闪点和着火点大大降低。油脂在储藏和使用过程中,随着游离脂肪酸的增多,油脂变得容易冒烟。

闪点:加热时,油脂的挥发物能被点燃,但不能维持燃烧的温度,称为闪点。油脂闪点一般为340℃。

着火点:在加热时,油脂的挥发物能被点燃且能持续燃烧的时间不少于5s的温度称为着火点。油脂着火点一般为370℃。

7. 脂类的油性和粘性

油性是指液态油脂能形成润滑薄膜的能力。液态油有一定的粘性,粘性源于酰基甘油分子侧链之间的引力。食品加工中,把油脂均匀地分布在食品的表面形成一层薄膜,可以使入口感愉快。

8. 脂类的塑性

油脂的塑性是指在一定压力下表观固体脂肪具有的抗应变能力。在外力的作用下,当外力超过固体脂肪内部的分子间作用力时,开始流动,但当外力撤消后,脂肪重新恢复原有稠度。在室温下表现为固态的油脂并非严格的固体,而是固－液混合体脂肪中固液两相的比例,可用膨胀计、差示扫描量热仪等仪器来测量,常用固体脂肪指数(SFI)来表示。测定若干温度时,25g油脂固态和液态时体积的差异,除以25即为固体脂肪指数。美国油脂化学协会规定的测定温度为10℃、21.1℃、26.7℃和33.3℃;国际理论与应用化学联合会规定为10℃、15℃、20℃和25℃。

脂肪的塑性取决于脂肪中的固液比、脂肪的晶型、熔化温度范围。脂肪中固液比适当时,塑性最好。如果固体脂过多,则过硬,塑性不好;液体油过多,则过软,易变形,塑性也不好。如果固体含量少,脂肪非常容易熔化;固体含量高,脂肪变脆。结构稳定的塑性油脂,在40℃不变软,在低温下不太硬,不易氧化。油脂熔化温度范围越大,脂肪的塑性越好。

塑性脂肪具有涂抹、可塑、起酥等作用。涂抹性用于涂抹黄油等食品,可塑性用于蛋糕的裱花,起酥作用于焙烤食品中。人造奶油、人造黄油均是典型的塑性脂肪,其涂抹性、柔软度等特性均取决于油脂的塑性大小。

9. 油脂的乳化

（1）乳化机理　油与水互不相溶，但在一定条件下，两者可形成均匀分散的介稳态的乳浊液。乳浊液形成的基本条件是一相能以直径为 $0.1\mu m \sim 50\mu m$ 的小滴在另一相中分散，以液滴形式存在的相称为"内相"或"分散相"，液滴以外的另一相就称为"外相"或"连续相"。根据内外相种类不同，乳浊液分为水包油型（O/W）和油包水型（W/O）（如图5-12）。

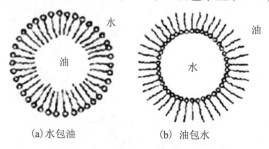

（a）水包油　　　　　（b）油包水

图5-12　水包油型和油包水型

水包油型，水为连续相，油分散于水中，如牛奶、蛋黄酱、色拉调味料、冰淇淋是典型的水包油型；油包水型，油为连续相，水分散在油中，黄油、奶油是典型的油包水型。乳浊液在热力学上是不稳定的，在一定条件下可以发生多种物理变化，失去稳定性，导致分层、絮凝，甚至聚结。

（2）乳浊液失稳机制　乳浊液在热力学上是不稳定的，一定的条件下会出现分层、絮凝甚至聚结等现象。引起不稳定的原因为：①两相的密度不同，如受重力的影响，会导致分层或沉淀；②改变分散相液滴表面的电荷性质或量会改变液滴之间的斥力，导致因斥力不足而絮凝；③两相间界面膜破裂导致分散相液滴相互聚合而分层。

（3）乳化剂　乳化剂是用来增加乳浊液稳定性的物质，其作用主要通过增大分散相液滴之间的斥力、增大连续相的黏度、减小两相间界面张力来实现的。食品中常见的乳化剂有甘油酯及其衍生物、蔗糖脂肪酸酯、山梨醇酐脂肪酸酯及其衍生物、丙二醇脂肪酸酯、磷脂等物质，可用作速溶可可、巧克力的分散剂、防止面包老化、还可以用来制造冰淇淋、糖果、蛋糕、人造奶油等食品。

脂类的乳化能力可以用亲水亲油平衡值（HLB）表示。一般情况下，脂类的疏水链越长，HLB值就越低，表面活性剂在油中的溶解性就越好；亲水基团的极性越大（尤其是离子型的基团），或者是亲水基团越大，HLB值就越高，则在水中的溶解性越高。

10. 液晶相

油脂处在固态（晶体）时，在空间形成高度有序排列；处在液态时，则为完全无序排列。但处于某些特定条件下，如有乳化剂存在的情况下，其极性区由于有较强的氢键而保持有序排列，而非极性区由于分子间作用力小变为无序状态，这种同时具有固态和液态两方面物理特性的相称为液晶相，又称介晶相。油脂中加入乳化剂有利于液晶相的生成。在脂类—水体系中，液晶结构主要有三种，分别为层状结构、六方结构及立方结构。

在生物体系中，液晶态对于许多生理过程都是非常重要的，例如，液晶会影响细胞膜的可渗透性,液晶对乳浊液的稳定性也起着重要的作用。

(二) 化学性质

1. 水解反应

（1）水解反应

有水存在下,在热、酸、碱或酶的作用下,脂肪会发生水解,变成脂肪酸及甘油,称为油脂水解反应。油脂水解反应可使油脂酸化。

$$
\begin{array}{l}
H_2C \!-\! OOCR_1 \\
HC \!-\! OOCR_2 \\
H_2C \!-\! OOCR_3
\end{array}
\;+\; H_2O \;\longrightarrow\;
\begin{array}{l}
H_2C \!-\! OH \\
HC \!-\! OH \\
H_2C \!-\! OH
\end{array}
\;+\;
\begin{array}{l}
R_1\!-\!COOH \\
R_2\!-\!COOH \\
R_3\!-\!COOH
\end{array}
$$

（2）皂化反应

① 皂化反应是油脂在碱性条件下的水解反应。水解生成的脂肪酸盐称为肥皂,工业上用此反应生产肥皂。

$$
\begin{array}{l}
CH_2OOCR \\
CHOOCR \\
CH_2OOCR
\end{array}
\;+\; 3\,NaOH \;\xrightarrow{\ \text{加热}\ }\; 3\,RCOONa \;+\;
\begin{array}{l}
CH_2OH \\
CHOH \\
CH_2OH
\end{array}
$$

② 皂化值 1 克油脂完全皂化时所需氢氧化钾的毫克数称为皂化值(SV)。皂化值的大小与油脂的平均分子量成反比,皂化值高的油脂,熔点较低,易消化,一般油脂的皂化值在 200 左右。制皂业根据油脂的皂化值的大小,可以确定合理的用碱量和配方。

③ 酸值 指中和 1g 油脂中游离脂肪酸所需的氢氧化钾的毫克数。新鲜油脂的酸值很小,但随着贮藏期的延长和油脂的酸败,酸值增大。酸值的大小可直接说明油脂的新鲜度和质量好坏,所以酸值是检验油脂质量的重要指标。我国食品卫生标准规定,食用植物油的酸值不得超过 5。

2. 加成反应

（1）与氢气加成

在催化剂存在下,氢气可以加成到不饱和脂肪的双键上,使不饱和脂肪酸变成饱和脂肪,称为脂肪氢化。脂肪氢化能够提高油脂的熔点、增强油脂的抗氧化能力、在一定程度上改变油脂的风味,并可使液体油转变成半固体或塑性脂肪,使之便于贮存和运输,还适合于一些特殊的用途,如制造起酥油和人造奶油。

$$
\begin{array}{l}
C_{17}H_{33}COOCH_2 \\
C_{17}H_{33}COOCH \\
C_{17}H_{33}COOCH_2
\end{array}
\;+\; 3H_2 \;\longrightarrow\;
\begin{array}{l}
C_{17}H_{35}COOCH_2 \\
C_{17}H_{35}COOCH \\
C_{17}H_{35}COOCH_2
\end{array}
$$

油酸甘油酯（油）　　　　　　　　硬脂酸甘油酯（脂肪）

（2）与卤素加成

①与卤素加成 脂肪的不饱和双键上还可以和卤素发生加成反应,以此可进行脂肪酸的

分离和精制等。含 6 个 Br 原子以上的不饱和酸不溶于乙醚,因此含有不饱和双键的亚油酸、亚麻酸等可通过溴化精制。

②碘价 100g 油脂吸收碘的克数叫作碘价(IV)。通过碘值可以判断油脂中脂肪酸的不饱和程度,油脂中不饱和双键越多,碘值越大,如油酸的碘值为 89,亚油酸的碘值为 181,亚麻酸则有 273。各种油脂有特定的碘值,如猪油的碘值为 55~70。一般动物脂的碘值较小,植物油碘值较大。碘值还可以判断油脂中脂肪酸的不饱和程度。同一油脂的碘值如果降低,说明油脂发生了氧化。

③二烯值 100 g 油脂中所需顺—丁烯二酸酐换算成碘的克数。二烯值是鉴定油脂不饱和脂肪酸中共扼体系的特征指标,因为顺—丁烯二酸酐可与油脂中共扼双键进行狄尔斯-阿尔德反应。天然存在的脂肪酸一般含非共扼双键,在食品加工与储藏过程中,可能发生某些化学反应而生成没有营养的含有共扼双键的脂肪酸。

第二节 油脂在食品贮藏加工过程中的变化

食品在加工、储存以及精制时,脂类经历了复杂的化学变化,产生了许多化合物,这些化合物有的可改进食品质量,有的则是对人体有害的物质。

一、油脂在食品贮藏过程中的变化

(一)脂肪氧化及影响因素

油脂的氧化反应是影响油脂在食品中的应用,导致食品腐败变质产生安全问题的主要原因之一,是历来食品原料及食品加工技术方面研究的重点问题。

1. 氧化机理

脂肪暴露于空气中会自动进行氧化作用,先生成氢过氧化物,接着,氢过氧化物分解,产生有气味的低级醛、酮、羧酸等物质。脂肪氧化主要有自动氧化、光氧化、酶氧化。

(1)自动氧化 化学本质上属于典型的自由基链反应历程。在氧化过程中氢过氧化物(ROOH)是主要中间产物;反应得到的产物种类繁多。凡是能够促进自由基反应的因子如光、热、金属催化剂等均具有促进氧化的作用;凡是能够干扰自由基反应的化学物质如 β-胡萝卜素、α-生育酚等均能够抑制油脂的氧化。油脂在光、金属离子等环境因素的影响下发生的自动氧化反应,是油脂氧化变质的主要方式。油脂氧化产生的小分子化合物可进一步发生聚合反应,生成二聚体或多聚体。如亚油酸的氧化产物聚合生成具有强烈臭味的环状三戊基三噁烷。

(2)光氧化 光氧化是不饱和脂肪酸与不含未成对电子的单重态氧直接发生氧化反应。食品中的光敏剂在吸收光能后会使基态氧转变为单重态氧。单重态氧能引发常规的自由基链式反应,进一步形成氢过氧化物。

(3)酶氧化 自然界中存在的脂肪氧合酶可以使氧气与油脂发生反应而生成氢过氧化物。植物体中的脂氧合酶具有高度的基团专一性,它只能作用于 1,4-顺,顺-戊二烯基位置,且此基团应处于脂肪酸的 ω-8 位。在脂氧合酶的作用下脂肪酸的 ω-8 先失去质子形成自由基,而后进一步被氧化。豆制品的腥味就是不饱和脂肪酸氧化形成六硫醛醇。

2. 影响因素

影响油脂氧化速率的因素有油脂中脂肪组成、水、氧气、温度、光敏化剂、光和射线、重金属离子(如 Fe、Cu、Co)、酶、乳化、抗氧化剂等因素。

(1)脂肪酸 脂肪中的饱和脂肪酸和不饱和脂肪酸都能发生氧化反应,但饱和脂肪酸的氧化必须在特殊条件下才能发生,即有霉菌的繁殖,或有酶存在,或有氢过氧化物存在的情况下,才能使饱和脂肪酸发生 β-氧化作用而形成酮酸和甲基酮。

不饱和脂肪酸的氧化速度比饱和脂肪酸快,饱和脂肪酸的氧化速率往往只有不饱和脂肪酸的1/10。不饱和脂肪酸的氧化速率又与本身双键的数量、位置与几何形状有关。从双键的数量上说,花生四烯酸比亚麻酸多一个双键,比亚油酸多两个双键,比油酸则多三个双键,所以花生四烯酸、亚麻酸、亚油酸和油酸氧化的相对速度约为40:20:10:1。从双键位置上看,氧化速度从高到低依次为 ω-3>ω-6>ω-9。另外,顺式脂肪酸的氧化速度比反式脂肪酸快;共轭脂肪酸比非共轭脂肪酸快;游离的脂肪酸比结合的脂肪酸快;Sn-1 和 Sn-2 位的脂肪酸氧化速度比 Sn-3 的快。

(2)水分 水分活度对脂肪氧化作用的影响很复杂,在水分活度<0.1 的干燥食品中,油脂的氧化速度很快;当水分活度增加到 0.3 时,由于水的保护作用,阻止氧进入食品而使脂类氧化减慢,并往往达到一个最低速度;当水分活度在此基础上再增高时,可能是由于增加了氧的溶解度,因而提高了存在于体系中的催化剂的流动性和脂类分子的溶胀度而暴露出更多的反应位点,所以氧化速度加快。

纯净的油脂中要求含水量很低,以确保微生物不能在其中生长,否则会导致氧化。对各种含油食品来说,控制适当的水分活度能有效抑制自氧化反应,因为研究表明油脂氧化速度主要取决于水分活度。

(3)氧气 有限供氧且在非常低的氧气压力下,脂肪氧化速度与氧气浓度、压力呈正比;在无限供氧的条件下,氧化速度与氧气浓度无关。同时,脂肪氧化速度与食品暴露于空气中的表面积成正比,如膨松食品(方便面)中的油比纯净的油易氧化。因而可采取排除氧气,采用真空或充氮包装和使用透气性低的包装材料来防止含油脂食品的氧化变质。

(4)温度 一般来说,氧化速度随温度的上升而加快,但是高温既能促进自由基的产生,也能促进自由基的消失,另外高温也促进氢过氧化物的分解与聚合。因此,氧化速度和温度之间的关系会有一个最高点。在 21℃~63℃ 范围内,温度每上升 16℃,脂肪氧化速度加快1 倍。

(5)光敏化剂 光敏化剂是一类能够接受光能并把该能量转给分子氧的物质,大多数光敏化剂是有色物质,如叶绿素与血红素。光敏化剂可导致油脂氧化速度加快。动物脂肪中含有较多的血红素,所以促进氧化;植物油中因为含有叶绿素,同样也促进氧化。

(6)金属 具有合适氧化还原电位的二价或多价过渡金属(如铝、铜、铁、锰与镍等)都可促进脂类氧化反应,只要金属离子的含量超过 0.1mg/kg,就可以促进自氧化反应。不同金属对油脂氧化反应的催化作用不同,各种金属离子对油脂氧化反应的催化作用强弱如下:铜、铁、铬、钴、锌、铅、钙、镁、铝、锡、不锈钢、银。食品中的金属离子主要来源于加工、贮藏过程中所用的金属设备,因而在油的制取、精制与贮藏中,最好选用不锈钢材料或高品质塑料。

（7）光和射线　可见光线、不可见光线（紫外光线）和射线都能加速氧化，是有效的氧化促进剂。因为光和射线不仅能够促进氢过氧化物分解，而且还能把未氧化的脂肪酸引发为自由基。光波长、强度不同，对油脂的氧化过程会有不同影响。对各种油脂而言，光波长越短，油脂吸收光的程度越强，促进油脂氧化的速度也越快，其中，以紫外光线和射线辐照能最强，因此油脂和含油脂的食品宜用深色或遮光容器包装。

（8）酶　有些油脂如豆油中存在着脂肪氧化酶，会加速油脂氧化。钝化或去除这些酶可以有效延长油脂保存期。

（9）乳化　在水包油型乳状液中，氧必须扩散到水相，并穿过油水界面才能接近油脂，所以，降低了氧化速率。

（10）抗氧化剂　抗氧化剂是能阻止、延迟油脂自动氧化作用，能延缓或减慢油脂氧化的物质。抗氧化剂能与油脂氧化时生成的游离基及过氧化物游离基反应，生成稳定的游离基，从而终止链锁反应。

食用油脂的抗氧化剂必须满足下列要求：低浓度即可有效；抗氧化剂及氧化物、以及它们与食品成分作用的产物都应无毒；不致使食品发生异味、异臭；成本便宜。

食用油脂的抗氧化剂有天然的及人工合成二大类，它们差不多都是酚类。天然的抗氧化剂有单宁、棉酚、没食子酸、愈疮树脂、维生素 E、维生素 C、β-萝卜素和还原型谷胱甘肽（GSH）等，天然植物油中都含天然抗氧化剂，但它们往往在油脂精制时被分解。如果不加抗氧化剂，一般精制油比未精制油易氧化。现在允许使用的合成抗氧化剂主要有下列三种：丁基羟基苯甲醚（BHA）、二丁基羟基甲苯（BHT）、没食子酸丙酯（PG）。一般情况下，没食子酸丙酯（PG）的抗氧化性能优于丁基羟基苯甲醚（BHA）、二丁基羟基甲苯（BHT）。在清除罐头和瓶装食品的顶隙氧方面，抗坏血酸的活性强一些，而在含油食品中则以抗坏血酸棕榈酸酯的抗氧化活性更强，因为它在脂肪层的溶解度较大。抗坏血酸与生育酚结合可以使抗氧化效果更佳，这是因为抗坏血酸能将脂类自氧化产生的氢过氧化物分解成非自由基产物。

实际应用抗氧化剂时，常同时使用两种或两种以上的抗氧化剂。因为几种抗氧化剂之间可以产生协同效应，所以抗氧化效果优于单独使用一种抗氧化剂。如酚类加抗坏血酸，酚类是主抗氧化剂，抗坏血酸可螯合金属离子，此外抗坏血酸能清除氧并能再生酚类抗氧化剂，两者联合使用，抗氧化能力更强。抗氧化剂若与抗坏血酸、柠檬酸、磷酸等二元酸一起使用，能增强抗氧化剂的抗氧效力。这些酸被称为增效剂，增效剂可以给抗氧化剂提供氢，防止其氧化。柠檬酸等还能与促进油脂氧化的金属形成螯合物，使其催化作用钝化。磷酸脂中的卵磷脂也有增效剂的作用。

为了阻止含脂食品的氧化变质，最普遍的办法是排除氧气，采用真空或充氮包装，使用透气性低的有色或遮光的包装材料，并尽可能避免在加工中混入铁、铜等金属离子。家中油脂应用深色玻璃瓶装，避免使用金属器皿。

3. 过氧化值

过氧化值（POV）是指 lkg 油脂中所含氢过氧化物的毫摩尔数（mmol）。氢过氧化物是油脂氧化的主要初级产物，在油脂氧化初期，POV 值随氧化程度的提高而增大。而当油脂深度氧化时，氢过氧化物的分解速度超过了生成速度，这时 POV 值会降低，所以 POV 值宜用于衡量油脂氧化初期的氧化程度。POV 值常用碘量法测定。一般新鲜的精制油 POV 值低于 1。POV 升高,表示油脂开始氧化。POV 达到一定量时,油脂产生明显异味,成为劣质油。一般,过氧化值超过 70 时表明油脂已进入氧化显著阶段。

4. 氧化危害

脂肪氧化对人体的健康非常重要,目前人类所有慢性病的发生发展均与脂肪氧化有关。脂质氧化的过程就是不断遭到自由基攻击的过程,脂质过氧化物几乎可与人体内所有分子或细胞发生反应,破坏 DNA 和细胞结构,使细胞严重受损不能修复,产生遗传突变,使细胞发生癌变,导致机体损伤、细胞死亡、人体衰老。

(二)油脂酸败

1. 酸败

油脂酸败指油脂氧化分解或油脂水解后产生小分子的醛、酮、酸等物质,此类物质绝大多数都具有刺激性气味,这些气味混合在一起形成"哈味"。油脂酸败可以分为氧化酸败和水解酸败。氧化酸败源于油脂被氧化;水解酸败则是指短碳链脂肪酸油脂如乳脂、椰子油等油脂经水解产生的酸败。各种油脂因脂肪酸组成不同,达到有酸败气味时的过氧化值各不相同。例如猪油吸氧量较少,仅吸收 0.016% 倍油脂重量的氧气,过氧化值就可达到或超过 10mmol/kg,并能明显闻到油脂酸败气味;而豆油、棉籽油、葵花籽油、玉米油等吸氧量多,过氧化值达到 60mmol/kg~75mmol/kg 时才闻到酸败气味。酸败后的油脂其酸价升高,折光指数增大,重量、粘度、色泽、气味、过氧化值、碘值、羟值等指标均发生变化,发生酸败的油脂丧失了营养价值,而且产生了很多对人体健康不利的物质,所以,酸败过的油脂不能食用。油脂在常温及高温下氧化均产生有害物质。

2. 酸败影响因素

(1)温度 同一种油脂在高温下比低温易酸败,其高温产生酸败气味时的过氧化值比低温时明显要低。

(2)酶水解 有生命的动物组织的脂肪中,并不存在游离脂肪酸。动物被宰杀后,在动物体内脂水解酶的作用下会生成游离脂肪酸。因此需要对宰后的得到的食用脂肪提炼,使水解脂肪的酶失活。鲜奶可因脂解产生短链脂肪酸导致异常气味即哈味产生。植物油料种子在收获时,成熟的油料种子中也存在脂水解酶,在制油前也已开始水解,产生了大量的游离脂肪酸,油脂水解产生的游离脂肪酸可产生不良气味,影响食品的感官质量。因此,植物油在提取后需要碱炼,中和游离脂肪酸。

(3)油炸 食品在油炸过程中,食物中的水进入到油中,导致油脂在湿热情况下发生水解而产生大量的游离脂肪酸,使油炸用油不断酸化,发烟点和表面张力降低,油品质下降,风味变差。此外,游离脂肪酸比甘油脂肪酸酯更易氧化。油脂脂解严重时可产生不正常的嗅味,这种嗅味主要来自于游离的短链脂肪酸,如丁酸、己酸、辛酸物具有特殊的汗嗅气味和苦涩味。

3. 酸败与风味

在有些食品加工中,如巧克力、干酪、酸奶的生产中,轻度的水解是有利的,会产生特有的风味。所以,在大多数情况下人们采取工艺措施降低油脂的水解,在少数情况下则有意地增加脂解,如为了产生某种典型的"干酪风味"特地加入微生物和乳脂酶,在制造面包和酸奶时也采用有控制和选择性的脂解反应以产生这些食品特有的风味。

(三)油脂回味

油脂回味是精炼脱臭后的油脂放置很短的一段时间内,在过氧化值很低时就产生一种不好闻的气味。含有亚油酸和亚麻酸较多的油脂如豆油、亚麻油、菜籽油和海产动物油容易产生这种现象。油脂的回味和酸败味略有不同,并且不同的油脂有不同的回味。豆油回味由淡到浓被人称为"豆味""青草味""油漆味"及"鱼腥味",氢化豆油有"稻草味"。无论何种方式所造成的油脂回味,对油脂的食用不可避免地造成不利影响。

(四)热反应

食品加热时产生各种化学变化,其中一些变化对风味、外观、营养价值以及毒性是重要的。在高温下,脂氧化的热分解反应和氧化反应同时存在。

1. 无氧热聚合

油脂在真空、二氧化碳或氮气的无氧条件下加热至200~300℃时发生的聚合反应称为热聚合。无氧条件下加热至高温(低于220℃),不饱和油脂主要发生热聚合反应;当温度高于220℃时,除了发生聚合反应外,还会在烯键附近断开C-C键,产生低分子量的物质。

2. 热氧化聚合

油脂在空气中加热至200℃~300℃时引发的聚合反应。热氧化聚合的反应速度:干性油>半干性油>不干性油。饱和脂肪酸及其酯比相应的不饱和脂肪酸及其的酯稳定,但是有氧条件下如在空气中,加热到150℃,饱和油脂也会发生氧化,形成一种复杂的分解模式。主要的氧化产物是由羧酸、2-烷酮、n-烷醛、内酯、n-烷烃以及l-烯烃的同系列组成。有氧条件下,不饱和脂肪酸比饱和脂肪酸远易氧化。高温下,它们迅速发生自动氧化,生成氢过氧化物,进一步生成二级氧化产物及聚合物。

聚合反应导致油脂黏度增大、泡沫增多、碘值的减少,相对分子质量和折射率的增加。热聚合的机理为狄尔斯-阿尔德反应(Diels-Alder)加成反应。加热或氧化时,脂类发生的主要反应是二聚化和多聚化反应。有些二聚体有毒性,与酶结合会引起生理异常。分析发现,油炸鱼虾时出现的细泡沫是一种二聚物。

3. 油脂的缩合

指在高温下油脂先发生部分水解后又缩合脱水而形成的分子质量较大的化合物的过程。高温特别是在油炸条件下,食品中的水进入到油中,会发生水蒸气蒸馏,将油中的挥发性氧化物赶走。同时,使油脂发生部分水解,水解产物再缩合成分子量较大的环状化合物。油炸食品中香气的形成与油脂在高温下的某些反应产物有关,通常主要是羰基化合物如烯醛类。

4. 热分解

油脂在高温作用下分解而产生烃类、酸类、酮类的反应温度低于260℃不严重,290℃~300℃时开始剧烈发生。

5. 热氧化分解

在有氧条件下发生的热分解。饱和和不饱和的油脂的热氧化分解速度都很快。

二、油脂精炼加工

未精炼的粗油脂，又称毛油，含有数量不同的水、色素、游离脂肪酸、脂肪氧化产物、磷脂、糖类化合物，蛋白质及其降解产物等杂质，这些杂质可以产生不良风味和颜色、降低烟点，并且不利于贮藏。油脂精炼后可以除去杂质，延长贮存时间。

粗油脂中的杂质按亲水亲油性可分为三类：①亲水性物质：蛋白质、各种碳水化合物、某些色素；②两亲性物质：磷脂、脂肪酸盐；③亲油性物质：三酰基甘油、脂肪酸、类脂、某些色素。按其能否皂化分为两类：①可皂化物：三酰基甘油、脂肪酸、磷脂；②不可皂化物：蛋白质、各种碳水化合物、色素、类脂等。

油脂精炼的基本工艺流程如下：

毛油 ⟶ 脱胶⟶ 静置分层 ⟶ 脱酸 ⟶ 水洗 ⟶ 干燥 ⟶ 脱色 ⟶ 过滤 ⟶ 脱臭 ⟶ 冷却 ⟶ 精制油。

以上流程中脱胶、脱酸、脱色、脱臭是油脂精炼的核心工序，一般称为四脱，四脱的化学原理如下：

（一）脱胶

脱胶是将毛油中的胶溶性杂质脱除的工艺过程，即在一定温度下用水去除毛油中磷脂和蛋白质，目的是防止油脂在高温时的起泡、发烟、变色发黑等现象。此过程主要是脱除磷脂。如果油脂中磷脂含量高，加热时易起泡沫、冒烟且多有臭味，同时磷脂氧化还可以使油脂呈现焦褐色，影响煎炸食品的风味。

脱胶工艺一般向油脂中加入 2%~3% 的热水，在 50℃ 左右搅拌，或通入水蒸汽，然后通过静置沉降或离心分离除去水相，同时除去磷脂和部分蛋白质。因为磷脂有亲水性，吸水后比重增大。

（二）脱酸

脱酸是用碱中和去除毛油中的游离脂肪酸，使之形成皂脚去除，又称碱炼或碱处理。因为毛油中含有 5% 以上的游离脂肪酸，游离脂肪酸对食用油的风味和稳定性具有很大的影响。

其具体工艺是将一定浓度的适量的苛性钠与脂肪混合，加热，剧烈搅拌，然后静置使游离脂肪酸皂化生成水溶性的脂肪酸盐至水相出现沉淀，得到可用于制作肥皂的油脚或皂脚。然后，再用热水洗涤中性油，接着采用静置沉降或离心的方法，使中性油与残余的皂脚分离，除去中性油中残留的皂脚。脱酸还能使磷脂和有色物质明显减少。

（三）脱色

脱色是在毛油中加入一定量的活性白土和活性碳，通过吸附作用除去色素。毛油中含有叶绿素等色素，叶绿素是光敏化剂，会促进油脂氧化变质，影响到油脂的外观甚至稳定性，所以需要除去。

脱色工艺一般是将油加热到85℃左右,并用吸附剂,如漂白土、活性炭等处理,将有色物质几乎完全地除去,其他物质如磷脂、皂化物和一些氧化产物也同色素一起被吸附,然后过滤除去吸附剂,便得到纯净的油脂。漂白时应注意防止油脂氧化。

(四)脱臭

脱臭是在真空条件下,将蒸汽通入油脂,通过蒸汽的携带作用除去一些异味物质。各种植物油大都有其特殊的气味,可采用减压蒸馏法,通入一定压力的水蒸汽,在一定真空度、油温(如220℃～240℃)下保持几十分钟左右,即可将这些有气味的物质除去。脱臭流程中常添加柠檬酸以络合除去油中的痕量金属离子。

油脂精炼可提高油的氧化稳定性,并且明显改善油脂的色泽和风味,还能有效去除油脂中的一些有毒成分,但精炼过程也会造成油脂中天然抗氧化物质的损失。例如,油脂精炼可以除去花生油中的致癌物质黄曲霉毒素和棉籽油中的致人不孕物质棉酚,但同时也除去了油脂中存在的天然抗氧化剂如生育酚。

三、油脂改性加工

(一)油脂氢化

油脂氢化是油脂中不饱和脂肪酸在催化剂(如Pt、Ni、Cu)的作用下,在不饱和双键上加氢,使碳原子达到饱和或比较饱和,从而把在室温下呈液态的油变成固态的脂。

1. 氢化目的

油脂氢化是一种有效的油脂改性手段,具有很高的经济价值,可以达到以下几个目的:①能够提高油脂的熔点,使液态油转变为半固体或塑性脂肪,以满足特殊用途的需要,例如生产起酥油和人造奶油;②增强油脂的抗氧化能力,防止回味,延长贮存期;③在一定程度上改变油脂的风味。所以,是一种有效的油脂改性手段。

2. 氢化机理

油脂氢化是液态油脂、固态催化剂和气态氢气的三相反应体系。一般认为,油脂氢化的机理是不饱和液态油与吸附在金属催化剂上的氢原子的相互作用。油脂氢化分为全氢化和部分氢化。全氢化用骨架镍作为催化剂,加热至250℃,通入氢气使压力达到$8.08×10^5Pa$下反应,全氢化可生成硬化型氢化油脂,主要用于生产肥皂。部分氢化是在压力$1.5×10^5Pa$～$2.5×10^5Pa$和温度125℃～190℃下,用镍粉催化并不断地搅拌,部分氢化生成乳化型可塑性脂肪,用于制造人造奶油、起酥油。氢化前,油脂必须经过精炼、漂白和干燥,游离脂肪酸和皂的含量要低;氢气还必须干燥且不含硫、CO_2和氨等杂质;催化剂应具有持久的活性,使氢化和异构化的选择性按期望的方式进行,同时应容易过滤除去。氢化反应过程通常按油脂折光率的变化来进行监控。当氢化反应达到终点时,将氢化油脂冷却,并过滤除去催化剂。

在氢化过程中,不仅一些双键被饱和,而且一些双键从通常的顺式转变成反式构型,油脂氢化后,不饱和脂肪酸含量下降,脂溶性维生素和维生素A及类胡萝卜素因氢化而破坏,且氢化还伴随着双键的位移,生成位置异构体和几何异构体。在一些人造奶油和起酥油中,反式脂肪酸占总酸的20%～40%(图5-13)。

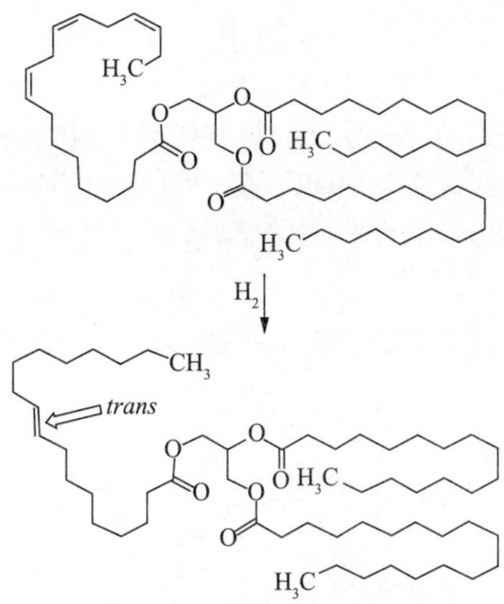

食 品 化 学 与 营 养

图 5-13　氢化过程中,生成反式脂肪

(二)酯交换

油脂的性质主要取决于脂肪酸的种类、碳链的长度、脂肪酸的不饱和程度和脂肪酸在甘三酯中的分布。酯交换是指脂肪酸酯与脂肪酸、醇或其他酯类作用而进行的酯和酸之间的酸解、酯和醇之间的醇解、或酯和酯之间的酯基转移的反应。这些反应伴随着酯基交换或分子重排的过程。通过酯交换,可以改变油脂的甘油酯组成、结构和性质,生产出天然没有的、全新结构的油脂,或人们希望得到的某种天然油脂,以适应某种需要。一般油脂的酯交换反应有分子内酯交换和分子间酯交换(图 5-14、图 5-15),随机酯交换和定向酯交换。

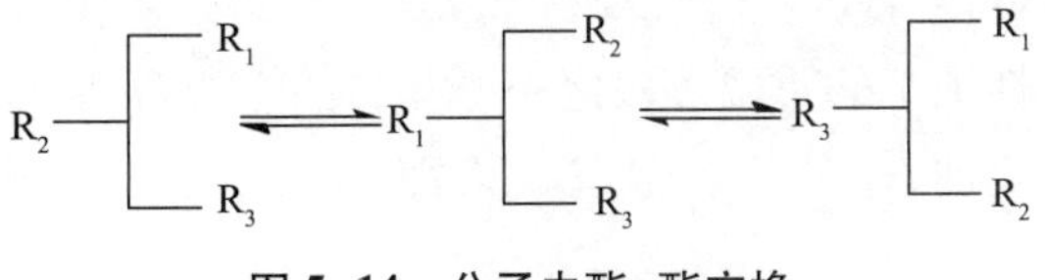

图 5-14　分子内酯-酯交换

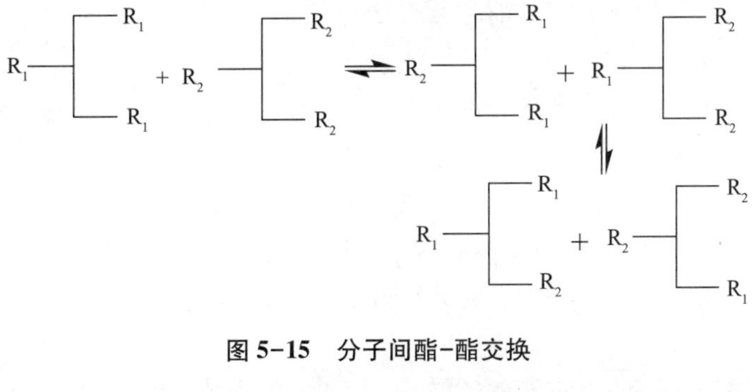

图 5-15　分子间酯-酯交换

例如天然猪油内含有高比例的二饱和三酰基甘油,因为其中二位是棕榈酸,会导致制成的起酥油产生粗的、大的结晶,因此烘焙性能较差,口感粗糙,不利于产品的稠度,也不适于用在糕点制品上,经过酯交换后,改性猪油结晶时颗粒细小,稠度改善,熔点和黏度降低,适合于作为人造奶油和糖果用油。从前猪油是被公认为天然的起酥油,但现在渐渐被酯交换

第五章　脂类

113

后的人造起酥油所取代。酯交换还广泛应用于代可可脂和稳定性高的人造奶油以及具有理想熔化质量的硬奶油生产中。

目前,酯交换已被广泛应用于表面活性剂、乳化剂、植物燃料油以及各种食用油脂等各个生产领域。酯交换可在高温下发生,也可在催化剂甲醇钠或碱金属及其合金等的作用下,在较温和的条件下进行。50℃~70℃下,用甲醇钠作催化剂,酯交换不太长的时间内就能完成。

棕榈油中存在大量POP组分,可利用Sn-1,3专一性脂肪酶,加入硬脂酸或三硬脂酰甘油制备类可可脂,见图5-16。

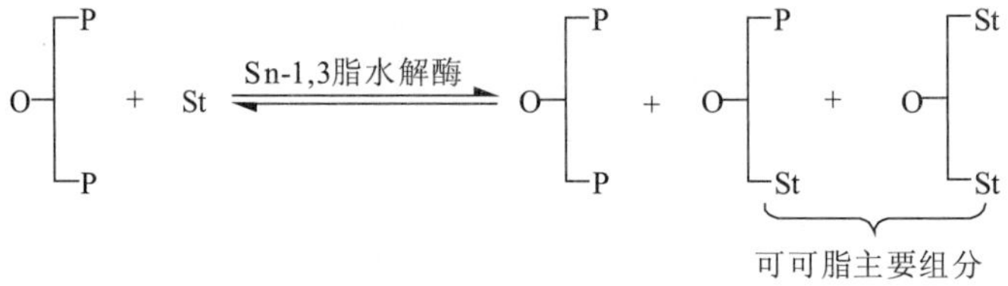

图 5-16　棕榈油制可可脂

(三)油脂分提

天然油脂主要是多种甘油三酯所组成的混和物。组成油脂的脂肪酸的碳链长短、不饱和程度、双链的构型和位置及甘油三酯中脂肪酸的分布不同,造成了各种甘油三酯组分在物理及化学性质上的差异。油脂分提是基于一定温度下,构成油脂的不同类型的三酰基甘油的熔点差异,或在一定温度下对某种溶剂的溶解度不同,或不同温度下其互溶度不同,将不同甘油三酯组分分离。

油脂分提是油脂改性加工的重要手段之一。其目的主要有两个:①充分开发、利用固体脂肪,生产起酥油、人造奶油、代可可脂等;②提高液态油的品质,改善其低温储藏的性能,生产色拉油等。

油脂分提可分为结晶和分离两步,即先将油脂冷却,以析出结晶,然后进行晶、液分离,从而得到优质的固态脂与液态油。油脂分提法包括干法分提、溶剂分提法、液-液萃取法及界面活性剂分提法等。

干法分提是指在没有机溶剂存在的情况下,将处于溶解状态的油脂慢慢冷却到一定程度,过滤分离结晶,析出固体脂的方法。包括冬化、脱蜡、液压及分级等方法。冬化是低温下分离固态脂、提高液态油清晰度的过程,也称脱脂。冬化时要求冷却速度慢,并不断轻轻搅拌以保证产生体积大、易分离晶体。油脂置于10℃左右冷却,使其中的蜡结晶析出,这种方法称为油脂脱蜡。压榨法是一种古老的分提方法,用来除去固体脂如猪油、牛油等中少量的液态油。

溶剂分提法适用于组成脂肪酸的碳链长、黏度大的油脂分提。油脂分提所用的溶剂主要有丙酮、己烷、甲乙酮、2-硝基丙烷等。己烷对脂溶解度大,结晶析出温度低,结晶生成速度慢;甲乙酮分离性能优越,冷却时能耗低,但其成本高;丙酮分离性能好,但低温时对油脂的溶解能力差,并且丙酮易吸水,从而使油脂的溶解度急剧变化,改变其分离性能。为克服使用单一溶剂的缺点,常使用混合溶剂如丙酮-己烷分提。

液-液萃取法是基于油脂中不同的甘油三酯组分在某一溶剂中溶解度不同的物理特性,经萃取将相对分子质量低、不饱和程度高的组分与其他组分分离,然后蒸脱溶剂,从而达到分提目的。

表面活性剂分提法是在油脂冷却结晶后,添加表面活性剂,改善油与脂的界面张力,借助脂与表面活性剂间的亲和力,使脂在表面活性剂水溶液中悬浮,从而促进晶、液分离。

四、油炸过程中的变化

许多食品是用油炸法加工的,因此了解油在高温下的变化对于控制产品质量非常重要。油炸过程会使油脂发生水解、氧化、分解反应。产生游离脂肪酸、过氧化物、二聚物等物质。在150℃以上高温下,油脂会发生聚合、缩合和分解反应,使其黏度增高,碘价下降,酸价增高,折光率改变,烟点下降,颜色变暗,产生刺激性气味,营养价值下降。热变性的脂肪不仅味感变劣,而且丧失营养,甚至还有毒性。所以,食品工业要求控制油温在150℃左右,并且油炸油不宜长期连续使用。

第三节　脂类的体内代谢及生理功能

一、脂类的体内代谢

人体内的脂类可分为贮存脂、结构脂和血浆脂蛋白。贮存脂主要存在于人体皮下脂肪组织、腹腔大网膜、肠系膜等处,主要成分是甘油三酯,是体内过剩能量的贮存形式。如果人长期摄入能量过多、运动过少可使贮存脂增加,导致发胖。结构脂存在于细胞膜和细胞器中,主要成分为磷脂、鞘脂及胆固醇等物质。结构脂在各脏器和组织中含量比较恒定,即使长期饥饿也不会被动用。

肝脏是脂类代谢的重要场所。脂类代谢都在肝脏中进行。如果这些代谢过程发生障碍,肝脏脂类代谢会失去平衡,发生酮尿症、脂肪肝等疾病。

(一)脂肪代谢

脂类在体内的代谢分为合成代谢和分解代谢。

1. 合成代谢

(1)脂肪酸的合成　体内的脂肪酸的来源有二:来源一是机体自身合成,脂肪酸以脂肪的形式储存在脂肪组织中,需要时从脂肪组织中动员;来源二是由脂肪的食物供给,例如必需脂肪酸,动物机体自身不能合成,必需从外界摄取。

脂肪酸的生物合成是在胞液中多酶复合体系催化下进行的,原料主要来自糖酵解产生的乙酸辅酶A和还原型辅酶Ⅱ,最后合成软脂酸。在内质网和线粒体,软脂酸分别与丙二酰单酰辅酶A和乙酸辅酶A作用,可以使碳链的羧基端延长在去饱和酶的催化下,生物还可以利用软脂酸、硬脂酸等原料,合成不饱和脂肪酸,但是不能合成亚油酸、亚麻酸和花生四烯酸等必需脂肪酸。

(2)脂肪的合成　脂肪在体内的合成有两条途径,一种是把食物中脂肪转化成人体的脂肪;另一种是将糖转变为脂肪,这是体内脂肪的主要来源,是体内储存能源的过程。其具体路径是,在脂肪和肌肉中,糖代谢生成的磷酸二羟丙酮先转变为 α-磷酸甘油;然后与脂酰辅酶 A 作用生成磷脂酸,脂酰辅酶 A 源自机体自身合成或食物供给的两分子脂肪酸活化生成;接着脱去磷酸生成甘油二酯,再与另一分子脂酰辅酶 A 反应,最后,生成甘油三酯。

2. 分解代谢

(1)脂肪的分解 脂肪组织中储存的甘油三酯,经酶催化,分解为甘油和脂肪酸运送到全身各组织利用。其中,甘油经磷酸化后,转变为磷酸二羟丙酮,循糖酵解途径进行代谢。胞液中的脂肪酸首先活化成脂酰辅酶 A,然后由肉毒碱携带通过线粒体内膜进入基质中进行 β-氧化,产生的乙酰辅酶 A 进入三羧酸循环彻底氧化,这是体内能量的重要来源。脂肪酸不溶于水,在血液中与清蛋白结合后(10∶1),运送全身各组织,在组织的线粒体内氧化分解,释放大量的能量,以肝脏和肌肉最为活跃。当以脂肪为能源时,生物体还获得大量的水。

(2)酮体的产生和利用 脂肪酸在肝中分解氧化时产生特有的中间代谢产物——酮体。酮体是正常的、有用的代谢物,是很多组织的重要能源。酮体包括乙酰乙酸、β-羟丁酸和丙酮,由乙酰辅酶 A 在肝脏合成。肝细胞氧化酮体的酶活性很低,肝脏自身不能利用酮体,酮体经血液运送到其他组织进一步氧化分解,为肝外组织提供能源。在正常情况下,酮体的生成和利用处于平衡状态。

(二)类脂的代谢

1. 胆固醇的代谢

(1)代谢 膳食中的胆固醇脂肪不溶于水,不易与胆汁酸形成微胶粒,必须经胆固醇酯酶将其水解后,才能吸收。未被吸收的胆固醇被细菌转化为粪固醇,由粪便排出。人体组织合成胆固醇的主要部位是肝脏和小肠。肝脏是胆固醇代谢中心,同时肝脏使胆固醇转化为胆汁酸。胆固醇在体内不能彻底氧化分解,但可以转变成许多具有生物活性的物质,如肾上腺皮质激素、雄激素及雌激素。人体每天约可合成胆固醇 1g~1.2g,其中,肝脏占合成量的80%。

(2)胆固醇在体内的转运与利用 食物中胆固醇及酯需在胆汁和脂肪的存在下才能被肠道吸收,在小肠黏膜与脂蛋白结合,随乳糜微粒进入血流。平均吸收约 500mg/d~800mg/d。血中胆固醇一部分直接排入肠道;另一部分在肝内合成胆汁酸经胆道排入肠,大部分重吸收,进行肝肠循环;还有小量胆固醇在性腺及肾上腺皮质可转化为性激素和肾上腺皮质激素,或在肝和肠道内脱氢成为 7-脱氢胆固醇;仅少量在大肠内经细菌分解还原为粪固醇排出。

(3)影响因素 胆固醇代谢受食物因素影响,豆固醇、谷固醇、食物纤维、姜等物质可以减少胆固醇吸收,牛奶可抑制其生物合成,大豆可增加其排泄,蘑菇可改变血浆和组织之间胆固醇的平衡。肝脏通过合成、破坏、排泄来调节血清中游离胆固醇浓度。正常人每 100mL 血中胆固醇浓度为 150mg~280mg。

2. 磷脂的代谢

在小肠内,磷脂被磷脂酶水解为甘油、脂肪酸、磷酸、胆碱或乙醇胺,然后再被吸收。一部分未经水解的磷脂(约25%,以分散极细微的乳融状态直接吸收到门静脉入血)直接随乳糜微粒进入体内,其吸收机制与脂肪相似。合成磷脂的前体是磷脂酸,在磷酸酶作用下生成甘油二酯,然后与 CDP-胆碱或 CDP-胆胺反应生成卵磷脂和脑磷脂。

鞘磷脂是由鞘氨醇、软脂酸辅酶 A 和丝氨酸反应形成,其历程是鞘氨醇经长链脂酰辅酶 A 酰化而形成 N-酸基鞘氨醇,即神经酰胺,又进一步和 CDP-胆碱作用而成。

二、脂类的生理功能

脂类是食品中重要的组成成分和人类的营养成分,是组成生物细胞不可缺少的物质,如细胞膜、神经髓鞘膜都必须有脂类参与构成,正常人按体重计算含脂类约 14%~19%,绝大部分脂类是以甘油三酯形式储存于脂肪组织内,同时,受营养状况和机体活动的影响而增减。脂类在供给人体能量方面起着重要作用,是热量最高的营养素,一般合理膳食的总能量有 20%~30%由脂肪提供;脂肪还可携带脂溶性维生素并促进脂溶性维生素被人体吸收利用;脂肪具有内分泌作用,构成参与某些内分泌激素;脂类对器官有支撑和衬垫作用,可以缓冲机械冲击保护脏器,维持体温,并对人体起有润滑、保护等功能;脂类还可以为机体提供能量、提供亚油酸、亚麻酸等人体必需脂肪酸;脂类可增加膳食的美味,脂类不易消化吸收,可增加饱腹感。

图 5-17　脂类生理功能示意图

(一)甘油三酯的生理功能

甘油三酯的主要功能是供给和储存能量、促进脂溶性维生素消化吸收,是机体重要的构成成分、帮助机体更有效地利用碳水化合物和节约蛋白质作用、维持体温正常及保护机体。机体内储存的脂肪是人体的"燃料仓库",饥饿时机体首先消耗糖原、体脂,释放能量供给人体需要。人体细胞除红血球和某些中枢神经系统外,均能直接利用脂肪酸作为能量来源。研究表明,处于安静、空腹的成年人,其能量消耗 60%来自于体内脂肪。皮下脂肪还可滋润皮肤,防止热量外散,在寒冷环境中有利于保持体温。脂肪在胃中停留时间较长,可以给人饱腹感。

(二)必需脂肪酸的生理功能

必需脂肪酸是不能被机体合成,但又是人体生命活动必需,一定要由食物供给的脂肪酸。最重要的三种必需脂肪酸是亚油酸、亚麻酸和花生四烯酸。亚油酸在人体内不能自行合成,必须从食物中摄取。其他两种可在体内由亚油酸部分转化,具体转化率受多种因素的限制。植物油中,必需脂肪酸含量较多。动物脂肪中,必需脂肪酸含量较少。

必需脂肪酸是组织、细胞的组成成分。它是磷脂的重要成分,在体内参与磷脂的合成,并以磷脂的形式存在于线粒体和细胞膜中,所以,必需脂肪酸与细胞的结构和功能密切相关。缺乏必需脂肪酸,会使磷脂合成受阻,诱发脂肪肝。缺乏必需脂肪酸还会使线粒体结构发生改变,引起严重的代谢紊乱,甚至导致死亡。

必需脂肪酸对胆固醇代谢也十分重要。体内约有70%的胆固醇与脂肪酸结合生成酯后,才可被运输和代谢。缺乏必需脂肪酸,会使胆固醇与一些饱和脂肪酸结合,造成胆固醇在血管内沉积,引发心血管疾病。

必需脂肪酸还是合成前列腺素(PG)、血栓烷(TXA)、白三烯(LT)的原料。前列腺素可控制脂肪组织中甘油三酯的水解,是脂解作用的强抑制剂,前列腺素合成下降,脂肪组织中脂解速度加快。

必需脂肪酸参与动物精子形成,缺乏必需脂肪酸,可使生殖力下降,出现不孕症,受精过程发生障碍。必需脂肪酸缺乏,还可以引起生长迟缓、生殖障碍、皮肤受损如出现皮疹以及肾脏、神经和视觉方面的多种疾病等;另外,还可引起肝脏、肾脏、神经和视觉等多种疾病。

1. 亚油酸

亚油酸是自然界分布最广的一种多不饱和脂肪酸。亚油酸易氧化分解,暴露在空气中会氧化分解引起酸败,受热氧化反应会加快,氧化降解物对人体健康有害。亚油酸的主要生理功能为:降低血清胆固醇;维持细胞膜功能;作为合成某些生理调节物质如前列腺素的前体物质;保护皮肤免受射线损伤。只有当胆固醇与亚油酸结合时才能在体内转运,进行正常代谢。若亚油酸缺乏时,胆固醇将与饱和脂肪酸结合并在人体内沉积,引发心血管疾病。亚油酸有保护皮肤,免受射线损伤的作用,婴儿的发育生长需要有丰富的亚油酸,而成年人一般不易缺乏亚油酸。亚油酸在体内可转化成具有特殊生物活性的γ-亚麻酸及DH-γ-亚麻酸。亚油酸可保护因X射线、高温引起的皮肤伤害作用,可能是因为新生组织生长和受伤组织的修复都需要亚油酸。亚油酸对维持膜的功能和氧化磷酸化的正常偶联也有一定作用。亚油酸的缺乏还会引起动物不孕或哺乳困难。人类中,婴儿易缺乏必需脂肪酸,使其生长发育缓慢,出现皮肤湿疹、干燥、脱屑等。《中国居民膳食营养素参考摄入量》(2013版)中亚油酸适宜摄入量(AI)应占总能量的4.0%。

亚油酸普遍存在于植物油中,含亚油酸丰富的油脂有葵花籽油、棉籽油、红花籽油、月见草油、大豆油、米糠油、玉米胚芽油、小麦胚芽油、芝麻油、辣椒籽油、花生油等。果仁油及种籽油中含有较多的棕榈酸、油酸、亚油酸。

2. 亚麻酸

(1) α-亚麻酸

α-亚麻酸可以维持正常视觉功能,亚麻酸可在体内转变成二十二碳六烯酸(DHA),DHA在视网膜光受体中含量丰富,是维持视紫红质正常功能的必需物质。α-亚麻酸还可以防治心血管疾病,α-亚麻酸能明显降低血清中总胆固醇和LDL胆固醇水平。α-亚麻酸的另一重要功能是:增强机体免疫效应。动物试验结果表明,α-亚麻酸对乳腺癌、肺癌有一定抑制作用。α-亚麻酸存在于许多植物油中,如亚麻籽油含45%~60%,苏籽油63%,大麻籽油为35%~40%。动物油脂中通常α-亚麻酸低于1%,只有马脂例外,高达15%左右。《中国居民膳食营养素参考摄入量》(2013版)中α-亚麻酸适宜摄入量(AI)应占总能量的0.6%。

（2）γ-亚麻酸

γ-亚麻酸是 α-亚麻酸的同分异构体。γ-亚麻酸具有抗心血管疾病、降血脂、降血糖、抗癌、美白和抗皮肤老化等作用。γ-亚麻酸的主要生理功能为：①是体内 n-6 系列脂肪酸代谢的中间产物，转换成花生四烯酸及 DH-γ-亚麻酸比亚油酸更快。②γ-亚麻酸是合成前列腺素的前体物质，可以转变成具有扩张血管作用的前列腺环素。前列腺素可使血管扩张，血压下降，并能抑制血小板的聚集。而血栓素作用与此相反，有促凝血作用。在体内，γ-亚麻酸与血栓素保持平衡，防止血栓形成，起到防治心血管疾病的效果。在增碳酶和脱氢酶的作用下，γ-亚麻酸能合成前列腺素 E_1 和 E_2。前列腺素调控多种生理过程，例如扩张血管，抑制血液凝固，调节体内胆固醇的合成与代谢，增强免疫功能，降低血清胆固醇等。除前列腺素的降压作用外，γ-亚麻酸可以升高高密度脂蛋白（HDL）、降低低密度脂蛋白（LDL），防止胆固醇在血管壁上的沉积，所以，γ-亚麻酸可以降血脂。③γ-亚麻酸还可刺激脂肪组织中线粒体活性，使机体内过多热量得以释放以防止肥胖发生，并且可减轻机体内细胞膜脂类过氧化损害。④含 γ-亚麻酸的磷脂增强了流动性和细胞膜受体对胰岛素的敏感性，增强胰岛 β-细胞分泌胰岛素的作用，端正患者被损伤的神经细胞功能。⑤γ-亚麻酸是细胞膜的重要化学组成之一。⑥γ-亚麻酸可以改善过敏性皮炎。

γ-亚麻酸在月见草油中含 3%～15%，玻璃苣油中含 15%～25%，在黑加仑的种子中含量为 15%～20%。此外，母乳、螺旋藻中也含有较多的 γ-亚麻酸。

3. 花生四烯酸

和亚油酸一样，花生四烯酸除了是构成细胞膜结构脂类必需成分和类二十烷酸前体外，还是神经组织和脑中占绝对优势的多不饱和脂肪酸。婴幼儿从妊娠第三个月到约 2 岁，花生四烯酸在大脑内快速积累，在细胞分裂和信号传递方面起着重要作用。动物试验证明，花生四烯酸在体外，能显著杀灭肿瘤细胞。缺乏花生四烯酸时，动物会出现血小板异常症状，因为 1-邻-烷基-花生四烯酰磷脂酰胆碱是血小板活化因子的前体。此外，花生四烯酸和 DHA 一起对维持视网膜的正常功能起决定作用。

在环氧化酶的作用下，花生四烯酸可合成前列腺素（PGG2、PGH2、PGI2），血栓素（TXA2）；在 5-脂氧化酶的作用下可生成白三烯（LTA4、LTB4）等。白三烯能引起支气管平滑肌收缩，与过敏反应有关。人类的免疫、发炎、过敏和心血管疾病均与白三烯有关。

花生四烯酸主要存在于花生油中，在牛乳脂、猪脂肪和牛脂肪等动物中性脂肪及蛋黄、动物内脏中均有存在。

（三）磷脂的生理功能

1. 生物膜的重要组成成分

磷脂参与构成细胞膜、神经髓鞘外膜和神经细胞，促进细胞内外的物质交换，保护和修复细胞膜，抵抗自由基的伤害，有抗衰老作用。磷脂是人体每一个细胞不可缺少的物质，如果缺乏，就会降低皮肤细胞的再生能力，导致皮肤粗糙、有皱纹。如能适当摄取卵磷脂，皮肤再生活力就可以保障，再加上卵磷脂良好的亲水性和亲油性，皮肤就会有光泽。另外，卵磷脂所含的肌醇还是毛发的主要营养物，能抑制脱发，使白发慢慢变黑。

第五章 脂类

119

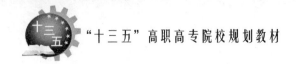

2. 乳化作用

磷脂中的卵磷脂消化吸收后释放胆碱,人体所需的外源性胆碱90%是由卵磷脂提供。胆碱对脂肪有亲和力,可促进脂肪以磷脂形式由肝脏输送至血液,所以,卵磷脂是优良的乳化剂,可以溶解血清胆固醇,清除血管壁上的沉积物,软化血管,能降低血液黏度,促进血液循环,改善血液供氧情况,延长红细胞的存活时间,加强造血功能,有利于减少贫血症状;同时,促进细胞内外的物质交换,促进脂肪的吸收、转运和代谢,可以预防脂肪肝、肝硬化和肝炎等疾病。

3. 健脑

卵磷脂消化吸收后释放出的胆碱与乙酸结合形成乙酰胆碱。乙酰胆碱是神经系统传递信息必需的化合物,当大脑中乙酰胆碱含量增加时,大脑细胞之间的信息传递加快,记忆和思维能力得到加强,可以预防老年痴呆,所以,卵磷脂具有健脑和增强记忆力的作用。

缺乏磷脂会造成细胞膜结构受损,毛细血管的脆性和通透性增加,引起水代谢紊乱,产生皮疹。

（四）胆固醇的生理功能

胆固醇广泛存在于动物组织中,是维持生命和正常生理功能所必需的一种营养成分,是细胞膜的组分之一,在脑及神经组织中特别丰富。能增强细胞膜的坚韧性,还是人体内许多重要活性物质的合成材料,可参与组织形成,合成胆汁酸、激素,维生素D、肾上腺素、性激素、胆汁等物质。胆固醇的代谢产物胆酸能乳化脂类,帮助膳食中脂类物质的吸收。体内胆固醇水平与高血脂症、动脉粥样硬化、心脏病等有关。胆固醇可在人的胆道中沉积形成结石,并在血管壁上沉积,从而引起动脉硬化。人体内胆固醇含量太高或太低都对人体健康不利。在膳食中有必要限制高胆固醇食物的摄入量。

（五）DHA和EPA的生理功能

EPA（二十碳五烯酸）主要存在于鳕鱼肝油中,含量为1.4%～9.0%,其他海水、淡水鱼油及甲壳类动物油脂中也有存在。DHA（二十二碳六烯酸）则主要存在于沙丁鱼、鳕鱼、跳鱼鱼肝油或鱼油中,其他鱼油中含量较少。

在神经系统方面,DHA和EPA可以改善记忆力,健脑和预防老年痴呆症。在怀孕期的最后三个月和婴儿出生后的最初三个月中,DHA和花生四烯酸会快速沉积在婴儿的脑膜上,在完全发育的大脑和视网膜上含有高含量的DHA,所以,DHA被誉为"脑黄金"。在心血管系统方面,EPA和DHA可以降低血脂总胆固醇、低密度脂蛋白、血液黏度、血小板凝聚力,增加高密度脂蛋白,从而降低了心血管疾病发生的概率。EPA、DHA可以与低钠膳食结合,在降低血压上起协同作用。DHA还能影响钙离子通道,降低心肌的收缩力,防止心率失常。免疫方面,DHA和EPA具有提高人体免疫力和抑癌、抗癌的作用。此外,EPA和DHA可以防治药物导致的糖尿病。在消炎、预防脂肪肝发生及治疗支气管哮喘方面,EPA和DHA也可以发挥作用。

（六）替代脂肪

替代脂肪是一些能替代脂肪功能的物质,它们能使食品保留油脂所赋有的良好风味及口感,但不产生热量,避免摄入过多对人体健康有害的饱和脂肪酸。替代脂肪一般分为两类:一类是用低热量密度的物质代替脂肪;另一类是对食品感官性状的影响与脂肪类似,却因不被人体直接吸收而不提供热量。

第一类可以用蛋白质、糖类、树脂、纤维素、淀粉等物质作为脂肪替代物。蛋白质经过超微粉碎可以制造得非常细小、浑圆和坚实,当这些小颗粒悬浮在水中时,他们会变稠并且能提供类似于脂肪的顺滑口感。蛋白质热值仅为脂肪的20%左右,所以,直接降低了食物的热量。目前,这种超微粉碎蛋白质已作为脂肪替代物被广泛使用在冰淇淋等食品中。但作为脂肪替代物,使用蛋白质和糖类的缺点是他们不能经受煎炸或烹饪时的高温。替代脂肪的糖类如树脂、纤维能保留湿度,保持固态物质膨松的状态,在食品中可以模拟光洁或乳酪状,增加油煎食品或冰淇淋的口感,同时基本不产生热量。

第二类脂肪替代物糖酯,与天然脂肪的物理和化学性质一样,具有亲脂性,但不能为人体消化、吸收、代谢。糖酯能够经受煎炸和烹饪时的高温却对食品的热值没有贡献。糖酯中最为著名的蔗糖多元酯(商品名 Olestra,见图5-18),又名蔗糖聚酯,是利用蔗糖与脂肪酸甲基酯为原料,合成出适合食品加工的、具有优良性能的油脂替代品。蔗糖多元酯的外观、香味、热不乱性、闪点和品质等方面均与脂肪相似,因此,适作脂肪替代品,包括在焙烤、煎炸中应用。用来替代脂肪的蔗糖多元酯需要用高度酯化反应制造,用作乳化剂的蔗糖多元酯制品经历低度酯化即可得到。1996年,美国食品和药物管理局(FDA)批准蔗糖多元酯可以用作食物添加剂。目前,蔗糖多元酯已广泛用于炸薯条和甜品中。蔗糖多元酯不能被脂肪酶水解,在代谢中不易被分解,不会被小肠吸收,所以不产生热量。但蔗糖多元酯会干扰身体对脂溶性维生素的吸收,同时可能引起胀气和下痢。但考虑到安全因素,目前被批准应用于食品的此类物质很少。

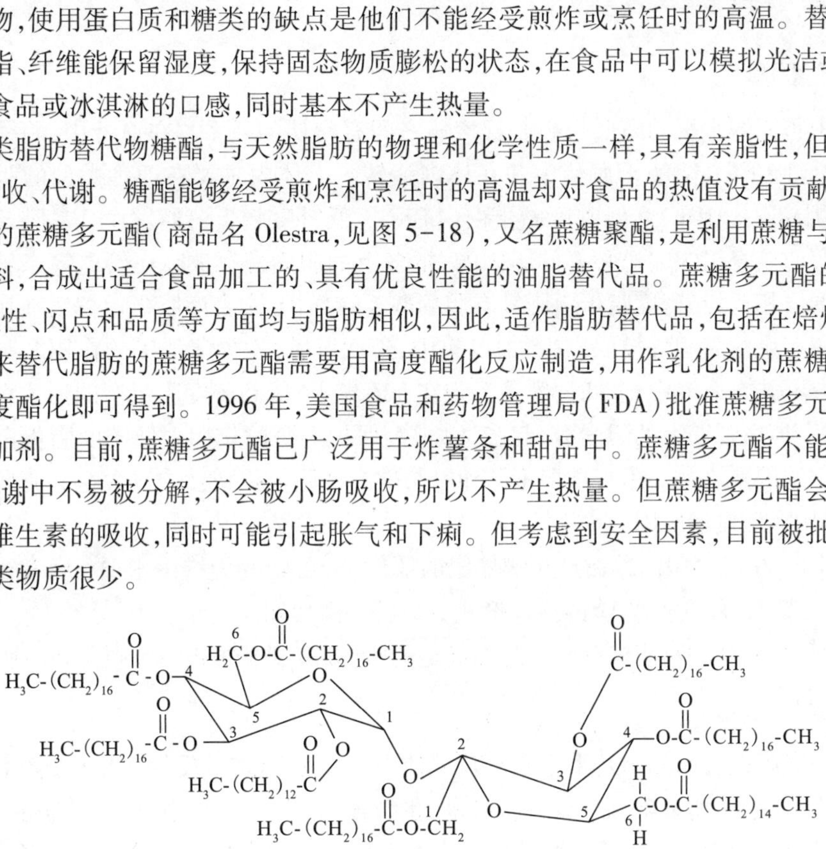

图5-18 蔗糖多元酯

第四节 膳食脂肪与健康问题

一、膳食脂肪

膳食脂肪具有重要的营养价值,供给热量和必需脂肪酸,是维生素的载体,可以改善食品的口味。膳食脂肪在毒理、肥胖症以及致病方面的问题一直是近几十年研究的热点。

膳食脂肪主要来源于动物脂肪、肉类及植物种子。植物油中的多不饱和脂肪酸以亚油酸为主,亚油酸含量较高的油有豆油(51.7%)、玉米油(56.4%)等。植物油中的单不饱和脂肪酸主要是油酸,其含量较高的油有茶油(含油酸78.8%)、橄榄油(83%)、花生油(40.4%)等。在日常生活中可以选择各种烹调油交替搭配使用,适当多吃些鱼及海产品可大致达到几种脂肪酸的适当比例。膳食脂肪的消化率与其熔点有密切关系,熔点较低的脂肪酸容易消化,熔点接近体温或低于体温的,其消化率高。消化率越高的脂肪,其营养价值也愈高。一般认为,熔点50℃以上者,消化率较低,一般在80%~90%;熔点接近或低于人的体温的消化率则高,可达97%~98%。

二、健康问题

(一)胆固醇

血液中胆固醇水平的高低与心血管疾病之间有密切的联系。在血液中,胆固醇与蛋白质结合,形成脂蛋白,溶解于血液中并在体内运转。人体内主要有两种类型的胆固醇脂蛋白:高密度脂蛋白(HDL)和低密度脂蛋白(LDL)。低密度脂蛋白通过血管,把肝脏、肠中合成的胆固醇向全身组织输送必要的胆固醇,把多余的胆固醇存放在血管壁等末梢组织。与低密度脂蛋白相反,高密度脂蛋白则具有胆固醇逆转作用,高密度脂蛋白把留在血管壁等末梢组织处的多余的胆固醇提取出来,加以集中,带回肝脏,发挥清洁工的作用。胆固醇以低密度脂蛋白形式在血液中流动时,容易沉积在血管壁上;以高密度脂蛋白的形式存在血液中时,则能够去掉血管壁上的胆固醇,起疏通血管、保护心脏的作用。低密度脂蛋白是导致动脉粥样硬化的因素之一。用富含多不饱和脂肪酸的油脂代替膳食中富含饱和脂肪酸的动物脂肪,可明显降低血清胆固醇水平。

皮肤中的7-脱氧胆固醇在日光紫外线的照射下,可转变为维生素 D_3,后者在肝及肾羟化转变为 $1,25$-二羟维生素 D_3 的活性形式,参与钙、磷代谢。

植物油中的谷固醇,能抑制胆固醇在肠道的吸收,有利于防止动脉硬化和高血脂症。

(二)反式脂肪

动物的肉品或乳制品中几乎不含有反式脂肪。天然脂肪经反复煎炸后,会生成反式脂肪。在油炸食品,如炸薯条、炸鸡块、冰淇淋、蛋黄派、蛋糕等食品中,反式脂肪酸含量较高。植物油在氢化过程中会产生反式脂肪酸。人类食用的反式脂肪主要来自经过部分氢化的植物油。食物包装,如果标签列出成分如代可可脂、人造黄油、氢化植物油、氢化脂肪、氢化菜油、氢化棕榈油、人造酥油、雪白奶油或起酥油等词汇,即表明含有反式脂肪。

食用反式脂肪,肝脏无法代谢反式脂肪,会导致低密度脂蛋白上升,并使高密度脂蛋白下降,增加心血管病、脑血管疾病的发病率,也是高血脂、脂肪肝的重要原因之一。现代普遍认为,反式脂肪是比饱和脂肪更不健康的脂肪。美国加工食品内的反式脂肪已经几乎消失,并即将全面正式禁用。反式脂肪酸的问题在我国也逐步引起了重视。

(三)油炸食品的安全性

油炸食品的脂肪含量高,容易造成能量摄入过剩,进而增加心血管疾病等慢性病的风险。食物经高温油炸,会使其中的各种营养素被严重破坏。高温可以使蛋白质炸焦变质而降低营养价值。高温还会破坏食物中的脂溶性维生素,如维生素 A、胡萝卜素和维生素 E,妨碍人体对它们的吸收和利用。油炸过程中,过度的热分解作用会破坏油炸食品的感官质量与营养价值。油炸过程中氧化聚合产生的极性二聚物有毒。无氧热聚合生成的环状酯也有毒。动物试验表明,喂食因加热而高度氧化的脂肪,在动物中会产生各种有害效应。长时间高温油炸食品的油和反复使用的油炸用油,可产生显著的致癌活性。

为了保证食品的安全性,可以采取下列措施:选择稳定性高的油炸用油,低温、真空条件下油炸食品,添加抗氧化剂增加油的稳定性,清除食品微粒,清洗设备。

(四) 辐照

辐照是一种灭菌手段,优点是可以杀菌消灭微生物,用来延长食品的货架期。缺点是会引起脂溶性维生素的破坏,特别是生育酚破坏严重;辐照还可诱导化学变化,辐照剂量越大,影响越严重。油脂受到辐照会产生离子、自由基和激化分子;激化分子可进一步降解。有氧时,辐照还可破坏抗氧化剂,加速油脂的自动氧化。辐照时,食品中的油脂会在临近羰基的位置发生分解,形成辐照味。辐照和加热都会造成油脂降解,两种途径生成的降解产物相似,但是加热生成的分解产物更多。但几十年来的深入研究表明,合适的条件下对食品辐照杀菌是安全和卫生的。

第五节　脂类的供给与食物来源

一、脂类的供给

膳食脂肪主要来源于动物的脂肪组织和肉类以及植物的种子,坚果中脂肪很高,可作为膳食脂肪的辅助来源。膳食中脂肪供给量受饮食习惯、经济条件和气候影响,变动范围较大。膳食中脂肪的推荐摄取量视年龄、季节、劳动性质和生活水平而定。我国居民膳食脂肪适宜摄入量(AI)每日的供给量可在 25g~50g 之间,健康成人(18~50岁)脂肪摄入量控制在 20%~30% 的总能量摄入范围之内,儿童少年为 25%~30%,对老人和动脉粥样硬化者,应供给低脂肪、低胆固醇饮食。

就摄入脂肪种类而言,一般认为动物油脂与植物油混合使用,利于健康。必需脂肪酸的摄入量应不少于每日总能量的 2%(约 8g/d)。建议 $n-3$ 与 $n-6$ 脂肪酸摄入比为 1：4~6 较适宜。饱和脂肪酸(SFA)、单不饱和脂肪酸(MFA)和多不饱和脂肪酸(PUFA)之间的比例以 1：1：1 为宜。胆固醇摄入量以不超过 300mg/d 为宜。

二、脂类的食物来源

人类膳食所用的脂类是由食品中各种可见的和不可见的脂肪组成的。膳食脂肪的重要来源是烹调用油。目前食用油脂主要来源于植物和动物,具体包括动物油、肉、奶、蛋、植物油。陆生动物油脂包括猪油、牛油、乳脂。海生动物油包括鳕鱼肝油、鲸油等。植物油脂分固体和液体。固体植物油有可可脂等,液态植物油有葵花籽油、大豆油、花生油、橄榄油等。

(一)谷类脂肪

谷类的脂肪含量低,约为 1%~4%,如大米、小麦约为 1%~2%,玉米和小米可达 4%,主要集中在糊粉层和胚芽。加工时,谷类脂肪易损失或转入副产品中。食品加工业中,常从谷类中提取与人类健康有关的油脂,如从米糠中提取米糠油、谷维素和谷固醇,从小麦胚芽和玉米中提取胚芽油。这些油脂中不饱和脂肪酸含量达80%,其中亚油酸约占60%。在保健食品的开发中常以这类油脂作为功能油脂来替代膳食中富含饱和脂肪酸的动物油脂,可明显降低血清胆固醇,有防止动脉粥样硬化的作用。

(二)坚果类脂肪

脂肪是油脂类坚果的重要成分。某些坚果类含油量很高,如核桃、松子的含油量可高达60%,澳大利亚坚果更高达70%以上,所以坚果类食物是一类高能量食品。每100g坚果提供500kcal~700kcal(2.09MJ~2.93MJ)的能量。有些产量高的油脂类坚果,如花生、葵花子、芝麻等是我国植物油的重要来源。大豆含油量约为20%,花生含油量可在20%以上,而芝麻高达60%。它们本身既可直接加工成各种含油量不同的食品,又可以提制成不同的植物油供人们烹调和在食品加工时使用。坚果是优质的植物性脂肪,其含有的脂肪多为不饱和脂肪酸,其中,必需脂肪酸亚油酸和α-亚麻酸含量丰富。核桃中的脂肪71%为亚油酸,12%为亚麻酸。葵花籽、西瓜籽中富含亚油酸,松子中含较多的α-亚麻酸。榛子、澳洲坚果、杏仁、花生、腰果等坚果中单不饱和脂肪酸油酸的含量也很丰富。这些不饱和脂肪酸除了构成人体细胞膜的重要结构,促进生长发育,参与炎症、免疫、内分泌以及生殖系统的功能外,还可降低血胆固醇和心血管病发生的风险。脑细胞由60%的不饱和脂肪酸和35%的蛋白质构成,因此,对于大脑来说,第一需要的营养成分是不饱和脂肪酸,吃坚果对改善脑部营养很有益处,特别适合孕妇和儿童食用。坚果类的脂肪在人们日常的食物中所占比例并不大。

(三)畜禽肉类脂肪

畜禽肉类的脂肪含量视品种、肥瘦程度、部位而不同。一般畜肉的脂肪含量为10%~36%,肥肉高达90%。肉类脂肪含量大致为:肥瘦相间猪肉59.8%、牛肉10.2%、鸡肉2.5%。同一动物,组织部位不同,脂类的含量差异较大,如肥猪肉含脂肪90.8%、瘦猪肉15.3%~28.8%、猪肚2.7%、猪肝4.5%、猪肾3.2%。一些动物组织可以炼制成动物脂肪,用于烹调和食品加工。

不同于豆类和谷类,畜肉类脂肪以饱和脂肪酸居多,所以熔点也较高,不易为人体消化吸收。畜肉类脂肪主要成分为三酰甘油酯,另含有少量卵磷脂、胆固醇和游离脂肪酸等物质,猪油含饱和脂肪酸42%,牛油为53%,羊油为57%。所以,不易为人体消化吸收。肉类还含有较高的胆固醇,如每100g肥猪肉、牛肉和羊肉中胆固醇含量达100mg~200mg;瘦肉中为81mg,内脏约为200 mg,动物脑组织中达2000mg~3000mg,鸡肝、鸭肝达400mg~500 mg。因此,对患心血管、肝肾疾病的人群来说,肉类不是一种理想的食品。但兔肉脂肪含量低,仅占0.4%,而且胆固醇含量也少,蛋白质含量高。

(四)乳中脂肪

乳脂肪在乳中的含量约3%~5%,是乳的重要组成部分。马奶中脂肪含量较低。与其他动物性食品相比,乳中脂肪含量及胆固醇含量比较低,容易消化吸收。

乳中脂肪以细小颗粒状分散于乳清中,1mL牛乳中有20亿~40亿个直径约3μm的脂肪颗粒。脂肪粒周围包有起乳化作用的少量蛋白质和磷脂,所以,脂肪呈乳胶状态且便于消化吸收。乳中脂肪消化吸收率可达 98%。羊奶脂肪粒大小为牛奶的 1/3,更容易消化吸收。

牛乳中已经被分离出来的脂肪酸有 200 多种,这些脂肪酸的碳链长度从 2~28,以偶数直链长脂肪酸为多,如豆蔻酸、棕榈酸、硬脂酸、油酸等。牛乳脂肪中含有一定量碳原子数为 4~10 的中短链脂肪酸,其中,碳原子数小于 14 碳的脂肪酸含量达 14%,挥发性、水溶性脂肪酸达 8%。丁酸是反刍动物特有的脂肪酸。这种组成特点赋予乳脂肪柔润的质地和特有的香气。牛乳中胆固醇含量少,而且还含有能降低血胆固醇的 3-羟基-3-甲基戊二酸及乳清酸。

(五)蛋中脂肪

鸡蛋中的脂肪主要存在于蛋黄中,鸡蛋清中含脂肪极少。蛋黄中的脂肪几乎全部以与蛋白质结合的乳化形式存在,所以容易消化吸收。蛋黄中脂肪含量约为 30%~33%,其中 10% 为磷脂,20% 为甘油三酯固醇类,胆固醇约 3% 左右。蛋黄脂肪中的脂肪酸,以油酸最为丰富,含量达 46.2%。另外,还含有约 24.5% 的棕榈酸、14.7% 的亚油酸、6.4% 的硬脂酸、6.6% 的棕榈油酸及少量的亚麻酸、花生四烯酸、二十二碳六烯酸等。蛋黄是磷脂的良好来源,包括 70% 的卵磷脂,25% 的脑磷脂,还含有神经磷脂、糖脂质等。蛋黄所含卵磷脂可以降低血胆固醇,并促进脂溶性维生素的吸收。

(六)鱼类脂肪

鱼类含脂肪平均为 1%~3%。鱼类脂肪含量与品种、生长季节、部位等有关。鱼种类不同,脂肪含量差别也较大。鳗鱼、鲜鱼、金枪鱼、秋刀鱼脂肪含量可达 16%~26%,鳕鱼仅为 0.5%。鱼类脂肪在肌肉组织中含量很少,主要存在于皮下和脏器周围。

鱼类脂肪中不饱和脂肪酸的含量约占 60% 以上,通常呈液态,熔点较低,消化吸收率为 95%,是人体必需脂肪酸的重要来源。鱼类脂肪中不饱和脂肪酸碳链较长,碳原子数多在 14~22 之间,不饱和双键有 1~6 个,多为 n-3 系列,如二十碳五烯酸(EPA)和二十二碳六烯酸(DHA),具有降低血脂、防治动脉粥样硬化的作用。

每 100g 鱼类的胆固醇含量一般为 100mg,但鱼籽中的含量较高,如每 100g 鳃鱼籽的胆固醇含量为 1070mg。

三、几种常见的食用油脂制品

(一)豆油

豆油是中国人的主要食用油之一,是从大豆中提取出来的油脂。豆油有一定黏度,具有大豆香味,是半透明液体状,颜色从浅黄色至深褐色,因大豆品种不同而不同。豆油易被人体吸收,营养价值高,豆油中亚油酸含量高达 50%~55%,人体消化吸收率高达 98%。

大豆毛油具有特殊的豆腥味,精炼后可去除,但储藏过程中有回味倾向。豆油热稳定性较差,加热时会产生较多的泡沫。

大豆油含有较多的亚麻酸,较易氧化变质并产生"豆臭味";经过精炼和除臭处理后,豆油中维生素 E 含量降低,不饱和脂肪酸含量上升,容易氧化酸败,可添加抗氧化剂来延长贮存期。

精炼过的大豆油在长期储藏时,其颜色会发生复原,由浅变深,可能是油脂自动氧化引起。降低原料水分含量的可以豆油颜色复原。

(二)花生油

花生油颜色为淡黄色,色泽清亮,具有独特的花生气味,是一种常见的食用油。花生油中含不饱和脂肪酸80%以上,其中含油酸41.2%、亚油酸37.6%。另外,还含有19.9%的软脂酸、硬脂酸和花生酸等饱和脂肪酸19.9%。使用花生油,可使人体内胆固醇分解为胆汁酸并排出体外,从而降低血浆中胆固醇的含量。另外,花生油中还含有甾醇、麦胚酚、磷脂、维生素E、胆碱等对人体有益的物质。花生油含锌量是色拉油、粟米油、菜籽油、豆油等油类的多倍。

花生油具有良好的氧化稳定性,是优质烹调油和煎炸油,因其脂肪酸组成合理,所以可与其他植物油调配后制成营养调和油。

花生油中含十八碳以上的饱和脂肪酸比其他植物油脂多,所以,花生油的混合脂肪酸很难溶解于乙醇。纯净花生油的脂肪酸在70%乙酸溶液中的混浊温度是39℃~40.8℃,用此温度可以鉴定花生油是否纯品。

花生油有生榨和熟榨之分。生榨的花生油颜色一般是呈浅橙黄色;熟榨花生油呈深橙黄色,二者都清澈透明。气温3℃以下时,纯正的花生油凝结不流动,如果掺有猪油或棕榈油,在气温10℃时就开始凝结而且不流动。

食用花生油要注意提防因选料不细花生霉变造成的黄曲霉毒素污染。

(三)菜籽油

菜籽油是从油菜籽榨出来的一种食用油,俗称菜油。菜籽油颜色金黄或棕黄,透明或半透明状,有一定的刺激气味,这种气味是因为菜籽油里含有一定量的芥子甙所致,但改良的双低菜籽油,可有效降低芥酸和芥子甙的含量。菜籽油中含花生酸0.4%~1.0%,油酸14%~19%,亚油酸12%~24%,芥酸31%~55%,亚麻酸1%~10%,菜籽油很少或几乎不含胆固醇。人体对菜籽油的吸收率很高,可达99%。菜籽油有利胆功能,在肝脏处于病理状态下,菜籽油里含的菜籽酮也能被人体正常代谢。但是,菜籽油中含有少量芥酸和芥子甙等物质,一般认为这些物质对人体的生长发育不利。菜籽油中亚油酸等必需脂肪酸的含量较其他植物油低,所以营养价值比一般植物油低。如果食用菜籽油时与富含有亚油酸的优良食用油配合食用,可以提高菜籽油的营养价值。

(四)芝麻油

芝麻油是从芝麻中提炼出来的,具有特殊香味,又称香油、麻油。按榨取方法一般分为压榨法、压滤法和水代法,小磨香油为传统工艺水代法制作的香油。芝麻油色如琥珀,橙黄微红,晶莹透明,浓香醇厚,是食用品质好、营养价值高的优良食用油。

芝麻油含人体必需的不饱和脂肪酸和氨基酸,居各种植物油之首。还含有丰富的维生素和人体必需的铁、锌、铜等微量元素,其胆固醇含量远远低于动物脂肪,深受人们喜爱。

芝麻油含油酸35.0%~49.4%,亚油酸37.7%~48.4%,芝麻油含的人体必需的不饱和脂肪酸和氨基酸,居各种植物油之首。芝麻油的消化吸收率高达98%。芝麻油中不含对人体有害的成分,而含有丰富的维生素E和比较丰富的亚油酸,同时还含有1%左右的芝麻酚、芝麻素等天然抗氧化剂。含有亚麻酸的食品虽然很多,但都不如芝麻的效果好。因为芝麻不仅含有亚麻酸,还含有维生素E,维生素E是抗氧化剂,防止了亚麻酸容易氧化的缺点,同时,起到协同作用,加强了对动脉硬化和高血压的治疗效果。经常食用芝麻油,可调节毛细血管的渗透作用,加强人体组织对氧的吸收能力,改善血液循环,促进性腺发育,延缓衰老。

(五)茶油

山茶油,又名野山茶油,茶籽油,是从山茶科油茶树种子中去壳、晒干、粉碎、榨油、过滤后获得,是我国最古老的木本食用植物油之一。山茶油营养丰富,含93%的不饱和脂肪酸,其中油酸达到80%~83%,亚油酸达到7%~13%,还含有茶甙、茶多酚、皂甙、鞣质、抗氧化剂和具有消炎功效的角鲨烯,角鲨烯与黄酮类物质,对抗癌有着极佳的作用。山茶甙有抗癌、强心作用。山茶油还富含蛋白质、维生素A、维生素B、维生素D、维生素E等物质。山茶油富含钙、铁、锌等微量元素,其中锌元素含量是大豆油的10倍。茶油中所含氨基酸的种类是所有食用油中最多的。山茶油中不含胆固醇。山茶油中含有大量的抗氧化物,因此在常温下的保质期可长达两年,比一般食用油长得多。山茶油中含有橄榄油所没有的特定生理活性物质如茶多酚和山茶甙,能有效改善心脑血管疾病、降低胆固醇和空腹血糖、抑止甘油三脂的升高,对抑制癌细胞也有明显的功效。茶油的脂肪酸构成与橄榄油有类似之处,但茶油分子结构比橄榄油还要细,所以食用时不用担心副作用和油腻感。

(六)棕榈油

棕榈油是由油棕树上的棕榈果压榨而成,盛产于马来西亚、印度尼西亚和非洲的某些地区,是一种热带木本植物油,是目前世界上生产、消费、贸易量最大的植物油品种,与大豆油、菜籽油并称为"世界三大植物油",拥有超过五千年的食用历史。

棕榈油的脂肪酸组成中,饱和脂肪酸和不饱和脂肪酸几乎各占一半,具体组成如下:棕榈酸44%,油酸39.2%,亚油酸10%,硬脂酸4.5%,豆蔻酸1.1%,亚麻酸0.4%,月桂酸0.2%,棕榈酸0.1%。人体对棕榈油的消化和吸收率超过97%。目前市售的棕榈油多为分提后的产品,有硬脂、软脂和中间部分。硬脂适合作酥油、人造奶油的原料;软脂是极好的煎炸用油。精炼棕榈油中含有较多的维生素E,不易氧化酸败,性能比较稳定。

棕榈油在常温下呈半固态,其稠度和熔点在很大程度上取决于游离脂肪酸的含量。市场上常把低酸值的棕榈油叫做软油,高酸值的油则叫做硬油。新鲜的棕榈仁油呈乳白色或微黄色,有令人喜爱的核桃香味。

(七)玉米油

玉米油,又名粟米油、玉米胚芽油,它是从玉米胚芽中提炼出的油。玉米胚芽脂肪含量在17%~45%之间,大约占玉米脂肪总含量的80%以上。玉米油富含多种维生素、矿物质及大量的不饱和脂肪酸,主要为油酸和亚油酸,能够降低血清中的胆固醇,防止动脉硬化,对防治"三高"及并发症有一定的辅助作用。玉米油中的脂肪酸特点是不饱和脂肪酸含量高达80%~85%。玉米油本身不含有胆固醇,它对于血液中胆固醇的积累具有溶解作用,故能减少对血管产生硬化影响。对老年性疾病如动脉硬化、糖尿病等具有积极的防治作用。玉米油富含维生素 A、维生素 D、维生素 E，儿童易消化吸收。玉米油含有天然复合维生素 E，所以，对心脏疾病、血栓性静脉炎、生殖机能类障碍、肌萎缩症、营养性脑软化症均有明显的疗效和预防作用。玉米油富含多种维生素、矿物质及大量的不饱和脂肪酸，主要为油酸和亚油酸，能够降低血清中的胆固醇，防止动脉硬化，对防治"三高"及并发症有一定的辅助作用。

（八）橄榄油

橄榄油是由新鲜的油橄榄果实直接冷榨而成的，不经加热和化学处理，保留了天然营养成分。橄榄油被认为是迄今所发现的油脂中最适合人体营养的油脂。橄榄油中含有六种脂肪酸，分别是油酸，亚油酸，亚麻酸，棕榈油酸，棕榈酸和硬脂酸，其中油酸含量是最高的。橄榄油还含有维生素 A、维生素 B、维生素 D、维生素 E、维生素 K 及抗氧化物等，不含胆固醇。橄榄油富含有防癌作用的植物淄醇类和多酚类物质，能够抗菌消炎。橄榄油可以抗癌，能减少癌症的发生和增强癌症病人化疗和放疗的治疗效果。橄榄油中的天然抗氧化剂和 ω-3 脂肪酸可以促进人体对矿物质如钙、磷、锌的吸收等，促进骨骼生长，另外 ω-3 脂肪酸有助于保持骨密度，有利于预防骨质疏松症。橄榄油的营养成分和母乳相似，易吸收，能促进婴幼儿神经和骨骼发育。橄榄油富含角鲨烯和人体必需脂肪酸，与皮肤亲和力佳，被皮肤吸收迅速，可以有效保持皮肤弹性和润泽。橄榄油中含有 80% 以上的单不饱和脂肪酸和 ω-3 脂肪酸，而 ω-3 脂肪酸中的 DHA 可以增加胰岛素的敏感性，所以橄榄油可以用作预防和控制糖尿病的食用油。橄榄油能促进血液循环防止心血管病、改善消化系统功能。

（九）可可脂

可可脂是在制作巧克力和可可粉过程中从可可豆中提取的天然食用油。它只有淡淡的巧克力味道和香气，是制作真正巧克力的材料之一。可可脂熔点约为 34℃～38℃，所以，室温时，巧克力是固体，入口却很快融化。可可脂是巧克力的理想专用油脂，是已知最稳定的食用油，含有能防止变质的天然抗氧化剂，能储存 2～5 年。

可可脂是可可豆中的天然脂肪，它不会升高血胆固醇。并使巧克力具有独特的平滑感和入口即化的特性。研究表明，尽管可可脂有着很高的饱和脂肪含量，但不会像其他饱和脂肪那样升高血胆固醇。这是因为它有很高的硬脂酸含量。硬脂酸是可可脂中的主要脂肪酸之一，它可以降低血液中的胆固醇。

2017 年 9 月 1 日，GB/T 19343—2016《巧克力及巧克力制品、代可可脂巧克力及代可可脂巧克力制品》开始实施。新标准规定了巧克力中可可脂含量的下限，要求白巧克力不低于 20%，黑巧克力不低于 18%。

（十）猪油

猪油是从猪肉中提炼出来，是我国食用量最大的一种动物油脂。猪油熔点为 28℃～48℃。气温较低时，猪油是白色或浅黄色固体。高温时，猪油是略黄色半透明液体。猪油是一种饱和高级脂肪酸甘油酯，分子中不含有碳碳双键，所以，不能使溴水褪色，不能使酸性高锰酸钾溶液褪色。

猪油饱和脂肪酸含量较高，可与含亚油酸较高的植物油配合食用，以达到适宜的脂肪酸摄取比例,降低胆固醇不利影响。猪油中天然抗氧化剂维生素 E 的含量较低,保质期短,需要添加抗氧化剂来延长贮存期。

(十一)起酥油

起酥油是一种工业制备的食用油脂,用于防止面团混合时蛋白质的相互粘连,使焙烤食品变得较为酥脆易碎。它可应用在煎炸、烹调、焙烤等方面,并可以作为馅料、糖霜和其他糖果的配料,用于改善食品的质构和适口性,而且也为人体提供热量和能量。从前猪油被作为天然的起酥油,现在的人造起酥油是植物油脂和动物油脂的混合体。

(十二)色拉油和调和油

色拉油和调和油都不是直接通过从油料种子中提取的植物油,而是加工后的油脂。

色拉油源于西方,可用于生吃,因特别适用于西餐"色拉"凉拌菜而得名。色拉油呈淡黄色,澄清、透明、无气味、口感好,用于烹调时不起沫、烟少,能保持菜肴原有的品味和色泽,在 0℃条件下冷藏 5.5h 仍能保持澄清、透明,但花生色拉油除外,除作为烹调、煎炸用油外主要用于冷餐凉拌油,还可以作为人造奶油、起酥油、蛋黄酱及各种调味油的原料油。

色拉油是指各种植物原油经脱酸、脱溶、脱臭、脱水、脱色、脱胶、脱蜡、脱杂等加工程序精制而成的高级食用植物油。色拉油经过精炼后,营养素如胡萝卜素、维生素 E 等有一些损失,但色拉油不含致癌物质黄曲霉素和胆固醇,对机体有保护作用。

调和油是根据使用需要,将两种以上经过精炼的油脂,按脂肪酸合理构成比例调配制成的食用油,即满足人们的口味嗜好,又顺应人们的生理营养需求。常吃单一的某种油,会导致某种或几种脂肪酸的摄入不平衡。根据食用油的成分,以大宗高级食用油为基质油,加入另一种或一种以上具有功能特性的食用油,经科学调配后,形成脂肪酸配比合理、营养价值较高的油类,可以弥补单一品种食用油脂营养功能结构不合理的缺陷。在考虑营养功能的同时,将稳定性和营养性好的油进行调配,可得到既有营养稳定性又好的油脂。

(十三)奶油和黄油

奶油在类型上分为动物奶油和植脂奶油。动物奶油是从牛奶、羊奶中提取的黄色或白色脂肪性半固体食品,具有独特的奶油香味。全脂鲜奶含有约 4% 的脂肪,如将全脂奶长时间静置,奶中脂肪微粒便浮聚在牛奶的上层,这层浅黄色的物质就是奶油;将全脂鲜牛奶经离心搅拌器搅拌,便可使奶油从牛奶中分离出来。植物奶油是以大豆等植物油和水、盐、奶粉等加工而成的。从口感上说,动物奶油口味更棒一些。植物奶油热量比一般动物性奶油少一半以上,且饱和脂肪酸较少,不含胆固醇。

国内市场上常见的淡奶油、鲜奶油其实是指动物性奶油,即从天然牛奶中提炼的奶油。

天然牧场饲养的奶牛所食用的牧草通常含有一些类胡萝卜素类色素,所以,它们的奶油是淡黄色,味道和质感都比较浓,用途主要是作为蛋糕的装饰、或成为面包的馅料。主要饲喂谷物的圈养奶牛所产的奶油通常是白色的,味道较淡,质地也较松软,常用来加在饮品中,如用于咖啡、红茶等饮料,也可用于制作巧克力、糖、西式糕点及冰激凌等。

黄油又称乳脂、白脱油,是用奶油制取的,将奶油进一步用离心器搅拌就得到了黄油,黄油里还有一定的水分,不含乳糖,蛋白质含量也极少。黄油与奶油的最大区别在于成分,黄油的脂肪含量更高。常温下,黄油呈浅黄色固体,加热熔化后,有独特的乳香味。优质的黄油气味芬芳,组织细腻、均匀,切面无水分渗出。黄油富含丰富的氨基酸、蛋白质,还富含维生素 A 等各种维生素和矿物质,可以为身体的发育和骨骼的发育补充大量营养,是青少年不可多得的保健食品,但含脂量很高,不要过分食用。黄油一般很少被直接食用,通常作为烹调食物的辅料。黄油营养极为丰富,是奶食品之首。因为 25kg~30kg 酸奶才可提取 1kg 左右的黄油。黄油具有增添热力、延年益寿之功能。寒冬季节人畜受寒冻僵时,常用罐饮黄油茶、黄油酒来解救。

奶油和黄油虽然都来自于牛奶中的脂肪,但它们和来自牛身上牛油并不相同。奶油的脂肪颗粒很小,而且熔点低、消化率高。奶油、黄油还含有人体必需的脂肪酸及丰富的维生素 A 和维生素 D,并含有卵磷脂,这些都是牛油、猪油和羊油等畜类的体脂所没有的。

【复习思考题】

1. 什么是必需脂肪酸?必需脂肪酸主要有哪几种?有何重要生理功能?

2. 油脂的酸败主要有哪几种?试述油脂食品贮藏加工中引起油脂变质的主要机理?你认为保存油品及含有油脂的食品应采用什么措施?

3. 脂类对人体有哪些重要生理功能?如何评价油脂的营养价值?

4. 谈谈脂类的摄入与心血管疾病、肥胖病的关系。

第六章　蛋白质

【本章目标】

1. 了解蛋白质的化学组成、分类及结构。
2. 掌握蛋白质的理化性质、功能性质及其在食品加工和贮藏中的作用和变化。
3. 掌握蛋白质的生理功能、人体对蛋白质的需求量及蛋白质的食物来源。

第一节　概述

蛋白质是荷兰科学家格里特在 1838 年发现的,同年,瑞典化学家永斯·贝采利乌斯首先提出蛋白质一词,原意为"名列第一",他认为蛋白质是人体最重要的物质,没有蛋白质就没有生命。蛋白质约占人体干重的 54%。生命是物质运动的高级形式,这种运动方式是通过蛋白质来实现的,所以蛋白质有极其重要的生物学意义。人体的生长、发育、运动、遗传、繁殖等一切生命活动都离不开蛋白质。生命活动需要蛋白质,也离不开蛋白质。

蛋白质是由 20 多种氨基酸组成,由于氨基酸组成的数量和排列顺序不同,使人体中蛋白质多达 10 万种以上。它们的结构、功能千差万别,形成了生命的多样性和复杂性。蛋白质也是一种重要的产能营养素,并提供人体所需的必需氨基酸;蛋白质还对食品的质构、风味和加工产生重大影响。

一、蛋白质的化学组成

蛋白质的相对分子量在 1 万至几百万之间。根据元素分析,蛋白质主要含有 C、H、O、N 等元素,有些蛋白质还含有 P、S 等元素,少数蛋白质含有 Fe、Zn、Mg、Mn、Co、Cu 等矿物质元素。多数蛋白质的元素组成如下:C 约为 50%~56%,H 约为 6%~7%,O 约为 20%~30%,N 约为 14%~19%,其中 N 的平均含量为 16%;S 为 0.2%~3%;P 为 0~3%。

二、蛋白质的基本单位——氨基酸

在酸、碱或酶的作用下,蛋白质完全水解的最终产物是一类特殊的氨基酸,即 L-α-氨基酸。L-α-氨基酸是组成蛋白质的基本单位,其通式如图 6-1。

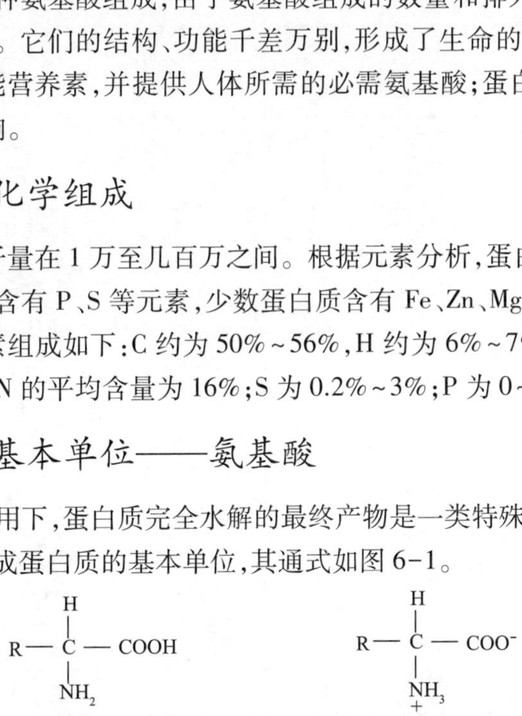

（a）非解离形式　　　　　（b）两性离子形式

图 6-1　L-α-氨基酸

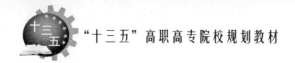

图中 R 为氨基酸的侧链。不同氨基酸的侧链也各不相同,这些侧链基团影响着氨基酸的物理性质和化学性质以及蛋白质的生物活性。

自然界中存在的氨基酸种类很多,但组成蛋白质的氨基酸仅 20 余种,见表 6-1。

表 6-1　组成蛋白质的主要氨基酸

分类	名称	常用缩写符号		R 基结构
		三字符号	单字符号	
非极性氨基酸	丙氨酸	Ala	A	$-CH_3$
	缬氨酸	Val	V	$-CH\begin{smallmatrix}CH_3\\CH_3\end{smallmatrix}$
	亮氨酸	Leu	L	$-CH_2-CH\begin{smallmatrix}CH_3\\CH_3\end{smallmatrix}$
	异亮氨酸	Ile	I	$\begin{smallmatrix}CH_3\\-CH-CH_2-CH_3\end{smallmatrix}$
	蛋氨酸	Met	M	$-CH_2-CH_2-S-CH_3$
	脯氨酸	Pro	P	
	苯丙氨酸	Phe	F	$-CH_2$〔苯环〕
	色氨酸	Trp	W	
不带电荷极性氨基酸	甘氨酸	Gly	G	$-H$
	丝氨酸	Ser	S	$-CH_2-OH$
	苏氨酸	Thr	T	$\begin{smallmatrix}OH\\-CH-CH_3\end{smallmatrix}$
	半胱氨酸	Cys	C	$-CH_2-SH$
	酪氨酸	Try	Y	$-CH_2$〔苯环〕$-OH$
	天冬酰胺	Asn	N	$-CH_2-CO-NH_2$
	谷氨酰胺	Gln	Q	$-CH_2-CH_2-CO-NH_2$
碱性氨基酸	赖氨酸	Lys	K	$-CH_2-CH_2-CH_2-CH_2-NH_3^+$
	精氨酸	Arg	R	$-CH_2-CH_2-CH_2-NH-\overset{NH_2^+}{C}-NH_2$
	组氨酸	His	H	
酸性氨基酸	天冬氨酸	Asp	D	$-CH_2-COO^-$
	谷氨酸	Glu	E	$-CH_2-CH_2-COO^-$

根据氨基酸通式中 R 基团极性和所带电荷的不同,可将氨基酸分为 4 类:

（1）非极性氨基酸；

（2）极性但不带电荷的氨基酸；

（3）碱性氨基酸；

（4）酸性氨基酸。

表6-1中脯氨酸的结构不符合通式，所以给出了它的全结构式。

非极性氨基酸的水溶性低于后三类，这类氨基酸的疏水性随着R侧链的碳数增加而增加；不带电荷的极性氨基酸所含侧链不带电荷，它们能和水分子形成氢键，其中半胱氨酸和酪氨酸侧链的极性最高，甘氨酸的最小；碱性氨基酸和酸性氨基酸的侧链在pH接近7时带有电荷，随着pH变化这些侧链电荷可以通过质子的得失而得失，这是蛋白质两性解离和等电点的基础。

在组成蛋白质的20余种氨基酸中，有一些是人体内不能合成，或者合成的速度很慢不能满足需要，必须由食物中的蛋白质来供给，这些氨基酸称为必需氨基酸，包括8种：色氨酸、苯丙氨酸、亮氨酸、异亮氨酸、赖氨酸、蛋氨酸、苏氨酸、缬氨酸，对儿童来讲组氨酸也是一种必需氨基酸。其余氨基酸在人体内可以合成的称为非必需氨基酸。

三、蛋白质的分类

（一）按化学组成分类

按照化学组成的不同，蛋白质通常可以分为简单蛋白质和结合蛋白质。简单蛋白质是水解后只产生氨基酸的蛋白质；结合蛋白质水解后不仅产生氨基酸，还产生其他有机或无机化合物（如碳水化合物、脂质、核酸、金属离子等）。结合蛋白质的非氨基酸部分称为辅基或辅酶。

1. 简单蛋白质

（1）清蛋白　广泛存在于生物体内，如血清蛋白、乳清蛋白、蛋清蛋白等，是健康人血浆中含量最多、分子最小、溶解度大、功能较多的一种蛋白质。

（2）球蛋白　普遍存在于生物体内，如血清球蛋白、肌球蛋白和植物种子球蛋白等，是一种存在于人体中的血清蛋白，具有免疫作用。

（3）谷蛋白　不溶于水、乙醇及中性盐溶液，但易溶于稀酸或稀碱，含于谷类中，如米谷蛋白和麦谷蛋白等。

（4）醇溶谷蛋白　这类蛋白质分子中脯氨酸和酰胺较多，非极性侧链远较极性侧链多，主要存在于谷物种子中，如玉米醇溶蛋白、麦醇溶蛋白等。

（5）组蛋白　这类蛋白质分子中组氨酸、赖氨酸较多，分子呈碱性，如小牛胸腺组蛋白等。

（6）鱼精蛋白　鱼精蛋白在中性和碱性介质中显示出很强的抑菌能力，并有较高的热稳定性。分子中碱性氨基酸（精氨酸和赖氨酸）特别多，因此呈碱性，如鲑精蛋白等。

（7）硬蛋白　这类蛋白质是动物体内作为结缔组织及保护功能的蛋白质，如角蛋白、胶原、网硬蛋白和弹性蛋白等。

2. 结合蛋白质

根据辅基的不同，结合蛋白质可分为：

（1）核蛋白　辅基是核酸，如脱氧核糖核蛋白、核糖体、烟草花叶病毒等。

（2）脂蛋白　辅基为脂质的蛋白质。脂质成分有磷脂、固醇和中性脂等，如血液中的 β_1 -脂蛋白、卵黄球蛋白等。

（3）糖蛋白和黏蛋白　辅基成分为半乳糖、甘露糖、己糖胺、己糖醛酸、唾液酸、硫酸或磷酸等中的一种或多种。糖蛋白可溶于碱性溶液中，如卵清蛋白、γ -球蛋白、血清类黏蛋白等。

（4）磷蛋白　辅基为磷酸基，通过酯键与蛋白质中的丝氨酸或苏氨酸残基侧链的羟基相连，如酪蛋白、胃蛋白酶等。

（5）血红素蛋白　辅基为血红素，如含铁的血红蛋白、细胞色素 c、叶绿蛋白、血蓝蛋白等。

（6）素蛋白　辅基为黄素腺嘌呤二核苷酸，如琥珀酸脱氢酶、D-氨基酸氧化酶等。

（7）金属蛋白　辅基为金属的蛋白质，如含铁的铁蛋白，含锌的乙醇脱氢酶，含钼和铁的黄嘌呤氧化酶等。

（二）按分子形状分类

按照分子形状可将蛋白质分为球状蛋白质和纤维状蛋白质两大类。球状蛋白质，分子对称性佳，外形接近球状或椭球状，溶解度较好，能结晶，大多数蛋白质属于这一类。纤维状蛋白质，对称性差，分子类似细棒或纤维，它又可分成可溶性纤维状蛋白质和不溶性纤维状蛋白质，前者包括肌球蛋白、血纤维蛋白原等，后者包括胶原蛋白、弹性蛋白、角蛋白以及丝心蛋白等。

（三）按生物功能分类

按照生物学功能不同可将蛋白质分为不同的种类，比如具有催化活性的酶；可以使肌肉收缩的运动蛋白；接受和传递信息的受体蛋白；在机体内起防御和保护作用的抗体；建造和维持生物体结构的结构蛋白等。除此之外，还有运输蛋白质、营养蛋白质、贮存蛋白质、收缩蛋白质等。

第二节　蛋白质的结构和性质

一、蛋白质的分子结构

由于蛋白质是以氨基酸为单元构成的大分子化合物，分子中每个化学键在空间的旋转状态不同就会导致蛋白质分子的构象不同，所以蛋白质的空间结构非常复杂，通常将蛋白质分为一级、二级、三级和四级结构。

（一）一级结构

蛋白质的一级结构又称为基本结构，是指氨基酸在肽链中的排列顺序。一个氨基酸的 α -氨基与另一个氨基酸的 α -羧基脱水缩合形成的酰胺键称为肽键，所形成的化合物称为肽。由两个氨基酸残基构成的肽称为二肽，含有一个肽键；三个氨基酸残基构成的肽称为三肽，含有两个肽键；依此类推，十个以下氨基酸残基构成的肽称为寡肽，十个以上氨基酸残基构成的肽链称为多肽。一条多肽链至少有两个末端,有-NH₂的一端称为氮端,有-COOH 的一端称为碳端。蛋白质由许多个氨基酸通过肽键连接而成,相对分子质量可达几千到数十万之多。各种蛋白质都有其固有的氨基酸排列组成。

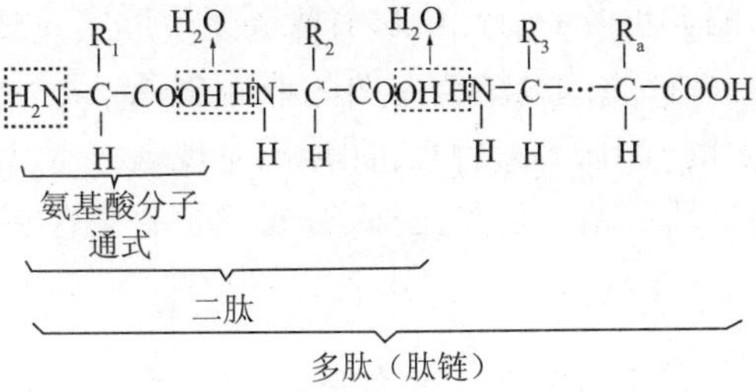

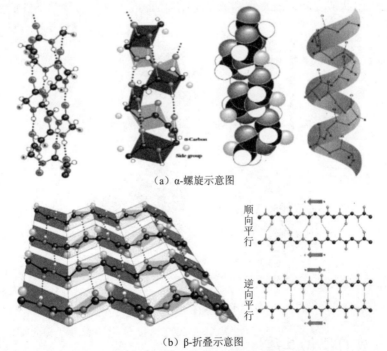

图 6-2　肽键的形成与多肽链

氨基酸的排列顺序从氮端的氨基酸残基开始,以碳端氨基酸残基为终点。

蛋白质的种类和生物活性都与构成多肽链的氨基酸种类及排列顺序有关。在蛋白质一级结构的基础上,通过肽链本身的折叠方式,再进一步在空间形成二、三、四级结构。正因为不同的蛋白质有各自独特的构造和氨基酸排列方式,所以显示了不同的物理性质、化学性质、生物活性及功能。

(二)二级结构

蛋白质的二级结构是指多肽链中彼此靠近的氨基酸残基之间通过氢键相互作用而形成的空间关结构,也指蛋白质分子中多肽链本身的折叠方式。二级结构的形式主要有 α-螺旋和 β-折叠(图 6-3)。

（a）α-螺旋示意图

（b）β-折叠示意图

图 6-3　蛋白质二级结构示意图

α-螺旋是蛋白质中最常见、含量最丰富的二级结构。每圈螺旋有 3.6 个氨基酸残基,螺距为 0.54nm。蛋白质中的螺旋几乎都是右手螺旋,因右手螺旋的空间位阻比较小,易于形成,构象也稳定。一条多肽链能否形成螺旋,以及形成的螺旋是否稳定,取决于它的氨基酸组成和排列顺序。R 基团的大小及电荷性质对多肽链能否形成 α-螺旋也有一定影响。

β-折叠也是蛋白质中常见的二级结构。两条或者多条几乎完全伸展的多肽链侧向聚集在一起,相邻肽链主链上的-NH-和 C=O 之间形成有规则的氢键,这样的多肽构象就是折叠。除作为某些纤维状蛋白质的基本构象之外,β-折叠也普遍存在于球状蛋白质中。

(三)三级结构

蛋白质的三级结构是指多肽链借助各种作用力、在二级结构的基础上进一步折叠卷曲形成紧密的复杂球状分子结构。多肽链所发生的盘旋是由 R 基团的顺序决定的,三级结构的形成使肽链中所有的原子都达到空间上的重新排布,它是建立在二级结构的基础上的球状蛋白质的高级空间结构。

维持三级结构的作用力是肽链中 R 基团间的相互作用,即共价键、离子键、氢键及疏水键的相互作用。

(四)四级结构

蛋白质的四级结构指数条具有独立的三级结构的多肽链通过非共价键相互连接而成的聚合体结构。在具有四级结构的蛋白质中,每一条具有三级结构的多肽链称为亚基或亚单位,缺少一个亚基或者亚基单独存在时,蛋白质都不具有活性。四级结构涉及亚基在整个分子中的空间排布以及亚基之间的相互关系。

四级结构中的肽链之间以疏水键和离子键结合,形成了具有生物学活性的蛋白质。

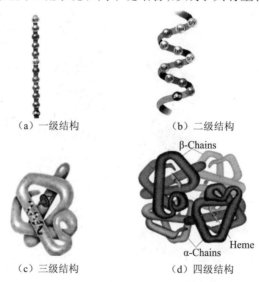

(a)一级结构　　　　　　(b)二级结构

(c)三级结构　　　　　　(d)四级结构

图 6-4　蛋白质的结构层次

二、蛋白质的理化性质

理论上所有由生物产生的蛋白质都可以作为食品蛋白质而加以利用,而实际上食品蛋白质大多指那些易消化、无毒、有营养、在食品中具有一定功能性质和来源丰富的蛋白质。乳、肉、水产品、蛋、谷物、豆类和油料种子等都是食品蛋白质的主要来源。为了满足人类对食品蛋白质日益增长的需要，我们应提高对常规蛋白质的利用率和性能的改进，因此对蛋白质的物理、化学、营养和功能性质的全面了解显得更有意义。

（一）两性解离和等电点

蛋白质是由氨基酸组成的，在其分子表面带有很多可解离基团。此外，在肽链两端还有游离的 α-氨基和 α-羧基，因此蛋白质是两性电解质，可以与酸或碱相互作用。溶液中蛋白质的带电状况与其所处环境的 pH 有关。当溶液在某一特定的 pH 条件下，蛋白质分子所带的正电荷数与负电荷数相等，即净电荷数为零，此时蛋白质分子在电场中不移动，这时溶液的 pH 称为该蛋白质的等电点，在等电点时蛋白质的溶解度最小。由于不同蛋白质的氨基酸组成不同，所以不同蛋白质都有其特定的等电点。

1. 两性解离

在酸性环境中，蛋白质可以与酸中和成盐，而游离成正离子带正电，在电场中会向阴极移动；碱性环境中与碱中和成盐而游离成负离子带负电，在电场中向阳极移动。以"P"代表蛋白质分子，以—NH_2 和—COOH 分别代表其碱性和酸性解离基团，随 pH 变化，蛋白质的两性解离反应可简示如下：

$$P \overset{NH_3^+}{\underset{COOH}{<}} \quad \underset{H^+}{\overset{OH^-}{\rightleftharpoons}} \quad P \overset{NH_3^+}{\underset{COO^-}{<}} \quad \underset{H^+}{\overset{OH^-}{\rightleftharpoons}} \quad P \overset{NH_2}{\underset{COO^-}{<}}$$

蛋白质的阳离子	蛋白质的两性离子（等电点）	蛋白质的阴离子
（pH>pI）	（pH=pI）	（pH<pI）
移向阳极	不移动	移向阴极

2. 等电点沉淀和电泳

（1）等电点沉淀

在等电点时，蛋白质以两性离子的形式存在，其净电荷数为零。在溶液中这样的蛋白质颗粒因为没有同种电荷相互排斥的影响，所以极易受静电引力迅速结合成较大的聚集体，因而易发生沉淀析出。常利用这一性质进行蛋白质的分离、提纯。在等电点时，除了蛋白质的溶解度最小外，其导电性、黏度、渗透压以及膨胀性均为最小。

（2）电泳

蛋白质颗粒在溶液中解离成带电的颗粒，在电场中向其所带电荷相反的电极移动。这种大分子化合物在电场中定向移动的现象称为电泳。电泳的方向、速度主要决定于其所带电荷的正负性，电荷数以及分子颗粒的大小。在实验室、生产或临床诊断上常用电泳法来分析、分离蛋白质混合物或作为蛋白质纯度鉴定的手段。

（二）胶体性质

由于蛋白质的分子量很大，而且其分子表面有许多极性基团，亲水性极强，易溶于水成为稳定的亲水胶体溶液，所以它在水中能够形成胶体溶液。

蛋白质胶体溶液的稳定性与它的相对分子质量大小、所带的电荷和水化作用有关。其主要决定因素如下:第一是水化膜,因为蛋白质分子颗粒表面带有很多亲水基团,对水有较强的吸引力,在蛋白质外面形成一层水膜。第二是表面电荷层,蛋白质是两性离子,颗粒表面带有电荷,在酸性溶液带正电荷,在碱性溶液中带负电荷,同性电荷互相排斥。正是由于水膜和电荷的存在,使得蛋白质溶液比较稳定,不易沉淀。

蛋白质溶液具有胶体溶液的典型性质,不能通过半透膜,因此可以运用透析法将非蛋白的小分子杂质去除,这是实验室或工业生产上提纯蛋白质时常用的方法。

(三)沉淀作用

当维持蛋白质胶体溶液稳定性的两个因素遭到破坏后,蛋白质溶液就失去稳定性,并发生凝聚作用,导致沉淀析出,这种作用称为蛋白质的沉淀作用。

蛋白质的沉淀作用,在理论上和实际应用中均有一定的意义,一般可达到两种不同的目的:第一,为了分离制备有活性的天然蛋白制品。第二,为了从制品中除去杂蛋白,或者制备失去活性的蛋白质制品。

生产上常用的几种沉淀蛋白质方法如下。

1. 盐析法

分离提取蛋白质常用硫酸铵、硫酸钠、氯化钠、硫酸镁等中性盐来沉淀蛋白质,这种沉淀蛋白质的方法叫盐析法。

2. 有机溶剂沉淀法

甲醇、乙醇、丙酮等有机溶剂是良好的蛋白质沉淀剂,能迅速且有效地破坏蛋白质胶体的水膜,若同时配合等电点法,则蛋白质沉淀效果更好。但有机溶剂长时间作用会引起蛋白质变性。

3. 重金属盐沉淀法

重金属盐如硝酸银、氯化汞、醋酸铅、三氯化铁等物质是蛋白质的沉淀剂。其沉淀作用的反应式如下:

$$R\diagup_{NH_3^+}^{COO^-} \xrightarrow[-H_2O]{OH^-} P\diagup_{NH_2}^{COO^-} \xrightarrow{Ag^+} R\diagup_{NH_2}^{COO^-+Ag} \downarrow$$

临床上,利用蛋白质能与重金属盐结合的这种性质,抢救误服重金属盐中毒的病人,给病人口服大量含蛋白质的物质,如生鸡蛋,牛奶等,然后用催吐剂将与蛋白质结合的重金属盐呕吐出来解毒。

4. 生物碱试剂沉淀法

苦味酸、磷钨酸、鞣酸及水杨磺酸等生物碱,亦是蛋白质的沉淀剂。这是因为这些生物碱的带负电荷基团与蛋白质带正电荷基团结合而发生不可逆沉淀反应的缘故。生化检验工作中,常用此类试剂沉淀蛋白质。

$$P\diagup_{NH_3^+}^{COO^-} \xrightarrow[-H_2O]{H^+} P\diagup_{NH_3^+}^{COOH} \xrightarrow{Cl_3CCOO^-} P\diagup_{NH_3^+\cdot^-OOC-CCl_3}^{COOH}$$

蛋白质复合盐

5. 热凝固沉淀法

蛋白质受热变性后很容易发生凝固沉淀。原因可能是蛋白质变性后的空间结构解体,疏水基团外露,水膜破坏,同时由于等电点破坏了带电状态等而发生沉淀。

(四) 蛋白质变性

1. 概念

由于受各种物理和化学因素的影响,天然蛋白质分子特定的空间结构被破坏,致使蛋白质的理化性质和生物学性质都有所改变,但并不导致一级结构的破坏。这种现象称为蛋白质的变性。

2. 变性因素

导致蛋白质变性的因素大体上可以分为两大类:

(1) 物理因素　如:加热、紫外线照射、X射线照射、超声波、高压、剧烈摇荡、搅拌、表面起泡等。

(2) 化学因素　如:强酸、强碱、尿素、重金属盐、有机酸、醇、胍、表面活性剂、生物碱试剂等,都可引起蛋白质的变性。

3. 变性蛋白质的性质

变性蛋白质与天然蛋白质有明显的不同,主要表现在:

(1) 理化性质发生了变化　如旋光性改变,溶解度降低,黏度增加,光吸收性质增强,结晶性破坏,渗透压降低,易发生凝集、沉淀。由于侧链基团外露,颜色反应增强。

(2) 生化性质发生了变化　变性蛋白质比天然蛋白质易被蛋白酶水解。因此,食物蛋白质煮熟食用比生吃好消化。

(3) 生物活性丧失　这是蛋白质变性的最重要的明显标志之一。例如酶变性失去催化作用,血红蛋白失去运输氧的功能,胰岛素失去调节血糖的生理功能,抗原失去免疫功能等。

4. 变性的可逆性

蛋白变性随其性质和程度的不同,有可逆的,有不可逆的,如胰蛋白酶加热及血红蛋白加酸等变性作用,在轻度时为可逆变性。一般变性后的蛋白质即发生凝固导致沉淀,在凝固之前,常呈絮状而悬浮,称为絮结作用。只絮结而未凝固的蛋白质一般都有可逆性,但已凝固的蛋白质,则不易恢复其原来的性质,即发生不可逆变性。

5. 蛋白质变性作用的实践意义

蛋白质变性作用不仅广泛应用于生产实践,而且在理论上对阐明蛋白质结构与功能的关系等问题具有重要意义。蛋白质变性作用有其有利的一面,也有其不利的一面。有利的方面可充分利用,不利的方面则需要竭力阻止。

(五) 蛋白质的紫外吸收

大部分蛋白质均含有带芳香环的苯丙氨酸、酪氨酸和色氨酸。这三种氨基酸的在280nm附近有最大吸收值。因此,大多数蛋白质在280nm附近显示强烈的紫外吸收。利用这个性质,可以对蛋白质进行定性鉴定。

（六）蛋白质的颜色反应

蛋白质的双缩脲反应是一个重要的颜色反应，但这不是蛋白质的专一反应。因为在碱性条件下，凡是具有两个以上肽键的肽类都可发生该反应，二肽和游离氨基酸则不能。该反应在强碱性溶液中，铜离子与肽键中的氮原子形成稳定的配位化合物，从而呈现紫红色。

在中性条件下，蛋白质或多肽也能同茚三酮试剂发生颜色反应，生成蓝色或紫色的化合物，当然茚三酮试剂与铵盐、氨基酸均能反应。以上这些反应均可用于蛋白质的定性、定量分析。

三、蛋白质的功能性质

蛋白质的功能性质是指在食品加工、贮藏和销售过程中，蛋白质对食品需要特征作出贡献的那些物理和化学性质。

蛋白质的功能性质大多影响着食品的感官质量，尤其是在质地方面，也对食品成分制备、食品加工或储存过程中的物理特性起重要作用。不同的食品对蛋白质功能特性的要求是不一样的，下面从十个方面来说明蛋白质不同的功能性质。

（一）水合作用

1. 概述

蛋白质的水合作用也叫蛋白质的水合性质，是蛋白质的肽键和氨基酸的侧链与水分子间发生反应的特性。

蛋白质在溶液中的构象很大程度上与它的水合特性有关。蛋白质的水合作用是一个分步的过程，即首先形成化合水和邻近水，再形成多分子层水，如若条件允许，蛋白质将进一步水化，具体表现为：

（1）蛋白质吸水充分膨胀而不溶解，这种水化性质通常叫膨润性；

（2）蛋白质在继续水化中被水分散而逐渐变为胶体溶液，具有这种水化特点的蛋白质称为可溶性蛋白。食品蛋白质及其他成分的物理化学和流变学性质，不仅强烈地受到体系中水的影响，而且还受水分活度的影响。干的浓缩蛋白质或离析物在应用时必须水合，因此食品蛋白质的水合和复水性质具有重要的实际意义。

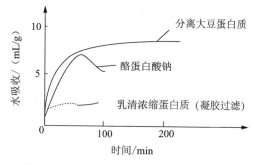

图 6-5　几种不同的蛋白质的吸水曲线

几种不同的蛋白质的吸水量见图 6-5。

2. 影响蛋白质水合作用的环境因素

环境因素对水合作用有一定的影响，如蛋白质的浓度、pH、温度、离子浓度和其他组分的存在都是影响蛋白质水合特性的主要因素。

（1）蛋白质的浓度

蛋白质的总水吸附率随蛋白质浓度的增加而增加。

（2）pH

pH 的改变会影响蛋白质分子的解离和带电性，从而改变蛋白质的水合特性。在等电点下,蛋白质净电荷为零,蛋白质间的相互作用最强,呈现最低水化和肿胀。例如,在宰后僵直期的生牛肉中,当 pH 从 6.5 下降至 5.0(等电点)时,其持水力显著下降,并导致生牛肉的多汁性和嫩度下降。高于或低于等电点 pH 时,由于净电荷和排斥力的增加使蛋白质肿胀并结合较多的水。

（3）温度

温度在 0℃～40℃ 或 50℃ 之间,蛋白质的水合特性随温度的提高而提高,更高温度下蛋白质变性,可溶性下降。另外,结构很紧密和原来难溶的蛋白质被加热处理时,可能导致内部疏水基团暴露而改变水合特性。

（4）离子的种类和浓度

离子的种类和浓度对蛋白质吸水性、肿胀和溶解度也有很大的影响。盐类和氨基酸侧链基团通常同水发生竞争性结合,在低盐浓度时,蛋白质水合作用增加,当盐浓度更高时,会导致蛋白质"脱水",从而降低其溶解度。蛋白质吸附和保持水的能力对各种食品的质地和性质起着重要的作用,尤其是对碎肉和面团。如果蛋白质不溶解,则因吸水作用会导致蛋白质膨胀,进而影响它的质构、黏度和黏着力等特性。

3. 蛋白质的水合作用与其食用功能的关系

在制作蛋白饮料时,要求状态是透明、澄清的溶液或稳定的乳状液,还要求黏度低。这就要求蛋白质溶解度高,pH、离子浓度和温度必须在较大范围内稳定,在此范围内蛋白质的水合性质应相对稳定而不聚集沉淀。

（二）溶解度

蛋白质的溶解度是蛋白质-蛋白质和蛋白质-溶剂相互作用达到平衡的热力学表现形式,蛋白质中氨基酸残基的疏水性越小蛋白质的溶解度越大。

蛋白质的溶解度大小还与 pH、离子浓度、温度和蛋白质浓度有关。大多数食品蛋白质的最低溶解度出现在蛋白质的等电点附近。在低于和高于等电点 pH 时,蛋白质分别带有净的正电荷或净的负电荷,带电的氨基酸残基的静电相互排斥和水合作用促进了蛋白质的溶解。由于在 pH 8～9 的碱性环境中,大多数蛋白是高度溶解的,因此总是在此 pH 范围从植物资源中提取蛋白质,然后采用等电点沉淀法从提取液中回收蛋白质。

大多数蛋白质在恒定的 pH 和离子浓度下,溶解度在 0℃～40℃ 范围内随温度的升高而提高,而一些高疏水性蛋白质,如 β-酪蛋白和一些谷类蛋白质的溶解度却随温度的升高而下降。当温度超过 40℃ 时,由于热导致蛋白质的变性,促进了聚集和沉淀作用,导致蛋白质的溶解度下降。

如果加入能与水互溶的有机溶剂,如乙醇和丙酮,会降低水介质的介电常数,提高蛋白质分子内和分子间的静电作用力,导致蛋白质分子结构的展开,促进氢键的形成和带相反电荷的基团之间的静电相互吸引作用,这些相互作用均导致蛋白质在有机溶剂-水体系中溶解度减少甚至沉淀。

通常情况下,蛋白质的溶解度数据对于确定从天然来源提取和纯化蛋白质的最佳条件以及分离蛋白质是非常有用的。溶解度也为蛋白质的食用功能性提供了一个很好的指标。如果蛋白质能够溶解,意味着它能极高程度地水合。测定蛋白质的溶解度时应注意,多数情况下,蛋白质的平衡溶解度的到达是缓慢的。

由于蛋白质的溶解度与它们的结构状态紧密相关,因此,在蛋白质的提取、分离和纯化过程中,它常被用来衡量蛋白质的变性程度。它还是判断蛋白质潜在的应用价值的一个指标。

(三)黏度

流体的黏度反映它对流动的阻力。黏度越大,阻力越大。蛋白质流体的黏度主要由蛋白质粒子在流体中的表观直径决定,表观直径越大,黏度越大。表观直径又依下列参数而变:

(1)蛋白质分子的固有特性,如浓度、大小、体积、结构及电荷等;

(2)蛋白质和溶剂间的相互作用,这种作用会影响蛋白质膨胀、溶解度和水合作用;

(3)蛋白质和蛋白质之间的相互作用会影响凝集体的大小。

蛋白质溶液的黏度系数会随其流速的增加而降低,这种现象称为剪切稀释,其原因为:

(1)蛋白质分子在运动中逐步定向,因而使摩擦阻力下降;

(2)蛋白质水化球在流动方向变形;

(3)氢键和其他弱键的断裂导致蛋白质聚集体或网络结构的解体。

这些情况下,蛋白质分子或粒子在流动方向的表观直径减小,因而其黏度系数也减小。当剪切处理停止时,断裂的氢键和其他次级键若重新生成而产生同前的聚集体,那么黏度又重新恢复,这样的体系称为触变体系。例如大豆分离蛋白和乳清蛋白的分散体系就是触变体系。

黏度和蛋白质的溶解度无直接关系,但和蛋白质的吸水膨润性关系很大。一般情况下,蛋白质吸水膨润性越大,黏度也越大。

蛋白质体系的黏度是流体食品如饮料、肉汤、汤汁、沙司和奶油的主要功能性质。影响食品的品质和质地,对于蛋白质食品的输送、混合、加热、冷却等加工过程也有实际意义。

(四)胶凝作用

变性的蛋白质分子聚集并形成有序的蛋白质网络结构的过程称为胶凝作用。

1. 分类

食品中蛋白质凝胶可大致可分为以下几类:

(1)加热后冷却产生的凝胶,这种凝胶多为热可逆凝胶,例如:明胶溶液加热后冷却形成的凝胶;

(2)加热状态下产生凝胶,这种凝胶很多不透明而且是非可逆凝胶;例如:蛋清蛋白在煮蛋中形成的凝胶;

(3)由钙盐等二价金属盐形成的凝胶,例如:大豆蛋白质遇到$CaSO_4$形成豆腐;

(4)不加热条件下,经部分水解或 pH 调整到等电点时产生凝胶,例如:用凝乳酶制作干酪、牛乳发酵制作酸奶、制作皮蛋等。

2. 条件

大多数情况下,热处理是胶凝作用所必需的条件,然后必须冷却,略微酸化也是有利于凝胶的。增加盐类,尤其是增加钙离子也可以提高胶凝速率和胶凝强度(大豆蛋白、乳清蛋白和血清蛋白)。但是,某些蛋白质(如酪蛋白胶束、卵白和血纤维蛋白)仅仅需经适当的酶解,不加热也可胶凝,或者只是单纯地加入钙离子(酪蛋白胶束),或者在碱化后使其恢复到中性或等电点 pH(大豆蛋白)。虽然许多凝胶是由蛋白质溶液形成的(鸡卵清蛋白和其他卵清蛋白等),但不溶或难溶性的蛋白质水溶液或盐水分散液也可以形成凝胶(胶原蛋白、肌原纤维蛋白)。因此,蛋白质的溶解性并不是胶凝作用必需的条件。

3. 凝胶作用机理

一般认为,蛋白质凝胶网络的形成是由于蛋白质-蛋白质、蛋白质-溶剂(比如水)与邻近肽链之间的作用力达到平衡时引起的。疏水作用、静电相互作用、氢键和二硫键等对凝胶形成的相对贡献随蛋白质的性质、环境条件和胶凝过程中步骤的不同而异。静电排斥力和蛋白质-水之间的相互作用有利于肽链的分离。蛋白质浓度高时,因分子间接触的几率增大,更容易产生蛋白质分子间的吸引力和胶凝作用。蛋白质溶液浓度高时,即使环境条件对凝集作用并不十分有利,如不加热、pH 与等电点相差很大时,也仍然可以发生胶凝作用。共价二硫交联键的形成通常会导致热不可逆凝胶的生成,如卵清蛋白和 β-乳球蛋白凝胶。而明胶则主要通过氢键的形成而保持稳定,加热时(约 30℃)熔融,并且这种凝结-熔融可反复循环多次而不失去胶凝特性。

将不同种类的蛋白质放在一起加热,可产生加强作用而形成凝胶。蛋白质还能与多糖胶凝剂相互作用而形成凝胶,带正电荷的明胶与带负电荷的海藻酸盐或果胶酸盐之间通过非特异性离子间的相互作用能生成高熔点(80℃)的凝胶。同样,在牛乳 pH 时,酪蛋白胶束能够存在于卡拉胶的凝胶中。

许多凝胶以一种高度膨胀(敞开)和水合结构的形式存在。每克蛋白质约可含水 10g 以上,而且食品中的其他成分可被截留在蛋白质的网络之中。有些蛋白质凝胶甚至可含 98% 的水,这是一种物理截留水,不易被挤压出来。

4. 影响因素

凝胶的生成是否均匀,这与凝胶生成的速度有关。如果条件控制不当,使蛋白质在局部相互结合速度过快,凝胶就较粗糙不匀。凝胶的透明度与形成凝胶的蛋白质颗粒的大小有关,如果蛋白颗粒或分子的表观相对分子质量大,形成的凝胶就较不透明。同时,蛋白质凝胶强度的平方根与蛋白质相对分子质量之间呈线性关系。

(五)织构化

蛋白质的织构化或者叫组织形成性,是在开发利用植物蛋白和新蛋白质中要用到的一种的功能性质。这是因为这些蛋白质本身不具有像畜肉那样的组织结构和咀嚼性,经过织构化后可使它们变为具有咀嚼性和持水性良好的片状或纤维状的产品,从而制造出仿造食品或代用品。另外,织构化加工方法还可用于动物蛋白质的"重织构化",如牛肉或禽肉的重整加工。

常见的蛋白质织构化方法有如下三种:

1. 热塑性挤压

目前用于植物蛋白织构化的主要方法是热塑性挤压,采用这种方法可以得到干燥的纤维状多孔颗粒或小块,当复水时具有咀嚼性质地。进行这种加工的原料不需用蛋白质离析物,可用价格低廉的蛋白质浓缩物或粉状物(含45%~70%蛋白质)即可,其中酪蛋白或明胶既能作为蛋白质添加物又可直接织构化,一般脂类含量不应超过5%~10%,氯化钠或钙盐添加量应低于3%,否则,将使产品质地变硬。

热塑性挤压可产生良好的织构化,但要求蛋白质具有适宜的起始溶解度、较大的相对分子质量以及蛋白质-多糖混合料在管芯内能产生适宜的可塑性和粘稠性。含水量较高的蛋白质同样也可以在挤压机内因热凝固而织构化,这将导致水合、非膨胀薄膜或凝胶的形成,添加交联剂戊二醛可以增大最终产物的硬度。这种技术还可用于血液、机械去骨的鱼、肉及其他动物副产品的织构化。

2. 热凝结和形成薄膜

浓缩的大豆蛋白质溶液能在滚筒干燥机等同类型机械的金属表面热凝结,产生薄而水化的蛋白质膜,能被折叠压缩在一起来回切割。豆乳在95℃下保持几小时,表面水分蒸发,热凝结而形成一层薄的蛋白质-脂类膜,将这层膜被揭除后,又形成一层膜,然后又能重新反复几次再产生同样的膜,这就是我国加工腐竹(豆筋)的传统方法。

3. 纤维的形成

大豆蛋白和乳蛋白液都可喷丝而组织化,就像人造纺织纤维一样,这种蛋白质的功能特性就叫作蛋白质的纤维形成作用。利用这种功能特性,将植物蛋白或乳蛋白浓溶液喷丝、缔合、成形、调味后,可制成各种风味的人造肉。其工艺过程为:在pH>10的条件下制备蛋白质浓溶液,经脱气、澄清后,在压力下,通过模板产生的细丝进入酸性NaCl溶液中,由于等电点pH和盐析效应致使蛋白质凝结,再通过滚筒取出。这样可增加纤维的机械阻力和咀嚼性,并降低其持水容量。再通过滚筒除去一部分水,以提高黏着力和增加韧性。加热前可添加黏结剂如明胶、卵清、谷蛋白或胶凝多糖,或其他食品添加剂如增香剂或脂类。凝结和调味后的蛋白质细丝,经过切割、成型、压缩等处理,便加工形成与火腿、禽肉或鱼肌肉相似的人造肉制品。

(六)面团的形成

小麦、大麦、黑麦、燕麦等谷物的面粉在室温下与水混和、揉搓,能够形成粘稠、有弹性和可塑性的面团,这个过程称为面团的形成。其中小麦面粉的面团形成能力最强。小麦面粉中除含有麦醇溶蛋白和麦谷蛋白(又称面筋蛋白)外,还含有淀粉粒、戊聚糖、极性和非极性脂类及可溶性蛋白,所有这些成分都有助于面团网络和面团质地的形成。

麦醇溶蛋白和麦谷蛋白的组成及大分子体积使面筋富有很多特性。由于它们可解离氨基酸,所以使面筋蛋白质不溶于中性水溶液。面筋蛋白质富含谷氨酰胺、脯氨酸和丝氨酸及苏氨酸,它们倾向于形成氢键,这在很大程度上解释了面筋蛋白的吸水和黏着性质;面筋中还含有较多的非极性氨基酸,这与水化面筋蛋白的聚集作用、黏弹性和与脂肪的有效结合有关;面筋蛋白质中还含有众多的二硫键,这是面团物质产生坚韧性的原因。

麦醇溶蛋白和麦谷蛋白构成面筋蛋白质。麦谷蛋白分子质量比麦醇溶蛋白分子质量大,前者分子质量可达数百万,分子内既含有链内二硫键,又含有大量链间二硫键;麦醇溶蛋白仅含有链内二硫键,相对分子质量为35000~75000。麦谷蛋白决定着面团的弹性、黏合性和抗张强度,而麦醇溶蛋白促进面团的流动性、伸展性和膨胀性。在制作面包的面团时,两类蛋白质的适当平衡非常重要。麦谷蛋白过多,过度黏结的面团会抑制发酵期间所截留的 CO_2 气泡的膨胀,抑制面团发起和成品面包中的空气泡,此时,加入还原剂半胱氨酸、偏亚硫酸氢盐可打断部分二硫键而降低面团的黏弹性。过度延展(麦醇溶蛋白过多)的面团产生的气泡膜是易破裂的和可渗透的,不能很好地保留 CO_2,从而使面团和面包塌陷,加入溴酸盐、脱氢抗坏血酸氧化剂可促进二硫键形成而提高面团的硬度和黏弹性。面团揉搓不足时因网络还未形成而使面团强度不足,但过多揉搓时可能由于二硫键断裂使面团的强度降低。

由于麦醇溶蛋白和麦谷蛋白在面粉中已经部分伸展,且在捏揉面团时更加被伸展,因而在焙烤时不会引起面筋蛋白质大的再变性。当焙烤温度高于 70℃~80℃ 时,面筋蛋白质释放出的水分能被部分糊化的淀粉粒所吸收,因此即使在焙烤时,面筋蛋白质也仍然能使面包柔软和保持 40%~50% 的水分,但焙烤能使面粉中可溶性蛋白质(清蛋白和球蛋白)变性和凝集,这种部分的胶凝作用有利于面包心的形成。

(七)乳化作用

1. 蛋白质的乳化性质

蛋白质既能与水相互作用,又能与脂相互作用,因此蛋白质是天然的两亲物质,从而具有乳化性质。许多传统食品,像牛乳、蛋黄酱、冰激凌、奶油和蛋糕面糊等都是乳状液。许多新的加工食品,像咖啡增白剂等则是含乳状液的多相体系。天然乳状液靠脂肪球膜来稳定,这种膜由三酰甘油、磷脂、不溶性脂蛋白和可溶性蛋白的连续吸附层所构成。

2. 影响蛋白质乳化作用的因素

影响蛋白质乳化性质的因素分为两类:内在因素,如 pH、离子浓度、温度、低分子量的表面活性剂、糖、油相体积分数、蛋白质类型和使用的油的熔点等;外在因素,如制备乳状液的设备类型和几何形状,能量输入的强度和剪切速度。

(1)溶解度

蛋白质的溶解度与其乳化容量或乳状液稳定性之间通常存在正相关,不溶性蛋白质对乳化作用的贡献很小,但不溶性蛋白质颗粒常常能够在已经形成的乳状液中起到加强稳定作用。

(2)pH

pH 影响蛋白质稳定的乳状液的形成和稳定,在等电点溶解度高的蛋白质(如血清清蛋白、明胶和蛋清蛋白),具有最佳乳化性质。由于大多数食品蛋白质(酪蛋白、商品乳清蛋白、肉蛋白、大豆蛋白)在它们的等电点 pH 时是微溶和缺乏静电排斥力的,因此在此 pH 时它们一般不具有良好的乳化性质。

(3)低相对分子质量的表面活性剂

加入低相对分子质量的表面活性剂,由于降低了蛋白质膜的硬度及蛋白质保留在界面上的作用力,因此,通常会降低依赖蛋白质稳定的乳状液的稳定性。

(4)温度

加热处理常可降低吸附在界面上的蛋白质膜的黏度和硬度,因而降低了乳状液的稳定性。加入小分子的表面活性剂,如磷脂和甘油-酰酯等,它们与蛋白质竞争地吸附在界面上,从而降低了蛋白质膜的硬度和削弱了使蛋白质保留在界面上的作用力,也使蛋白质的乳化性能下降。

3. 蛋白质乳化性质评定

评价蛋白质乳化性质的指标一般有乳化能力、乳化活性指数和乳状液稳定性 3 种。它们可以反映蛋白质帮助形成乳化体系及稳定乳化体系的能力,作用机理即:

(1)通过降低界面张力帮助形成乳化体系;

(2)通过增加吸附膜的黏度、空间位阻等各种因素来稳定乳化体系,需要特别指出的是,蛋白质形成乳化分散系的能力方面和稳定乳化分散体系方面,不存在相关性。

蛋白质的乳化性质是蛋白质重要功能性质之一,蛋白质与脂类的相互作用有利于食品体系中脂类的分散及乳状液的稳定,但是也可能会产生不利的影响,特别是从富含脂肪的原料中提取蛋白质时,会由于乳状液的形成而影响蛋白质的提取和提纯。

(八)发泡作用

泡沫是指气泡分散在含有表面活性剂的连续液相或半固相中的分散体。气泡的直径从 1 微米到数厘米不等。液膜和气泡间的界面上吸附着表面活性剂,起着降低表面张力和稳定气泡的作用。

食品中产生泡沫是常见现象,如搅打发泡的加糖蛋白、棉花糖、冰淇淋、起泡奶油、啤酒泡沫和蛋糕。在食品中可以起泡的表面活性剂叫发泡剂。常见的泡沫剂有蛋白质、配糖体、纤维素衍生物和添加剂中的食用表面活性剂。

蛋白质能作为发泡剂主要决定于蛋白质的表面活性和成膜性,例如在搅打鸡蛋液时,鸡蛋清中的水溶性蛋白质可被吸附到气泡表面来降低表面张力,又因为搅打过程中的变性,逐渐凝固在气液界面间形成有一定刚性和弹性的薄膜,从而使泡沫稳定。

典型的食品泡沫应具备以下特征:含有大量的气体;在气相和连续液相之间要有较大的表面积;在泡沫表面溶质的浓度较高;要有能胀大、具刚性或半刚性,并且有弹性的膜或壁;有可反射的光,看起来不透明。

1. 食品泡沫的形成与破坏

在食品加工中形成泡沫通常采用三种方法:一是将气体通过一个多孔分配器鼓入低浓度的蛋白质溶液中产生泡沫;二是在有大量气体存在的条件下,通过打擦或振荡蛋白质溶液而产生泡沫;三是将一个预先被加压的气体溶于要生成泡沫的蛋白质溶液中,然后突然减压,系统中的气体则会膨胀自动形成泡沫。

由于泡沫具有很大的界面面积,气液界面可达 $1m^2/mL$,因而是不稳定的,如果液膜本身具有较大的刚性或蛋白质吸附层富有一定强度和弹性时,液膜就不易破裂。另外,如在液膜上粘有无孔隙的微细固体粉末并且未被完全润湿时,有防止液膜破裂的作用,但如有多孔杂质或消泡性表面活性剂存在时破裂将加剧:

(1)在重力、由表面张力引起气泡内外压力差和蒸发的作用下液膜排水。如果泡沫密度大、界面张力小和气泡平均直径大,则气泡内外的压力差较小,另外,如果连续相黏度大,吸附层蛋白质的表观黏度大,液膜中的水就较稳定。

(2)气体从小泡向大泡扩散,这是使泡沫总表面能降低的自发变化。如果连续相黏度大、气体在其中溶解和扩散速度小,泡沫就较稳定。

(3)在液膜不断排水变薄时,受机械剪切力、气泡碰撞力和超声波振荡的作用,气泡液膜也会破裂。

2.影响泡沫形成和稳定性的因素

(1)有关成分对发泡的影响

泡沫的形成和泡沫的稳定需要的蛋白质的性质不同。泡沫形成要求蛋白质迅速扩散到气水界面上,并在那里很快地展开、浓缩和散布,以降低表面张力。因此需要水溶性好、并有一定表面疏水区的蛋白质。泡沫稳定要求蛋白质能在每一个气泡周围形成一定厚度、刚性、粘性和弹性的连续的和气体不能渗透的吸附膜。因此,要求分子量较大、分子间较易发生相互结合或黏合。

具有良好起泡性质的蛋白质包括蛋清蛋白质、血红蛋白和球蛋白部分、牛血清蛋白、明胶、乳清蛋白、酪蛋白胶束、β-酪蛋白、小麦蛋白质(特别是谷蛋白)、大豆蛋白质和一些水解蛋白质(低水解度)。对于蛋清,泡沫能快速形成,然而泡沫密度、稳定性和耐热性低。

①蛋白质的浓度与起泡性相关,当起始液中蛋白质的浓度在2%~8%范围内,随着浓度的增加起泡性有所增加。当蛋白质浓度增加到10%时则会使气泡变小,泡末变硬。这是由于蛋白质在高浓度下溶解度变小的缘故。

②pH影响蛋白质的荷电状态,因而改变了其溶解度、相互作用力和持水力,也就改变了蛋白质的起泡性质和泡沫的稳定性。当蛋白质处于或接近等电点pH时,有利于界面上蛋白质—蛋白质的相互作用和形成黏稠的膜,被吸附至界面的蛋白质的数量也将增加,这两个因素均提高了蛋白质的起泡能力和泡沫稳定性。

③盐类影响蛋白质的溶解度、黏度、伸展和聚集,因而改变其起泡性质。这取决于盐的种类、浓度和蛋白质的性质,如氯化钠通常能增大泡沫膨胀率和降低泡沫稳定性,而钙离子由于能与蛋白质的羧基形成桥接从而使泡沫稳定性提高。在低浓度时,盐提高了蛋白质的溶解度,在高浓度时产生盐析效应,这两种效应都会影响蛋白质的起泡性质和泡沫稳定性。一般来说,在指定的盐溶液中蛋白质被盐析时则显示较好的起泡性质,被盐溶时则显示较差的起泡性质。

④由于糖类能提高整体黏度,因此,抑制泡沫的膨胀,但却改进了泡沫的稳定性。所以,在加工蛋白甜饼、蛋奶酥和蛋糕等含糖泡沫型甜食产品时,如在搅打后加入糖,能使蛋白质吸附、展开和形成稳定的膜,从而提高泡沫的稳定性。

⑤脂类使泡沫稳定性下降,这是由于脂类物质,尤其是磷脂,具有比蛋白质更大的表面活性,它将以竞争方式在界面上取代蛋白质,于是减少了泡膜的厚度和黏合性。

(2)发泡方法的影响

为了形成足够的泡沫,搅拌、搅打时间和强度必须足够,使蛋白质充分地展开和吸附,然而过度激烈搅打也会导致泡沫稳定性降低,因为剪切力使吸附膜及泡沫破坏和破裂。搅打鸡蛋清如超过6min~8min,将引起气/水界面上的蛋白质部分凝结,使得泡沫稳定性下降。

在产生泡沫前,适当加热处理可提高大豆蛋白质(70℃~80℃)、乳清蛋白(40℃~60℃)、卵清蛋白质(卵清蛋白和溶菌酶)、血清白蛋白等蛋白质的起泡性能,但过度的热处理则会损害起泡能力。将已形成的泡沫进行加热,个别情况下可能会使得蛋白质吸附膜因胶凝作用而产生足够的刚性从而稳定气泡,但大多数情况下会导致空气膨胀、黏性降低、气泡破裂和泡沫崩溃。

(九)与风味物质的结合

风味物质能够部分被吸附或结合在食品的蛋白质中,对于豆腥味、酸败味和苦涩味物质等不良风味物质的结合常降低了蛋白质的食用性质,而对肉的风味物质和其他适宜风味物质的可逆结合,可使食品在保藏和加工过程中保持其风味。

蛋白质与风味物质的结合包括物理吸附和化学吸附。前者主要通过范德华力和毛细管作用吸附,后者包括静电吸附、氢键结合和共价结合。

当风味物质与蛋白质相结合时,蛋白质的构象实际上发生了变化。如风味物质扩散至蛋白质分子的内部则打断了蛋白质链段之间的疏水基相互作用,使蛋白质的结构失去稳定性;含活性基团的风味物质,像醛类化合物,能共价地与赖氨基酸残基的 $\varepsilon-$ 氨基相结合,改变了蛋白质的净电荷,导致蛋白质分子展开,更有利于风味物质的结合。因此,任何能改变蛋白质构象的因素都能影响其与风味物质的结合。

水能促进极性挥发物的结合而对非极性化合物则没有影响。在干燥的蛋白质中挥发物的扩散是有限的,加水就能提高极性挥发物的扩散速度和与结合部位的机会。但脱水处理,即使是冷冻干燥也使最初被蛋白质结合的挥发物质降低50%以上。

pH 的影响一般与 pH 诱导的蛋白质构象变化有关,通常在碱性 pH 条件下比在酸性 pH 条件下更有利于与风味物质的结合,这是由于蛋白质在碱性 pH 下发生了更广泛的变性。

热变性蛋白质显示出了较高结合风味物质的能力,如10%的大豆蛋白离析物水溶液在有正己醛存在时于90℃加热1h 或24h,然后冷冻干燥,发现其对正己醛的结合量比未加热的对照组分别大3倍和6倍。

化学改性会改变蛋白质的风味物质结合性质。如蛋白质分子中的二硫键被亚硫酸盐裂开引起蛋白质结构的展开,这通常会提高蛋白质与风味物质结合的能力;蛋白质经酶催化水解后,原先分子结构中的疏水区被打破,疏水区的数量也减少,这会降低蛋白质与风味物质的结合能力。因此,蛋白质经水解后可减轻大豆蛋白质的豆腥味。除此之外,蛋白质还能通过弱相作用或共价键结合很多其他物质,如色素、合成染料和致突变及致敏等其他生物活性物质,这些物质的结合可导致毒性增强或解毒,同时蛋白质的营养价值也受到了影响。

(十)蛋白质的其他功能性质

1. 亲油性

亲油性也叫吸油性,是指蛋白质吸油,特别是在加热条件下吸油,并产生与油脂均匀结合的功能性质。吸油性高的蛋白质在制作香肠时,可使制品在热烹调时不发生油脂的过多流失;吸油性低的蛋白质用于油炸食品的制作可以减少对油的吸留量。

不溶性和疏水性的蛋白质亲油性较高,小颗粒、低密度的蛋白质粉吸油量大,在有水时,乳化性高的蛋白质和外加乳化剂时吸油量较大。

2. 成膜性

利用蛋白质可以制备可食膜或进行涂层。把蛋白质溶在水中,然后将此溶液用浸涂、喷涂等方法制成薄膜。这种膜可食、透明并有一定阻气性，还可作为特殊成分的载体，在食品保鲜、造型和提高附加值等方面发挥作用。

有较大溶解度和能够在成膜过程中较充分展成线性状态的蛋白质成膜性高，成膜作用是蛋白质与蛋白质间在膜干燥过程中逐渐靠近、产生次级键合作用和重叠交织作用而产生的。

第三节　蛋白质在食品加工和贮藏中的变化

在蛋白质分离和含蛋白质食品的加工和贮藏中，常涉及加热、冷却、干燥、化学试剂处理、发酵和辐照或其他各种处理，在这些处理中不可避免地将引起蛋白质的化学成分和营养成分的变化，了解这些变化有助于科学地选择食品加工和贮藏的条件。

一、热处理的影响

热处理是对蛋白质质量影响较大的处理方法，影响的程度与结果取决于热处理的时间、温度、湿度以及有无其他物质存在等因素。

从有利方面看，绝大多数蛋白质加热后营养价值得到提高，因为在适宜的加热条件下，蛋白质发生变性，使肽和蛋白质原来折叠部分的肽链松散，更容易受到消化酶的作用，从而提高消化率和必需氨基酸的生物有效性。热烫或蒸煮能使酶失活，该方法能防止食品产生不应有的颜色，也可防止风味、质地变化和维生素的损失。菜籽经过热处理可使黑芥子硫苷酸酶失活，因而阻止内源硫代葡萄糖苷在黑芥子硫苷酸酶的作用下形成致甲状腺肿大的化合物。食品中天然存在的大多数蛋白质毒素或抗营养因子均可通过加热使之变性和钝化，例如大豆中的胰蛋白酶抑制剂和胰凝乳蛋白酶抑制剂，在一定条件下加热，可消除其毒性。

赖氨酸、精氨酸、色氨酸、苏氨酸和组氨酸等，在热处理中很容易与还原糖（如葡萄糖、果糖、乳糖）发生羰胺反应，使产品带有金黄色以至棕褐色，如小麦面粉中虽然清蛋白仅占6%～12%，但由于清蛋白中色氨酸含量较高，它对面粉焙烤呈色起较大的作用。

但是，不适当的热处理对食品质量产生很多不利的影响，涉及的化学反应有：氨基酸分解、蛋白质分解、蛋白质交联等。

(一)单纯热处理

对食品进行单纯热处理，既不添加任何其他物质的条件下加热，食品中的蛋白质有可能发生各种不利的化学反应。最典型的是导致蛋白质中的氨基酸残基脱硫、脱氨、异构化及产生其他中间分解产物。

1. 脱硫

食品杀菌的温度大多在115℃以上，在此温度下半胱氨酸及胱氨酸会发生部分不可逆的分解，产生硫化氢、二甲基硫化物、磺基丙氨酸等物质。如加工动物源性食品时，烧烤的肉类风味就是由氨基酸的分解的硫化氢及其它挥发性成分组成。这种分解反应一方面有利于食品特征风味的形成，另一方面严重的损失含硫氨基酸。色氨酸残基在有氧的条件下加热，也会部分结构破坏。

2. 脱氨

热处理温度高于100℃就能使部分氨基酸残基脱氨,释放的氨主要来自于谷氨酰氨和天冬酰氨残基,这类反应一般不损失蛋白质的营养。

3. 异构化

高温(200℃)处理可导致氨基酸残基的异构化,反应过程如图6-6所示,在这一过程中部分L-构型氨基酸转化为D-构型氨基酸,由于D-构型氨基酸基本无营养价值,另外D-构型氨基酸的肽键难水解,因此导致蛋白质的消化性和蛋白质的营养价值显著降低。此外,某些D-构型氨基酸被人体吸收后还有一定毒性。因此在确保安全的前提下,食品蛋白质应尽可能避免高温加工。

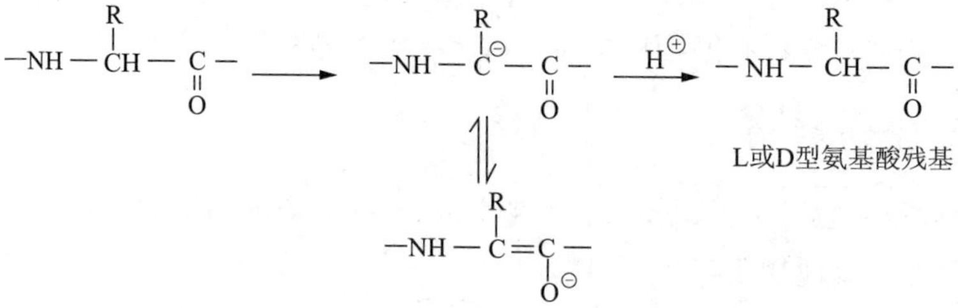

图6-6 氨基酸残基的异构化反应

例如,色氨酸是一种不稳定的氨基酸,高于200℃处理时,会产生强致突变作用的物质咔啉。从热解的色氨酸中可分离出 α-咔啉、β-咔啉、γ-咔啉(图6-7)。

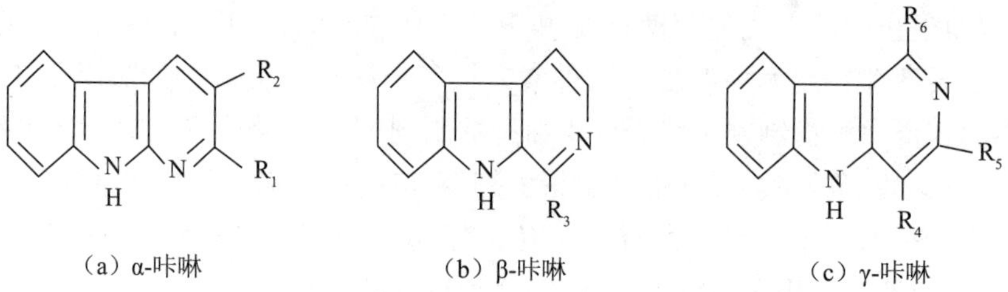

（a）α-咔啉   （b）β-咔啉   （c）γ-咔啉

图6-7 色氨酸的热解产物

高温处理蛋白质含量高而碳水化合物含量低的食品,如:畜肉、鱼肉等,会使蛋白质分子之间的异肽键交联。异肽键是指由蛋白质侧链上的自由氨基和自由羧基形成的肽键(图6-8)。蛋白质分子中可提供自由氨基的氨基酸有:赖氨酸残基、精氨酸残基等;可提供自由羧基的氨基酸有:谷氨酸残基、天冬氨酸残基等。从营养学角度考虑,形成的这类交联,不利于蛋白质的消化吸收,另外也使食品中的必需氨基酸损失,明显降低蛋白质的营养价值。

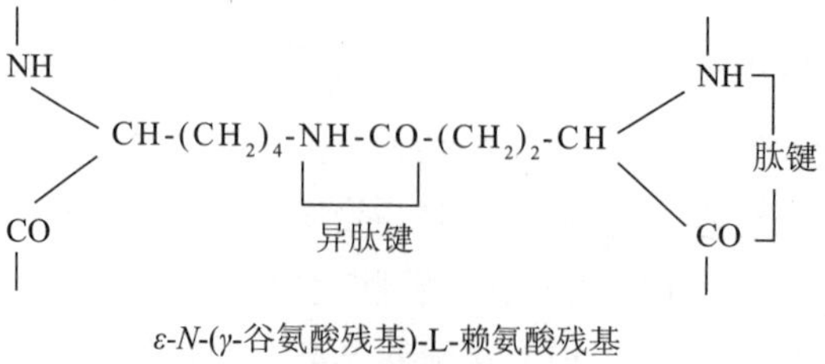

ε-N-(γ-谷氨酸残基)-L-赖氨酸残基

图6-8 蛋白质分子中形成的异肽键

(二)碱性条件下的热处理

食品加工中碱处理常常与加热同时进行。蛋白质在碱性条件下处理,一般是为了植物蛋白质的增溶,制备酪蛋白盐、油料种子除去黄曲霉毒素、煮玉米等。如若改变蛋白质的功能特性,使其具有或增强某种特殊功能如起泡、乳化或使溶液中的蛋白质连成纤维状,也要用到碱处理。

碱性条件下处理食品,典型的反应可以使蛋白质的分子内及分子间的共价交联。这类交联反应对食品营养价值的损坏也较严重,不光降低了蛋白质的消化吸收率,降低了含硫氨基酸与赖氨酸的含量,有些产物还危害人体健康。一项研究指出:小白鼠摄入含赖丙氨酸残基的蛋白质后,出现了拉稀、胰腺增生、脱毛等现象。如:制备大豆分离蛋白时,若以 pH 12.2,40℃处理4h,就会产生赖丙氨酸残基,温度越高,时间越长,生成的赖丙氨酸残基就越多。

二、低温处理的影响

食品的低温贮藏可延缓或阻止微生物的生长并抑制酶的活性及化学变化。低温处理方法有冷却法和冷冻法两种。

(一)冷却法

冷却法是将温度控制在稍高于冻结温度之上。冷却后蛋白质较稳定,微生物生长也受到抑制。

(二)冷冻法

冷冻法是将温度控制在低于冻结温度之下(冻结温度一般为-18℃)。冷冻对食品的风味多少有些损害,但若控制得好,蛋白质的营养价值不会降低。

肉类食品经冷冻、解冻后,细胞及细胞膜被破坏,酶被释放出来,随着温度的升高酶活性增强致使蛋白质降解,而且蛋白质—蛋白质间的不可逆结合,代替了水和蛋白质间的结合,使蛋白质的质地发生变化,保水性也降低,但对蛋白质的营养价值影响很小。鱼蛋白质很不稳定,经冷冻和冻藏后,可使肌肉变硬,持水性降低,因此解冻后鱼肉变得干而强韧,鱼中的脂肪在冻藏期间仍会进行自动氧化作用,生成过氧化物和自由基,再与肌肉蛋白作用,使蛋白质聚合,氨基酸破坏。蛋黄能冷冻并贮存在-6℃环境,解冻后呈胶状结构,黏度增大,若在冷冻前加10%的糖或盐则可防止此现象。而牛乳经巴氏低温杀菌,在-24℃冷冻,可贮藏4个月,但加糖炼乳的贮藏期却很短。

蛋白质在冷冻条件下的变性程度与冻结速度有关,冻结速度越快,冰晶越小,挤压作用也越小,变性程度就越小。食品工业根据此原理常采用快速冷冻法以避免蛋白质变性,保持食品原有的风味。

三、脱水处理的影响

脱水是食品加工的一个重要的操作方法,其目的在于便于贮存食品、减轻食品重量及增加食品的稳定性。但脱水处理也会给食品加工带来许多不利的变化。当蛋白质溶液中的水分被全部除去时,由于蛋白质-蛋白质的相互作用,引起蛋白质大量聚集。特别是在高温下除去水分时,可导致蛋白质溶解度和表面活性急剧降低。脱水处理是制备蛋白质配料的最后一道工序,应该注意脱水处理对蛋白质功能性质的影响。脱水条件直接影响粉末颗粒的大小以及内部和表面孔率,这将会改变蛋白质的可湿润性、吸水性、分散性和溶解度,从而影响这类食品的功能性质。

食品工业中常用的脱水方法有多种,引起蛋白质变化的程度也不相同。

(一)热风干燥

以自然的温热空气干燥脱水的畜禽肉、鱼肉会变得坚硬、萎缩且回复性差,烹调后感觉坚韧而无其原来风味。

(二)真空干燥

这种干燥方法较热水干燥对肉的品质损害较小,因无氧气,所以氧化反应较慢,而且在低温下还可减少非酶褐变及其他化学反应的发生。

(三)冷冻干燥

冷冻干燥的食品可保持原形及大小,具有多孔性,有较好的回复性,是肉类脱水的最好方法。但会使部分蛋白质变性,肉质坚韧、保水性下降。与通常的干燥方法相比,冷冻干燥肉类其必需氨基酸含量及消化率与新鲜肉类差异不大,冷冻干燥是最好的保持食品营养成分的方法。

(四)喷雾干燥

喷雾干燥往往是制造过程中最后的一个步骤,它就是经由不断的喷雾、混合和干燥来使物质从液体变为粉末。在众多储存食物的技术中,喷雾干燥法有其独特的优越性。因为此技术所使用的温度并不是很高,所以在去除微生物污染的同时,仍可以有效保留食物的味道、色泽和营养。蛋乳的脱水常用喷雾干燥,此法对蛋白质损害较小。

四、氧化剂的影响

在食品加工过程中常使用一些氧化剂,如过氧化氢、过氧化苯甲酰、次氯酸钠等。过氧化氢在乳品工业中用于牛乳冷灭菌;还可以用来改善鱼蛋白质浓缩物、谷物面粉、麦片、油料种籽蛋白质离折物等产品的色泽;也可用于含黄曲酶毒素的面粉,豆类和麦片脱毒以及种籽去皮。过氧化苯甲酰用于面粉的漂白,在某些情况下也可用作乳清粉的漂白剂。次氯酸钠具有杀菌作用,在食品工业上应用也非常广泛,例如肉品的喷雾法杀菌,黄曲霉毒素污染的花生粉脱毒等。

很多食品体系中也会产生各种具有氧化性的物质,如脂类氧化产生的过氧化物及其降解产物,它们通常是引起食品蛋白质成分发生交联的原因。很多植物中存在多酚类物质,在氧存在时的中性或碱性 pH 条件下容易被氧化成醌类化合物,这种反应生成的过氧化物属于强氧化剂。

蛋白质中一些氨基酸残基有可能被各种氧化剂所氧化,其反应机理一般都很复杂,对氧化最敏感的氨基酸残基是含硫氨基酸和芳香族氨基酸,图6-9列出色氨酸残基的氧化反应过程。

色氨酸的氧化产物由于氧化剂的不同而不同,其中已发现的氧化产物之一,甲酰犬尿氨酸是一种致癌物。由此可见氨基酸残基的氧化明显的改变蛋白质的结构与风味,损失蛋白质营养,形成有毒物质,因此显著氧化了的蛋白质不宜食用。

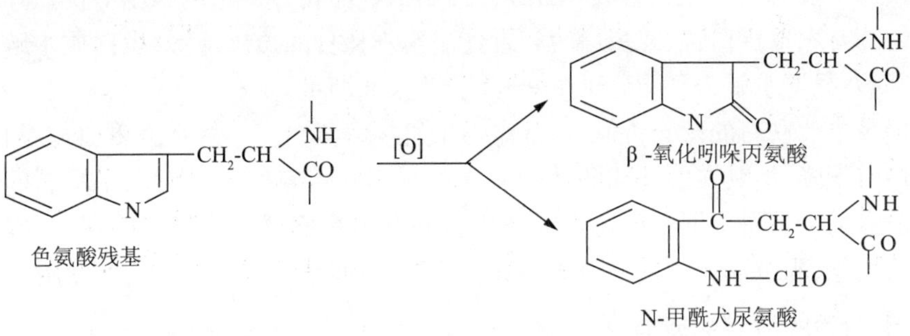

图 6-9　蛋白质中色氨基酸残基的氧化反应

五、机械处理的影响

机械处理对食品中的蛋白质有较大的影响,如充分干磨的蛋白质粉或浓缩物可形成较小的颗粒和较大的表面积,与未磨细的对应物相比,它提高了吸水性、蛋白质溶解度、脂肪的吸收和起泡性。蛋白质悬浊液或溶液体系在强剪切力的作用下(如牛乳均质)可使蛋白质聚集体碎裂成亚单位,这种处理一般可提高蛋白质的乳化能力。在空气/水界面施加剪切力,通常会引起蛋白质变性和聚集,而部分蛋白质变性可以使泡沫变得更稳定。某些蛋白质,例如过度搅打鸡卵蛋白时会发生蛋白质聚集,使形成泡沫的能力和泡沫稳定性降低。

机械力同样对蛋白质织构化过程起重要作用,例如面团受挤压加工时,剪切力能促使蛋白质改变分子的定向排列、二硫键交换和蛋白质网络的形成。

六、酶处理引起的变化

食品加工中常用到酶制剂对食物原料进行处理,例如,从油料种子中分离蛋白质;制备浓缩鱼蛋白质;改进明胶生产工艺;凝乳酶和其他蛋白酶应用于干酪生产;从加工肉制品的下脚料中回收蛋白质和对猪(牛)血蛋白质进行酶法改性脱色等。

蛋白质经蛋白酶的作用最终可水解为氨基酸。蛋白酶可以作为食品添加剂用来改善食品的质量。如以蛋白酶为主要成分配制的肉类嫩化剂;啤酒生产的浸麦过程中,添加蛋白酶(主要为木瓜蛋白酶和细菌蛋白酶),提高麦汁 α-氨基氮的含量,从而提高发酵能力,加快发酵速度,加速啤酒成熟;用羧肽酶 A 来除去蛋白水解物中的苦味肽等。

七、专一的化学改性

改变天然动、植物蛋白质的理化性和功能性,以满足食品加工和食品营养性的需要,已成为食品科学家研究的课题。目前,用于蛋白质改性的方法大致有如下三种:第一种是选择合适的酶水解蛋白质为肽化合物;第二种是用醋酸酐或琥珀酸酐进行酰基化反应;第三种是增加蛋白质分子中亲水性基团。

(一)蛋白质有限水解处理

水解蛋白质为肽化合物有三条途径:即酸水解、碱水解和酶水解。三种方法相比,酶水解蛋白质具有水解时间短,产物颜色浅,容易控制水解产物分子量的大小等优点。常用于水解蛋白质的酶有木瓜蛋白酶、胰蛋白酶和胃蛋白酶。从食品角度考虑,蛋白质水解产物不要求生成氨基酸,只要水解为平均分子量900u的低聚肽即可。

为了提高果汁饮料的营养价值,常常添加牛奶水解蛋白。牛奶水解蛋白与原料奶相比,营养价值略有下降,但其在中性或酸性介质中都是100%溶解的。因此,用它制的果汁饮料仍是透明清澈的。牛奶水解蛋白还可以作为胃和食道疾病严重的病人的疗效食品,牛奶本身营养价值较高,水解后成为极易消化和吸收的食物,非常适合于上述病人使用。

(二)蛋白质的酰基化反应

蛋白质的酰基化反应是在碱性介质中,用醋酸酐或琥珀酸酐完成的,此时中性的乙酰基或阴离子型的琥珀酸酰基结合在蛋白质分子中亲核的残基(如δ-氨基、巯基、酚基、眯唑基等)上。引入大体积的乙酰基或琥珀酸根后,由于蛋白质的净负电荷增加、分子伸展,离解为亚单位的趋势增加,所以,溶解度、乳化力和脂肪吸收容量都能获得改善。如燕麦蛋白质经酰基化后,功能性大为改善,具体见表6-2。

表6-2 酰基化的燕麦蛋白质功能性比较

样品	乳化活性指数/(m^2/g)	乳液稳定性/%	持水能力	脂肪结合力	堆积密度/(g/mL)
燕麦蛋白	32.3	24.6	1.8~2.0	127.2	0.45
乙酰化燕麦蛋白	40.2	31.0	2.0~2.2	166.4	0.50
琥珀酰化燕麦蛋白	44.2	33.9	3.2~3.4	141.9	0.52
乳清蛋白	52.2	17.8	0.8~1.0	113.3	—

由表6-2可知燕麦蛋白酰基化后,乳化活性指数和乳液稳定性都比酰基化之前大,其中琥珀酰化的又比乙酰化后大。酰基化能提高蛋白质的持水性和脂肪结合力,这是由于所接上去的羧基与邻近原存在的羧基之间产生了静电排斥作用,引起蛋白质分子伸展,增加与水结合的机会。类似情况,在酰基化的豌豆蛋白质中也同样观察到。

蛋白质酰基化反应还能除去一些抗营养因子,如豆类食物中的植酸,主要是因为蛋白质接入酰基试剂后对蛋白质-植酸的结合产生了较大位阻,植酸-蛋白质-矿物质三元结合物的稳定性遭到破坏,其离解为可溶性的蛋白质盐和不溶性的植酸钙,从而更利于这类食物的吸收。

(三)增加蛋白质分子中亲水性基团

在蛋白质分子中增加亲水性基团的方法有两种:一是在蛋白质本身分子中脱去氨基,如将谷氨酰氨和天冬酰氨基转化为谷氨酰基和天冬酰基;二是在蛋白质分子中接入亲水性氨基酸残基、糖基或磷酸根。

在小麦和谷类食物的蛋白质分子中谷氨酰基占总氨基酸量的很大比例,有的多到1/3。它对蛋白质性质有很大影响。在高温下,置于pH 8~9环境中,可完成天冬氨酰氨的脱氨作用。

  蛋白质的磷酸化也可用于改善蛋白质功能性。大豆分离蛋白用 3%三磷酸钠于 35℃下保温 3.5h 处理后，大豆蛋白的等电点由 pH 4.5 变化为 pH 3.9，大豆蛋白的功能特性如水溶性、乳化能力、发泡能力和持水能力也有了很大的改善。

第四节　蛋白质的生理功能及代谢总述

一、蛋白质的生理功能

(一)蛋白质是机体细胞的重要组成部分

  人体的每个组织：毛发、皮肤、肌肉、骨骼、内脏、大脑、血液、神经、内分泌等都是由蛋白质组成，蛋白质对人的生长发育非常重要。人的大脑细胞的增长有二个高峰期，第一个是胎儿三个月的时候；第二个是出生后到一岁，特别是 0~6 个月的婴儿是大脑细胞猛烈增长的时期。到一岁大脑细胞增殖基本完成，其数量已达成人的 9/10。所以 0~1 岁儿童对蛋白质的摄入要求很有特色，对儿童的智力发展尤关重要。

(二)蛋白质参与组织细胞的更新和修补

  蛋白质是细胞的主要组成成分。人体各组织细胞的蛋白质经常不断地更新，成年人也必须每日摄入足够量的蛋白质，才能维持其组织更新。在组织受创伤时，则须供给更多的蛋白质作为修补的原料。为保证儿童的健康成长，对生长发育期的儿童、孕妇提供足够量优质的蛋白质尤为重要。人体内各种组织细胞的蛋白质始终在不断更新。例如人血浆蛋白质的半寿期约为 10 天，肝中大部分蛋白质的半寿期为 1d~8d，而胃黏膜两三天就要全部更新。只有摄入足够的蛋白质方能维持组织的更新。身体受伤后也需要大量蛋白质作为修复材料。人体内每天约有 3%的蛋白质更新，大约每月全部更新，以此完成组织的修复更新。

(三)蛋白质可以维持肌体正常的新陈代谢和各类物质在体内的输送

  载体蛋白可以在体内运载各种物质，对维持人体的正常生命活动是至关重要的。比如血红蛋白可以输送氧、载脂蛋白可以输送脂肪，细胞膜上的受体还包括转运蛋白等。

  机体内的白蛋白可以维持体内渗透压的平衡，还可以维持体液的酸碱平衡；构成神经递质乙酰胆碱、五羟色氨等，维持神经系统的正常功能，如味觉、视觉和记忆等。

(四)蛋白质具有免疫功能

  人体的免疫系统主要有白细胞、淋巴细胞、巨噬细胞、抗体(免疫球蛋白)、补体、干扰素等构成，合成这些免疫物质需要充足的蛋白质。如果体内缺乏蛋白质，体内免疫物质的合成能力下降，使人体对疾病的免疫力降低，易于感染疾病。

(五)蛋白质构成人体必需的催化和调节功能的各种酶

  我们身体有数千种酶，蛋白质是每种酶的主要组成部分，每一种只能参与一种生化反应。人体细胞里每分钟要进行 100 多次生化反应。酶有促进食物的消化、吸收、利用的作用。相应的酶充足,反应就会顺利、快捷的进行,我们就会精力充沛,不易生病。否则,反应就变慢或者被阻断。

(六)氧化供能

食物蛋白质也是能量的一种来源,每克蛋白质在体内氧化分解可产生 17.9kJ(4.3kcal)能量。一般成人每日约有18%的能量来自蛋白质。但糖与脂肪可以代替蛋白质提供能量,故氧化供能是蛋白质的次要生理功能。

(七)蛋白质的其他功能

蛋白质可以调节体内各器官的生理活性。胰岛素是由 51 个氨基酸分子合成。生长激素是由 191 个氨基酸分子合成。胶原蛋白占身体蛋白质的 1/3,生成结缔组织,构成身体骨架,如骨骼、血管、韧带等,决定了皮肤的弹性,保护大脑(在大脑脑细胞中,很大一部分是胶原细胞,并且形成血脑屏障保护大脑)。

二、蛋白质的代谢概况

食入的蛋白质在体内经过消化水解为氨基酸被吸收后,重新合成人体所需蛋白质,同时新的蛋白质又在不断代谢与分解,时刻处于动态平衡中。因此,食物蛋白质的质和量、各种氨基酸的比例,关系到人体蛋白质合成的量,在生命的任何阶段,身体的成长、发育和维持健康都离不开蛋白质,尤其是青少年的生长发育、孕产妇的优生优育、老年人的健康长寿,都与膳食中蛋白质的量有着密切的关系。

(一)蛋白质的消化

人或动物摄入的食物必须被分解成小分子物质后才能穿过生物膜进入体内。将食物中的大分子有机化合物转变成能被生物体吸收利用的较小分子的作用称为消化作用。食品的消化有两种形式,一种是通过机械作用,靠消化道的运动把大块食物磨碎,称为机械消化,又称物理性消化。另一种是在消化液或消化酶的作用下,把大分子变成可吸收的小分子物质,称为化学消化。化学性消化作用的反应机制是水解作用。通常,食物的机械消化与化学消化是同时进行的,两种消化方式紧密配合、互相促进,共同完成对食物的消化过程。

蛋白质的消化主要是在胃蛋白酶、胰蛋白酶、糜蛋白酶、肽酶等酶解作用下进行的。

1. 胃液的作用

蛋白质的消化首先从胃中开始。胃腺分泌的胃液(pH 约为 0.9~1.5)中含有胃蛋白酶原,胃蛋白酶原在胃酸以及自身作用下被激活为胃蛋白酶。胃蛋白酶是胃中仅有的蛋白水解酶。胃蛋白酶可在胃液的酸性条件下特异性较低地水解各种水溶性蛋白质,产物为多肽、寡肽和少量氨基酸,它水解氨基酸残基所组成的肽键有:芳香族氨基酸、蛋氨酸、亮氨酸。胃蛋白酶对乳中的酪蛋白有凝乳作用,这对婴儿较为重要,因为乳液凝成乳块后在胃中停留时间延长,有利于充分消化。

2. 胰液的作用

胰腺分泌的胰液中含有蛋白酶,可分为内肽酶与外肽酶两类。

内肽酶包括胰蛋白酶和糜蛋白酶(胰凝乳蛋白酶),它们以不具活性的酶原形式存在,经肠激酶、活性胰蛋白酶、酸及组织液等激活后,可水解蛋白质肽链内的一些肽键。不同的酶对不同的氨基酸组成的肽键有专一性。如胰蛋白酶主要水解由赖氨酸及精氨酸等碱性氨基酸残基的羧基组成的肽键,产生羧基端为碱性氨基酸的肽;糜蛋白酶主要作用于芳香族氨基酸,产生羧基端为芳香族氨基酸的肽。

外肽酶主要是羧肽酶 A 和羧肽酶 B。羧肽酶 A 水解羧基末端为各种中性氨基酸残基的肽键,羧肽酶 B 主要水解羧基末端为赖氨酸、精氨酸等碱性氨基酸残基的肽键。这些酶有以下特点:

(1)在胰腺细胞中以酶原形式存在,这对保护胰腺组织免受自身蛋白酶消化具有重要意义;

(2)这些酶的最适 pH 为 7.0 左右;

(3)它们水解的产物是氨基酸和一些寡肽。

3. 肠粘膜细胞的作用

胰酶水解蛋白质所得的产物中仅三分之一为氨基酸,其余为寡肽。肠内消化液中水解寡肽的酶较少,但在肠粘膜细胞的刷状缘及胞液中均含有寡肽酶。它们能从肽键的氨基末端或羧基末端逐步水解肽键,分别称为氨肽酶和羧肽酶。刷状缘含多种寡肽酶,能水解各种由 2~6 个氨基酸残基组成的寡肽。胞液寡肽酶主要水解二肽与三肽。

4. 核蛋白的消化

食物中的核蛋白可由胃酸或者胃液和胰液中的蛋白水解酶水解成为核酸和蛋白质。核蛋白的消化过程为:食物中摄入的核蛋白在腹腔内,在胃酸、胃蛋白酶、胰蛋白酶的作用下,生成核酸和蛋白质;核酸和蛋白质在肠腔内水解,在胰液、小肠黏膜的核酸酶的作用下转变成为低聚核苷酸;低聚核苷酸在细胞表面继续水解,在小肠黏膜的磷酸二酯酶的催化作用下,生成单核苷酸;最后,单核苷酸在细胞表面或细胞内水解,在小肠黏膜的核苷酸酶的催化作用下生成核苷和磷酸。

(二)蛋白质的吸收

食物经消化后,所形成的小分子物质通过消化道粘膜进入血液或淋巴液的过程,称为吸收。消化过程是吸收的重要前提,而吸收则为机体提供了营养物质,因而具有重要的生理意义。营养物质的吸收方式存在被动转运与主动转运两种方式,呈单纯扩散、易化扩散和主动转运、胞饮吸收等多种形式。

蛋白质在蛋白酶的作用下水解为氨基酸和寡肽。寡肽在寡肽酶的作用下水解为氨基酸。氨基酸的吸收主要在小肠上段进行,为主动转运过程。未经分解的蛋白质一般不被吸收,小量食物蛋白和四肽被吸收仅占 2% ,无营养价值,但可成为引发过敏反应的抗原。经加热的蛋白质因变性而易于消化成为氨基酸被迅速吸收;未经加热的蛋白质和内源性蛋白质因较难消化,需进入回肠后才被基本吸收。在小肠黏膜细胞膜上,存在着转运氨基酸的载体,能与氨基酸及 Na^+ 形成三联体,将氨基酸及 Na^+ 转运入细胞,此后 Na^+ 再借助钠泵排除细胞外,并消耗 ATP。

氨基酸的结构不同,其转运载体也不同。目前认为,上皮细胞纹状缘上存在着 3 类转运氨基酸的载体,它们分别运载中性、酸性和碱性氨基酸。有些实验提示,小肠上皮细胞的纹状缘上还存在着第 4 种转运载体,可将肠腔中的二肽和三肽转运到细胞内,且二肽、三肽的吸收效率比氨基酸还高。这类转运系统也是继发性主动转运,动力来自 H^+ 的跨膜转运。进入细胞内的二肽和三肽可被胞内的二肽酶和三肽酶进一步分解为氨基酸,再扩散进入血液循环。因此,二肽和三肽也可能是蛋白质吸收的一种形式。正常情况时蛋白质不能被直接吸收。在异常情况下人吸收了微量蛋白质,不仅没有营养作用,相反,有可能成为抗原而引起过敏反应。

各种氨基酸的吸收速度取决于主动转运过程的不同转运系统。如中性转运系统可转运芳香族氨基酸、脂肪族氨基酸、含硫氨基酸以及组氨酸、谷氨酰胺等,转运速度最快;碱性转运系统主要转运赖氨酸、精氨酸,转运速度较慢,仅为中性氨基酸载体转运速率的 10%;酸性转运系统转运天门冬氨酸和谷氨酸,转运速度是最慢的。

不同酸碱性的氨基酸借助不同的转运系统吸收。如中性转运系统对中性氨基酸具有高度的亲和力,可转运芳香族氨基酸,脂肪族氨基酸,含硫氨基酸以及组氨酸等;赖氨酸,精氨酸借碱性氨基酸转运系统转运;天冬氨酸,谷氨酸,甘氨酸等借酸性氨基酸转运系统转运。除此之外,小肠黏膜细胞膜上还存在着转运二肽和三肽的转运体系,用于二肽和三肽的吸收,并在胞浆中氨基肽酶的作用下,将二肽和三肽彻底分解成游离氨基酸。正常情况下,只有氨基酸及少量二肽、三肽能被小肠绒毛内的毛细血管吸收而进入血液循环。四肽以上的氨基酸需要进一步水解才能被吸收。吸收入肠黏膜细胞中的氨基酸,进入肠黏膜下的中心静脉而入流血液,经由门静脉入肝。

然而,在肝静脉血液中的氨基酸组成并不完全相当于整个蛋白质的氨基酸组成。这些相关部分的缺少,可能是由于吸收作用的速率不同造成。也有部分原因可能是在吸收时,某些氨基酸已转化成其他形式,特别是大部分的天冬氨酸和谷氨酸转化成了丙氨酸。因此,天冬氨酸和谷氨酸在血中的浓度通常是很低的。在非经肠道的进食研究中,曾发现高水平的天冬氨酸和谷氨酸是有害的。对于这个有害作用的一个可能的解释是由于它们分子中的两个羧酸的强整合作用,这样,它们可能限制了必须的两价阳离子,如钙离子和镁离子的利用。这与使用的大量的谷氨酸-钠有关。在过量食用了含有谷氨酸-钠的膳食后,曾观察到血中谷氨酸水平的升高,使人产生了头疼和不快的感觉。这是由于食物中存在的谷氨酸量超过了肠道转化谷氨酸成丙氨酸的能力,而使大量的谷氨酸没被转化而被吸收的原因。

(三)影响蛋白质在体内利用效果的因素

1. 蛋白质的消化率

大多数动物性蛋白质的氨基酸吸收率高,而很多植物性蛋白质消化吸收率相对较低。

2. 氨基酸组成与非必需氨基酸氮

当膳食中加入单一氨基酸或氨基酸混合物而降低了膳食蛋白质的利用时,将出现某种类型的氨基酸不平衡。当蛋白质摄入量低时,即使少量增加某些氨基酸浓度,也会使其他氨基酸的需要增加。一种膳食氨基酸的利用,也可因饮食中加入与它结构有关的另一种氨基酸而被降低,如过量亮氨酸干扰异亮氨酸和缬氨酸的利用。

非必需氨基酸仍然是蛋白质分子的主要部分,其氮的比例影响必需氨基酸的需要量。如食物中必需氨基酸占全氮的比例太高,则将被用作非必需氨基酸的氮源。

3. 摄入热能水平

单独使用蛋白质而无糖类相伴时,则蛋白质不可能被用来建造和修补组织。如糖类供给充足,蛋白质在体内的利用效果主要由蛋白质的需要量和质量来决定。充分利用膳食蛋白质则需摄取适当的热量来保证。

4. 维生素和矿物质摄入水平

对正常生长和代谢所需要的任何一种必需矿物质和维生素都能影响膳食蛋白质的利用。当维生素和矿物质减少到一定程度时会导致体内物质的减少。

5. 食品加工情况

加工过程中的不当加热和使用化学品可影响氨基酸的有效性。如在还原糖如葡萄糖或乳糖存在时,加热蛋白质会发生美拉德反应,使有效赖氨酸损失。

6. 其他情况

人体合成蛋白质的能力还受体力活动的影响,经常从事体力活动的人肌肉发达。同一个体,长期不从事体力活动,在体重不变的情况下,会使肌肉松弛而体脂增加。

此外,伤害和情绪波动等也会影响蛋白质的利用。受伤后氮排泄会增加,采用普通膳食的人,每天损失的氮可高达20g。忧虑、恐惧、发怒等异常精神压力使肾上腺激素分泌量增加,促使糖原分解加速,并促进脂肪氧化及蛋白质分解,使氮丢失。

第五节 蛋白质的需要量和营养评价

一、蛋白质的营养学分类

食物蛋白质的营养价值主要包括含量和质量,更主要取决于所含氨基酸的种类和数量,在营养上尚可根据食物蛋白质的氨基酸组成,分为完全蛋白质、半完全蛋白质和不完全蛋白质三类。含量高、质量好的食物蛋白质营养价值高,反之则低。食物蛋白质的营养价值主要取决于其在人体内的消化吸收率,消化吸收率又取决于必需氨基酸组成。蛋白质中必需氨基酸的组成接近人体需要者,利用率和营养价值均高,反之则低。

(一)完全蛋白质

完全蛋白质又可以称为优质蛋白质。这类蛋白质所含必需氨基酸种类齐全、数量充足、比例适当,不但能维持成人的健康, 还能促进儿童生长发育。常见完全蛋白质有乳类中的酪蛋白、乳白蛋白,蛋类中的卵白蛋白、卵磷蛋白,肉类中的白蛋白、肌蛋白,大豆中的大豆蛋白,小麦中的麦谷蛋白,玉米中的谷蛋白等。

(二)半完全蛋白

半完全蛋白质所含必需氨基酸种类齐全,但有的氨基酸数量不足,比例不适当,可以维持生命,但不能促进生长发育,如小麦中的麦胶蛋白等。

(三)不完全蛋白质

不完全蛋白质所含必需氨基酸种类不全,既不能维持生命,也不能促进生长发育,如玉米中的玉米胶蛋白,动物结缔组织和肉皮中的胶质蛋白,豌豆中的豆球蛋白等。

一般来说,动物蛋白质所含的必需氨基酸的种类、数量和比例,都比较合乎人体的需要。植物蛋白质则差一些,但也有完全蛋白质,如豆类蛋白质的氨基酸组成和人体蛋白质的组成接近,因此有较高的营养价值。此外,葵花子、杏仁、栗、荞麦、芝麻、花生、马铃薯及绿色蔬菜中均含有完全蛋白质。例如:人体组织蛋白质每 100g 含有苯丙氨酸 1g、蛋氨酸 1g 和亮氨酸 1g 这三种氨基酸组成比为 1∶1∶1。如果某种食物蛋白质 100g 含有苯丙氨酸 1g、蛋氨酸 1g 而亮氨酸只有 0.5g,即这三种氨基酸组成比为 1∶1∶0.5 时,当该蛋白质摄入体内,经消化分解成氨基酸,并再组成人体组织蛋白质,人体只能按 1∶1∶1 的比例利用其苯丙氨酸 0.5g、蛋氨酸 0.5g 和亮氨酸 0.5g,即只能以这种蛋白质中含量最低的氨基酸来决定其他氨基酸的利用程度,并以此决定了这种蛋白质的营养价值,也就是说这种蛋白质仅有 50% 的部分被利用。

二、人体对蛋白质的需求

(一)氮平衡

人体每日须分解一定量的组织蛋白质,并以含氮终产物的形式排出体外。同时,需从食物中摄取一定量的蛋白质,以维持正常生理活动之需。由于食物中的含氮物主要是蛋白质,故可用氮的摄入量来代表蛋白质的摄入量。氮平衡即氮的摄入量和排出量的关系。氮平衡常用于蛋白质代谢、机体蛋白质营养状况评价和蛋白质需要量研究。

通常氮的平衡状态有以下三种。

(1)氮总平衡:每日摄入氮量与排出氮量大致相等,表示体内蛋白质的合成量与分解量大致相等,称为氮总平衡。此种情况见于健康成年人。

(2)氮正平衡:每日摄入氮量大于排出氮量,表明体内蛋白质的合成量大于分解量,称为氮正平衡。此种情况见于儿童、孕妇、病后恢复期病人。

(3)氮负平衡:每日摄入氮量小于排出氮量,表明体内蛋白质的合成量小于分解量,称为氮负平衡。此种情况见于消耗性疾病患者(结核、肿瘤),饥饿者。长期的氮负平衡可以引起蛋白质不足或者缺乏,常见症状:疲乏,体重减轻,抵抗力下降,伴有血浆蛋白质含量下降,幼儿常伴有生长发育停滞,贫血,智力发育受影响。

(二)食物蛋白质的营养评价

营养学上主要从食物蛋白质的含量、消化吸收的程度和人体利用程度三方面全面地进行评价。

1. 食物蛋白质的含量

食物蛋白质的含量是评价食物蛋白质营养价值的一个重要方面。蛋白质含氮量比较恒定,测定食物中的总氮乘以 6.25,即得到蛋白质的含量。

2. 蛋白质消化率

蛋白质的消化率指在消化道内被吸收的蛋白质占摄入蛋白质的百分数,是反应蛋白质在消化道内被分解和吸收程度的一项指标。蛋白质消化率越高,被人体吸收利用的可能性越大,营养价值也越高。一般采用动物或人体实验测定,根据是否考虑内源粪代谢氮因素,可分为表观消化率和真消化率两种方法。

$$蛋白质的表观消化率(\%) = (摄入氮-粪氮)/摄入氮×100$$

$$蛋白质的真消化率(\%) = [摄入氮-(粪氮-粪代谢氮)]/摄入氮×100$$

粪氮:绝大多数来自未被消化吸收的食物氮。

粪代谢氮:实验对象完全无蛋白质摄入时,粪中的含氮量,指肠道内源性氮,包括脱落的肠黏膜细胞、消化酶和肠道微生物中的氮。

由于粪代谢氮测定十分繁琐,且难以准确测定,所以在实际中往往不考虑粪代谢氮。表观消化率比真消化率低,具有一定的安全性。

食物蛋白质的消化率除受人体因素影响外,还受食物因素的影响,一般动物性食物的消化率高于植物性食物。

3. 蛋白质利用率

食物蛋白质在消化过程中,其消化率可能在各种因素的影响下发生变化。故营养学中常采用蛋白质的利用率来表示食物蛋白质实际被利用的程度。蛋白质的利用率是将食物蛋白的生物价与其消化率综合起来评定。

(1)蛋白质的生物价

蛋白质的生物价(BV)是用来评定食物蛋白质在体内被消化、吸收后的利用程度的营养学指标。通常,生物价是以氮储留量对氮吸收量的百分比来表示的,生物价值越高,表明蛋白质被集体利用程度越高。

表6-3　常见食物蛋白质的生物价

食物蛋白质	生物价	食物蛋白质	生物价
鸡蛋蛋白质	94	大米	77
鸡蛋白	83	小麦	67
鸡蛋黄	96	生大豆	57
脱脂牛奶	85	熟大豆	64
鱼	83	扁豆	72
牛肉	76	蚕豆	58
猪肉	74	白面粉	52
小米	57	红薯	72
玉米	60	马铃薯	67
白菜	76	花生	59

引自:刘志诚、于守洋主编,营养与食品卫生学,1987。

生物价的计算公式如下:

$$生物价(BV) = 储留氮/吸收氮×100\%$$

(2)蛋白质的净利用率(NPU)

反映食物中蛋白质实际被利用程度的指标,即机体的储留氮与食物氮之比。

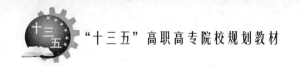

蛋白质的净利用率=生物价×消化率=(氮储留量/氮食入量)×100%

(3)蛋白质的功效比值(PER)

在实验期内,蛋白质的功效比值用处于生长阶段中的幼年动物,其体重增加和摄入蛋白质数的比值来反映蛋白质的营养价值的指标。

蛋白质的功效比值(PER)=动物增加体重克数/摄入蛋白质克数

(三)蛋白质推荐摄入量

蛋白质的供给量应为满足人体对蛋白质最低需要量和一定数值增加量之和。蛋白质的供给量与膳食蛋白质的质量有关。如果蛋白质主要来自奶、蛋等食品,则成年人不分男女均为每日0.8g/kg。我国居民膳食蛋白质主要来自植物性食物蛋白,因此我国居民膳食蛋白质推荐摄入量为每日每公斤体重1.0g~1.2g。同时,考虑食物蛋白质与人体蛋白质的组成差异对消化吸收的影响,为了长期保持氮总平衡,我国健康成年人每日蛋白质的生理需要总量应为80g。

三、蛋白质的缺乏和过量

蛋白质缺乏在成人和儿童中都有发生,但处于生长阶段的儿童更为敏感。据WHO估计,目前世界上大约有500万儿童蛋白质营养不良。因贫困、饥饿或疾病引起的蛋白质营养不良较为常见。

蛋白质的缺乏,往往又与能量的缺乏共同存在,即蛋白质-热能营养不良,分为两种,一种指热能摄入基本满足而蛋白质严重不足的营养性疾病,称加西卡病,主要表现为腿腹部水肿、虚弱、情感淡漠、对疾病抵抗力减退,易患病,远期效果是器官的损害。2004年,我国安徽阜阳发生的"大头娃娃"事件即是由于食用蛋白质含量极低的婴幼儿奶粉造成的。另一种为"消瘦",指蛋白质和热能摄入均严重不足的营养性疾病,主要症状为患儿消瘦无力,易感染其他疾病而死亡。对于成年人来说,蛋白质摄入不足,同样可引起体力下降,浮肿及抗病力减弱等现象。

引起蛋白质缺乏的原因:一是膳食中蛋白质-能量供给不足;二是疾病和老龄妨碍蛋白质的消化和吸收;三是一些疾病如肝脏病变造成蛋白质合成障碍;四是由于创伤、手术、甲状腺功能亢进等可加速组织蛋白质的分解破坏,造成氮负平衡。

然而,蛋白质(尤其是动物性蛋白质)摄入过多,对人体也有害。首先过多的摄入动物蛋白质,就必然会摄入较多的动物脂肪和胆固醇,同时也造成含硫氨基酸摄入过多,这样可加速骨骼中钙质的丢失,易产生骨质疏松。其次蛋白质过多本身也会对人体产生有害影响。正常情况下,人体不储存蛋白质,所以必须将过多的蛋白质经脱氨分解再由尿排出体外,这个过程加重了肾脏等器官的代谢负担,若肾功能本来就不好,则危害就更大。

四、蛋白质的有效利用

(一)蛋白质的互补作用

多种食物蛋白质混合食用时,其所含的氨基酸之间可取长补短,相互补充,从而提高了食物蛋白质的营养价值。食物混合食用时,为使蛋白质的互补作用得以发挥,一般应遵循食物的生物学属性愈远愈好的原则。如动物性与植物性食物混食时,蛋白质的生物价值超过单纯植物性食物之间的混合,搭配的食物种类越多越好,并且各种食物要同时食用。因为单个氨基酸吸收到体内之后,一般要在血液中停留约 4h,然后到达各组织器官,再合成组织器官的蛋白质,而合成组织器官的蛋白质所需要的氨基酸必须同时到达,才能发挥氨基酸的互补作用,装配成组织器官蛋白质。

(二)蛋白质的混合作用

两种以上非优质蛋白质混合食用,或在非优质蛋白质的食品中加入少量完全蛋白质,其营养价值也可提高。所以,各种粮食混合食用,可以取长补短,提高蛋白质的营养价值。我国北方人把玉米、小米和黄豆掺合磨成"杂合面"作为主食,是提高食品中蛋白质营养价值的好方法。因此,将高质量的蛋白质与必需氨基酸含量少、而非必需氨基酸含量高的蛋白质混合,能大大提高蛋白质的营养价值。

在表 6-4 中列出不同食物在单独进食和混合进食时的生物价对比。

表 6-4　几种食物混合后蛋白质的生物价

名称	食物蛋白质的配合比例/%	生物价/(BV)	
		单独进食	混合进食
豆腐	42	65	77
面筋	58	67	
小麦	67	67	77
大豆	33	64	
大豆	70	64	77
鸡蛋	30	94	
玉米	40	60	73
小米	40	57	

(三)各种氨基酸同时摄取

许多研究证明,各种氨基酸必须同时摄取,才能达到最高利用率,即使仅相隔 1h~2h,其利用率也会受到影响。因此,8 种必需氨基酸应当按一定比例同时存在于血液和组织中,人体才能最有效地利用它们来组成组织蛋白质。所以,在饮食安排上对蛋白质摄取要多种多样,各种食物要混合并同时食用。此外,肉类、蛋类、奶类、豆类等优质蛋白质食品也不应集中在一天或一餐内食用,要平均分配在各餐食用,这样才能更好地发挥蛋白质的互补作用,提高其营养价值。

第六节　蛋白质的食物来源

一、常见食品蛋白质

(一)肉类蛋白质

肉类是食物蛋白质的主要来源。肉类蛋白质主要存在于肌肉组织中,以牛、羊、鸡、鸭肉等最为重要,肌肉组织中蛋白质含量为 20% 左右。肉类中的蛋白质可分为肌原纤维蛋白质、肌浆蛋白质和基质蛋白质。这三类蛋白质在溶解性质上存在着显著的差别,采用水或低离子强度的缓冲液如 0.15mol/L 或更低浓度,能将肌浆蛋白质提取出来,提取肌原纤维蛋白质则需要采用更高浓度的盐溶液,而基质蛋白质则是不溶解的。

肌浆蛋白质主要有肌溶蛋白和球蛋白 X 两大类,占肌肉蛋白质总量的 20%~30%。肌溶蛋白溶于水,在 55℃~65℃ 变性凝固;球蛋白 X 溶于盐溶液,在 50℃ 时变性凝固。此外,肌浆蛋白质中还包括有少量的可以使肌肉呈现红色的肌红蛋白。

肌原纤维蛋白质,又称肌肉的结构蛋白质,包括肌球蛋白、肌动蛋白、肌动球蛋白和肌原球蛋白等,这些蛋白质占肌肉蛋白质总量的 51%~53%。其中,肌球蛋白溶于盐溶液,其变性开始温度是 30℃,肌球蛋白占肌原纤维蛋白质的 55%,是肉中含量最多的一种蛋白质。在屠宰以后的成熟过程中,肌球蛋白与肌动蛋白结合成肌动球蛋白,肌动球蛋白溶于盐溶液中,其变性凝固的温度是 45℃~50℃。由于肌原纤维蛋白质溶于一定浓度的盐溶液,所以也称盐溶性肌肉蛋白质。

基质蛋白质主要有胶原蛋白和弹性蛋白,都属于硬蛋白类,不溶于水和盐溶液。

(二)胶原和明胶

胶原蛋白分布于动物的筋、腱、皮、血管、软骨和肌肉中,一般占动物蛋白质的 1/3 左右,在肉蛋白的功能性质中起着重要作用。胶原蛋白含氮量较高,不含色氨酸、胱氨酸和半胱氨酸,酪氨酸和蛋氨酸含量也比较少,但含有丰富的羟脯氨酸和脯氨酸,甘氨酸含量更丰富,约占 33%,还含有羟赖氨酸。因此胶原蛋白属于不完全蛋白质。这种特殊的氨基酸组成是胶原蛋白特殊结构的重要基础。现已发现,Ⅰ型胶原(一种胶原蛋白亚基)中 96% 的肽段都是由 Gly-X-Y 三联体重复顺序组成,其中 X 常为 Pro(脯氨酸),而 Y 常为 Hyp(羟脯氨酸)。

胶原蛋白可以在链间和链内产生共价交联,从而改变了肉的坚韧性。陆生动物比鱼类的肌肉坚韧,衰老动物肉比幼小动物肉坚韧就是其交联度提高造成的。在胶原蛋白肽链间的交联过程中,首先是胶原蛋白肽链的末端非螺旋区的赖氨酸和羟赖氨酸残基的 ε-氨基在赖氨酸氧化酶作用下氧化脱氨形成醛基,醛基赖氨酸和醛基羟赖氨酸残基再与其他赖氨酸残基反应并经重排而产生脱氢赖氨酰正亮氨酸和赖氨酰-5-酮正亮氨酸,而赖氨酰-5-酮正亮氨酸还可以继续缩合和环化形成三条链间的吡啶交联。这些交联作用的结果形成了具有高抗张强度的三维胶原蛋白纤维,从而使肌腱、韧带、软骨、血管和肌肉的强韧性提高。

天然胶原蛋白不溶于水、稀酸和稀碱,蛋白酶对它的作用也很弱。它在水中膨胀,可使重量增加 0.5 倍~1 倍。胶原蛋白在水中加热时,由于氢键断裂和蛋白质空间结构的破坏,胶原变性,变成水溶性物质-明胶。

(三)乳蛋白质

乳是哺乳动物的乳腺分泌物,其蛋白质组成因动物种类而异。牛乳由三个不同的相组成:连续的水溶液,即乳清,分散的脂肪球和以酪蛋白为主的固体胶粒。乳蛋白质同时存在于各相中。

1. 乳清蛋白质

牛乳中酪蛋白凝固以后,从中分离出的清液即为乳清(whey)。存在于乳清中的蛋白质称为乳清蛋白质,乳清蛋白有许多组分,其中最主要的是 α-乳清蛋白和 β-乳球蛋白。

(1)α-乳清蛋白

α-乳清蛋白约占乳清蛋白质的 25%,比较稳定。分子中含有 4 个二硫键,但不含游离-SH 基。

α-乳清蛋白是必需氨基酸和支链氨基酸的极好来源,也是唯一能与金属元素和钙元素结合的乳清蛋白成分。最近的研究更发现,它可能具有抗癌功能。此外乳白蛋白在氨基酸比例结构方面,以及在功能特性上与人乳都非常相似的。临床研究显示,富含 α-乳清蛋白的婴儿配方奶粉是安全的。

(2)β-乳球蛋白

β-乳球蛋白约占乳清蛋白质的 50%,仅存在于 pH 3.5 以下和 7.5 以上的乳清中,在 pH 3.5~7.5 之间则以二聚体形式存在。β-乳球蛋白是一种简单蛋白质,含有游离的-SH 基,牛奶加热产生气味可能与它有关。加热、增加钙离子浓度或 pH 超过 8.6 等都能使 β-乳球蛋白变性。

乳清中还有血清清蛋白、免疫球蛋白和酶等其他蛋白质。血清蛋白是大分子球形蛋白质,相对分子质量 66 000,含有 17 个二硫键和 1 个半胱氨酸残基,该蛋白结合着一些脂类和风味物质,而这些物质有利于其耐变性力的提高。免疫球蛋白相对分子质量大到 150 000~950 000,它是热不稳定球蛋白,对乳清蛋白的功能性质有一定影响。

β-乳球蛋白的水解物质或分子修饰物,具有降胆固醇与抗氧化等生理活性。同时,β-乳球蛋白对小牛具有类似免疫球蛋白的功能,但对于婴儿来说却是主要的过敏原,容易造成婴儿的过敏。

2. 脂肪球膜蛋白质

乳脂肪球周围的薄膜是由蛋白质、磷脂、高熔点甘油三酸酯,甾醇、维生素、金属、酶类及结合水等化合物构成,其中起主导作用的是卵磷脂-蛋白质络合物。这层膜控制着牛乳中脂肪-水分散体系的稳定性。

3. 酪蛋白

酪蛋白以固体微胶粒的形式分散于乳清中,是乳中含量最多的蛋白质,约占乳蛋白总量的 80%~82%。酪蛋白属于结合蛋白质,是典型的磷蛋白。酪蛋白虽然是一种两性电解质,但是具有明显的酸性,所以在化学上常把酪蛋白看成是一种酸性物质。酪蛋白含有 4 种蛋白亚基,即 α_{s1}-、α_{s2}-、β-、κ-酪蛋白,它们的比例约为 3∶1∶3∶1,随遗传类型不同而略有变化。

α_{s1}-和 α_{s2}-酪蛋白的分子质量相似,约 23 500,等电点也都是 pH 5.1,两者共占总酪蛋白总量的 48%。从一级结构看,它们的亲水残基和疏水残基均衡分布,半胱氨酸和脯氨酸含量较少,成簇的磷酸丝氨酸残基分布在第 40~80 位氨基酸肽之间,碳末端部分相当疏水。这种结构特点使其形成较多 α-螺旋和 β-折叠片二级结构,并且易和二价金属钙发生结合,钙离子浓度高时不溶解。

β-酪蛋白相对分子质量约 24 000,它占酪蛋白总量的 30%~35%,等电点为 pH 5.3。β-酪蛋白高度疏水,但它的氮末端含有较多亲水基,因此它的两亲性使其可作为一个乳化剂。

第六章 蛋白质

在中性 pH 下加热，β-酪蛋白会形成线团状的聚集体。

κ-酪蛋白占酪蛋白的15%，相对分子质量为19 000，等电点在 pH 3.7~4.2。它含有半胱氨酸，并可通过二硫键形成多聚体，虽然它只含有一个磷酸化残基，但它含有碳水化合物成分，所以提高了其亲水性。

酪蛋白与钙结合形成酪蛋白酸钙，再与磷酸钙构成酪蛋白酸钙-磷酸钙复合体，复合体与水形成悬浊状的酪蛋白胶体，并存在于 pH 6.7 的鲜乳中。酪蛋白胶团在牛乳中比较稳定，但经冻结或加热等处理，也会发生凝胶现象。130℃加热数分钟，酪蛋白变性而凝固成沉淀。添加酸或凝乳酶，酪蛋白胶粒的稳定性被破坏而凝固，干酪就是利用凝乳酶对酪蛋白的凝固作用而制成的。

(四)卵蛋白质

1. 卵蛋白质的组成

鸡蛋可以作为卵类的代表，全蛋中蛋白质约占9%。表6-5 和表6-6 分别给出了鸡蛋蛋黄蛋白质和蛋清蛋白质的组成及特性。

表6-5 鸡蛋黄蛋白质组成

组 成	占卵黄固体/%	特 性
卵黄蛋白	5	含有酶,性质不明
卵黄高磷蛋白	7	含10%的磷
卵黄脂蛋白	21	乳化剂

表6-6 鸡蛋清蛋白质组成

组成	占总固体/%	等电点 pI	特 性
卵清蛋白	54	4.6	易变性,含巯基
伴清蛋白	13	6.0	与铁复合,能抗微生物
卵类黏蛋白	11	4.3	能抑制胰蛋白酶
溶菌酶	3.5	10.7	为分解多糖的酶,抗微生物
卵黏蛋白	1.5		具黏性,含唾液酸,能与病毒作
黄素蛋白-脱辅基蛋白	0.8	4.1	与核黄素结合
蛋白酶抑制剂	0.1	5.2	抑制细菌蛋白酶
抗生物素	0.05	9.5	与生物素结合,抗微生物
未确定的蛋白质成分	8	5.5,7.5	主要为球蛋白
非蛋白质氮	8	8.0,9.0	其中一半为糖和盐(性质不明确)

2. 卵蛋白质的功能性质

从鸡蛋蛋白质的组成可以看出，鸡蛋清蛋白质中有些具有独特的功能性质，如鸡蛋清中蛋黄保护起来。我国中医外科常用蛋清调制药物用于贴疮的膏药,正是这种功能由于存在溶菌酶、抗生物素蛋白、免疫球蛋白和蛋白酶抑制剂等,能抑制微生物生长,这对鸡蛋的贮藏是十分有利,因为它们将易受微生物侵染的的应用实例之一。

鸡蛋清中的卵清蛋白、伴清蛋白和卵类黏蛋白都是易热变性蛋白质,这些蛋白质的存在使鸡蛋清在受热后产生半固体的胶状,但由于这种半固体胶体不耐冷冻,因此不要将煮制的蛋放在冷冻条件下贮存。

鸡蛋清中的卵黏蛋白和球蛋白是分子质量很大的蛋白质,它们具有良好的搅打起泡性,食品中常用鲜蛋或鲜蛋清来形成泡沫。在焙烤过程中还发现,仅由卵粘蛋白形成的泡沫在焙烤过程中易破裂,但加入少量溶菌酶后却对形成的泡沫有保护作用。

皮蛋的加工,利用了碱对卵蛋白质的部分变性和水解,产生黑褐色并透明的蛋清凝胶,蛋黄这时也变成黑色稠糊或半塑状。

蛋黄中的蛋白质也具有凝胶性质,这在煮蛋和煎蛋中最重要,但蛋黄蛋白更重要的性质是它们的乳化性,这对保持焙烤食品的网状结构具有重要意义。蛋黄蛋白质作乳化剂的另一个典型例子是生产蛋黄酱,蛋黄酱是色拉油、少量水、少量芥茉和蛋黄及盐等调味品的均匀混合物,在制作过程中通过搅拌,蛋黄蛋白质就发挥其乳化作用而使混合物变为均匀乳化的乳状体系。

3. 卵蛋白质在加工中的变化

在巴氏杀菌中,如果温度超过60℃,卵蛋白质会因热变性而致使搅打起泡力下降。在pH 7、温度60℃以下时,卵白蛋白、卵类黏蛋白、溶菌酶以及最不耐热的伴清蛋白,在此范围内也基本稳定。因此,蛋清的巴氏杀菌应控制在60℃以下。另外,加入2%的六偏磷酸钠可提高伴清蛋白的热稳定性。

蛋黄也不耐高温,在60℃或更高温下,蛋黄中的蛋白质产生显著变化。在利用喷雾干燥工艺制做全蛋粉时,由于蛋清和蛋黄中的部分蛋白质受热变性,造成蛋白质的分散度、溶解度、起泡力等功能性质下降,产品颜色和风味也变劣。为了防止这种不利变化,在喷雾干燥前向全蛋糊中加入少量蔗糖或玉米糖浆,可以部分减缓蛋白质受热变性。

蛋黄制品不应在-6℃以下冻藏。否则解冻后的产品黏度增大,这是由于过度冷冻造成了蛋黄中蛋白质发生凝胶作用。一旦发生这种作用,蛋白质的功能性质就会下降。例如用这种蛋黄制作蛋糕时,产品网状结构失常,蛋糕体积变小。对于这种变化,可通过向预冷蛋黄中加入蔗糖、葡萄糖或半乳糖来抑制,也可应用胶体磨处理而使"凝胶作用"减轻。加入食盐,产品黏度会增加,但远不是促进"凝胶作用"而引起,实际上的效果正好相反,能阻止"凝胶作用"。

鲜蛋在贮放中质量会不断下降。因为贮藏中蛋内的蛋白质会受天然存在的蛋白酶的作用而造成蛋清部分稀化,蛋内的 CO_2 和水分会通过气孔向外散失,结果蛋清 pH 从 7.6 升至最大值 9.7,蛋黄 pH 从 6 升至 6.4 左右,稠厚蛋清的凝胶结构部分破坏,蛋黄向外膨胀扩散,气室变大。

(五)鱼肉中的蛋白质

鱼肉中蛋白质的含量为 10%~21%,因鱼的种类及年龄不同而异。鱼肉中蛋白质与畜禽

第六章 蛋白质

167

肉类中的蛋白质一样,可分为3类:肌浆蛋白、肌原纤维蛋白和基质蛋白。

鱼的骨骼肌是一种短纤维,它们排列在结缔组织(基质蛋白)的片层之中,但鱼肉中结缔组织的含量要比畜禽肉少,而且纤维也较短,因而鱼肉更为嫩软。鱼肉的肌原纤维与畜禽肉类中相似,为细条纹状,并且所含的蛋白质如肌球蛋白、肌动蛋白、肌动球蛋白等也很相似,但鱼肉中的肌动球蛋白十分不稳定,在加工和贮存过程中很容易发生变化,即使在冷冻保存中,肌动球蛋白也会逐渐变成不溶性的而增加了鱼肉的硬度。

(六)谷物类蛋白质

成熟、干燥的谷粒,其蛋白质含量依种类不同,为6%~20%。谷类又因去胚、麸及研磨而损失少量蛋白质。种核外面往往包着一层保护组织,不易为人消化,而要将其中的蛋白质分离出来也很困难,故仅宜用作饲料,谷类中的内胚乳蛋白常被用作人类食品。

1. 小麦蛋白

面粉主要成分是小麦的内胚乳,其淀粉粒包埋在蛋白质基质中。麦醇溶蛋白和麦谷蛋白占蛋白质总量的80%~85%,比例约为1:1,两者与水混合后就能形成具有黏性和弹性的面筋蛋白,它能使面包中的其他成分如淀粉、气泡粘在一起,是形成面包空隙结构的基础。非面筋的清蛋白和球蛋白占面粉蛋白质总量的15%~20%,它们能溶于水,具凝聚性和发泡性。小麦蛋白缺乏赖氨酸,所以与玉米一样,不是一种良好的蛋白质来源。但若能配以牛乳或其它蛋白质,就可补其不足。

小麦面筋中的二硫键在多肽链的交联中起着重要的作用。

2. 玉米蛋白质

玉米胚乳蛋白主要是基质蛋白和存在于基质中的颗粒蛋白体两种,玉米醇溶蛋白就在蛋白体中,约占蛋白质总量的15%~20%,它缺乏赖氨酸和色氨酸两种必须氨基酸。

3. 稻米蛋白质

稻米蛋白主要存在于内胚乳的蛋白体中,在碾米过程中几乎全部保存,其中80%为碱溶性蛋白-谷蛋白。稻米是唯一谷蛋白含量高和醇溶蛋白含量低的谷类,其赖氨酸的含量也比较高。

(七)大豆蛋白质

1. 大豆蛋白质的分类和组分

大豆蛋白可分为两类:清蛋白和球蛋白。以粗蛋白计,清蛋白一般占大豆蛋白的5%左右,球蛋白约占90%。大豆球蛋白可溶于水、碱或食盐溶液,加酸调pH至等电点4.5或加硫酸铵至饱和,则沉淀析出,故又称为酸沉蛋白。清蛋白无此特性,则称为非酸沉蛋白。

按照溶液在离心机中沉降速度来分,大豆蛋白质可分为4个组分,即$2S$,$7S$,$11S$和$15S$(S为沉降系数)。其中$7S$和$11S$最为重要,$7S$占总蛋白的37%,而$11S$占总蛋白的31%(见表6-7)。

表 6-7 大豆蛋白的组分

沉降系数	占总蛋白的含量/%	已知的组分	相对分子质量
2S	22	胰蛋白酶抑制剂	8 000~21500
		细胞色素 c	12000
7S	37	血球凝集素	110000
		脂肪氧合酶	102000
		β-淀粉酶	61700
		7S 球蛋白	180000~210000
11S	31	11S 球蛋白	350000
15S	11	—	600000

2. 大豆蛋白质的溶解度

大豆蛋白质在溶解状态下才发挥出机能特性。溶解度受 pH 和离子强度影响很大。在 pH 4.5~4.8 时溶解度最小。加盐可使酸沉蛋白质溶解度增大，但在酸性 pH 2.0 时低离子强度下溶解度很大。在 pH 6.8 的中性条件下，溶解度随离子强度变化不大。在碱性条件下溶解度增大。

3. 大豆蛋白质的机能特性

7S 球蛋白是一种糖蛋白，含糖量约为 5.0%，其中甘露糖 3.8%，氨基葡萄糖为 1.2%，7S 多肽是紧密折叠的，其中 α-螺旋结构、β-折叠结构和不规则结构分别占 5%、35% 和 60%。11S 球蛋白含有较多的谷氨酸、天冬酰胺。与 11S 球蛋白相比，7S 球蛋白中色氨酸、蛋氨酸、胱氨酸含量略低，而赖氨酸含量则较高，因此 7S 球蛋白更能代表大豆蛋白质的氨基酸组成。

7S 组分与大豆蛋白的加工性能密切相关，7S 组分含量高的大豆制得的豆腐就比较细嫩。11S 组分具有冷沉性，脱脂大豆的水浸出蛋白液在 0℃~2℃ 水中放置后，约有 86% 的 11S 组分沉淀出来，利用这一特征可以分离浓缩 11S 组分。11S 组分和 7S 组分在食品加工中性质不同，由 11S 组分形成的钙胶冻比由 7S 组分形成的坚实得多，这是因为 11S 和 7S 组分同钙反应上的不同所致。

不同的大豆蛋白质组分，乳化特性也不一样，7S 与 11S 的乳化稳定性稍好，在实际应用中，不同的大豆蛋白制品具有不同的乳化效果，如大豆浓缩蛋白的溶解度低，作为加工香肠用乳化剂不理想，而用分离大豆蛋白其效果则好得多。

大豆蛋白制品的吸油性与蛋白质含量有密切关系，大豆粉、浓缩蛋白和分离蛋白的吸油率分别为 84%、133% 和 150%，组织化大豆蛋白的吸油率为 60%~130%，最大吸油量发生在 15min~20min 内，而且粉越细吸油率越高。

大豆蛋白含有许多极性基团，在与水分子接触时，很容易发生水化作用。当向肉制品、面包、糕点等食品添加大豆蛋白时，其吸水性和保水性平衡非常重要，因为添加大豆蛋白之后，若不了解大豆蛋白的吸水性和保水性以及不相应地调节工艺，就可能会因为大豆蛋白质从其他成分中夺取水分，而影响面团的工艺性能和产品质量。相反，若给予适当的工艺处理，则对改善食品质量非常有益，不但可以增加面包产量、改进面包的加工特性，而且可以减

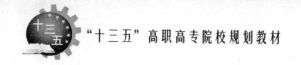

少糕点的收缩、延长面包和糕点的货架期。

大豆蛋白质分散于水中形成胶体。这种胶体在一定条件(包括蛋白质的浓度、加热温度、时间、pH以及盐类和巯基化合物等)下可转变为凝胶,其中大豆蛋白质的浓度及其组成是凝胶能否形成的决定性因素,大豆蛋白质浓度越高,凝胶强度越大。在浓度相同的情况下,大豆蛋白质的组成不同,其凝胶性也不同,在大豆蛋白质中,只有7S和11S组分才有凝胶性,而且11S形成凝胶的硬度和组织性高于7S组分凝胶。

大豆蛋白制品在食品加工中的调色作用表现在两个方面,一是漂白,二是增色。如在面包加工过程中添加活性大豆粉后,一方面大豆粉中的脂肪氧合酶能氧化多种不饱和脂肪酸,产生氧化脂质,氧化脂质对小麦粉中的类胡萝卜素有漂白作用,使之由黄变白,形成内瓤很白的面包;另一方面大豆蛋白又与面粉中的糖类发生美拉德反应,可以增加其表面的颜色。

二、蛋白质新资源

由于世界人口不断增加,许多地区的人民均有营养不足现象,故如何在经济的原则下产生大量可食性蛋白质,如单细胞藻类、酵母、叶蛋白、细菌蛋白等是目前研究发展的主要方向。

(一)单细胞蛋白质

单细胞蛋白质泛指微生物菌体蛋白质。它具有生长速率快、生产条件易控制和产量高等优点,是蛋白质良好的来源。

1. 酵母

酵母中的产朊假丝酵母及酵母菌属早被人们作为食品。前者以木材水解液或亚硫酸废液即可培养。后者是啤酒发酵的副产物。回收干燥后即可成为营养添加物。产朊假丝酵母中蛋白质含量约占干重的53%,但缺含硫氨基酸,若能添加0.3%半胱氨酸,生物价会超过90,但食用过量会造成生理上的异常。

2. 细菌

某些细菌可利用纤维状底物(农业或其他副产品)作为碳源,土壤丝菌属,杆菌属、细球菌属和假单胞菌属等均已被研究来生产蛋白质。

3. 藻类

藻类多年来一直被认为是可利用的蛋白质资源,尤以小球藻和螺旋藻在食用方面的研究很多。其蛋白质含量占干重比例分别为50%及60%。藻类蛋白含必需氨基酸丰富,尤以酪氨酸及丝氨酸较多,但含硫氨酸较少。但以藻类作为人类蛋白质食品来源有以下两个缺点:

(1)日食量超过100g时有恶心、呕吐、腹痛等现象;

(2)细胞壁不易破坏,影响消化率(约60%~70%)。若能除去其中色素成分,并以干燥或酶解法破坏其细胞壁,则可提高其消化率。

4. 真菌

蘑菇是人类食用最广的一种真菌,但蛋白质仅占鲜重的4%,干重也不超过27%。最需培养的洋菇所含蛋白质是不完全蛋白。常用的霉菌主要利用于发酵食品,使产品具有特殊的质地及风味。

(二)叶蛋白质

植物的叶片是进行光合作用和合成蛋白质的场所,为一种取之不尽的蛋白质资源。许多禾谷类及豆类如谷物、大豆、苜蓿及甘蔗等作物的绿色部分含80%的水和2%~4%的蛋白质。

叶蛋白质的提取方法如下:取新鲜叶片切碎,研磨和压榨后所得绿色汁液中约含10%的固形物,40%~60%粗蛋白,而且不含纤维素,其纤维素部分可由于压榨而部分脱水,可作为反刍动物优良的饲料。汁液部分含与叶绿体连接的不溶性蛋白和可溶性蛋白质等。设法除去其中低分子量的生长抑制因素,将汁液加热到90℃,即可形成蛋白凝块,经冲洗及干燥后的凝块约含60%的蛋白质、10%脂类、10%矿物质以及各种色素与维生素。由于叶蛋白适口性不佳,往往不为一般人接受。如果将叶蛋白作为添加剂加于谷物食品中,将会提高人们对叶蛋白的接受性,且补充谷物中赖氨酸的不足。

(三)动物浓缩蛋白质

鱼蛋白不仅可作为食品,也可作为饲料。先将生鱼磨粉,再以有机溶剂抽提,除去脂肪与水分,以蒸气赶走有机溶剂,剩下的即为蛋白质粗粉,再磨成适当的颗粒即成无臭、无味的浓缩鱼蛋白,其蛋白质含量可达75%以上。而去骨、去内脏的鱼做成的浓缩鱼蛋白称去内脏浓缩鱼蛋白,含蛋白质93%以上。浓缩鱼蛋白的氨基酸组成与鸡蛋、酪蛋白略相同。这种蛋白的营养价值虽高,但其溶解度、分散性、吸湿性等不适于食品加工,故它在食品工业上的用途还有待于研究。

【复习思考题】

1. 名词解释:等电点、必需氨基酸、氮平衡、蛋白质的互补作用。

2. 小麦面粉的面团形成与蛋白质有何关系?

3. 简述蛋白质变性及其对蛋白质的影响,简述在食品加工中如何利用蛋白质变性提高和保证食品质量。

4. 健康的成年人每天需要摄取多少蛋白质? 蛋白质营养不良对人体健康有何影响?

第七章　维生素

【本章目标】

1. 了解维生素的命名、分类、生物可利用度。
2. 熟悉水溶性维生素的结构、性质、生理功能、缺乏症、吸收与代谢及食物来源。
3. 熟悉脂溶性维生素的结构、性质、生理功能、缺乏症、吸收与代谢及食物来源。
4. 掌握维生素在食品加工贮藏过程中的变化。

第一节　维生素概述

一、维生素的本质

维生素的发现是 20 世纪的伟大发现之一。1747 年,苏格兰医生林德发现柠檬能治坏血病,即维生素 C;1897 年,C.艾克曼在爪哇发现只吃精磨的白米即可患脚气病,未经碾磨的糙米能治疗这种病。并发现可治脚气病的物质能用水或酒精提取,当时称这种物质为"水溶性 B"。英国化学家霍普金斯 1912 年提出维生素学说,他发现酵母汁、肉汁中都含有动物生长和代谢所必需的微量有机物,称为维他命,也就是维生素。由于这一发现,他们于 1929 年获得诺贝尔生理学和医学奖。

维生素与前面介绍的碳水化合物、脂肪和蛋白质三大营养物质不同,在天然食物中仅占极少比例,但又为人体所必需,是维持和调节机体正常代谢的重要物质。可以认为,最好的维生素是以"生物活性物质"的形式,存在于人体组织中。

维生素是维持正常人体代谢和生理功能所必需,但在体内不能合成,或合成量很少,必须由食物供给的一类小分子有机化合物。它们的化学结构、性质和生理功能各不相同,但都具有某些共同的特点,即维生素不供给热能,也不参与机体内各种组织器官的组成,它们主要以辅酶形式参与细胞的物质代谢和能量代谢过程。维生素或其前体都在天然食物中存在,但是没有一种天然食物含有人体所需的全部维生素。人体对维生素的需要量是很少的,每天仅以毫克或微克计,但是绝对不可缺少,否则会引起机体代谢紊乱,导致特定的缺乏症或综合症。

维生素除具有重要的生理作用外,有些维生素还可作为自由基的清除剂、风味物质的前体、还原剂以及参与褐变反应,从而影响食品的某些属性。

食物中的维生素含量较低,许多维生素稳定性差,在食品加工、贮藏过程中常常损失较大。因此,要尽可能最大限度地保存食品中的维生素,避免其损失或与食品中其他组分间发生反应。

二、维生素的命名

科学工作者在还没有完全确定各种维生素的化学结构之前,通常把维生素的命名按其被发现的先后顺序,依字母顺序排列,如维生素 A、维生素 B、维生素 C、维生素 D 等;或是按其特有的功能命名(俗名),如抗干眼病维生素、抗癞皮病维生素、抗坏血酸、生育酚等;或按其化学结构命名,例如维生素 B_1 因分子结构中含有硫和氨基,称为硫胺素。

为了改变命名的混乱状态,国际理论及应用化学会及国际营养科学会在 1967 年及 1970 年先后提出过维生素命名法则的建议,使混乱的命名多少有些改进和明确。但迄今为止,三种命名系统互相通用,通常仍沿用习惯名称。

三、维生素的分类

人们根据维生素在脂类溶剂或水中溶解性特征将其分为两大类:水溶性维生素和脂溶性维生素。脂溶性维生素有维生素 A、维生素 D、维生素 E、维生素 K,均不溶于水,但溶于脂肪及脂溶剂中,在食物中与脂类共同存在,在肠道吸收时与脂类吸收密切相关。水溶性维生素有 B 族维生素及维生素 C。B 族维生素是辅酶的组成部分,在食物中广泛存在。

表 7-1 维生素的分类和别名

类别	名称	俗名
脂溶性维生素	维生素 A	视黄醇,抗干眼维生素
	维生素 D	钙化醇,抗佝偻维生素
	维生素 E	生育酚,抗不育维生素
	维生素 K	抗出血维生素
水溶性维生素	维生素 B_1	硫胺素,抗脚气病维生素
	维生素 B_2	核黄素
	维生素 B_3	烟酰胺,维生素 PP
	维生素 B_5	泛酸
	维生素 B_6	吡哆素,抗皮炎维生素
	维生素 B_7	生物素
	维生素 B_{12}	钴胺素
	维生素 C	抗坏血酸维生素

四、维生素的生物可利用度

(一)维生素生物可利用度的含义

维生素的生物可利用度是指人体摄入的维生素经肠道吸收并在体内被利用的程度。包含两方面含义,即吸收与利用。因此,在评价维生素营养完全性时除考虑摄入的食品中维生素的含量外,更重要的应考虑摄入食品中维生素的生物可利用度。

（二）影响维生素生物可利用度的因素

影响食品中维生素的生物可利用度的因素主要包括以下几方面：

（1）食用者本身的年龄、健康以及生理状况等。

（2）膳食的组成影响维生素在肠道内运输的时间、黏度、pH 及乳化特性等。

（3）同一种维生素构型不同，对其在体内的吸收速率、吸收程度、能否转变成活性形式以及生理作用的大小产生影响。

（4）维生素与其他的组分的反应，如维生素与蛋白质、淀粉、膳食纤维、脂肪等发生反应均会影响到其在体内的吸收与利用。

（5）维生素的拮抗物也影响维生素的活性，从而降低维生素的生物可利用度。例如，硫胺素酶可切断硫胺素代谢分子，使其丧失活性；抗生物素蛋白与代谢物结合，使生物素失去活性；双香豆素具有与维生素 K 相似的结构，可占据维生素 K 代谢物的作用位点而降低维生素 K 的生物可利用度。

（6）食品加工和贮存也影响到维生素的生物可利用度。

第二节　水溶性维生素

水溶性维生素包括 B 族维生素和维生素 C 等。它们共同的特点是易溶于水，不溶于或微溶于有机溶剂。在体内贮存很少，所以必需每日从食物中摄取。代谢后通过肾脏随尿液排出，故超量摄入的水溶性维生素一般情况下可以通过尿液排出体外，从而不会因在体内蓄积而发生中毒，但长期超量服用对健康并无益处，反而导致身体的不适。

B 族维生素是一个大家族，包括十余种维生素。它们的共同特点是：在自然界常共同存在，最丰富的来源是酵母和肝脏；从低等的微生物到高等动物和人类都需要它们作为营养要素。从化学结构上看，除个别例外，大都含氮；从性质上看，对酸稳定，易被碱破坏。B 族是所有人体组织必不可少的营养素，参与体内糖、蛋白质和脂肪的代谢，是食物释放能量的关键。同其他维生素比较，B 族维生素作为酶的辅基而发挥其调节物质代谢作用。

所有的维生素 B 必须同时发挥作用，称为维生素 B 的融合作用。单独摄入某种 B 族维生素，由于细胞的活动增加，从而使对其他 B 族维生素的需求跟着增加，所以各种 B 族维生素的作用是相辅相成的，所谓"木桶原理"。罗杰.威廉博士指出，所有细胞对维生素 B 的需求完全相同。

一、维生素 C

（一）结构与性质

维生素 C 又名抗坏血酸（Ascorbic acid，AA，Vc），是一种不饱和的多羟基化合物，以内酯形式存在（图 7-1），在 2 位和 3 位碳原子之间烯醇羟基上的氢可以游离成氢离子，所以具有酸性。植物和多数动物可以利用六碳糖合成维生素 C，但人体因缺少古洛糖酸内酯氧化酶而自身不能合成维生素 C，必需由食物中供给。维生素 C 有四种异构体：D-抗坏血酸、D-异抗坏血酸、L-抗坏血酸和 L－脱氢抗坏血酸。其中以 L-抗坏血酸生物活性最高。

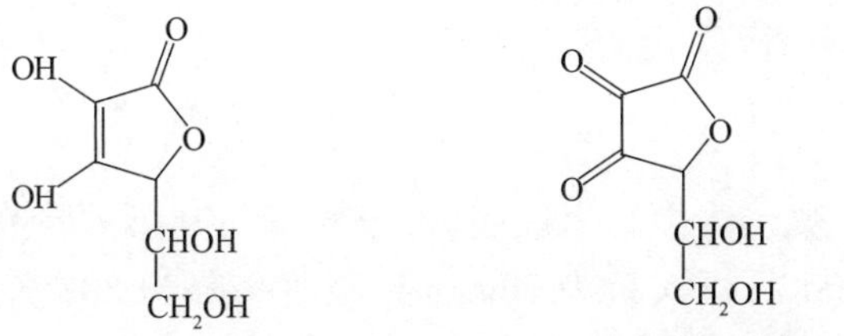

（a）L-抗坏血酸　　　　　　（b）脱氢抗坏血酸

图 7-1　L-抗坏血酸及脱氢抗坏血酸的结构

维生素 C 为无色或白色晶体，易溶于水，微溶于乙醇，是维生素家族中最不稳定、最容易被破坏的一个成员。维生素 C 在酸性水溶液（pH<4）中较为稳定，在中性及碱性溶液中易被破坏。固态的维生素 C 性质相对稳定，溶液中的维生素 C 性质不稳定。有微量金属离子存在时，维生素 C 更易被氧化分解；有氧气、光照、加热、碱性物质存在时易被氧化破坏。此外，植物组织中尚含有抗坏血酸氧化酶，能催化抗坏血酸氧化分解，失去活性。因此，食物在加碱处理、加水蒸煮、蔬菜长期在空气放置等情况下，维生素 C 损失较多，使其营养价值降低，而在酸性、冷藏及避免暴露于空气时损失较少。

（二）生理功能

维生素 C 是一种较强的还原剂，可使细胞色素 C、细胞色素氧化酶及分子氧还原，还可以与某些金属离子螯合。虽然它不是辅酶，但可以增加某些金属酶的活性，如脯氨酸羟化酶、尿黑酸氧化酶、三甲赖氨酸羟化酶、对-羟苯丙酮酸羟化酶、多巴胺-β-羟化酶等。这些金属离子位于酶的活性中心，维生素 C 可维持其还原状态，从而借以发挥生理功能。

1. 参与羟化反应

羟化反应是体内许多重要物质合成或分解的必要步骤，如胶原和神经递质的合成，各种有机药物或毒物的转化等，都需要通过羟化作用才能完成。在羟化过程中，维生素 C 必须参与。故维生素 C 可以：（1）促进胶原合成；（2）促进神经递质合成；（3）促进类固醇羟化；（4）促进有机药物或毒物羟化解毒。

2. 还原作用

维生素 C 可以是氧化型，又可以以还原型存在于体内，所以既可作为供氢体，又可作为受氢体，在体内氧化还原反应过程中发挥重要作用。故维生素 C 可以：（1）促进抗体形成；（2）促进铁的吸收；（3）促进四氢叶酸形成；（4）维持巯基酶的活性；（5）清除自由基。

3. 参与体内多种物质的合成与代谢

维生素 C 参与体内肉碱、酪氨酸、色氨酸等物质的合成与代谢，其作用原理可能是激活相关的酶。

（三）缺乏症

当维生素 C 缺乏时，毛细血管的内皮细胞间质缺乏粘合质，故毛细血管的脆性和通透性明显增加，可引起广泛出血，常发生于四肢肌肉、关节囊、骨膜下和齿龈等处，导致坏血病。

(四)吸收与代谢

1. 吸收

食物中的维生素 C 被人体小肠上段吸收,吸收量与其摄入量有关。摄入量为 30mg~60mg 时,吸收率可达 100%;摄入量为 90mg 时,吸收率降为 80% 左右;摄入量为 1500mg、3000mg 和 12000mg 时,吸收率分别下降至 49%、36% 和 16%。

2. 代谢

维生素 C 一旦被吸收,就分布到体内所有的水溶性结构中。正常成人体内的维生素 C 代谢活性池中约有 1500mg 维生素 C,最高储存峰值为 3000mg。维生素 C 的总转换率为 45mg/d~60mg/d,每日可用去总量的 2% 左右。维生素 C 吸收后,被转运至细胞内并储存。不同的细胞,维生素 C 的含量相差很大。正常情况下,绝大部分维生素 C 在体内经代谢分解成草酸或与硫酸结合生成维生素 C-2-硫酸由尿排出;另一部分可直接由尿排出体外。肾脏排泄维生素 C 有一定阈值,并和它在血液中饱和程度有关。受试者在维生素 C 摄入量 <100mg 时,尿中无维生素 C 排出;摄入量>100mg 时,摄入量的 25% 被排出;摄入量达 200mg 时,摄入量的 50% 被排出;高剂量摄入,如 500mg 和 1250mg 时,几乎所有被吸收的维生素 C 都被排出,所以维生素 C 并不是摄入越多越好。

(五)食物来源和推荐摄入量

维生素 C 的主要来源为新鲜蔬菜和水果,特别是柑橘类。其他含量比较丰富的食物来源有:猕猴桃、沙棘、针叶樱桃、橙、葡萄、柠檬、桃子、鲜枣、青椒或各种辣椒等。含量一般的食物来源:青菜、番茄、甜瓜、草莓、甘薯等。含量较少的食物来源:谷类及谷类加工品、奶类、肉类及坚果等。我国居民的膳食维生素 C 的推荐摄入量成人为每天 100mg。

二、维生素 B_1

(一)结构与性质

维生素 B_1 是最早被人们提纯的维生素,1896 年荷兰科学家伊克曼首先发现,1910 年为波兰化学家丰克从米糠中提取和提纯。维生素 B_1 是由一个含氨基的嘧啶环和一个含硫的噻唑环组成的化合物,如图 7-2 所示。维生素 B_1 因其分子中含有硫和胺,又称硫胺素,也称抗脚气病因子、抗神经炎因子等。

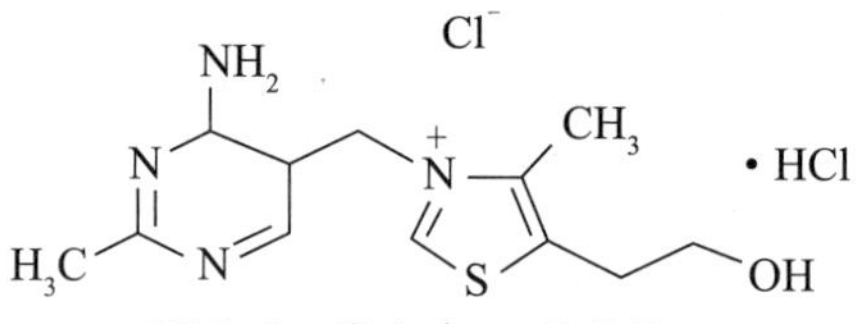

维生素 B_1 是 B 族维生素中最不稳定的一种,是白色粉末。食品中其他组分也会影响硫胺素的降解,例如单宁能与硫胺素形成加成物而使之失活;二氧化硫或亚硫酸盐对其有破坏作用;胆碱使其分子裂开,加速其降解;蛋白质与硫胺素的硫醇形式形成二硫化物阻止其降解。

图 7-2　维生素 B_1 的结构

(二)生理功能

维生素 B_1 易被小肠吸收,但此时不具有生物活性,运到肝脏进一步磷酸化成焦磷酸硫胺素(TPP)时才有生物活性。硫胺素在人体内存留量很少,其中 80% 以 TPP 形式存在。如果膳食中缺乏硫胺素,一到两周后体内维生素 B_1 的正常含量下降会影响健康。摄入超过生理需要量时,会通过尿液排出体外。维生素 B_1 的生理功能主要有以下几点:

1. 与体内能量代谢密切相关

维生素 B_1 以 TPP 的形式作为羧化酶和转酮基酶的辅酶参与能量代谢。TPP 合成不足会造成糖的有氧氧化受阻,从而影响能量代谢,同时,TPP 也直接影响体内核糖的合成。

2. 抑制胆碱酯酶的活性,促进胃肠蠕动

维生素 B_1 可抑制胆碱酯酶对乙酰胆碱的水解。乙酰胆碱有促进胃肠蠕动作用。维生素 B_1 缺乏时,胆碱酯酶活性增强,乙酰胆碱水解加速,因而胃肠蠕动缓慢,腺体分泌减少,食欲减退。

3. 保持心脏功能正常

维生素 B_1 缺乏引起心脏功能失调,可能是由于维生素 B_1 缺乏使血流入组织的量增多,使心脏输出负担过重,或由于心肌能量代谢不全所致。

(三) 缺乏症

人们如果长期以食用精米白面为主,又无其他副食补充,无其他杂粮进行调剂,或烹调不当造成食物维生素 B_1 大量流失,或酗酒引起维生素 B_1 摄入不足及小肠吸收不良患者等均可造成缺乏。

缺乏维生素 B_1 引发多发性神经炎、心情郁闷、注意力不集中、协调性差、记忆力减退,以小麦为主食的欧美人易出现维生素 B_1 缺乏症,从而引发韦尼克脑病等病症。

(四) 吸收和代谢

1. 吸收

食物中的维生素 B_1 有 3 种形式:游离形式、硫胺素焦磷酸酯和蛋白磷酸复合物。结合形式的维生素 B_1 在消化道裂解后被吸收。吸收的主要部位是空肠和回肠。浓度高时吸收形式为被动扩散,浓度低时为主动吸收。主动吸收时需要钠离子及 ATP,缺乏钠离子及 ATP 酶可抑制其吸收。大量饮茶会降低肠道对维生素 B_1 的吸收。酒中含有抗硫胺素物质,摄入过量,也会降低维生素 B_1 的吸收和利用。此外叶酸缺乏可导致吸收障碍。

维生素 B_1 进入小肠细胞后,在三磷酸腺苷(ATP)作用下磷酸化成酯,其中约有 80% 磷酸化为 TPP,10% 磷酸化为 TTP,其余为 TMP。在小肠的维生素 B_1 被磷酸化后,经门静脉被运送到肝脏,然后经血转运到各组织。

2. 代谢

血液中的维生素 B_1 约 90% 存在于血细胞中,其中 90% 在红细胞内。血清中的维生素 B_1 有 20%～30% 与白蛋白结合在一起。游离型的维生素 B_1 多由尿排出,不能被肾小管再吸收,排出量与摄入量有关。在热环境中,汗中排出的可达 90mg/L～150mg/L。如果每天摄入的维生素 B_1 超过 0.5mg～0.6mg,尿中排出量随摄入量的增加而升高,并呈直线关系,但当维生素 B_1 摄入量高至一定量时,其排出量即呈较平稳状态,此时可见一折点,可视为营养素充裕的标志。此折点受劳动强度和环境因素影响。

（五）食物来源和推荐摄入量

维生素 B_1 广泛分布于动植物食品中,其中在动物内脏、鸡蛋、马铃薯、核果及全粒小麦中含量较丰富。酵母中的含量也非常丰富,蔬菜水果中含量不高,谷类过分研磨精细或烹调前淘洗过度都会造成大量流失。

《中国居民膳食营养素参考摄入量》(2013 版)提出的中国居民膳食维生素 B_1 适宜摄入量(AI),成年(18~50 岁)男女分别为 1.4mg/d 和 1.2mg/d。

三、维生素 B_2

（一）结构与性质

维生素 B_2 又称核黄素,是具有糖醇结构的异咯嗪衍生物。自然状态下常常是磷酸化的,在机体代谢中起辅酶作用。核黄素的生物活性形式是黄素单核甘酸(FMN)和黄素腺嘌呤二核甘酸(FAD),二者是细胞色素还原酶、黄素蛋白等的组成部分。FAD 起着电子载体的作用,在葡萄糖、脂肪酸、氨基酸和嘌呤的氧化中起重要作用。两种活性形式之间可通过食品中或胃肠道内的磷酸酶催化而相互转变。

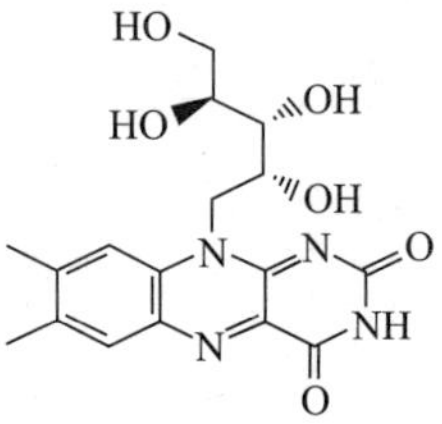

维生素 B_2 呈橙黄色针状结晶,因此又称核黄素,对热稳定,在酸性和中性环境下也稳定,120℃ 加热 6h 仅少量破坏,在碱性条件下迅速分解,对光敏感,在光照下转变为光黄素和光色素,并产生自由基。

图 7-3　维生素 B_2 的结构

（二）生理功能

维生素 B_2 在小肠上部被吸收。在小肠黏膜细胞中经磷酸化后进入血液循环再流到各组织利用。维生素 B_2 的生理功能与 FMN 和 FAD 的作用有关。

1. 参与组织呼吸

FMN 和 FAD 是体内黄素酶类的辅基,黄素酶类是体内电子传递系统中重要的酶,若黄素酶合成受阻,将导致物质代谢和能量代谢紊乱,而引起病变。

2. 促进生长发育

维生素 B_2 也是蛋白质代谢过程中某些酶的成分,因而对生长期的儿童有重要意义。

3. 与行为有关

维生素 B_2 与红细胞谷胱甘肽还原酶活性有关,缺乏时该酶活性降低,出现精神抑郁、易感疲劳等症状。

4. 保护皮肤

维生素 B_2 有减弱化学致癌物对皮肤的损伤的作用。

（三）缺乏症

维生素 B_2 缺乏最常见的原因为膳食供应不足、食物的供应限制、储存和加工不当导致维

生素 B_2 的破坏和丢失。当维生素 B_2 缺乏时,胃肠道功能紊乱,如腹泻、感染性肠炎、过敏性肠综合征。

维生素 B_2 缺乏常伴有其他营养素缺乏,比如会影响维生素 B_1 和烟酸的代谢。维生素 B_2 缺乏在小肠产生黏膜过激反应,小肠绒毛数量减少而长度增加,小肠绒毛上皮细胞的转运速度增加,这些形态学上的变化与肠道内膳食铁的吸收降低有关,引起继发性铁营养不良、引起继发性贫血。

此外,严重维生素 B_2 缺乏可引起免疫功能低下和胎儿畸形。

(四)吸收和代谢

膳食中的大部分维生素 B_2 是以黄素单核苷酸(FMN)和黄素腺嘌呤二核苷酸(FAD)辅酶形式和蛋白质结合存在。进入胃后,在胃酸的作用下,与蛋白质分离,在上消化道转变为游离型维生素 B_2 后,在小肠上部被吸收。当摄入量较大时,肝肾常有较高的浓度,但身体贮存维生素 B_2 的能力有限,超过肾阈即通过泌尿系统,以游离形式排出体外,因此每日身体组织的需要必需由饮食供给。

(五)食物来源和推荐摄入量

维生素 B_2 广泛存在于奶类、蛋类、各种肉类、动物内脏、谷类、蔬菜和水果等动物性和植物性食物中。粮谷类的维生素 B_2 主要分布在谷皮和胚芽中,碾磨加工可丢失一部分维生素 B_2。如精白米维生素 B_2 的存留率只有11%。小麦标准粉维生素 B_2 的存留率只有35%。因此,谷类加工不宜过于精细。绿叶蔬菜中维生素 B_2 含量较其他蔬菜高。

膳食模式对维生素 B_2 的需要量有一定影响,低脂肪、高碳水化合物膳食使机体对维生素 B_2 需要量减少,高蛋白、低碳水化合物膳食或高蛋白、高脂肪、低碳水化合物膳食可使机体对维生素 B_2 需要增加。

《中国居民膳食营养素参考摄入量》(2013版)提出的中国居民膳食维生素 B_2 推荐摄入量(RNI),成人(18~50岁)男性为1.4mg/d,成人(18~50岁)女性为1.2mg/d。

四、烟酸

(一)结构与性质

烟酸又称维生素 B_3 或维生素 PP,包括尼克酸和尼克酰胺(图7-4)。它们的天然形式均有相同的烟酸活性。在生物体内其活性形式是烟酰胺腺嘌呤二核苷酸和烟酰胺腺嘌呤二核苷酸磷酸。

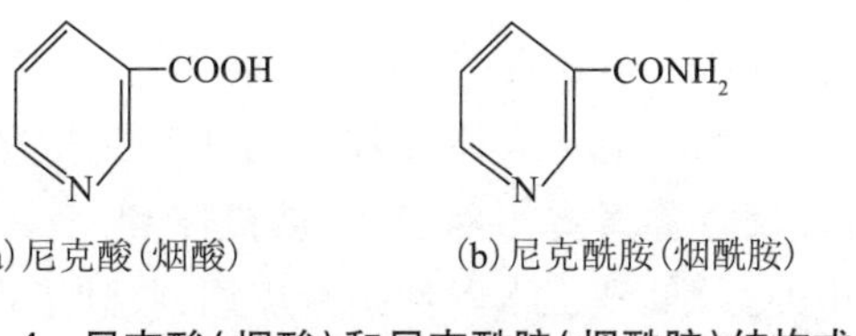

(a)尼克酸(烟酸)　　　　(b)尼克酰胺(烟酰胺)

图7-4　尼克酸(烟酸)和尼克酰胺(烟酰胺)结构式

烟酸为无色针状晶体,味苦;烟酰胺晶体呈白色粉状,两者均溶于水及酒精,不溶于乙醚。烟酰胺的溶解度大于烟酸,烟酸和烟酰胺性质比较稳定,在酸、碱、氧、光或加热条件下

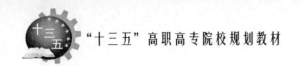

不易破坏;在高压下,120℃加热2min也不被破坏。一般加工烹调方式损失很小,烟酸的损失主要与加工中原料的清洗、烫漂和修整等有关。

(二)生理功能

1. 辅酶的组成成分

烟酸在小肠中迅速被吸收后,在机体内转变为烟酰胺,烟酰胺为辅酶Ⅰ及辅酶Ⅱ的组成成分。辅酶Ⅰ、辅酶Ⅱ是许多脱氢酶的辅酶,在糖酵解、脂肪合成及呼吸作用中发挥重要的生理功能。

2. 维护皮肤、消化系统及神经系统的正常功能

烟酸缺乏时发生皮炎、肠炎及神经炎。

3. 降低血清胆固醇

烟酸具有降低血清胆固醇和扩张末梢血管的作用,临床上常用烟酸治疗高脂血症、缺血性心脏病等。

(三)缺乏症

烟酸缺乏会引起能量代谢受阻,神经细胞得不到足够的能量,致使神经功能受影响,典型的烟酸缺乏症称为癞皮病,临床表现为"三D症"即皮炎、腹泻和痴呆。这种情况常发生在以玉米为主食的地区,因为玉米中的烟酸与糖形成复合物,阻碍了在人体内的吸收和利用,通过碱处理可以使烟酸游离出来。

(四)吸收和代谢

烟酸主要是以辅酶的形式存在于食物中,经消化后被胃及小肠吸收,然后以烟酸的形式经门静脉进入肝脏,在肝内转化为 NAD^+ 和 $NADP^+$。肝内未经代谢的烟酸和烟酰胺随血液流入其他组织,再形成含有烟酸的辅酶。肾脏也可直接将烟酰胺转变为 $NADP^+$。过量的烟酸大部分经甲基化从尿中排出,此外,烟酸还随乳汁分泌,每100mL乳汁中含烟酸128mg~338mg;也从汗中排出,每100mL汗中含烟酸约20mg~100mg。

(五)食物来源和推荐摄入量

烟酸及烟酰胺广泛存在于食物中。植物性食物中存在的主要是烟酸;动物性食物中以烟酰胺为主。烟酸和烟酰胺在肝、肾、瘦畜肉、鱼以及坚果类中含量丰富;乳、蛋中的含量虽然不高,但色氨酸较多,可转化为烟酸。谷类中的烟酸80%~90%存在于它们的种子皮中,故加工影响较大。

玉米含烟酸并不低,甚至高于小麦粉,但以玉米为主食的人群容易发生癞皮病。其原因是:(1)玉米中的烟酸为结合型,不能被人体吸收利用;(2)色氨酸含量低。如果用碱处理玉米,可将结合型的烟酸水解成为游离型的烟酸,易被机体利用。有些地区的居民,长期大量食用玉米,用碳酸氢钠(小苏打)处理玉米以预防癞皮病,收到了良好的预防效果。

我国膳食烟酸的推荐摄入量,成年男子为每天14mg,女子为每天13mg,可耐受最高摄入量为成人每天35mg。

《中国居民膳食营养素参考摄入量》(2013版)提出的中国居民膳食烟酸推荐摄入量

（RNI），18 岁男性为 15mgNE/d，50 岁男性为 14mgNE/d，18~50 岁女性为 12mgNE/d。

五、维生素 B_6

（一）结构与性质

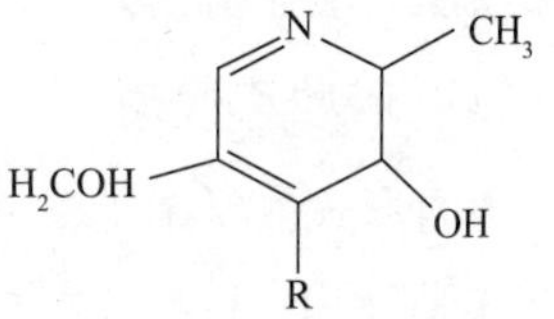

维生素 B_6 是指在性质上紧密相关、具有潜在维生素 B_6 活性的三种天然存在的化合物，包括吡哆醛、吡哆醇和吡哆胺（图 7-5）。三者均可在 5-羟甲基位置上发生磷酸化，三种形式在体内可相互转化。其生物活性形式以磷酸吡哆醛（PLP）为主，也有少量的磷酸吡哆胺。它们作为辅酶参与体内的氨基酸、碳水化合物、脂类和神经递质的代谢。

图 7-5　维生素 B_6 的化学结构

谷物中主要是吡吡醇，动物产品中主要是吡哆醛和吡哆胺。

维生素 B_6 的各种形式都是白色结晶，易溶于水和乙醇，对光敏感，光降解最终产物是 4-吡哆酸或 4-吡哆酸-5-磷酸。这种降解不需要氧的直接参与。维生素 B_6 的非光化学降解速度与 pH、温度和其他食品成分关系密切。在避光和低 pH 下，维生素 B_6 的三种形式均表现良好的稳定性，吡哆醛在 pH 为 5 时损失最大；吡哆胺在 pH 7 时损失最大。

在食品加工中维生素 B_6 可发生热降解和光化学降解。吡哆醛可能与蛋白质中的氨基酸反应生成含硫衍生物，导致维生素 B_6 的损失：吡哆醛与赖氨酸的 ε-氨基反应生成 Shiff 碱，降低维生素 B_6 的活性。维生素 B_6 可与自由基反应生成无活性的产物。在维生素 B_6 三种形式中，吡哆醇是最稳定的，常被用于营养强化。

（二）生理功能

维生素 B_6 在体内有多种功能，因此也有人称它为"主力维生素"。

1. 很多重要辅酶的组成成分

吡哆醛和吡哆胺是体内蛋白质、氨基酸代谢中多种酶的辅酶，现已知有 60 多种酶需要维生素 B_6，它还参与色氨酸的代谢，与蛋白质、脂肪代谢密切相关。

2. 免疫功能

通过对年轻人和老年人的研究，维生素 B_6 的营养状况对免疫反应有不同的影响。给老年人补充足够的维生素 B_6，有利于淋巴细胞的增殖。近来研究提示，PLP 可能通过参与一碳单位代谢而影响到免疫功能，维生素 B_6 缺乏将会损害 DNA 的合成，这个过程对维持适宜的免疫功能也是非常重要的。

3. 维持神经系统功能

许多需要 PLP 参与的酶促反应均使神经递质水平升高。

4. 维生素 B_6 降低同型半胱氨酸的作用

轻度高同型半胱氨酸血症，近年来已被认为是血管疾病的一种可能旨危险因素，有关 B 族维生素的干预可降低血浆同型半胱氨酸含量。

（三）缺乏症

维生素 B_6 在动植物性食物中分布相当广泛，原发性缺乏并不常见。人类维生素 B_6 缺乏的临床症状通过给予维生素 B_6 能迅速纠正,这些症状包括虚弱、失眠、周围神经病、唇干裂、口炎等。

维生素 B_6 缺乏的典型临床症状是脂溢性皮炎,小细胞性贫血,癫痫样惊厥,以及忧郁和精神错乱。小细胞性贫血反应了血红蛋白的合成能力降低。维生素 B_6 摄入不足还会损害血小板功能和凝血机制。

(四)吸收和代谢

不同形式的维生素 B_6 大部分都能通过被动扩散形式在空肠和回肠被吸收,经磷酸化形成吡哆醛(PLP)和吡哆醇(PMP),被吸收的维生素 B_6 代谢物在肠粘膜和血中与蛋白质结合。转运是通过非饱和被动扩散机制。即使给予极高剂量的维生素 B_6 吸收也很好。大部分吸收的非磷酸化维生素 B_6 被运送到肝脏。维生素 B_6 以 PLP 形式与多种蛋白结合,蓄积和储留在组织中。组织中维生素 B_6 存在于线粒体和细胞浆中。肌肉、血浆和红细胞中 PLP 与蛋白质有较高结合能力,这些组织中蓄积 PLP 的水平非常高。

维生素 B_6 的代谢产物经尿中排出。

(五)食物来源和推荐摄入量

维生素 B_6 的食物来源很广泛,动植物性食物中均含有,通常肉类、全谷类产品(特别是小麦)、蔬菜和坚果类中最高。大多数维生素 B_6 的生物利用率相对较低。因为植物性食物中,例如土豆、菠菜、蚕豆以及其他豆类,这种维生素的形式通常比动物组织中更复杂,所以动物性来源的食物中维生素 B_6 的生物利用率优于植物性来源的食物。通常认为维生素 B_6 的需要量与蛋白质摄入量有关。一般说来,维生素 B_6 的需要量随蛋白质摄入量的增加而增加,当维生素 B_6 与蛋白质摄入量保持适宜的比值(0.016mg 维生素 B_6/g 蛋白质),就能够维持维生素 B_6 适宜的营养状态。

《中国居民膳食营养素参考摄入量》(2013 版)提出的中国居民膳食维生素 B_6 推荐摄入量(RNI),18 岁为 1.4mg/d,50 岁为 1.5mg/d。

六、叶酸

(一)结构与性质

维生素 B_9(叶酸)因存在于植物的绿叶中而得名。包括一系列结构相似、生物活性相同的化合物,分子结构中含有蝶呤、对氨基苯甲酸和谷氨酸三部分(图 7-6)。其商品形式中含有一个谷氨酸残基称蝶酰谷氨酸,天然存在的蝶酰谷氨酸有 3~7 个谷氨酸残基。

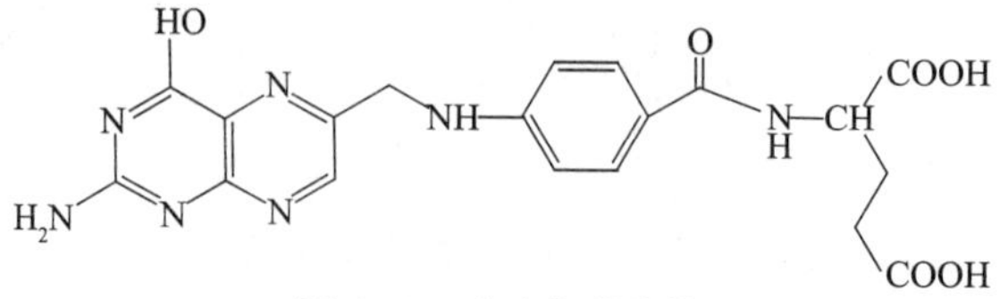

图 7-6 叶酸化学结构

绿色蔬菜和动物肝脏中富含叶酸,乳中含量较低。蔬菜中的叶酸呈结合型,而肝中的叶酸呈游离态。人体肠道中可合成部分叶酸。

叶酸为深黄色晶体,不易溶于水,其钠盐溶解度较大,不溶于乙醇、乙醚等有机溶剂。叶酸对热、光线、酸性溶液均不稳定,在酸性溶液中温度超过100℃即分解,在碱性和中性溶液中对热稳定。食物中的叶酸烹调加工后损失率可达50%～90%。

(二)生理功能

叶酸在肠壁、肝脏及骨髓等组织中,经叶酸还原酶作用,还原成具有生理活性的四氢叶酸。四氢叶酸的主要生理作用在于它是体内生化反应中一碳单位转移酶系的辅酶,起着一碳单位传递体的作用,参与其他化合物的生成和代谢,主要包括:(1)参与嘌呤和胸腺嘧啶的合成,进一步合成DNA、RNA;(2)参与氨基酸之间的相互转化,充当一碳单位的载体,如丝氨酸与甘氨酸的互换、组氨酸转化为谷氨酸、同型半胱氨酸与蛋氨酸之间的互换等;(3)参与血红蛋白及重要的甲基化合物合成,如肾上腺素、胆碱、肌酸等。可见,叶酸携带一碳单位的代谢与许多重要的生化过程密切相关。

体内叶酸缺乏则一碳单位传递受阻,核酸合成及氨基酸代谢均受影响,而核酸及蛋白质合成正是细胞增殖、组织生长和机体发育的物质基础,因此,叶酸对于细胞分裂和组织生长具有极其重要的作用。

(三)缺乏症

1. 巨幼红细胞贫血

叶酸缺乏时,首先影响细胞增殖速度较快的组织。红细胞为体内更新较快的细胞,当叶酸缺乏时,骨髓中幼红细胞分裂增殖速度减慢,停留在巨幼红细胞阶段而成熟受阻,细胞体积增大,核内染色质疏松。骨髓中巨大的、不成熟的红细胞增多。叶酸缺乏会引起血红蛋白合成减少,形成巨幼红细胞贫血。缺乏的表现为头晕、乏力、精神萎靡、面色苍白,并可出现舌炎、食欲下降以及腹泻等消化系统症状。

2. 对孕妇胎儿的影响

叶酸缺乏可使孕妇先兆子痫、胎盘早剥的发生率增高;胎盘发育不良导致自发性流产;叶酸缺乏尤其是患有巨幼红细胞贫血的孕妇,易出现胎儿宫内发育迟缓、早产及新生儿低出生体重。孕早期叶酸缺乏可引起胎儿神经管畸形。主要包括脊柱裂和无脑儿等中枢神经系统发育异常。

3. 高同型半胱氨酸血症

叶酸缺乏突出的表现是出现高同型半胱氨酸血症。血液高浓度同型半胱氨酸对血管内皮细胞有损害。同型半胱氨酸可能是动脉粥样硬化产生的危险因素。患有高同型半胱氨酸血症的母亲生育神经管畸形儿的可能性较大,并可影响胚胎早期心血管发育。

(四)吸收和代谢

1. 吸收

混合膳食中的叶酸大约有3/4是以与多个谷氨酸相结合的形式存在的。这种多谷氨酸叶酸不易被小肠吸收,在吸收之前,必须经小肠黏膜细胞分泌的谷氨酸酰基水解酶分解为单谷氨酸叶酸,才能被吸收。单谷氨酸叶酸可直接被肠粘膜吸收,而叶酸结构中含谷氨酸分子

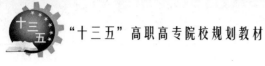

越多,则吸收率越低。叶酸在肠道中进一步被叶酸还原酶还原,还原成具有生理作用的四氢叶酸。它是体内生化反应中一碳单位的传递体。四氢叶酸大部分被转运至肝脏,在肝脏中通过合成酶作用重新转变成多谷氨酸衍生物后贮存。肝脏每日释放约 0.1mg 叶酸至血液,以维持血清叶酸水平。

2. 代谢

叶酸通过尿及胆汁排出。通过肾小球滤过的叶酸多数可在肾小管近端再吸收。从胆汁排出的叶酸也可在小肠重被吸收,因此叶酸的排出量很少。维生素 C 和葡萄糖可促进叶酸吸收。锌作为叶酸结合的辅助因子,对叶酸的吸收亦起重要作用。

(五)食物来源和推荐摄入量

叶酸广泛存在于各种动、植物食品中。富含叶酸的食物为猪肝(236μg/100g)、猪肾(50μg/100g)、鸡蛋(75μg/100g)、豌豆(83μg/100g)、菠菜(347μg/100g)。

《中国居民膳食营养素参考摄入量》(2013 版)提出的中国居民膳食叶酸推荐摄入量(RNI),成人为 400μgDFE/d,其他人群在此基础上适当增加或降低。

七、维生素 B_{12}

(一) 结构与性质

维生素 B_{12} 由几种密切相关的具有相似活性的化合物组成,这些化合物都含有钴,又称钴胺素。维生素 B_{12} 是一共轭复合体,中心为三价的钴原子。分子结构中主要包括两部分:一部分是与铁卟啉很相似的复合环式结构,另一部分是与核苷酸相似的 5,6-二甲基-1-(α-D-核糖呋喃酰)苯并咪唑-3-磷酸酯(图 7-7)。其中心卟啉环体系中的钴原子与卟啉环中四个内氮原子配位,二价钴原子的第六个配位位置被氰化物取代,生成氰钴胺素。

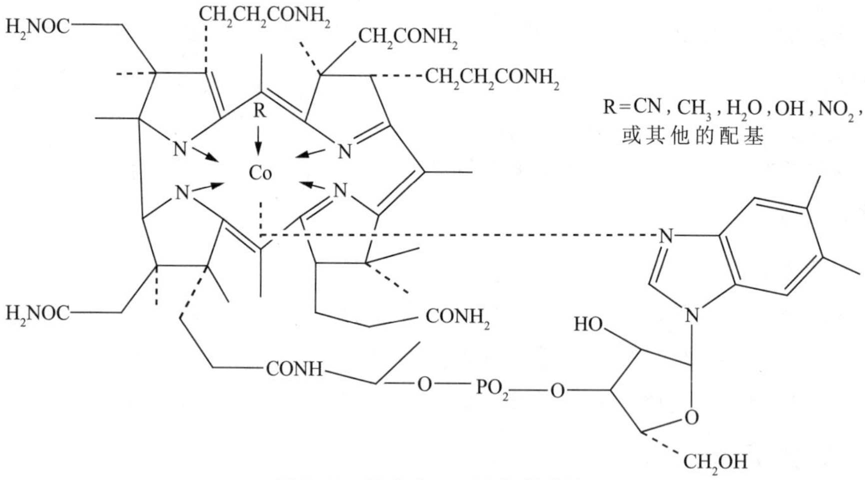

图 7-7 维生素 B_{12} 的化学结构

维生素 B_{12} 为红色结晶,可溶于水,在 pH4.5~pH5.0 的弱酸条件下最稳定,在强酸(pH<2)或碱性溶液中则分解,遇热可有一定程度的破坏,但快速高温消毒损失较小。遇强光或紫外线易被破坏。

(二)生理功能

维生素 B_{12} 在体内以两种辅酶形式即甲基 B_{12} 和辅酶 B_{12}(腺苷基钴胺素)发挥生理作用,参与体内生化反应。

1. 参与同型半胱氨酸甲基化转变为蛋氨酸

维生素 B_{12} 作为蛋氨酸合成酶的辅酶,从 5-甲基四氢叶酸获得甲基后转而供给同型半胱氨酸,并在蛋氨酸合成酶的作用下合成蛋氨酸。

2. 异构化反应

作为甲基丙二酰辅酶 A 异构酶的辅酶参与甲基丙二酸-琥珀酸的异构化反应。

(三)缺乏症

膳食维生素 B_{12} 缺乏较少见,多数缺乏症是由于吸收不良引起。膳食缺乏常见于素食者,由于不吃动物性食品发生维生素 B_{12} 缺乏。老年人和胃切除患者胃酸过少,可引起维生素 B_{12} 的吸收不良。维生素 B_{12} 的缺乏可致同型半胱氨酸增加,而同型半胱氨酸过高是心血管病的危险因素。

(四)吸收和代谢

食物中的维生素 B_{12} 与蛋白质相结合,进入人体消化道内,在胃酸、胃蛋白酶及胰蛋白酶的作用下,维生素 B_{12} 被释放,并与胃粘膜细胞分泌的糖蛋白内因子结合。该复合物对胃蛋白酶较稳定,进入肠道后在回肠部被吸收。维生素 B_{12} 进入血液循环后,与血浆蛋白结合成为维生素 B_{12} 运输蛋白,运送至肝脏经分解后从胆汁排出。体内维生素 B_{12} 的贮存量很少,约 $2mg \sim 3mg$,主要贮存于肝脏。每日丢失量大约为贮存量的 0.1%,平均丢失量为 $1.2\mu g \sim 2.55\mu g$,主要从尿排出,部分从胆汁排出。

维生素 B_{12} 的肝肠循环对其重复利用和体内稳定十分重要,由肝脏通过胆汁排入小肠的维生素 B_{12},正常情况下约有一半可被重吸收,因此,即使膳食不含维生素 B_{12},体内的贮存亦可满足大约 6 年的需要而不出现维生素 B_{12} 缺乏症状。

(五)食物来源和推荐摄入量

膳食中的维生素 B_{12} 来源于动物性食品,主要食物来源为肉类、动物内脏、鱼、禽、贝壳类及蛋类。乳及乳制品中含量较少。植物性食品中含维生素 B_{12} 很少,其中,菌类及豆制品经发酵会产生一部分维生素 B_{12},人体肠道细菌也可以合成一部分 B_{12}。我国目前提出维生素 B_{12} 的 AI 值,其中成年人为 $2.4\mu g/d$。

八、泛酸

(一)结构与性质

泛酸又名维生素 B_5,其结构为 D(+)-N-2,4-二羟基-3,3-二甲基丁酰-β-丙氨酸(图 7-8),它是辅酶 A 的重要组成部分。泛酸在肉、肝脏、肾脏、水果、蔬菜、牛奶、鸡蛋、酵母、全麦和核果中含量丰富,动物性食品中的泛酸大多呈结合态。

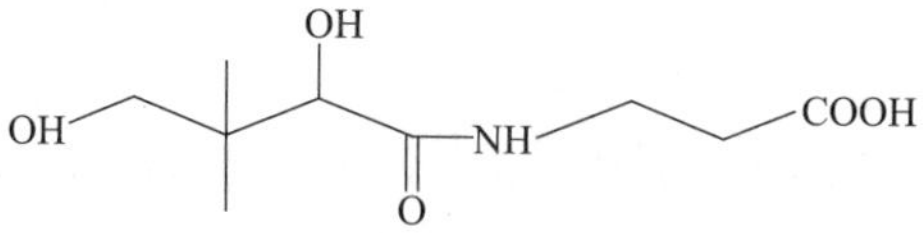

图 7-8 泛酸的化学结构

泛酸在 pH5~pH7 范围内最稳定,在碱性溶液中易分解。食品加工过程中,随温度的升高和水溶液流失程度的增大,泛酸大约损失 30%~80%。热降解的原因可能是 β-丙氨酸和 2,4-二羟基-3,3-二甲基丁酸之间的连接键发生了酸催化水解。食品贮藏中泛酸较稳定,尤其是低水活性值的食品。

(二)生理功能及缺乏症

泛酸是辅酶 A 的主要组成成分,与糖、脂类及蛋白质代谢都有密切关系。由于泛酸食物来源广泛,人类极少出现缺乏。只有在严重营养不良的情况下出现泛酸的缺乏,常见的症状为头痛、乏力、失眠、肠紊乱、手足感觉异常,免疫力降低等。

(三)食物来源及推荐摄入量

泛酸在畜禽的内脏、面粉、酵母中含量丰富,花生、大豆粉、蘑菇、蛋类、糙米和向日葵籽也是泛酸的良好来源。我国居民的泛酸推荐摄入量成人为每天 5mg。

九、生物素

(一)结构与性质

生物素又称维生素 B_7、维生素 H、辅酶 R,其基本结构是脲和带有戊酸侧链噻吩组成的五员骈环(如图 7-9),有八种异构体,天然存在的为具有活性的 D-生物素。

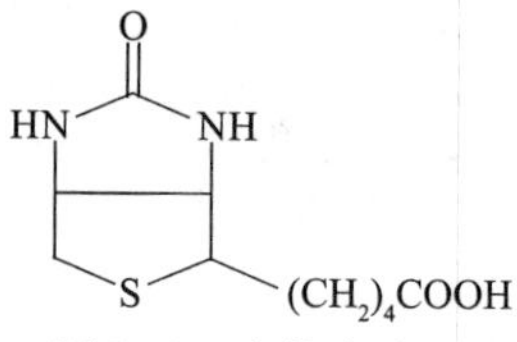

生物素对光、氧和热非常稳定,但强酸、强碱会导致其降解。某些氧化剂如过氧化氢使生物素分子中的硫氧化,生成无活性的生物素或生物素硫氧化物。此外,生物素环上的羰基也可与氨基发生反应。食品加工和贮藏中生物素的损失较小,所引起的损失主要是溶于水造成的流失,也有部分是由于酸碱处理和氧化造成。

图 7-9 生物素分子的化学结构

(二)生理功能及缺乏症

生物素作为某些酶的辅酶,参与体内碳水化合物、脂肪和蛋白质代谢中多种脱羧-羧化反应和脱氨反应。因此生物素对人体能量代谢、细胞生长、DNA 的生物合成等都具有重要的作用。

生物素广泛分布在动、植物食品中,而且人体肠道细菌还可合成一部分,因此单纯性的生物素缺乏很少见,但由于长期摄入生鸡蛋或严重营养不良或胃肠道吸收障碍等可引起生物素缺乏。生物素缺乏的典型症状为干燥的鳞状皮炎、舌炎、食欲减退、恶心、肌肉疼痛、精神压抑及 6 个月以下婴儿的脂溢性皮炎等,在给予生物素后以上症状消除。

（三）食物来源及推荐摄入量

生物素广泛存在于动植物食品中，以肉、肝、肾、牛奶、蛋黄、酵母、蔬菜和蘑菇中含量丰富。生物素在牛奶、水果和蔬菜中呈游离态，而在动物内脏和酵母等中与蛋白质结合。人体肠道细菌可合成相当部分的生物素。生物素可因食用生鸡蛋清而失活，这是由一种鸡蛋中的称抗生物素的糖蛋白引起的，加热后就可破坏这种拮抗作用。

《中国居民膳食营养素参考摄入量》（2013 版）提出的中国居民膳食生物素适宜摄入量（AI），成人（18~50 岁）为 40mg/d。

第三节　脂溶性维生素

脂溶性维生素包括维生素 A、维生素 D、维生素 E、维生素 K，以维生素 A 和 D 在营养上更为重要，缺少他们将分别引起维生素 A 或 D 缺乏病。维生素 E 缺乏病仅在动物实验时观察到，至于维生素 K，因肠道细菌可以合成它，所以，人类维生素 K 缺乏病多系吸收障碍或因长期使用抗生素或维生素 K 的代谢拮抗药所致。

一、维生素 A

（一）结构与性质

维生素 A，又称抗干眼维生素，是一类由 20 个碳构成的具有活性的含 β 白芷酮环的多聚异戊二烯复合物，有多种形式（图 7-10），其羟基可被酯化或转化为醛或酸。主要有维生素 A_1（视黄醇）及其衍生物（醛、酸、酯）、维生素 A_2（脱氢视黄醇）。

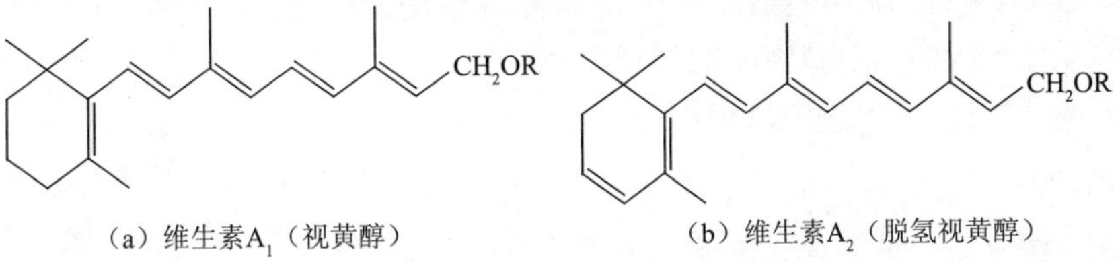

（a）维生素A_1（视黄醇）　　　　　　　　（b）维生素A_2（脱氢视黄醇）

图 7-10　维生素 A 的化学结构（R ＝ H 或 $COCH_3$ 醋酸酯或 $CO(CH_2)_{14}CH_3$ 棕榈酸酯）

维生素 A 属脂溶性维生素，在高温和碱性的环境中比较稳定。但是维生素 A 极易氧化，特别在高温条件下，紫外线照射可以加快这种氧化破坏。因此，维生素 A 或含有维生素 A 的食物应避光在低温下保存，如能在保存的容器中充氮以隔绝氧气，则保存效果更好。食物中如含有磷脂、维生素 E、维生素 C 和其他抗氧化剂时，其中的视黄醇和胡萝卜素较为稳定。食物中共存的脂肪酸败时可致其严重破坏。

维生素 A_1 通常以棕榈酯的形式存在于海鱼的肝、乳脂和蛋黄中，生理活性最高。维生素 A_2 的生物活性只有维生素 A_1 的 40%，维生素 A_2 主要存在于淡水鱼肝中。维生素 A 易被空气中的氧氧化，但食物中的维生素 A 多以酯的形式存在，一般加工、烹调对其影响很小。蔬菜、水果中含有的胡萝卜素进入体内后可转化为维生素 A，通常称之为维生素 A 原或维生素 A 前体，其中以 β-胡萝卜素转化效率最高，一分子的 β-胡萝卜素可转化为两个分子的维生素 A。

第七章　维生素

（二）生理功能

维生素 A 在人体的代谢功能中有非常重要的作用,当膳食中维生素 A 摄入不足,膳食脂肪含量不足、患有慢性消化道疾病时,可致维生素 A 不足或缺乏,从而影响很多生理功能,甚至引起病理变化。

1. 构成视网膜的感光物质

维生素 A 是视紫红质的组成成分,人们从强光下转而进入暗处,起初看不清物体,但稍停一会儿,由于在暗处视紫红质的合成增多,分解减少,杆状光细胞内视紫红质含量逐渐积累,对弱光的感受性加强,便又能看清物体,这一过程称为暗适应。视紫红质是人眼在黑暗中能够视物的主要物质,在强光中被分解为视黄醛和暗视蛋白,在黑暗中视物,继而又需要新的维生素 A 氧化为视黄醛,并再与暗视蛋白结合成视紫红质。由于维生素 A 缺乏时,视黄醛补充不足,就影响视紫红质的合成而发生暗适应障碍,导致夜盲症产生。

2. 维持上皮结构的完整与健全

维生素 A 对上皮细胞的细胞膜起稳定作用,维持上皮细胞的形态完整和功能健全。维生素 A 营养良好时,人体上皮组织粘膜细胞中糖蛋白的生物合成正常,分泌黏液正常,可以维持皮肤粘膜层的完整性,这对维护上皮组织的健全十分重要。

3. 促进生长发育

维生素 A 参与细胞的 RNA、DNA 的合成,对细胞的分化、组织更新有一定影响。同时,还参与维持正常骨质代谢,参与软骨内成骨,缺乏时骨形成和牙齿发育均受影响。

4. 维持和促进免疫功能

维生素 A 对许多细胞功能活动的维持和促进作用,是通过其在细胞核内的特异性受体—视黄酸受体实现的。对基因的调控结果可以提高免疫细胞产生抗体的能力,也可以促进细胞免疫的功能,以及促进 T 淋巴细胞产生某些淋巴因子。

5. 防癌功能

流行病学调查说明维生素 A 充足的人癌症发病率明显低于摄入不足的人。类胡萝卜素能增强人体免疫力。

6. 参与维持正常骨质代谢

（三）缺乏与过量症

1. 缺乏

由于维生素 A 缺乏时,视黄醛补充不足,就影响视紫红质的合成而发生暗适应障碍,严重时可致夜盲症。维生素 A 是维持一切上皮组织健全所必需的物质,缺乏时上皮干燥、增生及角化,其中以眼、呼吸道、消化道及泌尿道及生殖系统等的上皮影响最为显著。维生素 A 缺乏时会出现皮肤干燥症和干眼症、食欲减退、感染常迁延不愈等症状。缺乏维生素 A 时,儿童可出现生长停顿、骨骼成长不良和发育受阻。维生素 A 缺乏时,免疫细胞内视黄酸受体的表达相应下降,因此影响机体的免疫功能。维生素 A 缺乏可使破骨细胞数目减少,成骨细胞功能失控,并导致骨膜骨质过度增生,骨腔变小,并压迫周围的组织,产生神经压迫症状。

2. 过量

维生素 A 摄入过多可以引起维生素 A 过多症,维生素 A 过量会降低细胞膜和溶酶体膜的稳定性,导致细胞膜受损,组织酶释放,引起皮肤、骨骼、脑、肝等多种脏器组织病变。

(四)吸收与代谢

维生素 A 与胡萝卜素的吸收过程是不同的。胡萝卜素的吸收为物理扩散性,吸收量与摄入多少相关。胡萝卜素的吸收部位在小肠,小肠细胞内含有胡萝卜素双氧化酶,在其作用下进入小肠细胞的胡萝卜素被分解为视黄醛或视黄醇。

维生素 A 则为主动吸收,需要能量,吸收速率比胡萝卜素快 7 倍~30 倍。食物中的维生素 A 或胡萝卜素在小肠经胰液或小肠细胞刷状缘中的视黄酯水解酶、分解为游离状后进入小肠细胞,再在微粒体中合成维生素 A 棕榈酸酯。胡萝卜素或维生素 A 在小肠细胞中转化成棕榈酸酯,与乳糜微粒结合通过淋巴系统进入血液循环,然后转运到肝脏储存。营养良好者肝中可储存维生素 A 总量的 90%以上,肾脏中的储存量约为肝脏的 1%,眼色素上皮中也储存维生素 A。

(五)食物来源及推荐摄入量

维生素 A 含量最丰富的食物是各种动物的肝脏,其次为蛋黄、黄油、乳粉以及含脂肪较高的鱼类。鱼肝油中维生素 A 的含量很高,可作为婴幼儿的营养补充剂而非食品。深绿色的叶菜类如菠菜、韭菜、芹菜等都含有丰富的胡萝卜素,橙黄色的根茎如胡萝卜、甘薯及水果中的杏子、柿子和柑橘等含量也较丰富。

维生素 A 的含量可用国际单位(IU)表示。$1IU = 0.344\mu g$ 维生素醋酸酯 $= 0.549\mu g$ 棕榈酸酯 $= 0.600\mu g \beta$-胡萝卜素。国际组织新近采用了生物当量单位来表示维生素 A 的含量,即 $1\mu g$ 视黄醇 $= 1$ 标准维生素 A 视黄醇当量(RE)。视黄醇当量(RE):

$1\mu gRE = 1$ 视黄醇 $\mu g + 1/6\beta$-1 胡萝卜素 $\mu g + 1/12$ 其他类胡萝卜素 μg

$1\mu gRE = 1\mu g$ 视黄醇 $= 6\mu g \beta$-胡萝卜素 $= 12\mu g$ 其他类胡萝卜素

$1\mu g$ 视黄醇 $= 3.33IU$ 视黄醇

《中国居民膳食营养素参考摄入量》(2013 版)提出的中国居民膳食维生素 A 推荐摄入量(RNI),成年男性为 $800\mu gRAE/d$,成年女性为 $700\mu gRAE/d$。

二、维生素 D

(一)结构和性质

维生素 D 是一类固醇衍生物。天然的维生素 D 主要有维生素 D_2(麦角钙化醇)和维生素 D_3(胆钙化醇),二者的结构式见图 7-11。

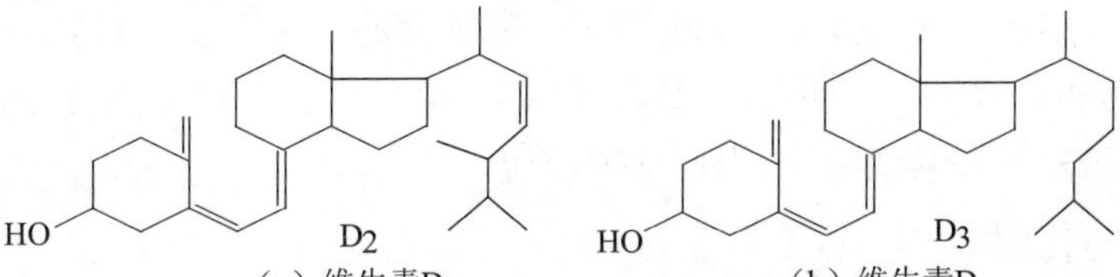

（a）维生素 D_2 （b）维生素 D_3

图 7-11 维生素 D 的化学结构

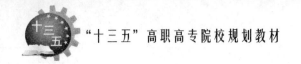

植物及酵母中的麦角固醇经紫外线照射后转化为维生素 D_2,鱼肝油中也含有少量的维生素 D_2。人和动物皮肤中的 7-脱氢胆固醇经紫外线照射后可转化为维生素 D_3。

维生素 D_3 和维生素 D_2,对人体的作用和作用机制完全相同,哺乳动物和人类对两者的利用亦无区别,本文中统称为维生素 D。维生素 D 溶于脂肪溶剂,对热、碱较稳定,对光及酸不稳定。煮沸及高压灭菌对其活性无影响;冷冻贮存对牛乳和黄油中维生素 D 的影响不大。维生素 D 十分稳定,消毒、煮沸损失主要与光照和氧化有关。

(二)生理功能

维生素 D 的最主要功能是提高血浆钙和磷的水平,以适应骨骼矿物化的需要,主要通过以下的机制。

1. 促进肠道对钙、磷的吸收

维生素 D 能促进小肠对食物中钙和磷的吸收,维持血中钙和磷的正常含量,促进骨和齿的钙化作用。

2. 促进骨质吸收和形成

维生素 D 与甲状旁腺协同,使未成熟的破骨细胞前体,转变为成熟的破骨细胞,促进骨质吸收;使旧骨中的骨盐溶解,钙、磷转运到血内,以提高血钙和血磷的浓度;另一方面刺激成骨细胞促进骨样组织成熟。

3. 促进肾脏重吸收钙、磷

维生素 D 促进肾近曲小管对钙、磷的重吸收以提高血钙、血磷的浓度。

(三)缺乏与过量

1. 缺乏

维生素 D 缺乏在婴幼儿可引起维生素 D 缺乏病,以钙、磷代谢障碍和骨样组织钙化障碍为特征,严重者出现骨骼畸形,如方头、鸡胸、漏斗胸,"O"型腿和"X"型腿等。成人维生素 D 缺乏使成熟骨矿化不全,表现为骨质软化症,特别是妊娠和哺乳妇女及老年人容易发生,常见症状是骨痛、肌无力,活动时加剧,严重时骨骼脱钙引起骨质疏松,发生自发性或多发性骨折。

2. 过量

通过正常膳食来源的维生素 D 一般不会引起中毒,但摄入过量维生素 D 补充剂或强化维生素 D 的奶制品,有发生维生素 D 过量和中毒的可能。准确的中毒剂量还不清楚,一些学者认为长期摄入 $25\mu g/d$ 维生素 D 可引起中毒,这其中可能包含一些对维生素 D 较敏感的人,但长期摄入 $125\mu g/d$ 维生素 D 则肯定会引起中毒。目前普遍接受维生素 D 的每日摄入量不宜超过 $25\mu g$。

维生素 D 中毒时,可出现厌食、呕吐、头痛、嗜睡、腹泻、多尿、关节疼痛和弥漫性骨质脱矿化。随着血钙和血磷水平长期升高,最终导致钙、磷在软组织的沉积,特别是心脏和肾脏,其次为血管、呼吸系统和其他组织,引起功能障碍。

(四)吸收与代谢

维生素 D 吸收最快的部位在小肠的近端,也就是在十二指肠和空肠,但由于食物通过小肠远端的时间较长,维生素 D 最大的吸收量可能在回肠。维生素 D 像其他的疏水物质一样,通过胶体依赖被动吸收。大部分的维生素 D(约 90% 的吸收总量)与乳糜微粒结合进入淋巴系统,其余与球蛋白结合,维生素 D 的这种吸收过程有效性约为 50%。乳糜微粒可直接或在乳糜微粒降解的过程中与血浆中的蛋白质结合,没有结合的血浆维生素 D 随着乳糜微粒进入肝脏,在肝脏中再与蛋白质结合进入血浆。

维生素 D 以几种不同的方式被分解,许多其他的代谢物包括葡萄糖苷和亚硫酸盐已被确定,大多数通过胆汁从粪便排出,有 2%~4% 出现在尿中。

(五)来源及推荐摄入量

维生素 D 以鱼肝和鱼油含量最丰富,其次是在鸡蛋、乳、牛肉,黄油和咸水鱼如鲱鱼、鲑鱼和沙丁鱼中含量相对较高,牛乳和人乳的维生素 D 含量较低(牛乳为 41IU/100g),蔬菜、谷物和水果中几乎不含维生素 D。由于食物中的维生素 D 来源不足,许多国家均在常用的食物中进行维生素 D 的强化,如焙烤食品、奶和奶制品和婴儿食品等,以预防维生素 D 缺乏病和骨软化症。

人接受阳光的照射时,维生素 D 可以在体内制造出来,由此,维生素 D 也称为"阳光维生素"。经常晒太阳是人体获得硝酸(GB)充足有效的维生素 D 的最好来源,在阳光不足或空气污染严重的地区,也可以采用紫外线灯作预防性照射。成年人只要经常接触阳光,在均衡膳食条件下一般不会发生维生素 D 缺乏病。

《中国居民膳食营养素参考摄入量》(2013 版)提出的中国居民膳食维生素 D 推荐摄入量(RNI),成人为 $10\mu g/d$。

三、维生素 E

(一)结构和性质

维生素 E 是具有 α-生育酚类似活性的生育酚和生育三烯酚的总称。结构式见图 7-12。生育三烯酚与母生育酚结构上的区别在于其侧链的 3、7 和 11 处有双键。

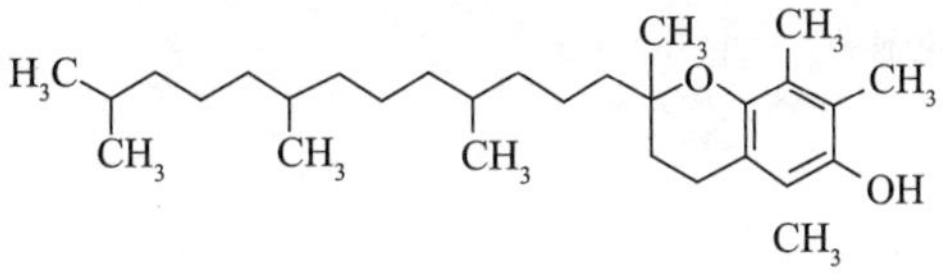

图 7-12　维生素 D 的结构式

维生素 E 活性成分主要是 α-、β-、γ-和 δ-四种异构体。这几种异构体具有相同的生理功能,以 α-生育酚最重要。生育酚的苯并二氢吡喃环上可有一到多个甲基取代物。甲基取代物的数目和位置不同,其生物活性也不同。其中 α-生育酚生理效用最强。

维生素 E 为油状液体,橙黄色或淡黄色,溶于脂肪及脂溶剂。对氧敏感,易被氧化,是一种有效的抗氧化剂,维生素 E 被氧化后即失效。各种生育酚都可被氧化成生育酚自由基、生育醌及生育氢醌。这种氧化可因光照、热、碱,以及一些微量元素如铁和铜的存在而加速。各种生育酚在酸性环境均比碱性环境下稳定。在无氧的条件下,他们对热与光以及碱性环境相对较稳定,可被紫外线破坏,259nm 有吸收带。

食品在加工贮藏中常常会造成维生素 E 的大量损失。例如,谷物机械加工去胚时,维生素 E 大约损失 80%;油脂精炼也会导致维生素 E 的损耗;脱水可使鸡肉和牛肉中维生素 E 损失 36%~45%;肉和蔬菜罐头制作中维生素 E 损失 41%~65%;油炸马铃薯在 23℃下贮存一个月维生素 E 损失 71%,贮存两个月损失 77%。

(二)生理功能

1. 抗氧化

维生素 E 是非酶抗氧化系统中重要的抗氧化剂,能清除体内的自由基并阻断其引发的链反应,防止生物膜和脂蛋白中多不饱和脂肪酸、细胞骨架及其他蛋白质受自由基和氧化剂的攻击。维生素 E 与维生素 C、β-胡萝卜素有抗氧化的协同互补作用。

2. 抗动脉粥样硬化

维生素 E 有抑制血小板在血管表面凝集和保护血管内皮的作用,因而被认为有预防动脉粥样硬化和心血管疾病的作用。

3. 对免疫功能的作用

维生素 E 对维持正常的免疫功能,特别是对 T 淋巴细胞的功能很重要。老年人群补充维生素 E,可以防止老化,改善帕金森氏症症状。

4. 对胚胎发育和生殖的作用

妇女妊娠期间,维生素 E 的需要量随妊娠月份增加而增加;发现妊娠异常时,在临床上维生素 E 可作为药物使用,治疗某些习惯性流产。

5. 对神经系统和骨骼肌的保护作用

维生素 E 有保护神经系统、骨骼肌、视网膜免受氧化损伤的作用。维生素 E 在防止线粒体和神经系统的轴突膜受自由基损伤方面是必需的。

6. 其他功能

维生素 E 还可以防止局部性外伤留下疤痕;加速灼伤的康复;通过利尿剂的作用来降低血压;还与动物的生殖功能和精子形成有关。

(三)缺乏与过量

1. 缺乏

维生素 E 缺乏时,男性睾丸萎缩不产生精子,女性胚胎与胎盘萎缩引起流产,阻碍脑垂体调节卵巢分泌雌激素等诱发更年期综合症、卵巢早衰。

维生素 E 缺乏时,常伴随细胞膜脂质过氧化作用增强,这将导致线粒体能量产生下降、DNA 氧化与突变,以及质膜正常运转功能的改变。尤其是当细胞膜暴露在氧化剂的应激状态下,细胞会很快发生损伤和坏死,并释放脂质过氧化的副产物,吸引炎性细胞和吞噬细胞的聚集和细胞胶原蛋白的合成。

早产儿出生时血浆和组织中维生素 E 水平很低,而且消化器官不成熟,多有维生索 E 的吸收障碍,往往容易出现溶血性贫血。维生素 E 缺乏还可能导致一些老年人免疫力低下。

流行病学调查显示,维生素 E 和其他抗氧化剂摄入量低,患肿瘤、动脉粥样硬化、白内障等疾病的危险性增加。

2. 过量

维生素 E 过量最令人担忧的是凝血机制损害导致某些个体的出血倾向。使用抗凝药物或有维生素 K 缺乏的人，在没有密切医疗监控情况下不宜使用维生素 E 补充剂，因为有增加出血致命的危险。

(四)吸收与代谢

1. 吸收

维生素 E 在有胆酸、胰液和脂类的存在时，在脂酶的作用下，以混合微粒在小肠上部经非饱和的被动弥散方式被肠上皮细胞吸收。不同形式的维生素 E 表观吸收率均在 40% 左右。维生素 E 补充剂在餐后服用，有助于吸收。各种形式的维生素 E 被吸收后大多由乳糜微粒携带经淋巴系统到达肝脏。

维生素 E 在体内的储存有两个库:快速转化库和缓慢转化库。血浆、红细胞、肝脏、脾脏中的维生素 E 属于快速转化库，这些组织中"旧"的 α-生育酚会很快被"新"的所替代，同时当体内维生素 E 缺乏时，其维生素 E 含量迅速下降。与此相反，脂肪组织中的维生素 E 含量相当稳定，对于维生素 E 缺乏引起的变化很小。

2. 代谢

神经组织、大脑、心脏、肌肉中维生素 E 的转化也很缓慢。维生素 E(α-生育酚)在体内的主要氧化产物是 α-生育醌，脱去含氢的醛基生成葡糖醛酸。葡糖醛酸可通过胆汁排泄，或进一步在肾脏中被降解产生 α-生育酸从尿液中排泄。皮肤和肠道也是维生素 E 排泄的一条重要的途径。肠道排泄的维生素 E 是未被吸收的维生素 E 以及与胆汁结合代谢后的混合物。

(五)食物来源与推荐摄入量

维生素 E 在自然界中分布甚广，一般情况下不会缺乏。绿色植物中的维生素 E 含量高于黄色植物。维生素 E 含量丰富的食品有植物油、麦胚、坚果、种子类、豆类及其它谷类;蛋类、鸡(鸭)蛋、绿叶蔬菜中含有一定量;肉鱼类动物性食品、水果及其它蔬菜含量很少。

《中国居民膳食营养素参考摄入量》(2013 版)提出的中国居民膳食维生素 E 适宜摄入量(AI)，成人为 14 mg α-TE/d。

四、维生素 K

(一)结构与性质

维生素 K 是由一系列萘醌类物质组成(图 7-13)。常见的维生素 K_1 即叶绿醌、维生素 K_2 即聚异戊烯基甲基萘醌、维生素 K_3 即 2-甲基-1,4 萘醌。K_1 主要存在于植物中，K_2 由肠道细菌合成，K_3 由人工合成。因为，K_3 溶于水所以，K_3 的活性比 K_1 和 K_2 高。

天然存在的维生素 K 是黄色油状物，人工合成的则是黄色结晶粉末。所有的 K 类维生素都抗热和水，但易遭酸、碱、氧化剂和光(特别是紫外线)的破坏。

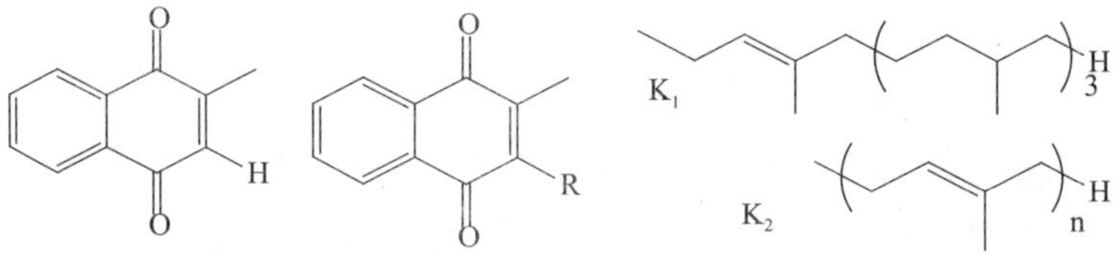

图 7-13 维生素 K 的化学结构式

由于天然食物中维生素 K 对热稳定,并且不是水溶性的,在正常的烹调过程中只损失很少部分。维生素 K 具有还原性,可清除自由基,保护食品中其他成分(如脂类)不被氧化,并减少肉品腌制中亚硝胺的生成。

(二)生理功能

1. 促进肝脏合成凝血酶原,维持体内凝血因子的正常水平,促进血液的凝固。

2. 可以增强肠道的蠕动和分泌功能。

3. 增强体内甲状腺内分泌活性。

(三)缺乏与过量

1. 缺乏

维生素 K 缺乏引起低凝血酶原血症,且其他维生素 K 依赖凝血因子浓度下降,表现为凝血缺陷和出血。

2. 过量

对于人体尤其是婴幼儿而言,维生素 K 并不是补充越多越好,在没有明确应用指征的情况下,绝不能超量补充,因为这可能导致较为严重的后果。过多补充维生素 K,孕妇也可能会产生溶血性贫血,且其新生儿会出现高胆红素血症,甚至核黄疸。有特异性体质的老人,过量服人维生素 K 后,可诱发溶血性贫血、过敏性皮炎等。

(四)吸收与代谢

维生素 K 从小肠吸收进入淋巴系统及肝门循环。维生素 K 吸收后与乳糜微粒结合,使之转运到肝脏。但在肝内其半衰期较短,在肝脏中,一些叶绿醌(VK$_1$)被储存,另一些被氧化为非活性终产物,还有一些随极低密度脂蛋白再分泌。在此以后,叶绿醌出现在低密度脂蛋白和高密度脂蛋白中,再被带至血浆中。

给人服用维生素 K$_3$,它迅速被代谢和排泄,它的主要代谢物是磷酸盐、硫酸盐和二氢萘醌葡萄糖苷,主要由尿中排出。它也可以以葡萄糖苷结合物的形式由胆汁排出。叶绿醌(VK$_1$)和甲萘醌(VK$_2$)的降解代谢较慢,经胆汁排出的葡萄糖苷结合物,主要经粪便排出。

(五)来源及推荐摄入量

组织中许多的维生素 K,一般来源于肠内细菌。叶绿醌(VK$_1$)广泛分布于动物性和植物性食物中,柑橘类水果含量少于 $0.1\mu g/100g$,牛奶含量为 $1\mu g/100g$,菠菜、甘蓝菜、芜菁绿叶菜含量 $400\mu g/100g$。在肝中含量为 $131\mu g/100g$,某些干酪含 $2.8\mu g/100g$。因为机体对维生素 K 的膳食需要量低,大多数食物基本可以满足需要。

《中国居民膳食营养素参考摄入量》(2013 版)提出的中国居民膳食维生素 K 参考摄入量,成人为 80μg/d。

第四节 维生素在食品加工贮藏过程中的变化

食品中的维生素含量在加工贮藏的过程中会发生变化,维生素的损失程度取决于各种的维生素的稳定性。食品中维生素损失的因素主要有食品本身的品种、成熟度、预处理方式、加工方式、贮藏方式等。此外,维生素的损失与种植的环境、采摘后或宰后的生理特征也有一定的关系。因此,在食品加工与贮藏过程中应最大限度的减少维生素的损失,并提高产品的安全性。

一、原料本身的影响

(一)成熟度

水果和蔬菜中维生素随着成熟度的变化而变化。所以,选择适当的原料品种和成熟度是果蔬加工中十分重要的问题。果实在不同成熟期维生素 C 含量不同。一般蔬菜成熟度越高,维生素 C 含量越高,而番茄却相反,见表 7-2。

表 7-2 成熟度对番茄中维生素 C 含量的影响

开花期后周数	平均重量/g	色泽	维生素 C 含量/（mg/100g）
2	33.4	绿	10.7
3	57.2	绿	7.6
4	102	黄-绿	10.9
5	146	红-绿	20.7
6	160	红	14.6
7	168	红	10.1

(二)不同部位

植物性食物的不同部位其维生素含量不同。一般根部含量最低,其次是果实和茎,叶中维生素含量最高。果实表皮含维生素最高,从表层向核心,含量逐步降低。

二、采后或宰后的变化

食品中维生素含量的变化是从收获时开始的。食物原料从收获到加工前的时间内,维生素含量会发生很大变化。许多维生素是酶的辅助因子,采后可能被细胞内源性酶降解,动植物食品原料采后或宰后,其体内的变化以分解代谢为主。由于酶的作用使某些维生素的存在形式发生了变化,例如从辅酶状态转变为游离态。脂肪氧化酶和维生素 C 氧化酶的作用直接导致维生素的损失,例如豌豆从收获、运输到加工厂 30min 后,维生素 C 含量有所降

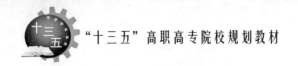

低;新鲜蔬菜在室温贮存24h后维生素C的含量下降1/3以上。因此,加工时应尽可能选用新鲜原料或将原料及时冷藏处理以减少维生素的损失。

三、食品加工前预处理

加工前的预处理与维生素的损失程度关系很大。植物食品加工前,一般经过修整或细分处理,如苹果削皮、碱液浸泡脱皮、摘除蔬菜叶、茎等,会造成维生素的大量损失。

水果和蔬菜的去皮、整理常会造成浓集于表皮或老叶中的维生素的大量流失。据报道,苹果皮中维生素C的含量比果肉高3倍~10倍;柑橘皮中的维生素C比汁液高;莴苣和菠菜外层叶中维生素B和维生素C比内层叶中高。水果和蔬菜在清洗时,一般维生素的损失较少,但要注意避免挤压和碰撞;也尽量避免切后清洗造成水溶性维生素的大量流失。对于化学性质较稳定的水溶性维生素如泛酸、烟酸、叶酸、核黄素等,水溶流失是最主要的损失途径。

四、食品加工过程的影响

(一)碾磨

碾磨是谷物所特有的加工方式。谷类加工的目的是除去籽粒中那些不能为人体吸收、不易贮藏的部分,因此在加工时一般都除去皮层、糊粉层和胚而尽可能多地保留胚乳。谷物在磨碎后其中的维生素比完整的谷粒中含量有所降低,且含量的高低与种子的胚乳和胚、种皮的分离程度有关。因此,粉碎对各种谷物种子中维生素的影响不一样。不同的加工方式对维生素损失的影响也有差异,谷类加工精度越高,除去的皮层、糊粉层和胚的数量就越多,维生素损失越严重。谷类中的维生素 B_1、维生素 B_2、尼克酸以及矿物质主要存在于胚和糊粉层中,膳食纤维存在于皮层中,谷类加工越精细,这些营养成分的损失就越大。

此外,谷物精制程度越高,例如,小麦在碾磨成面粉时,出粉率不同,维生素的存留也不同。为了保证一定消化吸收率的同时,尽可能多地保留谷类原有的营养成分,谷类加工的精度应适当。精米精面制作的食品口感好,营养价值反而不高,损失了大量营养素,特别是B族维生素和矿物质。小米、玉米、和燕麦等杂粮不需过多研磨,其维生素保存比较多。所以说经常吃些粗粮对身体大有益处。

(二)热加工

1. 烫漂

烫漂是水果和蔬菜加工中不可缺少的处理方法。通过这种处理可以钝化影响产品品质的酶类、减少微生物污染,有利于食品贮存期间保持维生素的稳定(表7-3)。但烫漂往往造成水溶性维生素大量流失(图7-14)。其损失程度与烫漂的时间和温度、pH含水量、切口表面积、烫漂类型及水果蔬菜成熟度有关。通常,短时间高温烫漂维生素损失较少。烫漂时间越长,维生素损失越大。产品成熟度越高,烫漂时维生素C和维生素 B_1 损失越少;食品切分越细,单位质量表面积越大,维生素损失越多。不同烫漂类型对维生素损失影响的顺序为沸水>蒸汽>微波。

表 7-3　青豆烫漂后贮存维生素的损失　　　　　　　　　　　　%

处理方式	维生素 C	维生素 B$_1$	维生素 B$_2$
烫漂	90	70	40
未烫漂	50	20	30

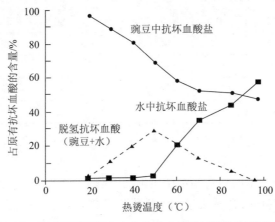

图 7-14　豌豆再不同温度水中热烫十分钟后维生素 C 的变化

2. 脱水干燥

脱水干燥是保藏食品的主要方法之一。具体方法有日光干燥、烘房干燥、隧道式干燥、滚筒干燥、喷雾干燥和冷冻干燥。维生素 C 对热不稳定,热干燥损失大约为 10%~15%,但冷冻干燥对其影响很小。喷雾干燥和滚筒干燥时,乳中维生素 B$_1$ 的损失大为 10% 和 15%,而维生素 A 和维生素 D 几乎没有损失。蔬菜烫漂后再空气干燥时,维生素 B$_1$ 的损失平均为豆类 5%、马铃薯 25%、胡萝卜 29%。

3. 加热

加热是延长食品保藏期最重要的方法,也是食品加工中应用最多的方法之一。热加工有利于改善食品的某些感官性状如色、香、味等,提高营养素在体内的消化和吸收,加热可导致许多重要的营养素损失。一般来说,温度越高,损失越大;时间越长,损失越大;加热方式不同,损失不同。加热通常采用蒸汽或热水两种方法,一般来说,蒸汽处理引起的营养素损失较最小。

高温加快维生素的降解,pH、金属离子、反应活性物质、溶氧浓度以及维生素的存在形式影响降解的速度。隔绝氧气、除去某些金属离子可提高维生素 C 的存留率。

为了提高食品的安全性,延长食品的货架期,杀死微生物,食品加工中还常采用高温灭菌方法。高温短时杀菌不仅能有效杀死有害微生物,而且可以较大程度地减少维生素的损失。罐装食品高温杀菌过程中维生素的损失与食品及维生素的种类有关(表 7-4)。

表 7-4　罐装食品高温灭菌时维生素的损失　　　　　　　　　　　　%

食品	生物素	叶酸	生物素 B$_6$	泛酸	生物素 A	生物素 B$_1$	生物素 B$_2$	尼克酸	生物素 C
芦笋	0	75	64	—	43	67	55	47	54

表 7-4(续)

食品	生物素	叶酸	生物素 B$_6$	泛酸	生物素 A	生物素 B$_1$	生物素 B$_2$	尼克酸	生物素 C
青豆	—	57	50	60	52	62	64	40	79
甜菜	—	80	9	33	50	67	60	75	70
胡萝卜	40	59	80	54	9	67	60	33	75
玉米	63	72	0	59	32	80	58	47	58
蘑菇	54	84	—	54	—	80	46	52	33
青豌豆	78	59	69	80	30	74	64	69	67
菠菜	67	35	75	78	32	80	50	50	72
番茄	55	54	—	30	0	17	25	0	26

(三) 冷却

热处理后的冷却方式不同对食品中维生素的影响不同。空气冷却比水冷却维生素的损失少,主要是因为水冷却时会造成大量水溶性维生素的流失。

(四) 冷冻

冷冻通常认为是保持食品的感官性状、营养及长期保藏的最好方法。冷冻一般包括预冻结、冻结、冻藏和解冻。

1. 预冻结

预冻结前的蔬菜烫漂会造成水溶性维生素的损失;预冻结期间只要食品原料在冻结前贮存时间不长,维生素的损失就小。

2. 冻结

冻结对维生素的影响因食品原料和冷冻方式而异。

3. 冻藏

冻藏期间维生素损失较多(表 7-5),损失量取决于原料、预冻结处理、包装类型、包装材料及贮藏条件等。冻藏温度对维生素 C 的影响很大。据报道,温度在 -7℃ ~ -18℃ 之间,温度上升 10℃ 可引起蔬菜如青豆、菠菜等维生素 C 以 6 倍~20 倍的加速降解;水果如桃和草莓等维生素 C 以 30 倍~70 倍快速降解。动物性食品如猪肉在冻藏期间维生素损失大,其原因有待于进一步研究。

表 7-5　蔬菜冻藏期间维生素 C 的损失

食品	鲜样中含量/(mg/100g)	-18℃贮存 6~12 个月的损失率(平均%与范围)
芦笋	33	12(12~13)
青豆	19	45(30~68)
青豌豆	27	43(32~67)
菜豆	29	51(39~64)
嫩茎花	113	49(35~68)

表 7-5(续)

食品	鲜样中含量/(mg/100g)	-18℃贮存 6~12 个月的损失率(平均%与范围)
花椰菜	78	50(40~60)
菠菜	51	65(54~80)

4. 解冻

解冻对维生素的影响主要表现在水溶性维生素,动物性食品损失的主要是 B 族维生素。

总之,冷冻对食品中维生素的影响通常较小,但水溶性维生素由于冻前的烫漂或肉类解冻时汁液的流失大约损失 10%~14%。

(五)辐照

辐照是利用原子能射线对食品原料及其制品进行灭菌、杀虫、抑制发芽和延期后熟等以延长食品的保存期,尽量减少食品中营养的损失。主要用于肉类食品的杀菌防腐和蔬菜水果的保藏。辐照后延长了洋葱、土豆、苹果、草莓等的保藏期,且改善了食品质量。

辐照对维生素有一定的影响。水溶性维生素对辐照的敏感性主要取决于它们是处在水溶液中还是食品中或是否受到其他组分的保护等。对 B 族维生素的影响取决于辐射温度、剂量和辐射率。B 族维生素中 B_1 最易受到辐照的破坏。其破坏程度与热加工相当,大约为 63%。维生素 C 对辐照很敏感,其损失随辐照剂量的增大而增加(表 7-6),这主要是水辐照后产生自由基破坏的结果。对 B 族维生素的影响取决于辐射温度、剂量和辐射率。辐照对烟酸的破坏较小,经过辐照的面粉烤制面包时烟酸的含量有所增高,这可能是因为面粉经辐照加热后烟酸从结合型转变成游离型造成的。脂溶性维生素对辐照的敏感程度大小依次为维生素 E>胡萝卜素>维生素 A>维生素 D>维生素 K。

表 7-6 不同辐照剂量对维生素 C 和烟酸的影响

维生素	辐照剂量(KGY)	维生素浓度/(μg/mL)	保存率/%
维生素 C	0.1	100	98
	0.25	100	85.6
	0.5	100	68.7
	1.5	100	19.8
	2.0	100	3.5
烟酸	4.0	50	100
	4.0	10	72.0
维生素 C+烟酸	4.0	10	14.0(烟酸)、71.8(维生素 C)

(六)添加剂

为防止食品腐败变质及提高其感官性状,在食品加工中通常加入一些添加剂,有些对维生素有一定的破坏作用。例如,氯气、次氯酸离子等强氧化剂,通常使维生素 A、维生素 C、维生素 E 氧化,而造成损失;二氧化硫和亚硫酸盐常用来防止水果、蔬菜的酶促褐变和非酶褐变,作为还原剂保护维生素 C 不被氧化,但是作为亲核试剂破坏了维生素 B_1;亚硝酸盐常作为肉制品的颜色改善剂,但是亚硝酸盐不但与维生素 C 快速反应,还会破坏胡萝卜素、维生素 B_1 和叶酸;果蔬加工中添加的有机酸可减少维生素 C 和维生素 B_1 的损失;碱性物质会增加维生素 C、硫胺素和叶酸等的损失。

五、贮藏过程

食品在贮藏过程中,贮藏方式、包装材料、水分活度等因素对维生素的保存率都有重要影响。食品变质不仅风味发生变化,而且营养成分也会损失,或受到破坏,如脂类氧化过程中的氢过氧化物、过氧化物和环过氧化物的生成,使胡萝卜素、维生素 C、维生素 E 被氧化,同时也导致维生素 B_1、维生素 B_2 等的破坏。

(一)贮藏方式

维生素损失与贮藏温度高低和时间长短关系密切。采后预处理及储藏时间越长,所处的环境温度越高,越不利于食物中维生素的保留。例如当储存时间由 10d 延长到 60d,脱水食物模型中胡萝卜素的保留率由 98% 降至 15%。食品的储藏方式不同对各维生素的损失有很大影响。罐头食品冷藏保存一年后,维生素 B_1 的损失低于室温保存;采用冷冻储藏比常规的灭菌后储藏,其食品中维生素损失要少得多。因为对维生素影响较大的酶活性与温度和时间关系密切,脂肪氧化酶的氧化作用可以降低许多维生素的浓度。

(二)包装材料

包装材料对贮存食品维生素的含量有一定的影响。例如透明包装的乳制品在贮藏期间会发生维生素 B_2 和维生素 D 的损失。食品的储藏方式不同对各维生素的损失有很大影响。如采用冷冻储藏比常规的灭菌后储藏,其食品中维生素损失要少得多。

【复习思考题】

1. 什么叫维生素?根据维生素的溶解性可将其分成哪些类别?

2. 维生素缺乏的原因?维生素与各种营养素有何相互关系?

3. 比较水溶性维生素和脂溶性维生素在食品加工贮藏的稳定性上、人体消化吸收与代谢的异同点。

4. 简述维生素 C 的生理功能。

5. 食品中维生素在食品加工中损失途径有哪些?为尽量降低维生素的损失,初加工时应注意什么?

第八章 矿物质

【本章目标】

1. 掌握矿物质的概念、分类、特点、生理意义以及在食品加工贮存中的变化。

2. 熟悉矿物质的生理功能,吸收与新陈代谢过程,熟悉矿物质缺乏或过量对人体的影响及食物来源。

第一节 概述

食品中的成分是一个复杂体系,组成食品成分的元素有许多种,除了碳、氢、氧、氮4种重要元素主要以有机化合物和水的形式出现以外,其余的元素统称为矿物质或者无机盐。这些矿物质元素除了少量参与有机物的组成(例如:S、P)外,大多数均以无机盐的形态存在。所谓矿物质就是指食品中各种无机化合物,大多数相当于食品灰化后剩余的成分,又称为粗灰分,食品中矿物质的含量通常以灰分的多少来衡量。矿物质是由不同种类的元素和离子组成的,在食品中的含量较少,但是这些矿物质中有许多是机体营养必不可少的,不仅是构成人体组织的重要材料,同时还具有维持体液的渗透压及机体的酸碱平衡,参与机体生化反应等作用,具有调节机体生理机能的功效,但是矿物质摄入过量时又会成为有害的因素,并且有些对人体具有一定的毒性。因此,研究食品中的矿物质,为人体提供一个最佳健康需求浓度或者是安全浓度范围,为建立合理膳食结构提供依据,从而保证人体能够按需求来补充适量有益矿物质,减少有毒矿物质的摄入,维持生命体系处于最佳平衡状态。

矿物质在营养学上的重要意义在于它的外源性,人体自身不能合成矿物质,必需从食物中摄入所必须的矿物质元素,而食品中矿物质含量的变化主要取决于环境因素。例如:植物可以从土壤中获取矿物质并贮存于根、茎和叶中;动物通过摄入饲料来获得矿物质。食物中的矿物质以无机盐、有机盐等形式存在,有离子状态、可溶性盐和不溶性盐等形式;有些矿物质在食品中往往以螯合物或者复合物的形式存在。食品中矿物质的存在形式会影响其生物可利用度。

一、矿物质的分类

(一)必需元素、非必需元素和有毒元素

人们已知生物体中有60多种化学元素,从营养学角度分类,按其对人体健康的影响可大致分为:必需元素、非必需元素和有毒元素三类。

1. 必需元素

必需元素是参与生命代谢的必需元素,这类元素存在于机体的健康组织中,含量比较稳

定,是维持机体正常生理功能所必需的元素,对维持机体自身的稳定和代谢具有重要作用。此类元素约有 25 种。当机体缺乏或者不足的时候,机体会出现各种功能异常。例如:机体内缺乏铁元素会导致缺铁性贫血,缺乏硒元素会出现白肌病,缺乏碘元素易患甲状腺肿等。适量补充该元素后,机体可以恢复正常。如果机体对必需元素摄入过多会对人体造成伤害,有时甚至会引起中毒。

2. 非必需元素

是人体的新陈代谢或发育生长不需要的,但是人体摄入少量后,不会产生严重病理现象,常称无害元素如铝、锡等。

3. 有毒元素

有毒元素是指能显著毒害机体的元素,当人体大量摄入被有毒元素污染的食品后,会阻碍机体的生理功能以及正常的代谢过程,造成人体中毒,在食品安全方面,是值得注意的问题之一。常见的有毒元素如汞、铅、镉和砷等。

(二)常量元素和微量元素

食品中矿物质的组成和含量在很大程度上受遗传因素和环境因素的影响。有些植物具有富集特定元素的能力,植物生长的环境如水、土壤、肥料、农药等也会影响食品中的矿物质。内地与沿海地区比较,食品碘的含量低。动物种类不同,其矿物质组成有差异。同一品种不同部位矿物质含量也不同,如动物肝脏比其他器官和组织更易沉积矿物质。

根据矿物质在人体中含量的不同可分常量元素和微量元素两大类。

1. 常量元素

在人体内含量达到 0.01% 以上的元素,称为常量元素,例如:钙、钾、镁、钠、磷、氯和硫等,人们对这些元素的日常需求量在 100mg/d 以上。

2. 微量元素

在人体内含量达到 0.01% 以下的元素,称为微量元素,例如:铜、碘、氟、锌、铝、溴、锰、硅、镍和钴等,人们对这些元素的日常需求量在 100mg/d 以下。有些微量元素参与了机体的生命活动中所必需的蛋白质、脂类、核酸、激素、多糖和维生素等物质的合成与分解代谢。

不论是常量元素还是微量元素,摄入量在适宜的范围内对维持人体正常的代谢与健康具有十分重要的作用。研究食品中的矿物质,其目的是为合理膳食结构提供依据,保证适量的有益元素,减少有毒元素的摄入,维持生命体系处于最佳平衡状态。

二、矿物质的特点

(1)矿物质在人体内不能合成,必需从食物和饮水中摄取。

(2)矿物质在机体内分布不均匀、含量也不同,同一元素在不同的机体组织、器官中的含量也有很大的差异。

(3)矿物质之间存在着协同或者拮抗现象。

(4)矿物质中某些微量元素在体内需要量很少,且正常生理剂量与中毒剂量范围比较狭窄,摄入过多易产生毒性作用。

三、矿物质的生理特点

(一)机体的组成成分

矿物质是构成人体组织的重要成分。例如:构成牙齿和骨骼的主要成分是钙、磷、镁、氟和硅等;磷和硫存在于肌肉和蛋白质中;铁为血红蛋白的重要组成成分。

(二)维持内环境的稳定

矿物质作为体内主要调节物质,可调节细胞膜的通透性。主要是体液中的无机盐离子可调节细胞膜的通透性,以保持细胞内外液中酸性和碱性无机离子的浓度,控制水分,维持正常渗透压和酸碱平衡,参与神经活动和肌肉收缩等,例如:钙为正常神经系统对兴奋传导的必需元素,钙、镁和钾对肌肉的收缩和舒张具有重要的调节作用。

(三)具有一些特殊功能

某些矿物质在体内是酶的组成成分或者是酶的激活剂,也是组成激素、维生素、蛋白质的成分。有些酶中特定的金属与酶蛋白分子牢牢结合,使整个酶系统具有一定的活力,例如:血红蛋白和细胞色素酶系中的铁,谷胱甘肽过氧化物酶中的硒等;有些矿物质是构成激素、维生素、蛋白质和核酸的成分,例如:碘是甲状腺素不可缺少的元素,钴是维生素 B_{12} 的组成成分等。

(四)改善食品的品质

很多矿物质是非常重要的食品添加剂,它们对改善食品的品质具有重大的意义。例如: Ca^{2+} 是豆腐的凝固剂,还可以保持食品的质构;磷酸盐有利于增加肉制品的持水性;食盐是典型的风味改良剂等。

四、酸性食物、碱性食物

食品经高温灼烧后残留下来的无机物称为灰分,它主要是一些氯化物(例如:氯化钙)和无机盐类(例如:碳酸钾)。灰分是表示食品中无机成分总量的一个指标。各类食品的灰分含量都有一定的范围,例如:牛乳中灰分的含量是 0.6%～0.7%。

食品按其灰化后测定的酸碱性可分为碱性食品和酸性食品两类。某些食物如:水果、蔬菜、牛奶和大豆的灰分中,主要是一些碱性元素(例如:钠、钾、钙和镁等),这些食物称为成碱性食物,它们代谢后产生较多的阳离子。另外一些食物,例如:谷物、肉类和鱼贝类等灰分中主要为酸性元素(如:氯、硫和磷)称为成酸性食物,它们在体内代谢后产生较多的阴离子(如:氯离子、硫酸根离子和磷酸根离子等)。成酸食物和成碱食物可以影响机体的酸、碱平衡及尿液酸碱度。柑橘类水果含柠檬酸、柠檬酸钾等,柠檬酸钾在体内可以像碳水化合物一样被彻底氧化,生成二氧化碳和水,留下碱性元素钾,所以,平常很多人认为"酸"的食物,在人体内代谢起到的作用,实际上是碱性食物。

机体的体液的 pH 一般为 7.2～7.5,正常状态下,人体自身具有缓冲的功能可以保持体液的酸碱平衡。如果膳食的酸性食物和碱性食物的搭配不合理,可引起人体的酸碱平衡失调,如果长期摄入过多的酸性食物,可导致血液的 pH 下降,会引起人体的酸中毒。总之,日常的膳食结构中应注意酸性食物与碱性食物的合理搭配,特别是要控制酸性食物的摄入量,以保持机体的酸碱平衡。

第二节　矿物质在食品加工中的变化及强化

食品中矿物质的损失与维生素不同,在食品加工过程中不会因光、热、氧等因素分解,而是通过物理作用除去或形成另外一种不易被人体吸收与利用的形式。另外,食品加工中矿物质的变化,随食品中矿物质的化学组成、分布以及加工方式的不同而异。其损失可能很大,也可能由于加工用水及所用设备不同等原因不但没有损失,反而可有增加。

一、矿物质在食品加工中的变化

食品加工最初的整理与清洗会直接带来矿物质的大量损失,如水果的去皮、蔬菜的去叶等。多数矿物质易溶于水,水溶流失是矿物质在加工过程中的主要损失途径。食品在烫漂或蒸煮烹调过程中,遇水会引起矿物质的流失,其损失多少与矿物质的溶解度有关,烹调方式不同,对于同一种矿物质的损失影响也不同。

1. 烹调方式的影响

烹调对不同食品的不同矿物质含量影响不同。尤其是在烹调过程中,矿物质很容易从汤汁内流失。食品在烫漂或蒸煮时,若与水接触,则食品中的矿物质损失可能很大,这主要是烫漂后沥滤的结果。矿物质损失程度的差别与其溶解度有关。表8-1列出菠菜经烫漂后各矿物质含量的损失情况。豌豆煮熟后矿物质的损失非常显著,如表8-2所示。

表 8-1　烫漂对菠菜中矿物质的影响

名称	含量/（g/100g）		损失率/%
	未烫漂	烫漂	
钾	6.9	3.0	56
钠	0.5	0.3	40
钙	2.2	2.3	0
镁	0.3	0.2	33
磷	0.6	0.4	33
硝酸盐	2.5	0.8	68

表 8-2　生熟豌豆中矿物质含量的比较

名称	含量/（g/100g）		损失率/%
	生	熟	
钙	13.5	6.9	49
铜	0.80	0.33	59
铁	5.3	2.6	51

表 8-2（续）

名称	含量/（g/100g）		损失率/%
	生	熟	
镁	163	57	65
锰	1.0	0.4	60
磷	453	156	66
钾	821	298	64
锌	2.2	1.1	50

2. 研磨的影响

谷类中的矿物质主要分布在糊粉层和胚组织中，所以研磨可使其矿物质的含量减少，而且研磨越精，其矿物质的损失越多。矿物质不同，其损失率亦有不同。关于小麦磨粉后某些微量元素的损失如表 8-3 所示。

表 8-3　研磨对小麦微量元素的影响

名称	小麦中的含量/（mg/kg）	白面粉中的含量/（mg/kg）	损失率/%
锰	46	6.5	85.9
铁	43	10.5	75.6
钴	0.026	0.003	88.5
铜	5.3	1.7	67.9
锌	35	7.8	77.7
钼	0.48	0.25	48.0
铬	0.05	0.03	40.0
硒	0.63	0.53	15.9
镉	0.26	0.38	—

由表 8-3 可见，当小麦研磨成粉后，其锰、铁、钴、铜、锌的损失严重。钼虽然也集中在被除去的麦麸和胚芽中，但集中的程度比前述元素低，损失也较低。铬在麦麸和胚芽中的浓度与钼相近。

3. 食物搭配的影响

烹调中食物间的搭配对矿物质也有一定的影响，若搭配不当时会降低矿物质的生物可利用性。例如，含钙丰富的食物与含草酸盐较高的食物共同煮制，就会形成螯合物，大大降低钙在人体中的利用率。

4. 加工设备和包装材的影响

食品加工设备、用水和包装都会影响食品中的矿物质。例如，牛乳中镍含量很低，但经过不锈钢设备处理后镍的含量明显上升；罐头食品中的酸与金属器壁反应，生成氢气和金属盐，则食品中的铁与锡离子的浓度明显上升，这类反应严重时，会产生"胀罐"和出现

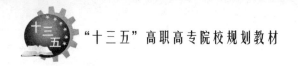

硫化黑斑。

二、矿物质在食品加工中的强化

(一)矿物质营养强化概述

一种优质的食品应具有良好的品质属性,主要包括安全性、营养、色泽、风味和质地,其中营养是一项重要的衡量指标。但是,没有一种天然食物含有人体需要的各种营养素,其中也包括矿物质。此外,食品在加工和贮藏过程中往往造成矿物质的损失。因此,为了维护人体的健康,提高食品的营养价值,根据需要,有必要进行矿物质的营养强化。对此,我国有关部门专门制定了食品营养强化剂使用标准。

(二)矿物质强化的意义和作用

人们由于饮食习惯和居住环境等不同,往往会出现各种矿物质的摄入不足,导致各种不足症和缺乏症。例如,缺硒地区人们易患白肌病和大骨节病。因此,有针对性的进行矿物质的强化对提高食品的营养价值和保护人体的健康具有十分重要的作用。通过强化,可弥补食品在加工与贮藏中矿物质的损失,满足不同人群生理和职业的要求,方便摄食以及预防和减少矿物质缺乏症。

(三)食品矿物质强化的原则

食品进行矿物质强化必须遵循一定的原则,即从营养、卫生、经济效益和实际需要等方面全面考虑。

1. 结合实际及针对性

在对食品进行矿物质强化时必须结合当地的实际,要对当地的食物种类进行全面的分析,同时对人们的营养状况作全面细致的调查和研究,尤其要注意地区性矿物质缺乏症,然后科学地选择需要强化的食品、矿物质强化的种类和数量。例如:黑龙江地区严重缺硒,会造成大骨病。

2. 选择生物利用度较高的矿物质

在进行矿物质营养强化时,最好选择生物利用度较高的矿物质。例如,钙强化剂有氯化钙、磷酸钙、硫酸钙、柠檬酸钙、葡萄糖酸钙和乳酸钙等,其中人们对乳酸钙的生物利用度最好。强化时,应尽量避免使用那些难溶解、难吸收的矿物质,如植酸钙、草酸钙等。另外,还可使用某些含钙的天然物质如骨粉及蛋壳粉。

3. 应保持矿物质和其他营养素间的平衡

食品进行矿物质强化时,除考虑选择的矿物质具有较高的可利用性外,还应保持矿物质与其他营养素间的平衡。若强化不当,会造成食品各营养素间新的不平衡,影响矿物质以及其他营养素在体内的吸收与利用。

4. 符合安全卫生和质量标准

食品中使用的矿物质强化剂要符合有关的卫生和质量标准,同时还要注意使用剂量。一般来说,生理剂量是健康人所需的剂量或用于预防矿物质缺乏症的剂量;药理剂量是指用于治疗缺乏症的剂量,通常是生理剂量的 10 倍,而中毒剂量是可引起不良反应或中毒症状的剂量,通常是生理剂量的 100 倍。

5. 不影响食品原来的品质属性

食品大多具有美好的色、香、味等感官性状,在进行矿物质强化时不应损害食品原有的感官性状而致使消费者不能接受。根据不同矿物质强化剂的特点,选择被强化的食品与之配合,这样不但不会产生不良反应,而且还可提高食品的感官性状和商品价值。例如,铁盐色黑,当用于酱或酱油强化,因这些食品本身具有一定的颜色和味道,在合适的强化剂量范围内,可以完全不会使人们产生不快感觉。

6. 经济合理利于推广

矿物质强化的目的主要是提高食品的营养和保持人们的健康。一般情况下,食品的矿物质强化需要增加一定的成本。因此,在强化时应注意成本和经济效益,否则不利于推广,达不到应有的目的。

第三节 矿物质的生理功能和膳食来源

矿物质中,人体含量大于体重 0.01% 的元素,称为常量元素,有钙、磷、钾、钠、硫、氯和镁等 7 种。矿物质中,人体含量小于体重 0.01% 的元素,称为微量元素,有铁、碘、锌、硒、铜等。

一、钙

钙是构成人体的重要组分,正常人体内含有 1000g～1200g 的钙。99.3% 集中于骨、齿组织,只有 0.1% 的钙存在于细胞外液中,全身软组织含钙量占机体总钙量的 0.6%～0.9%。骨骼和牙齿中的钙以矿物质形式存在;在软组织和体液中的钙则以游离或者结合的形式存在,这部分钙统称为混溶钙池。机体内的钙,一方面构成骨骼和牙齿,另一方面参与各种生理功能和代谢过程。

(一)生理功能

1. 构成机体的骨骼和牙齿

钙是构成骨骼的重要组成成分,钙对保证骨骼的正常生长发育和维持骨健康起着至关重要的作用。

2. 能够维持细胞正常的生理功能

分布在体液和其他组织中的钙,虽然还不到体内总钙量的 1%,但是在机体生理活动和生物化学代谢过程中起着重要的调节作用。其中,血液中的钙可分为:扩散性钙和非扩散性钙两部分。非扩散性钙是指血浆蛋白结合的钙,它们不易透过毛细血管壁,也不具有生理活性。在扩散性钙中,一部分是与有机酸或者无机酸结合的复合钙,另一部分则是游离状态的钙离子。只有离子钙才具有生理作用,但不是所有的离子钙都具有生理活性,只有其中一部分活性钙离子才有作用。

3. 能够促进体内酶的活动

钙离子参与调节多种激素和神经递质的释放,钙离子的重要作用是作为细胞内第二信使,介导激素的调节作用,钙离子能直接参与脂肪酶、ATP 酶等的活性调节。钙离子是血液凝固过程所必需的凝血因子,参与凝血过程,使可溶性纤维蛋白原在钙离子的作用下变成牢固的、不可溶解的纤维蛋白。

(二)吸收

食物在消化过程中,钙通常是从复合物中游离出来,被释放成为一种可溶性的离子化状态,以便于吸收。钙的吸收主要有两种途径。

1. 主动吸收

当机体对钙的需求量高或者摄入量较低的时候,肠道对钙的主动吸收比较活跃,这是一个存在浓度梯度的运载过程,是一个需要能量的主动吸收过程。这一过程需要钙结合蛋白的参与,同时需要添加维生素 D 调节剂参与。

2. 被动吸收

当钙摄入量较高时,大部分由被动的离子扩散方式吸收,这个过程也需要维生素 D 的参与,但是主要取决于肠腔与浆膜间钙浓度的梯度。

钙的吸收主要在小肠上端,因为在小肠上端有钙结合蛋白,此处吸收的钙最多。通常膳食中 20%~30% 的钙由肠道吸收后进入血液。膳食中对钙的吸收影响因素很多,有的对钙吸收有促进作用,而有的会起抑制作用。

(1)促进钙吸收的主要因素

①维生素 D 促进钙的吸收 膳食中维生素 D 的含量,对钙的吸收有明显的影响。尤其对婴儿可通过定期补充维生素 A 和维生素 D 来促进机体对膳食中钙的吸收。

②蛋白质供给充足,有利于促进钙的吸收 适量的补充蛋白质和一些氨基酸,例如:赖氨酸、精氨酸和色氨酸等,可与钙结合形成可溶性络合物,有利于钙的吸收。

③乳糖能促进钙的吸收 乳糖与钙形成可溶性低分子物质,当糖被肠道菌分解发酵产酸的时候,肠道 pH 降低,均有利于钙吸收。

(2)阻碍钙吸收的主要因素

①酸性物质 粮食、蔬菜等植物性食物含有植酸、草酸和磷酸,这些酸能与钙结合形成难溶于水的盐类,使钙难以被吸收。

②脂肪 脂肪摄入过多或消化吸收不良时,没有被消化吸收的脂肪酸与钙结合,易形成难溶的钙皂,影响钙的吸收。

③膳食纤维 膳食纤维中的糖醛酸残基与钙结合成不溶性的物质,所以,过多的膳食纤维会干扰钙的吸收。

(三)代谢

钙的代谢主要通过肠道和泌尿系统,经过汗液也有少量的排出。人体每天摄入钙的 10% 左右从肾脏排出,80% 经肠道排出。健康的机体,每天进出的钙大致相等,处于平衡状态。钙的储存量与膳食钙的摄入量呈正相关。正常情况下机体根据需要来调节体内钙的吸收、排泄和储存,维持体内钙的内稳态。

(四)缺乏与过量

1.缺乏

我国居民钙摄入量普遍偏低,钙缺乏症是较常见的营养性疾病。人体长期缺钙会导致骨骼病变,儿童会发生佝偻病;成年人易患骨质疏松症。会造成牙齿发育不良、血凝不正常、甲状腺机能减退等病症。

2. 过量

钙摄入量增加可能会增加肾结石的危险性,持续大量钙的摄入还可导致骨硬化。同时大量钙的摄入可明显抑制铁的吸收,并存在剂量-反应关系,只要增加过量的钙,就会对膳食铁的吸收产生很大的抑制作用;高钙膳食对锌的吸收率和锌平衡有影响。试验表明钙与锌相互有拮据作用;膳食中钙/镁克分子比大于3.5,会导致镁缺乏。试验表明,高钙摄入时,镁吸收低,而尿镁显著增加。

(五)食物来源

营养调查报告,将中国居民成年男子钙的适宜摄入量(AI)定为800mg/d。成年人及1岁以上儿童钙的可耐受最高摄入量(UL)定为2000mg/d。

表 8-4　常见食物中钙含量

食物名称	含量 mg/100g	食物名称	含量 mg/100g	食物名称	含量 mg/100g
牛奶	104	豌豆	67	蚌肉	190
干酪	799	花生仁	284	大豆	191
蛋黄	112	荠菜	294	豆腐	164
大米	13	芝麻酱	1057	黑豆	224
标准粉	31	油菜	108	青豆	200
猪肉	6	海带(干)	348	雪里蕻	230
牛肉	9	紫菜	264	苋菜	178
羊肉	9	木耳	247	大白菜	45
鸡肉	9	虾皮	991	枣	80

表8-4列出了常见食物中钙的含量。奶和奶制品是钙的重要来源,因为奶中含钙量丰富吸收率也高。其实在日常食物中含钙量最丰富的是芝麻酱,100g芝麻酱中钙含量约1057mg。芝麻酱油脂含量偏高,普及度没有牛奶高。另外,豆类、硬果类,小鱼和小虾米及一些绿色蔬菜类也是钙的较好来源。水中含有相当高的钙,也是一种钙的来源。

二、磷

磷是机体含量较多的元素之一,在机体中的量居矿物质的第二位。成人体内含磷600g～700g,约占体重的1%,占矿物质总量的1/4,每千克无脂肪组织约含磷12g。体内约90%的磷能与钙一起以羟基磷灰石结晶的形式贮存在骨骼和牙齿中,10%的磷与蛋白质、脂肪和糖及其他有机物结合构成软组织,其余的分布于骨骼肌、皮肤、神经组织和其它组织及膜的成分中。细胞中的磷,多数是有机磷酸盐,骨中的磷为无机磷酸盐。

(一)生理功能

1. 磷是构成骨骼和牙齿的重要组成成分

磷在骨及牙齿中的存在形式主要是无机磷酸盐,主要成分是羟基磷灰石。构成机体支架和承担负重作用。

2. 磷是组成生命的重要物质

磷是组成核酸、磷蛋白、磷脂、环鸟苷酸和多种酶的成分。

3. 磷参与能量代谢

磷作为核酸、磷酸、辅酶的组成部分,参与碳水化合物和脂肪的吸收与代谢。

4. 磷参与酸碱平衡的调节

磷酸盐缓冲体系接近中性,构成体内缓冲体系。磷酸盐还能调节维生素 D 的代谢,维持钙的内环境稳定。钙和磷的平衡有助于人体对矿物质的吸收和利用。

(二)吸收

食物中的磷主要在小肠部位吸收,从膳食中摄入的磷 70% 在小肠吸收。其中,以十二指肠及空肠部位吸收最快,在回肠吸收最差。正常膳食中磷吸收率为 60%~70%。维生素 D 可促进磷的吸收。

(三)代谢

磷的主要代谢途径是经肾脏。未经肠道吸收的磷从粪便排出,这部分约占机体每日摄磷量的 30%,其余 70% 经由肾以可溶性磷酸盐形式排出,少量也可以由汗液排出。磷的代谢过程与钙相似,体内磷的平衡取决于体内和体外环境之间磷的交换,即磷的摄入、吸收和排泄三者之间的相对平衡。

(四)缺乏与过量

1. 缺乏

磷广泛存在于食物中,几乎所有的食物中均有含磷,一般不会由于膳食引起磷的缺乏,只有在一些特殊情况下才会出现。例如:早产儿若仅以喂母乳为主,因人乳含磷量较低,不能满足早产儿骨磷沉积的需要,可发生磷缺乏,出现佝偻病样骨骼异常。

2. 过量

一般情况下不易发生膳食摄入过量磷的问题,但是摄入过量磷酸盐的食品添加剂而会引起磷过量,很少描述其影响作用。在某些特殊情况下,如医用口服或者静脉注射大量磷酸盐后,可引起血清无机磷浓度升高,当高达 $1.67mmol/(50mg/L)$,形成高磷血症。

(五)食物来源

一般磷的摄入量大于钙的摄入量,如果食物中钙和蛋白质的含量充足,磷也能较好的满足人体的需要。《中国居民膳食营养素参考摄入量》(2013 版)提出的中国居民膳食维生素磷推荐摄入量(RNI),成年人(18~50岁)为720mg/d。

磷在食物中分布较广,无论动物性食物还是植物性食物,都含有丰富的磷,动物的乳汁中也含有磷,磷是与蛋白质并存的。瘦肉、蛋、奶、动物的肝和肾含量比较高;海带、紫菜、芝麻酱、花生、干豆类、坚果粗粮含磷也比较丰富。但是粮谷中的磷为植酸磷,不经过加工处理,吸收利用率低。

三、镁

正常人体内含镁约25g,其中60%~65%存在于骨骼和牙齿中,27%分布于软组织中,镁是人体细胞内的主要阳离子,主要浓集于细胞内的线粒体中,其量仅次于钙和磷,在细胞外液中的镁不超过1%。

(一)生理功能

1. 镁可以激活多种酶的活性

镁作为多种酶的激活剂,参与300多种酶促反应。镁能与细胞内许多重要成分形成激活剂激活酶系。例如:与三磷酸腺苷等形成复合物而激活酶系,或者直接作为酶的激活剂激活酶系。

2. 维护骨骼生长和神经肌肉的兴奋性

(1)对骨骼的作用 镁是骨骼和牙齿的重要组成成分之一,镁与钙、磷构成骨盐,与钙在功能上既协同又拮抗。当钙不足时镁可部分替代,当镁摄入过多时,又阻止骨骼的正常钙化。所以对促进骨骼生长和维持骨骼的正常功能具有重要作用。

(2)对神经肌肉的作用 镁与钙使神经肌肉兴奋和抑制作用相同,无论是血中镁或者钙过低的时候,神经肌肉兴奋性均能增高,反之有镇静作用。镁是细胞内的主要阳离子之一,和钙、钾、钠一起与相应的阴离子协同,维持体内的酸碱平衡和神经肌肉的应激性。

3. 维护胃肠道和激素的功能

(1)对胃肠道的作用 浓度低的硫酸镁溶液经十二指肠时,可使括约肌松弛,短期胆汁流出,促使胆囊排空,具有利胆作用。碱性镁离子可中和胃酸。镁离子在肠道中吸收缓慢,促使水分滞留,具有导泻作用。

(2)对激素的作用 血浆中镁的变化直接影响甲状旁腺激素的分泌,但其中作用仅为钙的30%~40%。正常情况下,血浆中镁增加时,可抑制甲状旁腺激素分泌;血浆镁水平下降时可兴奋甲状旁腺,促使镁自骨骼、肾脏、肠道转移至血液中,镁的转移量甚微。当镁水平极端低下时,可使甲状旁腺功能低下,经补充镁后即可恢复。

甲状腺素过多时可引起血清镁降低,尿镁增加,镁呈负平衡。甲状腺素又可提高镁的需要量,能引起相对缺镁,因此对甲状腺亢进患者应补充镁盐。

(二)吸收与代谢

1. 吸收

食物中的镁在整个肠道中均可以被吸收,但是镁摄入后主要还是由小肠吸收,吸收量一般为摄入量的30%,可通过被动扩散和主动吸收两种机制吸收。在大肠中吸收很少或者不吸收。影响镁吸收的因素很多,首先是镁摄入量的影响,镁的吸收与膳食摄入量的多少密切有关,膳食摄入较少时候,镁吸收率增加,膳食摄入较多时候,镁吸收率降低。膳食中促使镁吸收的成分主要有氨基酸、乳糖等,氨基酸可增加难溶性镁盐的溶解度,所以蛋白质可促使镁的吸收;水对镁的吸收影响较大,摄入量高的时候,两者在肠道竞争吸收,相互干扰。另外抑制镁吸收的主要成分有过多的磷、草酸、植酸和膳食纤维等。

2. 代谢

肾脏是维持机体镁内稳态的重要器官,肾脏对镁的处理是一个过滤和重吸收过程,同时,肾脏是排镁的主要器官。成人从膳食中摄入的镁大量从胆汁、胰液和肠液分泌到肠道,其中 60%~70% 随粪便排出,部分从汗液排出。

(三)缺乏与过量

1. 缺乏

引起镁缺乏的原因很多,主要有:镁摄入不足、吸收障碍以及多种临床疾病等。食物中的镁充裕,且肾脏有良好的保镁功能,所以,因摄入不足而缺镁者罕见。镁缺乏多数由疾病引起镁代谢紊乱所致。镁缺乏可致血清钙下降,神经肌肉兴奋性亢进;镁缺乏可能是女性绝经后骨质疏松症的一种危险因素。

2. 过量

正常健康成年人,肠、肾和甲状旁腺等能调节镁代谢,一般不易发生镁过量导致的中毒。镁溶于水,会随着汗液等路径代谢出去,所以,用镁盐抗酸、导泻、利胆和治疗高血压脑病,也不至于发生镁中毒。只有在肾功能不全者、肾上腺皮质功能不全、草酸中毒、肺部疾病患者,接受镁剂治疗时,容易发生镁中毒。

(四)食物来源

《中国居民膳食营养素参考摄入量》(2013 版)提出的中国居民膳食镁推荐摄入量(RNI),成年人(18~50 岁)男女分别为 330mg/d。自然界中的食物虽然大部分都含有镁,但是不同食物中镁含量差别很大,镁主要存在于绿叶蔬菜、谷类、干果、蛋、鱼、肉和乳中(表8-5)。

表 8-5 常见含镁较丰富的食物

食物名称	含量 mg/100g	食物名称	含量 mg/100g
大黄米	116	苋菜	119
大麦	158	口蘑	167
黑米	147	木耳(干)	152
荞麦	258	香菇(干)	147
麸皮	382	发菜(干)	129
黄豆	199	苔菜(干)	1257

除了食物以外,从饮水中也可以获得少量的镁。但是饮水中镁的含量相差很大。例如:硬水中含有较高的镁盐,软水中含量相对较低。

四、钾

钾为机体重要的阳离子之一。健康成人体内,钾含量约为50mmol/kg。体内钾主要存在于细胞内,约占总量的98%,主要分布在肌肉、肝脏、骨骼和红细胞中,约有2%的钾存在于细胞外液,正常人血清钾浓度为3.5mmol/L~5.0mmol/L。

(一)生理功能

1. 参与碳水化合物、蛋白质的代谢

葡萄糖和氨基酸经过细胞膜进入细胞合成糖原和蛋白质时,必须有适量的钾离子参与。合成1g糖原大约需要0.6mmol钾,合成蛋白质时每1g氮需要3mmol钾。三磷酸腺苷的生成过程也需要一定量的钾,如果钾缺乏时,碳水化合物、蛋白质的代谢将受到一定的影响。

2. 维持细胞内正常渗透压

由于钾主要存在于细胞内,因此钾在细胞内渗透压的维持中起主要作用。

3. 维持神经肌肉的应激性和正常功能

细胞内的钾离子和细胞外的钠离子联合作用,可激活Na^+-K^+-ATP酶,产生能量,用于维持细胞内外Na^+和K^+浓度差,可以激活肌肉纤维收缩并引发突触释放神经递质。

4. 维持心肌的正常功能

心肌细胞内外的钾浓度对心肌的自律性、传导性和兴奋性有密切的关系。钾缺乏时,心肌兴奋性增高;钾过高时,又使心肌自律性、传导性和兴奋性受抑制;两者均可以引起心律失常。

5. 维持细胞内外正常的酸碱平衡

钾代谢紊乱时,可影响细胞内外酸碱平衡。当细胞失去钾时候,细胞外液中钠与氢离子可进入细胞内,引起细胞内酸中毒和细胞外碱中毒,反之,细胞外钾离子内移,氢离子外移,可引起细胞内碱中毒与细胞外酸中毒。

(二)吸收与代谢

人体的钾主要来自生活中的食物,成人每日从膳食中摄入量为60mmol~100mmol,儿童为0.5mmol/kg(体重)~3.0mmol/kg(体重),摄入的钾大部分由小肠吸收,吸收率为90%左右。摄入的钾90%左右经肾脏排出,每日排出量约70mmol~90mmol,因此,肾是维持钾平衡的主要调节器官。肾脏每日滤过钾约有600mmol~700mmol,但是几乎所有这些都在近端肾小管所吸收。除肾脏以外,经过粪便和汗液也可排出少量的钾。

(三)缺乏和过量

1. 缺乏

人体内钾总量减少可引起钾缺乏症,可在神经肌肉、消化、心血管、泌尿和中枢神经等系统发生功能性或者病理性改变。主要表现为肌肉无力或者瘫痪、心律失常、横纹肌肉裂解症以及肾功能障碍等。体内缺钾的常见原因是摄入不足或者损失过多。正常进食的人一般不

易发生摄入不足,但由于疾病或者其他原因需长期禁食或者少食,而静脉补液内少钾或者无钾时,容易发生摄入不足。损失途径比较多,可经消化道损失,例如:频繁的呕吐、腹泻、胃肠引流、长期用缓泻剂或者轻泻剂等;经肾损失,例如:各种以肾小管功能障碍为主的肾脏疾病,可使钾从尿液中大量丢失;经汗丢失,例如:高温作业或者较大重体力劳动者,因大量出汗而使钾大量丢失。

2. 过量

体内钾过多,如当血钾浓度高于 5.5mmol/L 时,机体可出现毒性反应,称为高钾血症。钾过多可使细胞外钾离子上升,心肌自律性、传导性和兴奋性受抑制。主要表现在神经肌肉和心血管方面。神经肌肉表现为极度疲乏软弱,四肢无力,下肢沉重。心血管系统表现为心率缓慢,心音减弱。

(四)食物来源

《中国居民膳食营养素参考摄入量》(2013 版)提出的中国居民膳食钾适宜摄入量(AI),我成年(18~50 岁)男女分别为2000mg/d。自然界中大部分食物都含有钾,蔬菜和水果是钾最好的来源。100g 谷类中含钾 100mg~200mg,豆类中含 600mg~800mg,蔬菜和水果中含 200mg~500mg,肉类中含 150mg~300mg,鱼类中含 200mg~300mg 等。表 8-6 中列出了常见食物中钾含量。

表 8-6　常见食物中钾含量

食物名称	含量 mg/100g	食物名称	含量 mg/100g	食物名称	含量 mg/100g
紫菜	1796	小米	284	标二稻米	171
黄豆	1503	牛肉	284	橙	159
冬菇	1155	带鱼	280	芹菜	154
赤豆	860	黄鳝	278	柑	154
绿豆	787	鲢鱼	277	柿	151
黑木耳	757	玉米	262	南瓜	145
花生仁	587	鸡	251	茄子	142
枣(干)	524	韭菜	247	豆腐干	140
毛豆	478	猪肝	235	甘薯	130
扁豆	439	羊肉	232	苹果	119
羊肉(瘦)	403	海虾	228	丝瓜	115
枣(鲜)	375	杏	226	牛乳	109
马铃薯	342	大白菜	137	葡萄	104
鲤鱼	334	油菜	210	黄瓜	102
河虾	329	豆角	207	鸡蛋	98
牛肉	211	芹菜(茎)	206	梨	97
鲳鱼	328	猪肉	204	粳米	78
青鱼	325	胡萝卜	193	冬瓜	78
猪肉(瘦)	295	标准粉	190	猪肉(肥)	23

五、钠

钠是机体中一种重要无机元素,一般情况下,成人体内含的钠大约是 3200mmol(女)~4200mmol(男),相当于 77g~100g,约占体重的 0.2%。体内的钠主要在细胞外液,占总体钠的 50%左右,骨骼中含量也高达 40%左右,细胞内液含量较低仅 10%左右。食盐是人体获得钠的主要来源。

(一)生理功能

1. 调节体内水分和渗透压

钠主要存在于细胞外液,是细胞外液中的主要阳离子,约占阳离子总量的 90%,与对应的阴离子构成渗透压。钠对细胞外液渗透压调节与维持体内水量的恒定,是极其重要。另外,钾在细胞内液中同样构成渗透压,维持细胞内的水分的稳定。钠、钾含量的平衡,是维持细胞内外水分恒定的根本条件。

2. 维持酸碱平衡

钠在肾小管重吸收时与氢离子交换,清除体内酸性代谢产物,保持体液的酸碱平衡。钠离子总量影响着缓冲系统中碳酸氢盐的比列,因而对体液的酸碱平衡也有重要作用。

3. 钠-泵

Na^+-K^+ 的主动运转,是由 Na^+-K^+-ATP 酶驱动,使钠离子主动从细胞内排出,以维持细胞内外液渗透压平衡。钠对 ATP 的生成和利用、肌肉运动、心血管功能、能量代谢都有关系,如果钠不足均可能影响其作用。另外,糖代谢、氧的利用也需要钠的参与。

4. 增强神经肌肉兴奋性

钠、钾、钙和镁等离子的浓度平衡,对于维护神经肌肉的应激性都是必需的,满足需要的钠可增强神经肌肉的兴奋性。

(二)吸收与代谢

1. 吸收

人体钠的主要来源为生活中的食物。钠在小肠上端吸收,吸收率极高,几乎可全部吸收,所以粪便中含量很少。钠在空肠的吸收大多是被动性,主要是与糖和氨基酸的主动转运相偶联进行的,在回肠大部分是主动吸收。从食物中摄入的以及由肠分泌的钠,均能很快被吸收,据估算,每日从肠道中吸收的氯化钠总量在 4400mg 左右。被吸收钠,部分通过血液输送到胃液、肠液、胆汁和汗液中。

2. 代谢

体内钠约 50%分布于细胞外液,40%存在于骨骼,10%存在于细胞内。机体通过膳食及食盐形式摄入钠和氯,通常人体不会缺乏钠。钠主要从肾排出,肾排出钠量与食入量保持平衡。

每日从粪便中排出的钠不足 10mg。如果出汗不多,也无腹泻,95%以上摄入的钠自尿中排出,排出量约在 2300mg~3200mg。钠与钙在肾小管内的重吸收过程发生竞争,故钠摄入量高时,会相应减少钙的重吸收而增加尿钙排泄。因此高钠膳食对钙丢失有很大影响。钠还从汗中排出,不同机体汗中钠的浓度变化比较大,平均含钠盐 2.5g/L,最高可达 3.7g/L。在热环境下,中等强度劳动 4h,可使人体丢失钠盐 8g~12g。

(三)缺乏与过量

1. 缺乏

机体内钠在一般情况下不易缺乏。但是在某些情况下,例如:禁食、少食和膳食钠限制过严而摄入量非常低时,或者高温、重体力劳动、过量出汗、胃肠疾病、反复呕吐和腹泻使钠过量排出丢失时或者是某些疾病,引起肾不能有效保留钠时,胃肠外营养缺钠或者低钠时候,使用利尿剂会抑制肾小管重吸收钠时候,可引起钠的缺乏。

钠的缺乏在早期症状不明显,倦怠、淡漠、无神和甚至起立时昏倒。当失钠达到 0.5g/kg 体重以上时,可出现恶心、呕吐和血压下降,尿中无氯化物检出。当失钠达 1g/kg 体重时,可出现恶心、呕吐、视力模糊、心率加速、脉搏细弱和休克等,终因为急性肾功能衰竭而死亡。

2. 过量

钠摄入量过多、尿中 Na^+/k^+ 比值增高,是高血压的重要因素。研究表明,尿 Na^+/k^+ 比值与血压呈正相关,而尿钾与血压呈负相关。

正常情况下,钠摄入过多并不蓄积,但在有些特殊情况下,例如:误将食盐当作食糖加入婴儿奶粉中喂服,则可引起中毒甚至死亡。急性中毒,可出现水肿,血压上升、血浆胆固醇升高和胃黏膜上皮细胞受损等。

(四)食物来源

《中国居民膳食营养素参考摄入量》(2013 版)提出的中国居民膳食钠适宜摄入量(AI),成年(18 岁)为 1500mg/d,成年(50 岁)为 1400mg/d。钠普遍存在于各种食物中,一般动物性食物钠含量高于植物性食物,但是人体钠来源主要为食盐以及加工、制备食物过程中加入的钠或者钠的复合物,以及酱油、盐渍或者腌制肉和烟熏食品、酱咸菜类、发酵豆制品、咸味休闲食品等。

六、氯

氯是人体必需常量元素之一,是维持体液和电解质平衡所必需的,也是胃液的一种必需成分。自然界常以氯化物形式存在,最普通的形式是食盐。氯在人体含量平均为 1.8g/kg,总量约为 100g,占体重的 0.2%左右,广泛分布于全身。主要以氯离子形式与钠、钾化合物存在。其中氯化钾主要在细胞内液,而且氯化钠主要在细胞外液中。

(一)生理功能

1. 维持细胞外液的容量与渗透压

$Cl^- - Na^+$ 是细胞外液中维持渗透压的主要离子,二者约占总离子的 80%,调节与控制着细胞外液的容量与渗透压。

2. 维持体液酸碱平衡

氯是细胞外液中的主要阴离子,当氯离子变化时,细胞外液中的 HCO_3^- 的浓度也随之变化，以维持阴阳离子的平衡，反之，当 HCO_3^- 浓度改变时，Cl^- 随着变化，来维持细胞外液的平衡。

3. 参与血液 CO_2 运输

当 CO_2 进入红细胞后，在红细胞内碳酸酐酶参与下，与水结合成碳酸，再解离为 H^+ 与 HCO_3^-，被转移出红细胞进入血浆，但是正离子不能同样扩散出红细胞，血浆中氯离子即等量进入红细胞内，以保持正负离子平衡。反之，红细胞内的 HCO_3^- 浓度低于血浆时，Cl^- 由红细胞移入血浆，HCO_3^- 转入红细胞，而使血液中大量的二氧化碳得以输送至肺部排出体外。

4. 其他作用

Cl^- 还参与胃液中胃酸形成，胃酸促进维生素 B_{12} 和铁的吸收；Cl^- 激活唾液淀粉酶分解淀粉，促进食物消化；Cl^- 刺激肝脏功能，促进肝中代谢废物排出；Cl^- 还有稳定神经细胞膜电位的作用等。

（二）吸收与代谢

1. 吸收

饮食中的氯多以 NaCl 形式被摄入，并在胃肠道被吸收。胃肠道中有多种机制可促使氯的吸收。胃黏膜处 Cl^- 吸收受浓度和 pH 影响，空肠中色氨酸刺激 Cl^- 的分布，增加单向氯离子的流量，回肠中有"氯-泵"参与正常膳食中氯的吸收及胃液中氯的重吸收。吸收的氯离子经血液和淋巴液运输至各种组织中。

2. 代谢

氯化物主要从肾脏排出，少量由汗液排出。但是经过肾小球滤过的氯，约有 80%在肾近曲小管被重吸收，10%在远曲小管被重吸收，只有小部分经尿排出体外。

（三）缺乏与过量

1. 缺乏

健康成人膳食氯适宜摄入量为 2800mg/d。由于氯来源广泛，特别是食盐，其摄入量往往大于正常需求水平。因此，由饮食引起的氯缺乏很少见。但是不合理配方膳食的应用、患先天性腹泻的婴儿，可导致氯缺乏。大量出汗、腹泻、呕吐或者肾病肾功能改变等引起的氯的大量丢失，均可造成氯的缺乏。氯的缺乏常伴有钠的缺乏，此时，造成低氯性代谢性碱中毒，常可发生肌肉收缩不良，消化功能受损，而且可影响生长发育。

2. 过量

人体摄入过多氯会引起对机体的危害作用并不多见。仅见于持续摄入高氯化钠或者过多氯化铵，临床上见于输尿管-肠吻合术、肾功能衰竭、以及肠对氯的吸收增强等，以上现象均可引起氯过多而致高氯血症。此外，敏感个体可致血压升高。

（四）食物来源

膳食中氯几乎完全来源于氯化钠，仅少量来自氯化钾。因此食盐及其加工食品酱油，盐渍、腌制食品，酱咸菜以及咸味食品等都富含氯化物，是体内氯的主要来源。天然水中也都

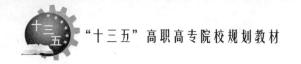

含有氯,估计日常从饮水中获取的氯约为 40mg/d 左右,与从食盐来源的氯的量相比并不重要。

七、铁

人体内铁总量约为 4g~5g,有两种存在形式,一是"功能性铁",是铁的主要存在形式。其中血红蛋白含铁量占总铁量的 70% 左右,3% 在肌红蛋白,1% 为含铁酶类如细胞色素、细胞色素氧化酶、过氧化物酶和过氧化氢酶等,这些铁发挥着铁的功能作用,参与氧的转运和利用。二是"贮存铁",是以铁蛋白和含铁血黄素形式存在于血液、肝、脾和骨髓中,约占体内总铁的 30% 左右。人体器官组织中铁的含量以肝、脾为最高,其次为肾、心、骨骼肌与脑。铁在体内的含量随年龄、性别、营养状况与健康状况而有很大的个体差异。

(一)生理功能

铁为血红蛋白、肌红蛋白、细胞色素 A 及一些呼吸酶的组成成分,参与体内氧与二氧化碳的转运、交换和组织呼吸过程。铁与红细胞形成和成熟有关,铁在骨髓造血组织中,进入幼红细胞内,与卟啉结合形成正铁血红素,后者再与珠蛋白合成血红蛋白。缺铁时新生的红细胞中血红蛋白量不足,甚至影响 DNA 的合成及幼红细胞的分裂增值,还可以使红细胞寿命缩短、自身溶血增加。

铁与免疫关系,大多数人认为铁含量与许多有关杀菌的酶成分、淋巴细胞转化率、吞噬细胞移动抑制因子、中性粒细胞吞噬功能等有关。当感染时,过量铁往往促进细菌的生长,对抵御感染不利。

铁还能催化促进 β-胡萝卜素转化为维生素 A、嘌呤与胶原的合成、抗体的产生、脂类从血液中转运以及药物在肝脏的解毒等功能。

(二)吸收与代谢

铁是人体极为重要的必需微量元素之一,人体内铁总量约为 4g~5g,健康成人铁适宜摄入量男子 15mg/d;女子为 20mg/d;可耐受最高摄入量男女均为 50mg/d。

1. 铁的吸收

食物中的铁主要是三价铁,经过胃酸的消化作用,溶解、离子化并还原成为亚铁状态后才能被胃肠黏膜所吸收。铁的吸收在小肠的任何一段都可以进行,但铁主要吸收部位是在小肠的上段,并且吸收效率最佳。大部分被吸收入血液的铁以小分子的形式,较快通过黏膜细胞,与脱铁铁蛋白结合形成铁蛋白,一部分铁蛋白的铁可在以后解离,以便进入血流,但是大部分可留在粘膜细胞内直至细胞破坏死亡而脱落。铁在体内的代谢过程中,可反复被机体利用。

2. 影响铁吸收的因素

铁在食物中主要是以三价铁形式存在,少数食物中为还原铁如亚铁或者二价铁。食物中铁可分为血红素铁和非血红素铁两类,它们有不同的吸收机理。血红素铁主要存在于动物性食物中,例如:动物的肝、肌肉、血液中,是与血红蛋白以及肌红蛋白的原卟啉结合铁。这种类型的铁不受植酸、磷酸等影响;非血红素铁在吸收前,必须与结合的有机物,如蛋白质、氨基酸和有机酸等分离,而且必须在转化为亚铁后可被吸收。因此有很多因素可影响非血红素铁的吸收。

(1)动物组织　蛋白质的铁吸收率较高,可达20%左右。动物的非组织蛋白质,例如:牛奶、乳酪和蛋清等,吸收率却不高。纯蛋白质例如:乳清蛋白、面筋蛋白、大豆分离蛋白等对铁的吸收还有抑制作用。一些氨基酸,例如:胱氨酸、半胱氨酸、赖氨酸和组氨酸等有利于铁的吸收,原因可能是与铁螯合成小分子的可溶性单体有关。

(2)脂类、碳水化合物　研究表明,膳食中脂类的含量适宜会对铁的吸收有利,过高或者过低均能降低铁的吸收。有些碳水化合物对铁的吸收有促进作用,其作用程度是:乳糖>蔗糖>葡萄糖,如果以淀粉代替乳糖或者葡萄糖,则明显降低铁的吸收率。

(3)矿物质元素　钙含量丰富时候,可部分减少植酸、草酸对铁吸收的影响,有利于铁的吸收。但是大量的钙不利于铁的吸收,原因尚未明确。无机锌与无机铁之间有较强的竞争作用,当体内无机锌过多时,就可干扰无机铁的吸收。

(4)维生素　维生素A与β-胡萝卜素在肠道内可能与铁络合,保持较高的溶解度,防止植酸、多酚类对铁吸收的不利作用。研究发现缺铁性贫血与维生素A缺乏往往同时存在,维生素A缺乏者补充维生素A,即使铁的摄入量不变,铁的营养状况也会有所改善。维生素B_2有利于铁的吸收、转运和贮存。维生素C具有还原性,能将三价铁还原为二价,并与铁螯合形成可溶性小分子络合物,有利于铁的吸收。口服较大剂量维生素C的时候,可显著增加非血红素铁的吸收。

(5)膳食纤维　由于膳食纤维能结合阳离子的铁、钙等,摄入过多时可干扰铁的吸收。

(6)植酸盐与草酸盐　粮谷类及蔬菜中的植物盐、草酸盐能与铁形成不溶性盐、影响铁的吸收。植酸盐,几乎存在于所有的谷类的糠麸、种子、坚果的纤维和木质素中,蔬菜水果中也都含有。

(7)卵黄高磷蛋白　蛋类中存在一种卵黄高磷蛋白,易干扰铁的吸收,使蛋类铁吸收率降低。

(8)机体状况　机体状况可左右铁的吸收,如果胃酸缺乏或者过多服用抗酸药时,影响铁离子释放,会降低铁的吸收。血红素铁与非血红素铁吸收,都受体内铁贮存量的影响,当体内铁贮存量多时,吸收率降低;体内铁贮存量少时,需要量增加,吸收率也会增加。

食物铁的吸收率,一般来说,植物性食物中铁吸收率较动物性食物低。例如:大米铁吸收率1%,玉米和黑豆3%,莴苣4%,小麦、面粉5%,鱼为11%,血红蛋白为25%,动物肉、肝22%,蛋类仅3%,人乳中铁的吸收率最高,高达49%。

3. 代谢

吸收的Fe^{2+}在小肠黏膜上皮细胞中氧化为Fe^{3+},并与脱铁铁蛋白结合成铁蛋白。吸收入血的Fe^{2+}经铜蓝蛋白氧化为Fe^{3+}与血浆中的转铁蛋白结合,才被转运到各组织中去。每一分子的转铁蛋白可与两分子的Fe^{3+}结合。体内仅1/3的转铁蛋白呈铁饱和状态。

(三)缺乏与过量

1. 缺乏

缺铁性贫血被世界卫生组织(WHO)确定为世界性营养缺乏病之一,是我国主要公共营养问题。当体内缺乏铁时,铁损失可分为三个阶段:第一阶段为铁减少期(ID),这个阶段贮存铁耗竭,血清铁蛋白浓度下降,症状不明显;第二阶段为红细胞生成缺铁期(IDE),这个阶段除血清铁蛋白下降外,血清铁(与运铁蛋白结合的铁)也下降,同时铁结合力上升,症状为即运铁蛋白的饱和度下降,游离原卟啉浓度上升,但是血红蛋白尚未降到贫血标准;第三阶段为缺铁性贫血期(IDA),血红蛋白和红细胞比容下降体内铁缺乏,引起含铁酶减少或铁依赖酶活性降低,使细胞呼吸障碍,从而影响组织器官功能。缺铁性贫血表现为:头晕、气短、心悸、乏力、脸色苍白、指甲脆薄、注意力不集中和抗感染力下降等症状,儿童易于烦躁、智能发育差。如果孕妇缺铁可造成婴儿先天性缺铁,对婴儿的发育和健康会产生长久的不良影响。

2. 过量

通过各种途径进入人体内的铁量的增加,可使铁在人体内贮存过多,因而可引起铁在体内潜在的有害作用,体内铁的储存过多与多种疾病如心脏病和肝脏疾病、糖尿病有关。铁主要储存部位在肝脏,铁过量常常累及肝脏,如果铁储存过多肝脏是诱导损伤的主要靶器官。铁过多诱导的脂质过氧化反应的增强,导致机体氧化和抗氧化系统失衡,直接损伤 DNA,诱发突变。

(四)食物来源

动物性食物中含有丰富的铁,如动物肝脏、瘦猪肉、牛羊肉、禽类、鱼类、动物全血等,不仅含铁丰富而且吸收率很高,是膳食中铁的良好来源,但鸡蛋和牛奶中铁的吸收率低。植物性食物中含铁量不高,且吸收率低,但黄豆和小油菜、芹菜、萝卜缨、荠菜、毛豆等铁的含量较高,其中黄豆的铁含量较高且吸收率也较高,是铁的良好来源。在我国的膳食结构中,植物性食物摄入比例较高,血红素铁的含量低,应注意多从动物性食物中摄取铁。

另外,用铁质烹调用具烹调食物可在一定程度上对膳食起着强化铁的作用。

八、碘

碘是人体的必需微量元素之一,健康成人体内含碘 20mg~50mg,其中约 80% 的碘存在于甲状腺组织内,碘缺乏不仅会引起甲状腺肿和少数克汀病发生,还可以引起亚临床克汀病人和智力低下儿童的发生。

(一)生理功能

碘在体内主要参与甲状腺激素的合成,其生理作用也是通过甲状腺激素的作用表现出来。

1. 参与能量代谢

蛋白质、脂类和碳水化合物的代谢中,碘促进氧化和氧化磷酸化过程;促进分解代谢、能量转换、增加氧耗量,这些均在心、肝、肾和骨骼肌中进行,而对脑的作用不是很明显。碘参与维持与调节体温,保持正常的新陈代谢和生命活动。膳食缺碘使甲状腺输出甲状腺激素受限,从而引起基础代谢率下降。反之,甲状腺功能亢进的人,机体的能量转换率和热的释放量相对提高。这是甲状腺素促进产热的一种反应。

2. 促进机体代谢和生长发育

哺乳类动物都有甲状腺素以维持机体细胞的分化和生长。发育期儿童的身高、体重、肌肉、骨骼的增长和发育都必须有甲状腺激素的参与，身体生长时期碘缺乏可导致儿童生长发育受阻如导致侏儒症。甲状腺激素还可以促进 DNA 及蛋白质合成、维生素的吸收和利用，并有活化许多重要的酶的作用，包括细胞色素酶系、琥珀酸氧化酶系等 100 多种，对生物氧化和代谢都有促进作用。

3. 促进神经系统发育

甲状腺素能促进神经系统的发育、组织的发育和分化以及蛋白质合成，这些作用在胚胎发育期和出生后的早期比较重要。妊娠前以及整个妊娠期缺碘或甲状腺激素缺乏均可导致脑蛋白合成障碍，使脑蛋白含量减少，细胞体积减少，脑重量减轻，这可直接影响智力发育。在一些严重地方性甲状腺肿的地区，会发生神经肌肉功能障碍，主要导致克汀病。

4. 垂体激素作用

碘代谢与甲状腺激素合成、释放受垂体前叶促甲状腺激素(TSH)的调节，促甲状腺激素(TSH)的分泌则受到血浆甲状腺激素浓度的反馈影响。当血浆中甲状腺激素增多，垂体即受到抑制，促使甲状腺激素分泌减少；当血浆中甲状腺激素减少时，垂体前叶促甲状腺激素(TSH)分泌即增多，这种反馈性的调节，对稳定甲状腺激素的功能很有必要，并且对碘缺乏病的作用也很大。

(二)吸收与代谢

1. 吸收

正常机体每日摄取碘的总量为 100ug~300ug，主要以碘化物的形式由消化道吸收，其中有机碘一部分可直接吸收，另一部分则需要在消化道转化为无机碘后才可被吸收。肺、皮肤和粘膜也可以吸收极微量的碘。人体碘的来源约 80%~90% 来自食物，10%~20% 来自饮用水，小于 5% 的碘来自空气。

膳食和水中的碘主要为无机碘化物，极易被吸收，经口腔进入人体后，在胃及小肠上段被迅速、完全吸收，一般在进入胃肠道后 1h 内大部分被吸收，3h 内几乎完全被吸收。有机碘经肠降解释放出碘化物后方被吸收。膳食钙、镁以及一些药物(如：磺胺类)等，对碘吸收有一定拮抗影响。蛋白质、能量不足时，也妨碍胃肠道内碘的吸收。

2. 代谢

在代谢过程中，甲状腺素分解而脱下的碘一部分可重新利用。血液中碘更新很快，正常情况下血浆碘清除的半衰期约为 10h，当患有甲状腺毒症或者缺碘时候，腺体活动旺盛、半衰期将缩短。甲状腺激素的更新比较慢，一般情况下甲状腺激素的半衰期约为 7d。

(三)缺乏与过量

1. 缺乏

机体因缺乏碘而导致的一系列障碍称为碘缺乏症病，其临床表现取决于缺碘程度、机体发育阶段(胎儿期、婴幼儿期、青春期或者成人期)、机体对缺碘的反应性能力等。不同发育阶段碘缺乏病的表现见表8-7。

表8-7 碘缺乏病的疾病表现

发育时期	碘缺乏病的表现
胎儿期	1.流产、死胎、先天畸形、婴幼儿期死亡率增高
	2.地方性克汀病
	3.神经运动功能发育落后
	4.胎儿甲状腺功能减退
新生儿期	新生儿甲状腺功能减退、新生儿甲状腺肿
儿童期和青春期	甲状腺肿、青春期甲状腺功能减退、智力发育障碍、单纯聋哑
成人期	甲状腺肿及其并发症、甲状腺功能减退、智力障碍、碘致甲状腺功能亢进

2.过量

较长时间的高碘摄入也能导致高碘性甲状腺肿等危害。高碘摄入可以导致高碘性甲状腺肿大、典型甲状腺功能亢进、桥本氏甲状腺炎等。碘的过量常发生在高碘地区以及在治疗甲状腺肿大等疾病中使用过量的碘剂等情况。

(四)食物来源

机体维持正常代谢和生命活动所需要的甲状腺激素是相对稳定的,合成这些激素所需要的碘量为50μg～75μg。《中国居民膳食营养素参考摄入量》(2013版)提出的中国居民膳食碘推荐摄入量(RNI),成年人(18～50岁)为120mg/d。

机体所需要的碘,主要是来自食物,约占一日总摄入量的80%～90%,其次为饮水与食盐。海洋生物含碘量很高,如:海带、紫菜、鲜海鱼、海参、龙虾等,其中干海带含碘可达240mg/kg;那些远离海洋的内陆山区或者不易被海风吹到的地区,土壤和空气中含碘量较少,这些地区的食物含碘量不高。

陆地食品含碘量的特点是动物性食品高于植物性食品,蛋、奶含碘量相对稍高,其次为肉类,淡水鱼的含碘量低于肉类。植物含碘量是最低的,特别是水果和蔬菜。

食用碘盐是最方便、最有效的防御缺碘的方法。

九、锌

锌是人体必需微量元素广泛分布于人体所有组织和器官。成人体内锌含量约2g左右,以肝、肾、肌肉和前列腺为高。血液中80%的锌分布在红细胞,5%分布在白细胞中,其余在血浆中。锌对生长发育、免疫功能、物质代谢和生殖功能等均有重要作用。

(一)生理功能

1.锌是人体内许多金属酶的组成成分或者酶的激活剂

有近百种酶依赖锌的催化,例如:醇脱氢酶系(ECⅢ醇脱氢酶),失去锌该酶活性也将随时丢失,补锌该酶可以恢复活性。

2. 锌能促进机体的生长发育和组织再生

锌是调节基因表达,即 DNA 复制、转译和转录的 DNA 聚合酶的必需组成部分,因此,缺锌动物突出症状是生长停滞、蛋白合成受阻、DNA 和 RNA 代谢等发生障碍。正在生长的儿童如果严重缺锌会影响身体发育,患上缺锌性侏儒症。

3. 提高机体免疫功能

由于锌在 DNA 合成中的作用,使得它在参加包括免疫反应细胞在内的细胞复制中起着重要作用,机体缺锌时,可削弱免疫机制,降低抵抗力,使机体易受细菌感染。

4. 维持细胞膜的完整性

锌可与细胞膜上各种基因、受体等作用,增强膜稳定性和抗氧自由基的能力,防止脂质过氧化,从而保护细胞膜的完整性。

5. 锌对味觉及食欲起促进作用

锌还能与唾液蛋白结合成味觉素,所以对味觉及食欲起促进作用。锌对皮肤的健康有着重要作用,缺锌可引起上皮的角质化和食道的角质化,出现皮肤粗糙、干燥等现象。

(二)吸收与代谢

1. 吸收

机体每天从膳食中摄入约 15mg 的锌。锌主要在小肠内吸收,吸收率为 30%,仅有一小部分在胃和大肠中吸收。植物性食物中锌的吸收率低于动物性食物,这是因为植物性食物中含有纤维素和植酸等不利于锌吸收的物质。我国居民的膳食主要以植物性食物为主,所以锌的生物利用率较低,一般在 15% 左右。还有,铁也抑制锌的吸收,铁对锌的吸收有相互竞争的作用,铁锌比为 1:1 时影响不大,在铁锌比太高时会影响锌的吸收。维生素 D 能促进锌的吸收。

2. 代谢

正常膳食锌平衡时,吸收的锌经代谢后主要通过胰脏的分泌而由肠道以粪便的形式排出,约占 90%,其余部分由尿、汗、头发中排出。

(三)缺乏与过量

1. 缺乏

生长期儿童如果长期缺锌可导致侏儒症,主要表现是生长停滞。青少年除了生长停滞外,还会出现性成熟推迟、性器官发育不全,第二性征发育不全等。无论儿童还是成人如果缺锌,均可引起味觉减退及食欲不振,还会出现皮肤干燥。免疫功能降低等症状。

2. 过量

人体一般来说不易发生锌中毒,但是成人一次性摄入 2g 以上的锌会发生锌中毒,主要是锌对胃肠道的直接作用,导致上腹疼痛、腹泻、恶心和呕吐等症状。锌中毒后停止锌的接触或者摄入后,症状短期内即可消失。

(四)食物来源

《中国居民膳食营养素参考摄入量》(2013 版)提出的中国居民膳食锌推荐摄入量

第八章 矿物质

223

（RNII），成年男性（18~50岁）为12.5mg/d，成年女性（18~50岁）为7.5mg/d。

锌的来源比较广泛，不论动物性食物还是植物性食物都含有锌，但是食物中锌的含量差别比较大，吸收率也不相同。一般来说贝类海产品、红色肉类、动物内脏类都是锌极好的来源；干果类、谷类胚芽和麦麸也富含锌。一般植物性食物含锌较低。虾、燕麦、花生酱、花生、玉米等为锌的良好来源。精细的粮食加工过程可导致大量的锌丢失。例如：小麦加工成精面粉大约80%锌被去掉；豆类制成罐头比新鲜大豆锌含量损失60%左右。

十、铜

正常成人机体内含铜总质量为50mg~120mg，其中50%~70%在肌肉和骨髓中，20%在肝脏中。5%~10%在血液中，人血液中的铜主要分布在细胞和血浆之间，在红细胞中约60%的铜存在于Cu-Zn金属酶中，其余40%与其他蛋白质和氨基酸松弛的结合，少量存在于铜酶中。

（一）生理功能

铜是人体必需的微量元素，广泛分布在生物组织中，大部分以有机复合物形式存在，很多是金属蛋白，以酶的形式起着功能作用。铜在体内的生理生化作用，主要是通过酶的形式表现出来。目前已知的含铜酶约有10多种，并且都是氧化酶。

1. 维持正常的造血功能

在肝脏合成的铜蓝蛋白能催化二价铁氧化成三价铁，对于生成运铁蛋白有重要作用，能促进铁的吸收和运输，还能促进血红素和血红蛋白的合成。

2. 维护中枢神经系统的完整性

缺铜可导致脑组织萎缩，灰质和白质变性，神经元减少，神经发育停滞，出现嗜睡和运动障碍等病症。

3. 维护骨骼、血管和皮肤的健康

含铜的赖氨酰氧化酶能促进骨骼、血管和皮肤胶原蛋白和弹性蛋白的交联。

4. 保护正常黑色素的形成以及维护头发的正常结构

含铜的酪氨酸酶能催化酪氨酸转移为多巴，进而转为黑色素，为皮肤、毛发和眼睛所必需。

5. 保护机体细胞免受超氧离子的损伤

铜是超氧化物歧化酶的重要成分，而超氧化物歧化酶有较强的抗氧化作用，可清除氧自由基，是保护生物细胞赖以生存的必要酶。

（二）吸收与代谢

1. 吸收

铜主要是在小肠被吸收，少量由胃吸收，吸收率为40%。铜吸收率受膳食中铜水平强烈影响，膳食中铜含量增加，吸收率下降，但吸收量仍有所增加。膳食中铜水平低时，以主动运输为主，膳食中铜水平高时，被动吸收起作用。年龄和性别对吸收未见明显影响。铜的吸收可能受到机体对铜的需要所调节,含铜硫蛋白参与对铜吸收的调节。膳食中的锌、维生素 C 和果糖等同样可影响铜的吸收。含锌质量分数为 $120\mu g/g \sim 240\mu g/g$ 时,可明显降低含铜酶的活力,而大量服用维生素 C 制剂的情况下也易出现铜蓝蛋白的降低。

2. 代谢

膳食中铜被吸收后被运送到全身各个组织,主要是在肝脏、骨髓等处,用以合成各种含铜酶。肝脏在铜的代谢和内环境稳定中起着核心的作用。正常人每日通过粪便、尿液、汗液将铜排出体外,排出量为 1mg~4mg,其中从胆汁中排出的铜约占总量的 80%,其次为小肠黏膜,尿液中的排出量约为 3%。

(三)缺乏与过量

1. 缺乏

铜普遍存在于各种天然食物中,正常膳食可满足人体对铜的需要,一般不易缺乏。如果缺乏铜,通常的缺乏病主要有几种情况:(1)早产儿;(2)全面营养不良和长期腹泻;(3)小肠吸收不良的病变;(4)长期完全肠外营养的病人;(5)长期使用螯合剂。机体缺铜可引起贫血、白细胞减少、血管活力减退、运动障碍、心律不齐、神经变性、胆固醇升高和骨质疏松等症状。

2. 过量

过量铜会引起急、慢性中毒,铜过量表现为:恶心呕吐、上腹疼痛、腹泻和眩晕。机体摄入 100g 或者更多硫酸铜可引起溶血性贫血、肝和肾衰竭、休克,更严重者可表现昏迷,甚至死亡。

(四)食物来源

《中国居民膳食营养素参考摄入量》(2013 版)提出的中国居民膳食铜推荐摄入量(RNI),成年人(18~50 岁)为 0.8mg/d。铜广泛分布于各种食物中,例如:谷类、豆类、贝类、肝、肾等都是含有铜的丰富食物。以贝类海产品和坚果类中含量最高;其次是动物的肝、肾;谷类胚芽部分、豆类等次之。蔬菜和乳类中含铜量较低,牛乳含铜量很低,为 0.015mg/L ~ 0.2mg/L。通常成人每天可从膳食中得到 2.5mg~5mg 的铜,能充分满足需要量。

十一、硒

硒是人体必需微量元素,是 20 世纪后半叶营养学上最重要的发现之一。20 世纪 70 年代发现硒是谷胱甘肽过氧化物酶的必需组分,发现了硒的第一个生物活性形式。发现克山病地区人群处于低硒状态,补硒能有效地预防克山病,揭示了硒缺乏是克山病发病的基本因素。

硒遍布于人体各组织器官和体液中,肾中硒浓度最高,肝脏次之,血液中相对低一些。肌肉中的硒占人体硒总量的一半。肌肉、肾脏、肝脏和血液是硒的组织贮存库。硒在人体内总量的测定数据不多,成人体内硒总量在 3mg~20mg。人体硒量的不同与地区膳食硒摄入量的差异有关。

（一）生理功能

1. 抗氧化作用

硒作为谷胱甘肽过氧化酶的成分，它通过消除脂质过氧化物，阻断活性氧和自由基的致病作用，在人体内起抗氧化作用，能防止过多的过氧化物损害机体代谢和危害机体的生存，从而起到延缓衰老，并预防某些慢性病的发生。

2. 能解除体内重金属的毒性作用

硒和金属有较强的亲和力，是一种天然的重金属解毒剂，在体内与金属相结合，形成金属-硒-蛋白质复合物而起到解毒作用。

3. 保护心血管和心肌的健康

硒对于保护心血管以及保护心肌的健康有着重要的作用。与缺硒有密切关系的克山病是以心肌损害为主要特征的。

4. 保护视器官的健全功能和视力

含有硒的谷胱甘肽过氧化物酶和维生素 E 可使视网膜上的氧化损伤降低。

5. 维持正常免疫功能

适量硒浓度可以保持细胞免疫和体液免疫。硒在白细胞中的检出和硒作为谷胱甘肽过氧化物酶组分的发现，为硒在免疫系统中的作用提供了初步揭示。硒在脾、肝、淋巴结等所有免疫器官中都有检出，并观察到补硒可提高宿主抗体和补体的应答能力等。

另外，硒还有促进生长、调节甲状腺激素、抗肿瘤和抗艾滋病的作用。

（二）吸收与代谢

1. 吸收

硒主要是在小肠中被吸收，人体对食物中硒的吸收率一般为60%～80%。硒在人体内主要以两种形式存在，一种是硒蛋氨酸，它在体内不能合成，直接由食物供给，可作为机体内硒的贮存形式存在，当膳食中缺少硒时，硒蛋氨酸可向机体提供人体所需的硒；另外一种是硒中的硒半胱氨酸，是具有生物活性的化合物。因为在遗传密码中，硒半胱氨酸的编码是 UGA（即乳白密码子），通常用作终止密码子。当细胞生长缺硒时，硒蛋白的翻译会在 UGA 密码子处中止，成为不完整而没有功能的蛋白。

2. 代谢

经肠道吸收进入人体内的硒，代谢后大部分经尿液排出，粪便中的硒主要是食物中未吸收的硒，另外，硒还可以通过皮肤和毛发排出。

（三）缺乏与过量

1. 缺乏

硒在食物中的存在形式不同，其生物利用率也不相同。维生素 A、维生素 C、维生素 E 可促使人体对硒的吸收和利用，重金属和铁、铜、锌等会对硒的吸收产生抑制作用。我国科学家首先证实了缺硒是发生克山病的主要原因。缺硒也是发生大骨节病的重要原因。另外,缺硒还会影响机体的抗氧化能力和免疫功能。

2. 过量

人类因食用含硒较高的食物和水,或者从事某些常常接触到硒的工作时,能引起硒中毒。

(四)食物来源

《中国居民膳食营养素参考摄入量》(2013版)提出的中国居民膳食维硒推荐摄入量(RNI),成年人(18~50岁)为60mg/d。

食物中硒含量受产地土壤中硒含量的影响而有很大的地区差异,同一种食物会因为产地的不同而硒含量不同。一般来说,海产品、肝、肾、肉类、大豆和完整粒的谷类是硒的良好来源。

【复习思考题】

1. 何为微量元素、必需元素、非必需元素、有毒元素?

2. 俗语中酸性食物、碱性食物与食物加工工艺上的酸性食物、碱性食物有何不同?辨别酸性、碱性、中性食物。

3. 加工烹调时矿物质的变化主要有哪些方面?罐头加工中与矿物质有关的影响食品品质的变化有哪些?

4. 富含铁、锌、碘的食物有哪些?

第八章 矿物质

第九章　各类食物的营养价值

【本章目标】

1.掌握食品营养价值的评价方法,理解营养素密度(ND)、营养质量质数(INQ)的概念、意义。

2.熟悉谷类、豆类、果蔬类、食用菌、畜禽水产品的营养价值,掌握其营养特点及合理食用的方法。

第一节　食物营养价值的评定

人体所需要的各种营养素,归根到底要靠各种食物来提供,营养平衡的膳食也需要用多种多样的食物来组成。农产品的生产以及各种食品的加工、储藏和烹调处理,从根本上来说,目标都是提供营养、卫生、便于消化的食物,从而为人体供应充足的营养素。因此,营养、食品和农业的从业者都应当对食物的营养价值有正确的认识,并充分了解常见各类食物的营养价值。

一、食物营养价值的相对性

食物的营养价值是指食物中所含的能量和营养素能满足人体需要的程度,包括营养素的种类、数量和比例,被人体消化吸收和利用的效率,所含营养素之间有何相互作用等几个方面。

食物的营养价值并非绝对,而是相对的。在评价食物的营养价值时必须注意以下几个问题。

(1)几乎所有天然食物中都含有人体所需要的一种以上的营养素。除去某些特别设计的食品(如病人用无渣膳、婴儿奶粉和航天食品等)以及4个月内婴儿喂养的母乳之外,没有一种食品的营养价值全面到足以满足人体的全部营养需要。例如,牛奶虽然是一种营养价值相当高的食物,但其中铁的含量和利用率都较低。胡萝卜也是一种被公认营养价值较高的蔬菜,但其蛋白质含量低。通常被称为"营养价值高"的食物往往是指多数人容易缺乏的那些营养素含量较高,或多种营养素都比较丰富的那些食物。

(2)不同的食物中能量和营养素的含量不同,同一种食物的不同品种、不同部位、不同产地、不同成熟程度之间也有相当大的差别。例如,同样是番茄,大棚生产与露地生产的果实维生素C含量不同。因此,食物成分表中的营养素含量只是这种食物的一个代表值。

(3)食物的营养价值也受储存、加工和烹调的影响 有些食物经过烹调加工处理后会损失原有的营养成分。例如,蔬菜经热加工处理后,维生素C损失较大;但是也有些食物经过

228

加工烹调提高了营养素的吸收利用率,如大豆制品、发酵制品等。

(4)有些食物中存在一些天然抗营养成分或有毒物质。如菠菜中的草酸会影响钙的吸收、生大豆中的抗胰蛋白酶影响蛋白质的消化吸收、生蛋清中的生物素结合蛋白影响生物素的利用、生扁豆中的毒物会引起中毒等。这些物质会对食物的营养价值和人体健康产生不良影响,应当通过适当的加工烹调使之失活。

(5)考虑以上问题的前提都应该确保所食用的食物是安全的。如果食品受到来自微生物或化学毒物的污染,就无法考虑其营养价值。

食物除营养功能外还具有感官功能。食物的感官功能可以促进食欲,并带来饮食的享受,但非天然的风味与营养价值没有必然的联系,因此,片面追求感官享受往往不能获得营养平衡的膳食。食物的生理调节功能不仅与营养价值相关,还取决于一些非营养素的生理活性成分,与其营养价值的概念并非完全一致。

营养与食品工作者应当认识到,食品除了满足人的营养需要之外,尚有社会、经济、文化、心理等方面的意义。食物的购买和选择取决于价格高低、口味嗜好、传统观念和心理需要等多种因素。因此,食物的营养价值常常与其价格不成比例,甚至相去甚远。

二、食物营养价值的评定

食物的营养价值不能以一种或两种营养素的含量来决定,而必须看它在膳食整体中对营养平衡的贡献。一种食物无论其中某些营养素含量如何丰富,也不能代替由多种食物组成的营养平衡的膳食。

由于食物的营养素组成特点不同,在平衡膳食中所发挥的作用也不同。例如,蔬菜当中蛋白质含量低而维生素 C 含量高,钠含量低而钾含量高;肉类中蛋白质含量高而不含维生素C,钾含量低而钠含量高。营养平衡的膳食需要通过各种食物恰当配合来满足人体对所有营养物质的需要。

(一) 营养素密度(ND)

营养素密度,即食物中某营养素满足人体需要的程度与其能量满足人体需要程度之比值。也可以表述为食物中相应于 4.18MJ 能量含量的某营养素含量。其计算公式为:

营养素密度=(一定数量某食物中的某营养素含量/同量该食物中所含能量)×1000

要注意的问题是,营养素的含量与其营养素密度并非等同。例如,以维生素 B_2 含量而论,炒葵花籽的含量为 0.26mg/100g,而全脂牛奶的含量为 0.16mg/100g,前者比较高。然而若以维生素 B_2 的营养素密度而论,炒葵花籽为 0.43,而全脂牛奶为 2.96,显然后者更高。这就意味着,安排平衡膳食的时候,如果不希望增加很多能量而希望供应较多的维生素 B_2,选择牛奶作为这种维生素的供应来源更为合适。

人体对膳食中能量的需要是有限的,而且膳食能量的供应必须与体力活动相平衡。由于机械化、自动化、电气化和现代交通工具的应用,现代人的体力活动不断减少,同时食物非常丰富,人们很容易获得高能量膳食,膳食能量超过身体需求导致的超重和肥胖已经成为普遍的社会问题。因此,获得充足的营养素而不会造成能量过剩是合理膳食的重要要求之一。从这个角度来说,在用食物补充某些维生素或矿物质时,营养素密度是比营养素含量更为重要的参考数据。如果对食物进行脱脂、低脂、低糖、无糖等处理,就可以有效地提高膳食中食品的营养素密度,如半脱脂牛奶、无糖酸奶、低脂肪奶酪、低脂肪花生酱等。反之,在食物中加入脂肪、糖、淀粉水解物等成分,便会大大降低食物的营养素密度。对于食量有限的幼儿、老人、缺乏锻炼的脑力劳动者、需要控制体重者,以及营养素需求极其旺盛的孕妇、乳母来说,都要特别注意膳食中食物的营养素密度。

(二)营养质量指数(INQ)

营养质量指数,即营养素密度(某营养素占供给量的比)与热能密度(该食物所含热能占供给量的比)之比。其计算方法为:

INQ=(100g 某种食物中某营养素的含量/某营养素的参考摄入量)/(100g 该食物中所含能量/能量的日推荐摄入量)

INQ=1,该营养素与能量含量达到平衡;

INQ>1,该营养素的供给量高于能量的供给量,营养价值较高;

INQ<1,该营养素的供给量少于能量的供给,营养价值较低。

三、营养素的生物利用率

食物中所存在的营养素往往并非人体直接可以利用的形式,而必须先经过消化、吸收和转化才能发挥其营养作用。所谓营养素的"生物利用率",是指食品中所含的营养素能够在多大程度上真正在人体代谢中被利用。在不同的食品中、不同的加工烹调方式与不同食物成分同时摄入时,营养素的生物利用率会有很大差别。总体来说,影响营养素生物利用率的因素主要包括以下几个方面。

(一)食物的消化率

例如,虾皮中富含钙、铁、锌等元素,然而由于很难将它彻底嚼碎,其消化率较低,因此其中营养素的生物利用率受到影响。

(二)食物中营养素的存在形式

例如,在海带当中,铁主要以不溶性的三价铁复合物存在,其生物利用率较低;而鸡心当中的铁为血红素铁,其生物利用率较高。

(三)食物中营养素与其他食物成分共存的状态,是否有干扰或促进吸收的因素

例如,在菠菜中由于草酸的存在使钙和铁的生物利用率降低,而在牛奶中由于维生素 D和乳糖的存在促进了钙的吸收。

(四)人体的需要状况与营养素的供应充足程度

在人体生理需求急迫或是食物供应不足时,许多营养素的生物利用率提高,反之在供应过量时便降低。例如乳母的钙吸收率比正常人高,而每天大量服用钙片会导致钙吸收率下降。

因此,评价一种食物中的营养素在膳食中的意义时,不能仅仅看其营养素的绝对含量,而要看其在体内可利用的数量。否则,就可能做出错误的食物评价,从而影响膳食选择。

第二节　谷类食品的营养价值

　　谷类主要指单子叶禾本科植物的种子,包括稻谷、小麦、大麦、小米、高粱、糜子、燕麦等,也包括少数虽然不属于禾本科,但是习惯于作为主食的植物种子,如属于双子叶蓼科植物的荞麦。谷类种子中储备有丰富的养分,以便供第二代植物萌发时使用。其中最重要的养分是淀粉,也含有蛋白质等其他营养成分。

　　谷类在我国人民的膳食中占有突出重要的地位,每日摄入量为 250g～500g,按干重计算,是各种食物中摄入量最大的一种,故而被称为主食。在正常情况下,主食为我国人民提供了膳食中 50%～70%的能量、40%～60%的蛋白质和 50%以上的维生素 B_1,故而在营养供应当中占有特别重要的地位。

一、谷粒的结构和化学组成

　　谷粒结构的共同特点是具有谷皮、糊粉层、胚乳和谷胚 4 个主要部分。谷皮包括植物学上的果皮和种皮,糊粉层紧贴谷皮,处于胚乳的外层;胚则处于种子下端的一侧边缘。

　　稻米和小麦是世界上最重要的两种谷类作物,除去外壳之后称为糙米和全麦,此时因口感较粗,被称为"粗粮";再经过碾白,除去外层较为粗硬的部分,保留中间颜色较白的胚乳部分,便成为日常食用的口感细腻柔软的精白米和精白面粉,被称为"细粮"。此时种皮、糊粉层和大部分胚随着糠麸被除去。在碾米各成分中,糠层约占稻米质量的 5%～6%,胚和胚乳分别占 2%～3%和 91%～92%。

　　谷粒最外层的谷皮主要由纤维素、半纤维素构成,含较多的矿物质、脂肪和维生素。谷皮不含淀粉,其中纤维和植酸含量高,因而在加工中作为糠麸除去。在加工精度不高的谷物中,允许保留少量谷皮成分。

　　糊粉层介于胚乳淀粉细胞和皮层之间,含蛋白质、脂类物质、矿物质和维生素,营养价值高。但糊粉层细胞的细胞壁较厚,不易消化,而且含有较多酶类,影响产品的耐储藏性,因而在精加工中常常和谷皮一起磨去。

　　谷胚是种子中生理活性最强、营养价值最高的部分,含有丰富的脂肪、维生素 B_1 和矿物质,蛋白质和可溶性糖也较多。谷胚蛋白质与胚乳蛋白质的成分不同,其中富含赖氨酸,生物价值很高。在食品加工当中,谷胚常作为食品的营养补充剂添加到多种主食当中。在精白处理中,谷胚大部分被除去,降低了产品的营养价值,但可提高产品的储藏性,因为胚的吸湿性较强,其中的脂肪还可能在储藏过程中氧化酸败,产生不良的气味。

　　胚乳是种子的储藏组织,含有大量的淀粉和一定的蛋白质,靠近胚的部分蛋白质含量较高。胚乳容易消化,适口性好,耐储藏,但是维生素和矿物质等营养素的含量很低,日常消费的精白米和富强粉中以胚乳为主要成分。

二、谷类的营养价值

　　谷类因种类、品种、产地、生长条件和加工方法不同,其营养素的含量有很大的差别。

第九章　各类食物的营养价值

（一）蛋白质

谷类中蛋白质的含量通常为 7.5%~15%，品种间有较大差异。按照蛋白质的溶解性，可将谷类中的蛋白质划分为谷蛋白、白蛋白、醇溶蛋白和球蛋白 4 个组分。多数谷类种子中醇溶蛋白和谷蛋白多占比例较大，清蛋白和球蛋白含量相对较低。

一般谷类蛋白质的必需氨基酸组成不平衡，赖氨酸含量普遍偏少，有些谷类苏氨酸、色氨酸含量也不高，因此谷类蛋白质的营养价值较低。燕麦和荞麦的蛋白质是例外，其中赖氨酸含量充足，生物价值较高。

要提高谷类食品蛋白质的营养价值，在食品工业上常采用氨基酸强化的方法，如以赖氨酸强化面粉生产面条、面包等以解决赖氨酸少的问题；另外采用蛋白质互补的方法提高其营养价值，即将两种或两种以上的食物共食，使各食物的必需氨基酸得到相互补充，如粮豆共食、多种谷类共食或粮肉共食等。谷类蛋白质含量虽不高，但谷类在我们的食物总量中所占的比例较高，因此，谷类是膳食中蛋白质的重要来源。如果每人每天食用 300g~500g 粮谷类，就可以得到约 35g~50g 蛋白质，这个数字相当于一个正常成人一天需要量的一半或以上。此外，种植高赖氨酸玉米等高科技品种也是一好方法。

（二）碳水化合物

谷类的碳水化合物含量一般在 70% 左右，主要为淀粉，集中在胚乳的淀粉细胞内，是人类最理想、最经济的能量来源，我国人民膳食生活中 50%~70% 的能量来自谷类的碳水化物。淀粉分为直链淀粉和支链淀粉。一般直链淀粉约为 20%~25%，糯米几乎全为支链淀粉。目前高科技农业已培育出直链淀粉含量达 70% 的玉米品种。

谷类淀粉的特点是能被人体以缓慢、稳定的速率消化吸收与分解，最终产生供人体利用的葡萄糖，而且其能量释放缓慢，不会使血糖突然升高，这无疑对人体健康是有益的。谷类中的纤维素和半纤维素在改善肠道功能中也起着重要作用。

（三）脂肪

谷类的脂肪含量低，约为 1%~4%，如大米、小麦约为 1%~2%，玉米和小米可达 4%，主要集中在糊粉层和胚芽，因此在谷类加工时易损失或转入副产品中。在食品加工业中常将其副产品用来提取与人类健康有关的油脂，如从米糠中提取米糠油、谷维素和谷固醇，从小麦胚芽和玉米中提取胚芽油。这些油脂不饱和脂肪酸含量达 80%，其中亚油酸约占 60%，在保健食品的开发中常以这类油脂作为功能油脂来替代膳食中富含饱和脂肪酸的动物油脂，可明显降低血清胆固醇，有防止动脉粥样硬化的作用。

（四）维生素

谷类所含的维生素多是 B 族维生素，如硫胺素（维生素 B_1）、核黄素（维生素 B_2）、尼克酸（维生素 PP）、泛酸（维生素 B_3）、吡哆醇（维生素 B_6）等含量较多，主要分布在糊粉层和胚部，可随加工而损失，加工越精细损失越大，精白米、面中的 B 族维生素可能只有原来的 10%~30%。因此，长期食用精白米、面，又不注意其他副食的补充，易引起机体维生素 B_1 的不足或缺乏，导致患脚气病，主要损害神经血管系统，特别是孕妇或乳母若摄入维生素 B_1 不足或缺乏，可能会影响胎儿或婴幼儿的健康。玉米和小米含少量胡萝卜素。过度加工的谷物,其维生素损失严重。

(五)矿物质

谷类的矿物质含量约为 1.5%~3%。主要是磷、钙,多以植酸盐形式集中存在于谷皮和糊粉层中,消化吸收较差。

目前应对居民普遍食用的精白米、面进行营养强化,克服其缺陷。从谷类的营养价值不难看出,谷类在我们的膳食生活中是相当重要的。中国营养学会于 2011 年发布的《中国居民膳食指南》八条中第一条就明确提出"食物多样,谷类为主,粗细搭配",在我国古代《黄帝内经》中就记载有:"五谷为养,五果为助,五畜为益,五菜为充"。都把谷类放在第一位置,说明谷类可以满足我们膳食生活中最基本的营养需要。

随着中国经济的发展,人民经济收入不断地提高,在我国人民的膳食生活中,食物结构也相应地发生了很大的变化,无论在家庭或是聚餐,餐桌上动物性食品和油炸食品多了起来,而主食很少,且追求精细。这种"高蛋白、高脂肪、高能量、低膳食纤维"三高一低的膳食结构致使我国的现代"文明病",如肥胖症、高血压、高脂血症、糖尿病、痛风等以及肿瘤的发病率不断上升,并正威胁着人类的健康和生命。此外,在我国也出现了另一种情况,一些人认为吃饭会发胖,因此,只吃菜不吃饭或很少吃饭等,这种不合理的饮食结构又会导致新的营养问题出现,最终因营养不合理而导致疾病。因此建议有不合理膳习惯的人要尽快纠正,做到平衡膳食,合理营养,把五谷杂粮放在餐桌上的合理位置,这才有利于健康。《中国居民平衡膳食宝塔》塔底建议成人每天 250g~500g 粮谷类食品是一个较为合理的量。

三、谷类的血糖指数

血糖生成指数(GI)是食物的一种生理学参数,是衡量食物引起餐后血糖反应的一项有效指标,它表示含50g 有价值的碳水化合物的食物和相当量的葡萄糖或白面包在一定时间内(一般为2h)体内血糖应答水平百分比值。一般认为,当 GI<55 时,该食物为低 GI 食物,当 GI 在 55~75 时,该食物为中等 GI 食物,当 GI>75 时,该食物为高 GI 食物。食物 GI 受多种因素的影响,如食物中碳水化合物的类型和结构、食物的化学成分和含量及食物的物理状态和加工过程等;另外,膳食的组成也同样影响食物 GI。因此,了解食物 GI,对合理安排膳食,调节和控制人体血糖水平有着重要的作用。谷类食物 GI 见表 9-1。

表 9-1　谷类食品及其制品生成指数(GI)

食物名称	GI	食物名称	GI
小麦(整粒,煮)	41.0	稻麸	19.0
粗麦粉(蒸)	65.0	糯米饭	87.0
面条(小麦粉)	81.6	大米糯米粥	65.3
面条(强化蛋白质,细,煮)	27.0	黑米粥	42.3
面条(全麦粉,细)	37.0	大麦(整粒,煮)	25.0
面条(白,细,煮)	41.0	大麦粉	66.0

表 9-1(续)

食物名称	GI	食物名称	GI
面条(硬质小麦粉,细,煮)	55.0	黑麦(整粒,煮)	34.0
线面条(实心,细)	35.0	玉米(甜,煮)	55.0
通心粉(管状,粗)	45.0	玉米面(粗粉,煮)	68.0
面条(小麦粉,硬,扁,粗)	46.0	玉米面粥	50.9
面条(硬质小麦粉,加鸡蛋,粗)	49.0	玉米糁粥	51.8
面条(硬质小麦粉,细)	55.0	玉米片	78.5
馒头(富强粉)	88.1	玉米片(高纤维)	74.0
烙饼	79.6	小米(煮)	71.0
油条	74.9	小米粥	61.5
大米粥	69.4	米饼	82.0
大米饭	83.2	荞麦(黄)	54.0
黏米饭(含直链淀粉高,煮)	50.0	荞麦面条	59.3
黏米饭(含直链淀粉低,煮)	88.0	荞麦面馒头	66.7
糙米(煮)	87.0	燕麦麸	55.0

四、谷类的最新研究

研究人员注意到,将谷物倒入牛奶一起吃可能有一定作用。牛奶富含钙,钙也有助于控制脂肪。马里兰州医学研究中心对加州、俄亥俄州和马里兰州的 2379 名少女进行了 10 年的追踪调查,这些少女年龄在 9~19 岁,该项调查要求受试者记录在这 10 年中不同时间段连续 3 天的饮食。研究人员在对这些评估进行统计研究后发现,不管少女年龄和运动状况如何,每周吃 3 次或 3 次以上谷类早餐的人,比不吃的身体密度指标要低,而那些早餐吃其他食物的人,身体密度指标则介于前两者中间。

另外,常吃早餐的人倾向于定时吃三餐,较少在三餐间吃零食,她们的食物摄入中,脂肪和胆固醇明显要低,而钙和纤维明显要高。另外一项研究是美国密歇根州立大学进行的全国健康和营养调查。在 1218 名接受调查的成年男女中,77% 的人习惯吃早饭,其中 22% 的人喜欢吃即食谷物。在女性中,即使考虑到锻炼和总热量摄入等因素,吃谷物早餐的人体重超重的概率仍比不吃早饭的人低 30%。但是,喜欢其他早餐食品的女性的超重概率与不吃早饭的女性类似。但谷物早餐在维持女性体重方面的优势在男性中却不明显。

尚不清楚谷物是否对体重控制有直接作用,同时,这两项研究也没有区分不同糖分含量的即食谷物。研究人员认为,很多盒装即食谷物里富含的纤维、维生素和矿物质成分可能对控制体重有一定的功劳,而糖分高的谷物必定不是健康早餐的好选择。

第三节　豆类及坚果类的营养价值

一、豆类的营养价值

豆类包括各种豆科栽培植物的可食种子。按豆类的营养组成划分为大豆、豌豆、蚕豆、豇豆、绿豆、小豆等干豆类。按照豆类中营养成分含量可将豆类分为两大类，一类是大豆（包括黄豆、黑豆、青豆等）；另一类是除大豆以外的其他豆类，如蚕豆、绿豆、小豆等。豆制品是由大豆或绿豆等原料制作的半成品食物，如豆浆、豆腐、豆豉、粉丝等。豆粒的形状、大小不一，但都是由表皮、子叶和豆胚三部分组成。豆类与谷类种子结构不同，其营养成分主要在子粒内部的子叶中，因此在加工中除去种皮不影响其营养价值。

（一）豆类的营养价值

1. 大豆的营养价值

大豆包括黄大豆、青大豆、黑大豆、白大豆等品种，以黄大豆比较常见。黄大豆的蛋白质含量达 35%~45%，是植物中蛋白质质量和数量最佳的作物之一。

（1）蛋白质

大豆蛋白质的赖氨酸含量高，但蛋氨酸为其限制氨基酸。大豆蛋白质的赖氨酸含量达谷物蛋白质的 2 倍以上，如果与缺乏赖氨酸的谷类配合食用，则能够实现蛋白质的互补作用，使混合后的蛋白质生物价值达到肉类蛋白的水平。这一特点，对于因各种原因不能摄入足够动物性食品的人群具有特别的重要意义。因此，在以谷类为主食的我国应大力提倡食用豆类。

（2）脂类

大豆的脂肪含量为 15%~20%，传统用来生产豆油。大豆油中的不饱和脂肪酸含量高达 85%，其中亚油酸含量达 50% 以上，油酸达 30% 以上，维生素 E 含量也很高，是一种优良的食用油脂。纯净的油脂无色，其黄色来自类胡萝卜素。大豆油中的亚麻酸含量因品种不同而有所差异，多在 2%~10% 之间。低亚麻酸、高油酸和亚油酸的品种受到欢迎，因为高亚麻酸的豆油容易发生油脂氧化，不利于加工和储藏。大豆含有较多的磷脂，占脂肪含量的 2%~3%。在豆油的精制中，磷脂大部分被分离，成为食品加工中磷脂的主要来源。

（3）碳水化合物

大豆含 25%~30% 的碳水化合物，其中 50% 左右是人体所不能消化的棉子糖和水苏糖，此外还有由阿拉伯糖和半乳糖所构成的多糖。它们在大肠中能被微生物发酵产生气体，引起腹胀。但同时也是肠内双歧杆菌的生长促进因子，因而无碍健康。在豆制品的加工过程中，这些糖类溶于水而基本上被除去，因此食用豆制品不会引起严重的腹胀。

（4）维生素

大豆中各种 B 族维生素的含量都比较高，例如维生素 B_1、维生素 B_2 的含量是面粉的 2 倍以上，黄大豆含有少量的胡萝卜素，但是，干大豆中不含维生素 C 和维生素 D。

（5）矿物质

大豆中含有丰富的矿物质，总含量为 2.5%~5.0%。其中钙的含量高于普通谷类食品，铁、锰、锌、铜、硒等微量元素的含量也较高。此外，豆类是一类高钾、高镁、低钠的碱性食品，有利于维持体液的酸碱平衡。需要注意的是，大豆中的矿物质生物利用率较低，如铁的生物利用率仅有 3% 左右。

除营养物质之外，大豆还含有多种有益健康的物质，如大豆皂甙、大豆黄酮、大豆固醇、大豆低聚糖等。

2. 其他豆类的营养价值

除大豆之外，其他各种豆类也具有较高的营养价值，包括红豆、绿豆、蚕豆、豌豆、豇豆、芸豆、扁豆等。它们的脂肪含量低而淀粉含量高，被称为淀粉类干豆。

淀粉类豆类的淀粉含量达 55%~60%，而脂肪含量低于 2%，所以常被并入粮食类中。它们的蛋白质含量一般都在 20% 以上，其蛋白质的质量较好，富含赖氨酸，但是蛋氨酸不足，因此也可以很好地与谷类食品发挥营养互补作用。淀粉类干豆的 B 族维生素和矿物质含量也比较高，与大豆相当。

鲜豆类和豆芽中除含有丰富的蛋白质和矿物质外，其维生素 B_1 和维生素 C 的含量较高，常被列入蔬菜类中。

3. 豆类中的抗营养因子

各种豆类中都含有一些抗营养物质，它们不利于豆类中营养素的吸收与利用，甚至对人体健康有害。这些物质统称为抗营养因子。

（1）蛋白酶抑制剂

多种豆类都含有蛋白酶抑制剂，它们能够抑制人体内胰蛋白酶、胃蛋白酶、糜蛋白酶等蛋白酶的活性，其中研究比较多的是大豆胰蛋白酶抑制剂。由于存在这类物质，生大豆的蛋白质消化吸收率很低，在水中加热处理可以使这种物质失活。

（2）植物红细胞凝集素

大豆、豌豆、蚕豆、绿豆、菜豆、扁豆等豆类还含有一种能使红血球细胞凝集的蛋白质，称为植物红细胞凝集素，它是一类糖蛋白，能够特异性地与人体的红细胞结合，使红细胞发生凝聚作用，对人体有一定毒性。含有凝集素的豆类，在未经加热使之破坏之前就食用，会引起进食者恶心、呕吐等症状，严重者甚至会引起死亡。凝集素是一种糖蛋白，在常压下蒸汽处理 1h 或高压蒸汽处理 15min 可使之失活。

（3）植酸

豆类中所含的大量植酸会妨碍钙和铁的吸收。

（4）低聚糖

豆类中所含有的低聚糖在经大肠细菌的发酵，产生二氧化碳、甲烷、氢气等，使人腹胀不适，过去也作为抗营养因素对待，实际上它们对营养吸收并无妨碍。

（5）其他

大豆中还含有丰富的脂氧合酶，它不仅是豆腥味的起因之一，而且在储藏中容易造成不饱和脂肪酸的氧化酸败和胡萝卜素的损失。采用 95℃ 以上加热 10min~15min，乙醇处理后减压蒸发,钝化大豆中的脂肪氧化酶,用酶或微生物进行脱臭等方法,均可除去部分豆腥味。

(二)豆制品的营养价值

大豆在食品加工中的用途非常广泛,除了传统用来制作各种豆制品外,还可被添加在多种食品中,改善其营养或品质。

传统豆制品以豆腐为代表,保留了大豆的大部分优点,不仅比整大豆容易消化,而且去除了对人不利的各种抗营养因子,一直为我国人民所喜食。豆制品富含蛋白质,其含量与动物性食品相当。例如,豆腐干的蛋白质含量相当于牛肉,达 20% 左右;豆浆和豆奶的蛋白质含量接近牛乳,为 2%~3%;水豆腐的蛋白质含量 5%~8%,相当于猪的五花肉;腐竹的蛋白质含量达 25%~50%,相当于牛肉干。同时,豆制品中含有一定量的脂肪,但这些脂肪是优质的植物油脂,其中富含必需脂肪酸和磷脂,不含胆固醇,对人体健康有益。大豆中的水溶性维生素在豆腐的制作过程中有较大的流失,表现为硫胺素、核黄素和尼克酸的含量下降。此外,豆制品是矿物质的良好来源。大豆本身含钙较多,而豆腐以钙盐为凝固剂,因此豆腐的钙含量很高,是膳食中钙的重要来源。大豆中的微量元素基本上都保留在豆制品中。

(三)大豆的保健作用

大豆及其他豆类食品,不仅营养丰富,为我们提供了优质蛋白质、必需脂肪酸、膳食纤维、维生素和矿物质等多种营养素,并且大豆还含有多种非营养素的生物活性成分,具有降血脂、抗氧化、防治动脉粥样硬化和增强免疫功能等多种保健作用。大豆磷脂具有激活脑细胞、提高记忆力以及降血胆固醇的作用。大豆皂甙可清除自由基和减少过氧化脂质,具有延缓衰老、抗过敏、抗高血压的作用。大豆异黄酮是一种植物雌激素,能有效地延缓妇女更年期由于雌激素分泌减少而引起的骨质疏松,还具有抗癌、抗氧化、降低胆固醇、预防心血管病变等功能。

二、坚果的营养价值

坚果以种仁为食用部分,因外覆木质或革质硬壳而得名。坚果是人类作为油料和淀粉食物的主要品种之一。通常按照脂肪含量的不同,坚果可分为油脂类坚果和淀粉类坚果,前者富含油脂,包括核桃、榛子、杏仁、松子、腰果、花生、葵花籽、西瓜籽、南瓜籽等。后者淀粉含量高而脂肪含量少,包括栗子、银杏、莲子、芡实等。按照植物学来源的不同,又可分为木本坚果和草本坚果两类。

(一)坚果的营养价值

坚果是一类营养丰富的食品,其共同特点是低水分含量和高能量,富含各种矿物质和B 族维生素。从营养素含量而言,油脂类坚果优于淀粉类坚果。但是坚果含能量较多,不可多食,以免能量摄入过剩导致肥胖。

1. 蛋白质

坚果是植物蛋白质的良好补充。油脂类坚果的蛋白质含量多在 12%~22%,西瓜籽和南瓜籽的蛋白质含量高达 30% 以上。

淀粉类坚果的蛋白质含量较低,栗子为 2%~5%,芡实为 8% 左右,而银杏和莲子与油脂类坚果在 12% 以上。坚果类的蛋白质氨基酸组成各有特点,但因缺乏一种或多种必需氨基酸,而生物价较低。如澳大利亚坚果不含色氨酸,花生、榛子和杏仁缺乏含硫氨基酸,核桃缺乏蛋氨酸和赖氨酸。巴西坚果则富含蛋氨酸,葵花子含硫氨基酸丰富,但缺乏赖氨酸。所以坚果与其他食物一起食用可发挥蛋白质的互补作用,提高蛋白质的营养价值。

2. 脂肪

脂肪是油脂类坚果的重要成分。油脂类坚果的脂肪含量达 20% 以上,澳大利亚坚果更高达 70% 以上,所以坚果类食物是一类高能量食品,每 100g 可提供 2.1MJ~2.9 MJ 的能量。有些产量高的油脂类坚果如花生、葵花子、芝麻等是我国植物油的重要来源。坚果含有的脂肪多为不饱和脂肪酸,必需脂肪酸亚油酸和 α-亚麻酸含量丰富,是优质的植物性脂肪。如葵花籽、西瓜籽中富含亚油酸,而核桃和松子含较多的 α-亚麻酸。榛子、澳洲坚果、杏仁、花生、腰果等坚果中单不饱和脂肪酸油酸的含量也很丰富。这些不饱和脂肪酸除了构成人体细胞膜的重要结构,促进生长发育,参与免疫、内分泌以及生殖系统的功能外,还可降低血胆固醇和心血管病发生的风险。

3. 碳水化合物

淀粉类坚果是碳水化合物的良好来源,淀粉含量都在 60% 以上,且血糖生成指数较精制米面低,可与粮谷类食物一起烹调。坚果类还含有低聚糖和多糖类物质。淀粉类坚果膳食纤维含量也较高,为 1.2%~3.0%。

4. 维生素

坚果是维生素 E 和 B 族维生素如维生素 B_1、烟酸和叶酸的良好来源。油脂类坚果含有大量的维生素 E,如美国杏仁中维生素 E 含量为 22mg/100g,葵花籽仁中高达 50.3mg/100g。杏仁中的维生素 B_2 含量较高,美国杏仁可达 0.78mg/100g。某些坚果如榛子、核桃、花生、葵花籽中含少量的胡萝卜素,而有一些坚果如鲜板栗和杏仁含有一定量的维生素 C。

5. 矿物质

坚果富含钾、镁、磷、钙、铁、锌等元素,是多种微量元素的良好来源。美国杏仁和榛子是钙的较好来源。芝麻富含铁、锌、铜、锰等元素,是传统的补充微量元素的食品。

一般来讲,油脂类坚果矿物质含量高于淀粉类坚果。

(二)坚果的保健作用及其合理利用

现代营养学的研究发现,经常吃少量的坚果有助于心血管的健康。这种作用可能与坚果中的不饱和脂肪酸、维生素 E 和膳食纤维含量较高有关。银杏含有的黄酮类化合物也具有较好的保护心血管的作用。美国的一项研究表明,每周吃 50g 以上坚果的人因心脏病猝死的风险比不常吃坚果的人低 47%。澳大利亚坚果因含有抗氧化物质,可降低心脏病、癌症的发生,被美国食品协会列为健康食品。除了心血管保护作用外,某些坚果如核桃、榛子等因含有丰富的磷脂、必需脂肪酸以及钙、铁等矿物元素,而成为健脑益智、乌发润肤、延缓衰老的佳品,特别适宜于妇女、童以及老人食用。

坚果可以不经烹调直接食用,也可炒熟后食用。坚果仁经常制成煎炸、焙烤食品,因含有多种脂肪酸,具有独特的风味,是极好的休闲食品,也是制造糖果和糕点的原料。

坚果虽然水分含量低而较耐保藏,但油脂类坚果的脂肪酸不饱和程度高,淀粉类坚果碳水化合物含量高,易被氧化或霉变。因此,坚果应保存于阴凉干燥处,并密封。某些坚果含有有毒物质,如苦杏仁含有苦杏仁甙,多食会导致氢氰酸中毒;银杏含有银杏酸、银杏酚,不可多量生食,否则会导致呕吐、腹泻甚至抽搐、呼吸困难等反应。

第四节　蔬菜、薯类和水果的营养价值

一、蔬菜的营养价值

《黄帝内经》提出:"五谷为养,五果为助,五畜为益,五菜为充。气味合而服之,以补精益气",表明蔬菜作为饮食中有益的补充,在中国人的膳食结构中具有重要作用,食用的历史非常悠久。西方的航海家与探险家发现,如果膳食中缺乏新鲜蔬菜和水果,船员们会得一种奇怪的病-坏血病,并可因此死去,给予新鲜蔬菜、柑橘及柠檬则此病即可得到防治。近代营养学则证实,这是一种维生素缺乏病,是由于缺乏维生素 C 所致,所以维生素 C 又叫抗坏血酸。蔬菜和水果几乎是饮食中维生素 C 的唯一来源。蔬菜中还含有丰富的胡萝卜素、维生素 B$_2$、膳食纤维和有机酸。此外,蔬菜含有丰富的矿物质,如钙、钠、钾等,在体内代谢后呈碱性,所以蔬菜属于"碱性食品",可以中和体内因常吃肉、蛋、鱼、米、面等酸性食品而产生的过多的酸,对维持体内的酸碱平衡起重要作用。

蔬菜是生活中必需的副食品,也是烹饪的主要原料,新鲜的蔬菜柔嫩多汁,不仅有较高的营养价值,还具有特殊气味和各种风味。

(一)蔬菜的分类

蔬菜按其结构和可食部位不同,可分为:

(1)叶菜类　如油菜、菠菜、甘蓝、小白菜等。

(2)茎菜类　如茭白、竹笋、芹菜、藕和洋葱等。

(3)根菜类　如萝卜、胡萝卜、芥菜头、莴苣等。

(4)果菜类　又可以分为瓜果菜、浆果菜(茄果类)和荚果类(鲜豆类)。

①瓜果菜,如黄瓜、冬瓜、南瓜、丝瓜、苦瓜、西葫芦和菜瓜等。

②浆果菜,如蕃茄、茄子、辣椒等。

③荚果类,如菜豆、扁豆、毛豆、嫩豌豆、蚕豆等。

(5)花菜类　如金针菜(黄花菜)、花椰菜(菜花)、韭菜花等。

(二)蔬菜的营养价值

蔬菜中含有大量的水分,通常为70%~96%,此外便是数量很少的蛋白质、脂肪、糖类、维生素、无机盐及纤维素。蔬菜含有多种矿物质、维生素和食物纤维,在人体的生理活动中起重要作用。

1. 维生素

几乎所有的蔬菜均含有维生素 C,以叶菜类较为丰富,含量可达 20mg/100g~50mg/100g,苜蓿的维生素 C 含量最高,每百克含 118mg。瓜茄类蔬菜以辣椒中含量最高,每百克可含

114mg，其次为苦瓜，每百克含56mg维生素C。番茄中的维生素C含量虽然不是很高，但因为有机酸的保护，不易损失，也是维生素C的良好来源。根据中国营养学会制定的中国居民膳食营养素参考摄入量，成人每日应摄入100mg维生素C，如果每人每天能食用400g~500g各种不同的新鲜蔬菜，就完全可以满足人体对维生素C的需要。

蔬菜中的第二大维生素是胡萝卜素。胡萝卜素属于植物来源的维生素A，在体内可转化成维生素A。我国居民普遍存在维生素A摄入不足的问题，而我们的膳食结构又是以植物性食物为主，因此胡萝卜素就成为我国居民维生素A的重要来源。深色的黄、绿色蔬菜均含有丰富的胡萝卜素，如菠菜、苋菜、胡萝卜、南瓜、辣椒等，含量都在1000μg/100g以上。而颜色浅的蔬菜如白萝卜、冬瓜、茄子等则含量较低。

蔬菜也含有一定量的B族维生素，如维生素B_1、维生素B_2、叶酸和烟酸。尤其是维生素B_2，虽然含量不如粮谷、肉、蛋类，但由于我国居民以植物性食物为主，并且膳食中普遍缺少维生素B_2，所以蔬菜中的维生素B_2在膳食中占有一定的地位。一般来说，深色的黄、绿色蔬菜，如菠菜、油菜、芹菜叶、苋菜、香椿以及鲜豆类如(四季豆、毛豆、鲜蚕豆)维生素B_2含量比较丰富，均在0.1 mg/100g以上。绿叶蔬菜也是膳食叶酸的主要来源。如绿苋菜叶酸含量高达330μg/100g。叶酸在体内作为一碳单位的转运体，参与重要的生理生化反应和物质合成过程，对于细胞分裂、组织生长和预防胎儿神经管畸形更具有重要作用。每人每天需要400μg的叶酸，摄入足够的蔬菜可以满足需要。

2. 矿物质

蔬菜中含有丰富的钠、钾、钙、磷、镁等常量元素以及铁、锌、硒、钼等微量元素。尤以钾的含量最高，多在100mg/100g~300mg/100g。钾具有多种生理功能，可维持心肌正常功能，并有降低血压作用。蔬菜也是我国居民膳食中钙和铁的良好来源。如绿叶蔬菜苋菜和油菜的钙含量都在100mg/100g以上。铁含量以鲜豆类含量较高，如蚕豆、毛豆，每100g中含量在3mg以上。但是，由于蔬菜含有较多的草酸、植酸和膳食纤维，抑制了钙和铁在肠道的吸收，所以蔬菜中钙和铁的生物利用率并不高。锌、硒等矿物质在根茎类蔬菜如大蒜、芋头以及鲜豆类如蚕豆、豌豆、豆角中含量较高。

3. 膳食纤维

蔬菜和水果是膳食中膳食纤维的重要来源。鲜豆类含有较多的纤维，约1%~3%。这些纤维虽然不能被人体的消化酶所消化分解，但是可以被肠道的有益细菌发酵产酸，降低肠道的pH，有利于肠道的健康。但是，过多的膳食纤维会影响其他营养素如钙、铁、锌的吸收。

4. 三大营养物质和能量

蔬菜中的三大产能营养素含量较低。蛋白质多在1%~3%，其中鲜豆类含量较高为2%~14%。蔬菜中的脂类含量在1%以下。碳水化合物含量因品种而异，叶菜和瓜茄类多在5%以下，根茎类在5%~20%之间，藕、山药的碳水化合物含量较高，可替代部分主食。蔬菜中的碳水化合物主要是淀粉、果糖和葡萄糖。由于产能营养素含量不高，所以蔬菜是一种低能量的食物。

5. 色素、芳香物质、有机酸以及其他生理活性物质

蔬菜种类繁多，色彩纷呈，含有丰富的色素，如胡萝卜素、番茄红素、花青素等。从蔬菜

中提取的天然食用色素,具有较高的安全性。近几年的研究发现,这些天然的色素可清除自由基,具有很强的抗氧化活性,在防治与氧化应激有关的慢性病如冠心病、糖尿病、癌症以及延缓衰老方面具有重要作用。科学家通过对多种蔬菜营养成分的分析,发现蔬菜的营养价值与蔬菜的颜色密切相关。颜色深的营养价值高,颜色浅的营养价值低,其排列顺序是:绿色蔬菜>黄色蔬菜、红色蔬菜>无色蔬菜。科学家还发现,同类蔬菜由于颜色不同,营养价值也不同。黄色胡萝卜比红色胡萝卜营养价值高,其中除含大量胡萝卜素外,还含有强烈抑癌作用的黄碱素,有预防癌症的功能作用。此外,同一株菜的不同部位,由于颜色不同,其营养价值也不同。大葱的葱绿部分比葱白部分营养价值要高得多。每100g葱白所含维生素 B_1 及维生素 C 的含量也不及葱绿部分的一半。颜色较绿的芹菜叶比颜色较浅的芹菜叶和茎含的胡萝卜素多6倍,维生素 D 多4倍。

蔬菜的风味是由其含有的不同芳香物质所决定的。蔬菜中的芳香物质是由不同挥发性物质组成的混合物,主要包括醇类、醛类、酮类、帖类和酯类,而葱、蒜中则是一些含硫的化合物。蔬菜中含有多种有机酸,例如番茄中有柠檬酸和少量苹果酸、琥珀酸等,能刺激胃肠蠕动和消化液的分泌,有促进食欲和帮助消化的作用,同时也有利于维生素 C 的稳定。

蔬菜中有一些酶类、杀菌物质和具有特殊功能的生理活性物质成分,如萝卜中的淀粉酶在生食时可帮助消化,大蒜中的植物杀菌素和含硫化合物,具有抗菌消炎、降低血清胆固醇的作用;洋葱、甘蓝、西红柿中含有生物类黄酮,是天然抗氧化剂,能维持微血管的正常功能,保护维生素 C、维生素 A、维生素 E 等不被氧化破坏。

(三)蔬菜的烹调、加工

蔬菜虽含有丰富的维生素和无机盐,但烹调加工不合理,可造成这些营养素的大量损失。任何烹调加工方式都会造成蔬菜中营养素的损失,所以对于番茄、黄瓜等蔬菜,可采用生吃和凉拌的方式。水溶性维生素如维生素 C 和 B 族维生素以及无机盐易溶于水,所以蔬菜宜先洗后切,避免损失。洗好后的蔬菜,放置时间也不宜过长,以避免维生素被氧化破坏,尤其要避免将切碎的蔬菜长时间浸泡在水中。烹调时,应旺火、热油、快炒。绿色蔬菜(如油菜、黄瓜、芹菜、蒜苗等)主要由叶绿素构成,是一种不稳定的植物色素,若加温时间过长,叶绿素就会变成脱镁叶绿素,吃起来既不脆嫩可口,也会损失很多维生素。有研究证明,蔬菜煮3min,其中维生素 C 损失5%,10min 达30%。为了减少维生素的损失,烹调时,加入少量醋和淀粉,可以保护维生素 C 不被破坏。有些蔬菜如菠菜等,为减少草酸对钙吸收的影响,在烹调时,可先将蔬菜放在开水中焯或烫一下后捞出,使其中的草酸大部分溶留在水中。

随着现代加工工艺的发展,蔬菜也可加工成不同的产品,如脱水蔬菜、速冻蔬菜、泡菜、腌菜等,以满足不同地区不同口味的需要。经过加工,蔬菜中的营养素尤其是维生素均有不同程度的损失,而且某些蔬菜如腌菜中的亚硝酸盐的含量也会增加,所以尽量选用新鲜蔬菜,少吃蔬菜制品。

二、薯类的营养价值

薯类包括马铃薯、甘薯、木薯等,是我国传统膳食的重要组成部分。薯类含有丰富的淀粉、膳食纤维以及多种维生素和矿物质,对保持身体健康、维持肠道正常功能、提高免疫力等具有重要作用。薯类兼有谷类和蔬菜的双重好处。甘薯既是维生素的"富矿",又是抗癌能手,就抑癌而言,甘薯居所有蔬菜之首。

(一)甘薯

又名红薯、地瓜,是高产作物,同时具有极高的营养价值和保健价值。

一般甘薯的含水量较马铃薯少,甘薯块根中水约占60%~80%,淀粉占10%~30%,可用于加工各种淀粉类产品。甘薯中膳食纤维的含量较面粉和大米高,可促进胃肠蠕动,预防便秘,并有很好的降胆固醇和预防心血管疾病的作用。甘薯中蛋白质含量约为2%左右,赖氨酸含量丰富,红薯与米面混吃正好可发挥蛋白质的互补作用,提高营养价值。甘薯中含有丰富的维生素,尤其是维生素C和胡萝卜素,每百克的含量分别为30mg和125μgRE,这些抗氧化营养素的存在是甘薯具有抗癌功效的重要原因。此外,甘薯中还含有较多的维生素B_1、维生素B_2和烟酸。矿物质中钙、磷、铁等元素含量较多。

除了块根可以食用外,近年来甘薯叶及甘薯嫩芽已成为人们餐桌上的佳肴。甘薯叶及其嫩芽是营养丰富的保健蔬菜,含有较多的蛋白质、胡萝卜素、维生素B_2、维生素C、铁和钙。测定发现,红薯叶与菠菜、韭菜等14种常食蔬菜相比,蛋白质、胡萝卜素、钙、磷、铁、维生素C等含量均占首位。红薯叶所含的维生素B_1、维生素B_2、维生素B_6、钙、铁均为菠菜的2倍多,而所含草酸仅为菠菜的一半。因此,美国把红薯列为非常有开发前景的保健长寿菜之一。日本、美国、中国台湾等地将红薯列为"长寿食品",中国香港、法国等地称红薯叶、尖为"蔬菜皇后"。

(二)马铃薯

又叫土豆、山药蛋、地豆、地蛋、洋芋等。按皮的颜色可分为黄皮、白皮和红皮马铃薯等。马铃薯可兼做主食和蔬菜,我国的种植范围和总产量都具世界首位。

马铃薯块茎中水分占63%~87%,其余大部分为淀粉和蛋白质。马铃薯中的淀粉占8%~29%,其中支链淀粉占80%左右。由于淀粉含量高、颗粒大、黏度强,马铃薯可加工成淀粉及粉丝、粉条和粉皮等产品,也可用作方便食品、休闲食品的原料。马铃薯淀粉中含有较多的磷,黏度较大。除了淀粉外,马铃薯还含有葡萄糖、果糖、蔗糖等碳水化合物,其具有甜味,经过贮藏后糖分会增加。马铃薯富含膳食纤维,而且质地柔软,不会刺激肠胃,老少皆宜,胃溃疡或肠炎的人也可以放心地食用,与之相比精米白面纤维含量相对较少。

马铃薯蛋白质含量0.8%~4.6%,含有人体必需的8种氨基酸,尤其是谷类作物中缺乏的赖氨酸和色氨酸含量丰富,是植物性蛋白质良好的补充。而马铃薯脂肪含量低于1%。

另外,马铃薯全面的营养价值还表现在:其维生素C和胡萝卜素含量也相当丰富,每百克可达25mg和40μgRE,这也是精米白面所没有的。一个中等大小的马铃薯能够提供人体日常所需维生素C的45%,这一含量与菠菜相近,高于西红柿,可与蔬菜媲美,是天然抗氧化剂的来源。此外,马铃薯中维生素B_1、维生素B_2、维生素B_6的含量也很丰富。马铃薯块茎中的矿物质含量为0.4%~1.9%,以钾含量最高,占2/3以上。在20种经常食用的新鲜蔬菜和水果中,马铃薯的钾含量最高,钾有助于维持正常神经冲动的传递,帮助肌肉正常收缩,预防肌肉痉挛。其他无机元素如磷、钙、镁、钠、铁等元素含量较高,在体内代谢后呈碱性,对平衡食物的酸碱度有重要作用。

马铃薯有着丰富的营养价值,但是马铃薯本身也含有一些毒素,如果食用不当,会造成食物中毒。马铃薯中的茄素有剧毒,主要存在于未成熟块茎的外皮中,中心的肉部含量很少,因而选择成熟的马铃薯去皮后食用是安全的。龙葵素是马铃薯中的另一类毒素,也主要存在于外皮中,可导致溶血和神经症状。通常情况下,含量低不会影食使用。但当马铃薯贮藏不当而发芽、变绿或腐烂时,龙葵素含量大幅上升,食用后会导致中毒。所以在挑选马铃薯时要注意,发绿的芽苞部位和霉烂的马铃薯决不可食用。烹调时放点醋有中和龙葵素的作用。

三、水果的营养价值

水果可分为鲜果类和干果类。鲜果种类很多,有苹果、橘子、桃、梨、杏、葡萄、香蕉、菠萝等;干果是新鲜水果经加工制成的果干,如葡萄干、杏干、蜜枣和柿饼等。

(一)鲜果的营养价值

1. 蛋白质、水、脂类

水果中水分的含量为 79%~90%。蛋白质含量少,多在 0.5%~1.0%,因此水果不是含氮物质的良好来源,不宜作为主食。水果的脂类物质含量很低,多为 0.1%~0.5%,但富含磷脂和不饱和脂肪酸,例如苹果中 50% 的脂类为磷脂。

2. 碳水化合物

水果中的碳水化合物主要是糖、淀粉、膳食纤维。仁果类如苹果、梨以果糖为主,葡萄糖和蔗糖次之;浆果类如葡萄、草莓、猕猴桃等主要含葡萄糖、果糖;核果类如桃、杏以蔗糖为主。水果未成熟时,碳水化合物多以淀粉为主,这些淀粉随着水果的逐步成熟而才逐渐转化为单糖。随着单糖含量的上升,水果中糖与酸(有机酸)比例也发生改变。因此,成熟的水果,其酸度常较低,而甜度较高。

水果中的主要膳食纤维成分是纤维素、半纤维素和果胶,其中较为重要的是果胶,它使水果制品形成胶冻或粘稠悬浮液,带来特殊的质地与口感。富含果胶的水果可以制成果酱,如山楂、苹果、柑橘、猕猴桃等。山楂糕中的凝胶物质即为山楂中天然存在的果胶。

3. 矿物质

水果中含有多种矿物质,其中在膳食中最为重要的矿物质是钾,而钠的含量相对较低。但不同种水果间含量差别很大,如橄榄、山楂、柑橘中含钙较多,葡萄、杏、草莓等含铁较多,香蕉中含钾和镁较多。

人类膳食中许多食物如粮谷类、肉类、蛋类、鱼类等富含蛋白质、碳水化合物、脂肪,这些物质中含硫、磷、氯等元素较多,在人体内经过代谢后,最终产物呈酸性,故称为呈酸性食品。而蔬菜和水果中由于含有较多的钾、钙、镁等金属元素,在人体内经过代谢后,最终产物呈碱性,故称为呈碱性食品。正常人血液的 pH 为 7.35~7.45。膳食中成酸性和成碱性食品之间必须保持一定的比例,才能维持人体正常的 pH,达到酸碱平衡,所以水果对维持人体正常的酸碱平衡十分重要。

4. 维生素

水果中含有除了维生素 D 和维生素 B_{12} 之外的几乎各种维生素,尤其是在膳食中有重要意义的类胡萝卜素和维生素 C。柑橘类、草莓、山楂、酸枣、鲜枣、猕猴桃、龙眼等是维生素 C 的理想来源。例如新鲜大枣维生素 C 的含量高达 540mg/100g,是一般蔬菜和其他水果含量的 30~100 倍;酸枣的含量更高,达到 30mg/100g~1170mg/100g。由于水果一般不需要经过烹调加工,可以生吃,所含的维生素 C 可以毫无损失地进入人体,其在人体内的利用率也高,平均达 86.3%。

具有黄色和橙色的水果可提供类胡萝卜素,如每 100g 中,芒果含 8050μgRE,柑橘类含 800μgRE~5140μgRE,枇杷 700μgRE,杏 450μgRE,柿子 440μgRE。有些水果则含量很低,如苹果、梨、桃子、葡萄与荔枝等。在我国,因动物性食品摄入不足,居民的饮食中,蔬菜和水果中的胡萝卜素就成了膳食维生素 A 的主要来源。

5. 芳香物质、色素和有机酸等物质

水果中含有各种有机酸,主要有苹果酸、柠檬酸和酒石酸等,这些成分一方面可使食物具有一定的酸味,可刺激消化液的分泌,有助于食物的消化;另一方面,使食物保持一定的酸度,对维生素 C 的稳定性具有保护作用。

水果中存在的油状挥发性化合物中含有醇、酯、醛、酮等物质,构成了水果独特的香气,使食物具有诱人的香味,可刺激食欲,有助于食物的消化吸收。水果的品种很多,其色、香、味都能给人们以愉快感,对于丰富人类生活,充实膳食内容,增进食欲等方面,都有独特的作用。

水果所含的酚类物质包括酚酸类、类黄酮、花青素类、原花青素类、单宁等,不仅对果品的色泽和风味有很大的影响,并且这些植物化学物质对机体具有特殊的保健作用,如抗氧化功能,防癌抗癌功效,防治心血管疾病。

(二)野果和干果的营养价值

近些年来,野果的营养价值越来越被人们所重视,如沙棘、金樱子、刺梨、番石榴等,它们均含有丰富的维生素 C、胡萝卜素、维生素 E、有机酸和植物化学物质等,经过加工可以酿酒和制成果酱、果脯及罐头等,对人们的身体健康大有益处。

干果是由新鲜水果加工干制而成,风味独特又便于保存运输,又因其有特殊风味,故而是人们非常喜欢的食品之一。人们常食用的有杏干、柿饼、葡萄干、荔枝干、桂圆、红枣干、香蕉干等。在干果中,因加工处理,维生素含量明显降低,而蛋白质、碳水化合物和无机盐类因加工使水分减少,含量相对增加。如鲜葡萄中蛋白质含量为 0.7%,碳水化合物为 11.5%,钙为 19mg/100g。而加工成葡萄干后,分别增加到 4.1%、78.7% 和 101mg/100g。

加工后的干果,虽失去某些鲜果的营养特点,但易于运输和贮存,有利于食物的调配,使饮食多样化,故干果类仍有一定的食用价值。

(三)水果的合理利用

吃水果虽然有益于健康,但如食用不当也会影响人体的健康。根据自己不同的情况科学地选择和食用水果。

饭前吃水果,有很多好处。首先,水果中许多成分均是水溶性的,饭前吃有利于身体必需营养素的吸收;其次,水果是低能量食物,其平均能量仅为同等重量面食的1/4、同等重量猪肉等肉食的1/10,先吃低能量食物,比较容易把握一顿饭里总的能量摄入;第三,许多水果本身容易被氧化、腐败,先吃水果可缩短它在胃中的停留时间,降低其氧化、腐败程度,减少可能对身体造成的不利影响。饭后立即吃水果,不但不会助消化,反而会造成胀气和便秘。

但是有些水果不宜空腹吃。如西红柿含有大量的果胶、柿胶酚、可溶性收敛剂等成分,容易与胃酸发生化学作用,凝结成不易溶解的块状物。这些硬块可使胃里的压力升高,造成胃扩张而使人感到胃胀痛。柿子含有柿胶酚、果胶、鞣酸和鞣红素等物质,具有很强的收敛作用,在胃中易和胃酸结合凝成难以溶解的硬块。小硬块可以随粪便排泄,若结成大的硬块,就易引起"胃柿结石症",中医称为"柿石症"。香蕉含有大量的镁元素,若空腹大量吃香蕉,会使血液中含镁量骤然升高,造成人体血液内镁与钙的比例失调,对心血管产生抑制作用,不利健康。橘子含有大量糖分和有机酸,空腹时吃橘子,会刺激胃黏膜。山楂的酸味具有行气消食作用,但若空腹食用,不仅耗气,而且会增加饥饿感并加重胃病。空腹时吃甘蔗或鲜荔枝切勿过量,否则会因体内突然渗入过量高糖分而发生"高渗性昏迷"。

第五节　食用菌的营养价值

食用菌分为野生菌和人工栽培菌两大类,它在我国的食用历史悠久,有350多个品种,常见的有蘑菇、香菇、银耳、木耳等。食用菌中富含多种营养素和一些生物活性成分,味道鲜美,营养价值较高,是我们日常餐桌上不可多得的佳肴。有些菌类除可食用外还有一定的保健作用和药用价值。

一、食用菌的营养价值

食用菌是一类低能量,蛋白质、膳食纤维、维生素和矿物质含量丰富的食物。

(一)三大营养物质

食用菌中蛋白质的含量占干菌的20%以上,如蘑菇每百克干菌含蛋白质21.0g,香菇20.0g,与动物性食品瘦猪肉、牛肉的蛋白质含量相当。并且,食用菌类食物中氨基酸的组成比较合理,必需氨基酸含量占60%以上,是我们膳食中植物蛋白质的良好补充。

食用菌中碳水化合物的含量为20%~35%左右;膳食纤维丰富,如香菇每百克中的含量高达31.6g,银耳含30.2g,黑木耳含29.9g;还有部分的碳水化合物为植物多糖,具有很好的保健作用;脂肪含量很低,约为1.0%左右。

(二)维生素

食用菌中维生素含量丰富,水溶性维生素包含有维生素 B_1、维生素 B_2、烟酸、B_{12} 和维生素 C 等,脂溶性维生素包含有维生素 A、维生素 D、维生素 E 等。每百克蘑菇中含维生素 B_2 约1.10mg,香菇约1.26mg,比其他植物性食物中维生素 B_2 的含量都高。食用菌中维生素 B_{12} 的含量比肉类食物还要高。维生素 D 是菇类中最常见的维生素,以香菇为例,每克干香菇维生素 D 的含量是大豆的 21 倍,紫菜的 8 倍。某些食用菌中脂溶性维生素如维生素 E 含量丰富,如蘑菇每百克中维生素 E 含量约 6.18mg,黑木耳中含 11.31mg。胡萝卜素含量差别较大,蘑菇中每百克含量高达 1mg 视黄醇当量以上,其他食用菌中较低。

(三)矿物质

菌藻类食物中矿物质含量丰富,尤其是铁、锌和硒,其含量是其他食物的数倍甚至十几倍。黑木耳含铁丰富,可达 97.4mg/100g,紫菜含 52.9mg/100g,发菜含 99.3mg/100g,所以菌藻类是良好的补铁食品。菌藻类食物含锌也很丰富,例如香菇每百克中含锌 8.57mg,蘑菇含 6.29mg,黑木耳含 3.18mg。尤其值得提出的是,菌藻类食物还含有较多的硒,如蘑菇的硒含量高达 39.2mg/100g。海产植物,如海带、紫菜还含有丰富的碘。

二、几种常见食用菌的营养和保健价值

(一)香菇

香菇味道鲜美,香气沁人,营养丰富,素有"植物皇后"的美誉。香菇蛋白质含量占其干重的 20%以上,远远超过一般植物性食物的蛋白质含量,它还含有多糖类、维生素 B_1、维生素 B_2、维生素 C 等。干香菇的水浸物中有组氨酸、丙氨酸、苯丙氨酸、亮氨酸、天门冬氨酸、胆碱、腺嘌呤等成分,它们不仅是营养物质,有些还具有降低血脂等功效。香菇中的 β-1,3-葡萄糖苷,具有明显的抗癌作用。香菇多糖有增强机体免疫力的功能。

(二)平菇

平菇营养丰富,肉质肥厚,风味独特,是人们喜食的食用菌之一。平菇含有较多的多糖和微量元素硒,能提高机体的免疫力,对肿瘤细胞有很强的抑制作用。平菇中含有侧耳毒素和蘑菇核糖核酸,具有抗病毒作用,能抑制病毒的合成和繁殖。平菇基本不含淀粉,脂肪含量少,是糖尿病和肥胖症患者的理想食品。常吃平菇还具有降低血压和血胆固醇的作用,可预防老年心血管疾病和肥胖症。

(三)茶树菇

茶树菇又名茶菇、茶薪菇、仙菇、神菇等,被人们称为"山中珍品"。茶树菇是集营养、保健和辅助医疗作用于一体的食用菌。其蛋白质含量 23%,纤维素 11%,多糖 10%,也含有丰富的 B 族维生素,以及钾、钠、钙、镁、锌、铁等十多种矿物质,还具有超氧化物歧化酶活性。中医用作利尿、健脾、止泻。民间用于治疗腰膝酸痛,经常食用,能增强记忆力,延缓衰老以及防癌抗癌之功效。

(四)木耳

木耳有黑木耳、银耳、黄耳三种。黑木耳含铁丰富,每百克中含铁量高达 97.2 mg,具有补血、强精、镇静的作用。木耳胶体有巨大的吸附力,食后能洗肠胃,是矿山、冶金、纺织、理发等工人的保健食品。银耳为著名的滋补药用菌,含有丰富的麦角固醇、甘露糖醇、海藻糖等,食后具有补血、健脑、滋阴、补肾、润肺、强身的功效,尤其适用于高血压、血管硬化患者。黄木耳是我国西南地区著名的药用食用菌,主治癖饮积累、腹痛金疮。

第六节　畜禽、水产和蛋类的营养价值

动物性食品具有很高的营养价值,它能提供给人体丰富的优质蛋白质、脂类、脂溶性维生素、B 族维生素和矿物质,且味道鲜美,容易消化吸收,能量较高,饱腹作用强,是人类的重要食物。在我们的日常生活中,常见的动物性食品有肉类、水产品、蛋类和乳类,它们的营养价值类似,但也各有特点。在本节内容中,我们主要探讨畜禽肉类、水产品和蛋类的营养价值。

一、畜禽肉类的营养价值

肉类可分为畜肉和禽肉两种,前者包括猪肉、牛肉、羊肉和兔肉等,后者包括鸡肉、鸭肉和鹅肉等。肉类不仅包括动物的骨骼肌肉,还包括许多可食用的器官和脏器组织,如心、肝、肠、肺、肾、舌、脑、血、皮和骨等。肉类食物中含有丰富的脂肪、蛋白质、矿物质和维生素,而且滋味鲜美,营养丰富,饱腹作用强,可烹调成多种多样的菜肴。

(一)畜肉类的营养价值

1. 蛋白质

畜肉类的蛋白质含量为 10%~20%,而且主要存在于肌肉中,骨骼肌中除去水分(约含75%)之外,基本上就是蛋白质,其含量达 20% 左右。其中肌浆中蛋白质占 20%~30%,肌原纤维占 20%~60%,间质蛋白占 10%~20%。

肉类蛋白质的氨基酸组成,接近人体组织的需要,因此其生物价值较高,如猪肉的生物价为 71,牛肉为 76,故称为完全蛋白质或优质蛋白。在氨基酸组成比例上,苯丙氨酸和蛋氨酸偏低,但赖氨酸较高,因此,也宜与含赖氨酸少的谷类食物搭配食用。

一般来说,心、肝、肾等内脏器官的蛋白质含量较高,而脂肪含量较少。不同内脏的蛋白质含量也存在差异。肝脏蛋白质较高,为 18%~20%,心、肾含蛋白质 12%~17%。

畜肉的皮肤和筋腱主要由结缔组织构成。结缔组织的蛋白质含量为 35%~40%,而其中绝大部分为胶原蛋白和弹性蛋白。由于胶原蛋白和弹性蛋白缺乏色氨酸和蛋氨酸等人体必需氨基酸,为不完全蛋白质,因此以猪皮和筋腱为主要原料的食品,需要和其他食品搭配食用,以补充必需氨基酸。骨是一种坚硬的结缔组织,其中的蛋白质含量约为 20%,骨胶原占有很大比例,为不完全蛋白质。骨可被加工成骨糊添加到肉制品中,以充分利用其中的蛋白质。

畜类血液中的蛋白质含量大致为:猪血约 12%,牛血 13%,羊血 7%。畜血血浆蛋白质含有 8 种人体必需氨基酸和组氨酸,营养价值高。

肉类食品经烹调后,能释放出肌溶蛋白、肌肽、肌酸、肌酐、嘌呤碱和氨基酸等物质,这些总称为含氮浸出物。肉汤中含氮浸出物越多,其味道就越浓、越香,对胃液分泌的刺激作用也越大。一般成年动物肉和禽类肉的含氮浸出物较多,故它们的味道比较鲜美。

2. 脂类

一般畜肉的脂肪含量为 10%~36%,肥肉高达 90%,其在动物体内的分布,因肥瘦程度、

部位不同而有很大差异。畜肉中脂肪酸以饱和脂肪酸居多,如猪油中饱和脂肪酸约42%,牛油为53%,羊油为57%。由于饱和脂肪酸多,脂肪熔点也较高,因此不易为人体消化吸收。此外,肉类还含有较高的胆固醇,每百克肥肉中胆固醇含量高达100mg~200mg,动物脑组织中达2000mg~3000mg,鸡肝和鸭肝达200mg~500mg。因此,对患有冠心病、高血压、肝肾疾病的人群及老年人来说,肉类不宜过多食用。

3. 碳水化合物

各种畜肉中碳水化合物的含量较低,主要是以糖原的形式存在于肌肉和肝脏中,其含量与动物的营养及健壮情况有关。瘦猪肉的含量为1%~2%,瘦牛肉为2%~6%,羊肉为0.5%~0.8%,兔肉为0.2%左右。宰后的动物胴体在保存过程中,由于酶的分解作用,糖原含量会逐渐下降。

4. 矿物质

肉类中无机盐的含量比较齐全,并且与种类及成熟度有关,如肥猪肉和瘦猪肉分别为0.7%和1.1%;肥牛肉和中等肥度的牛肉分别为0.97%和1.2%;马肉约为1%;羊肉和兔肉也约为1%。肉类是铁和磷的良好来源,铁在肉类中主要以血红素铁的形式存在,消化吸收率较高,不易受食物中的其他成分干扰,生物利用率高,是膳食铁的良好来源。动物肝和肾中含铁比较丰富,利用率也较高。如猪肝的铁含量为25mg/100g,比肌肉组织多15倍,牛肝的铁含量为9.0mg/100g,是肌肉组织的10倍左右。同时肉类中还含有一些铜和钙,钙在肉中的含量比较低,每百克含量为7mg~11mg。

5. 维生素

畜肉可提供多种维生素,其中以B族维生素和维生素A为主。维生素的含量以动物的内脏,尤其是肝脏为最多。B族维生素中以B_2含量最高,猪肝为2.08mg/100g,牛肝为1.30mg/100g,羊肝高达1.57mg/100g。维生素A也以羊肝为最高,含量高达29900IU/100g,其次是牛肝和猪肝。除此之外,动物肝脏内还含有维生素D、叶酸、维生素C、尼克酸和维生素B_2等,所以动物肝脏是一种营养极为丰富的食品。肉类的肌肉组织中,维生素含量要少得多,但猪肉中B_1含量较高,达0.53mg/100g,约是羊肉或牛肉的7倍左右。

(二)禽肉类的营养价值

禽肉的营养价值与畜肉相似,不同之处在于其脂肪含量少,饱和程度低,熔点低(20℃~40℃),含有20%的亚油酸,易于消化吸收。禽肉的蛋白质含量约为20%,其氨基酸组成接近人体需要。禽肉质地较畜肉细嫩且含氮浸出物较多,故禽肉炖汤的味道较畜肉鲜美。

(三)肉类食物的合理利用

肉类蛋白中含有谷类食物中含量较少的赖氨酸,因此肉类食物宜和谷类食物搭配使用,有利于营养素的相互补充。有实验表明,如果在植物蛋白质中加入少量的动物蛋白质,可使其生理价值显著提高,例如玉米、小米和大豆混合后,生理价值可提高到73,但若加入少量的牛肉干,则可使其生理价值提高到89。为此,营养学家主张,膳食中动物性蛋白质至少要达到总蛋白量的10%以上。

烹调对肉类蛋白、脂肪和无机盐的损失影响较小,但对维生素的损失影响较大。红烧和清炖肉时,维生素 B_1 可损失 $60\% \sim 65\%$。蒸和炸的损失次之,炒的损失最小,仅 13% 左右。维生素 B_2 的损失以蒸时最高,达 87%,清炖和红烧时约 40%,炒肉时仅 20%。炒猪肝时,维生素 B_1 损失 32%,维生素 B_2 几乎可以全部保存。所以从保护维生素的角度,肉类食品宜炒不宜烧炖和蒸炸。

由于肉类食品营养丰富,利于微生物的生长繁殖,畜类的某些传染病和寄生虫病也可通过肉食品而传播给人,所以保证肉品的卫生质量是食品卫生工作的重点之一。

二、水产品的营养价值

水产动物的种类繁多,全世界仅鱼类就有 2.5 万~3.0 万种,海产鱼类超过 1.6 万种。我国拥有广阔的海岸,江、河、湖泊资源丰富。这些丰富的海洋资源作为高生物价的蛋白质、脂肪和脂溶性维生素的来源,对人类的营养具有重要作用。可供人类食用、具有营养价值的水产品主要有鱼类、甲壳类、软体类和藻类。

(一)鱼类的营养价值

1. 蛋白质

鱼类肌肉蛋白质含量一般为 $15\% \sim 25\%$,肌纤维较细短,间质蛋白质较少,组织中水分含量高,所以,显得软而细嫩,较畜、禽肉更容易被人体消化,营养价值与畜、禽肉近似。氨基酸组成中,色氨酸含量偏低。存在于鱼类结缔组织和软骨中的含氮浸出物主要为胶原蛋白和黏蛋白,加水煮沸后溶出,冷却后即成为凝胶状物质。

2. 脂类

鱼类平均含脂肪 $1\% \sim 3\%$。脂类含量与品种、生长季节、部位等有关。鱼的种类不同,其脂肪含量差别也较大,如鳗鱼、鲱鱼、金枪鱼达 $16\% \sim 26\%$,而鳕鱼仅为 0.5%。鱼类脂肪在肌肉组织中含量很少,主要存在于皮下和脏器周围。

鱼类脂肪中的不饱和脂肪酸含量十分丰富,占 60% 以上,熔点较低,通常呈液态,消化吸收率为 95%,是人体必需脂肪酸的重要来源。鱼类的胆固醇含量一般为 $100mg/100g$,但鱼籽中的含量较高,如鲳鱼籽的胆固醇含量为 $1070mg/100g$。

3. 碳水化合物

鱼类碳水化合物的含量较低,约 1.5%。有些鱼如鲢鱼、银鱼不含碳水化合物。碳水化合物主要以糖原形式贮存于肌肉和肝脏中。糖原含量与致死方式有关,即捕即杀的鱼类糖原含量高,挣扎疲劳后死去的鱼类,糖原消耗,含量降低。除了糖原外,鱼体内还含有粘多糖如硫酸软骨素、透明质酸等。

4. 矿物质

鱼类矿物质含量为 $1\% \sim 2\%$,其中锌含量极为丰富,此外,钙、钠、氯、钾、镁等含量也较多,其中钙的含量多于禽肉,但钙的吸收率较低。海产鱼钙含量比淡水鱼高。海产鱼类富含碘,约为 $100\mu g/kg \sim 1000\mu g/kg$,淡水鱼含碘仅为 $50\mu g/kg \sim 400\mu g/kg$。

5. 维生素

鱼肝油是维生素 A 和维生素 D 的重要来源,是维生素 E 的一般来源。多脂海鱼肉中也含有一定数量的维生素 A 和维生素 D。硫胺素、核黄素、烟酸含量较高,维生素 C 含量很低。一些生鱼制品含硫胺素酶和催化硫胺素降解的蛋白质,大量食用生鱼可能造成硫胺素缺乏。

虽然鱼类富含多种营养成分,但在食用过程中仍要注意以下两个问题:首先要防止腐败变质,鱼类因水分和蛋白质含量高,结缔组织少,较畜禽肉更易腐败变质,特别是青皮红肉鱼,如鲐鱼、金枪鱼,组氨酸含量高,一旦变质,可产生大量组胺,能引起人体组胺中毒。鱼类的多不饱和脂肪酸含量高,双键极易氧化破坏,能产生脂质过氧化物,对人体有害。因此打捞的鱼类需及时保存或加工处理,防止腐败变质。第二要防止食物中毒,有些鱼含有极强的毒素,如河豚鱼,虽其肉质细嫩,味道鲜美,但其卵、卵巢、肝脏和血液中甚至有些河豚鱼的肌肉中都含有极毒的河豚毒素,若加工处理不当或误食,可引起急性中毒甚至死亡。

(二)软体动物类的营养价值

软体海洋动物含有动物体所需的全部必需氨基酸,酪氨酸和色氨酸的含量比牛肉和鱼肉都高。脂肪、碳水化合物含量低。矿物质含量丰富,以硒最为突出,其次是锌。贝类肉质中牛磺酸的含量普遍高于鱼类,其中尤以海螺、杂色蛤中为最高,每百克的含量为 500mg ~ 900mg。

然而,软体动物有富集重金属的能力,对被重金属污染水域所产贝类的食用安全性需要加以高度注意。

(三)甲壳类的营养价值

甲壳类水产品主要有虾和蟹。蟹肉营养丰富,内含蛋白质、脂肪、维生素 A、维生素 B_1、维生素 B_2、烟酸、钙、磷、铁及谷氨酸、甘氨酸、脯氨酸、组氨酸、精氨酸等多种氨基酸和微量的胆固醇。

甲壳类特有的甘味系来自于肌肉中较多的甘氨酸、丙氨酸、脯氨酸及甜菜碱等甜味成分。

甲壳类水产品的壳中含有甲壳质。虾蟹甲壳中约含蛋白质 25%,碳酸钙 40% ~ 45%,甲壳质 15% ~ 20%。甲壳质是唯一的动物性膳食纤维物质,具有多方面的生理活性。研究发现,甲壳质具有降低胆固醇,调节肠内代谢和调节血压的生理功效,并且具有排除体内重金属毒素的作用。

(四)藻类的营养价值

1. 藻类的分类

食用藻类分为海产藻和淡水藻。海藻是海洋植物的总称。食用海藻主要有绿藻、褐藻和红藻等。如石莼属于绿藻,海带、裙带菜属于褐藻,紫菜、石花菜属于红藻。

2. 藻类的营养

(1)蛋白质 海藻中蛋白质含量非常丰富,特别是紫菜中高达 28.2%。

(2)糖类 糖类是海藻的主要成分,主要成分是粘多糖。

(3)维生素 海藻含有多种维生素,尤其是紫菜中较多,如:维生素 B_1、维生素 B_6、烟酸、维生素 A、维生素 C 等。

(4)无机盐 海藻中最具营养价值的成分就是其所含有的无机盐,如钾、钙、硫、铁等,还含有多量的碘。

(五)其他水产资源的营养价值

1. 海参

我国食用海参的品种较多,有刺参、瓜参、梅花参等。海参营养价值为每100g水发海参含蛋白质 14.9g、脂肪 0.9g、碳水化合物 0.4g、钙 357mg、磷 12mg、铁 2.4mg 及少量维生素 B_1、维生素 B_2、烟酸等。海参的特点是:含胆固醇极低,脂肪含量相对少,是一种典型的高蛋白、低脂肪、低胆固醇食物,对高血压、高脂血症和冠心病患者尤为适宜。

2. 海蜇

海蜇又名水母。鲜活的海蜇外观形似一顶降落伞,伞盖部分加工的制品即海蜇皮,伞盖下口腔及触须部分加工的制品为海蜇头。海蜇入菜滑嫩,清脆耐嚼,是人们喜爱的菜肴。

每100g海蜇含水分 65g 左右、蛋白质 12g、脂肪 0.1g～0.5g、碳水化合物约 4g、能量276KJ、钙 182mg、碘 132μg 以及多种维生素,尤其含有人们饮食中所缺的碘,是一种高蛋白、低脂肪、低能量的营养食品。

海蜇有清热解毒、降压消肿等功能,对气管炎、哮喘、高血压、胃溃疡等症均有疗效。

3. 鱼翅

鱼翅是昂贵的海洋食品。天然鱼翅是鲨鱼的背鳍、胸鳍或尾鳍的干制品。干鱼翅蛋白质含量为 63.5%,缺乏色氨酸和异亮氨酸,主要为胶原蛋白,人体很难吸收,故其蛋白质营养价值不高。脂肪含量 0.3%。每100g 含钙 0.146mg、铁 0.015mg。

最近美国的科学家研究发现,鱼翅除了作为高级消费品外,还有其他多方面的食疗价值。鱼翅含有一种能抑制微血管生长的血管生成控制因子,能使癌细胞周围的微血管网络无法建立,因而可控制肿瘤的生长及蔓延。

三、蛋类的营养价值

蛋类主要指鸡、鸭、鹅、鹌鹑、火鸡等的蛋及其加工制成的蛋制品,如皮蛋、咸蛋、糟蛋、冰蛋等。各种蛋的结构和营养价值基本相似,其中食用最普遍、销量最大的是鸡蛋。蛋类在我国居民膳食构成中所占的比例为 1.4%,主要提供高营养价值的蛋白质。

(一)蛋的结构

蛋类的结构基本相似,主要由蛋壳、蛋清和蛋黄三部分组成(图9-1)。以鸡蛋为例,每只蛋平均重约50g±2g。蛋壳重量占全蛋重的 11% 左右,由 96% 碳酸钙、2% 碳酸镁和 2% 蛋白质组成。壳厚约 300μm～320μm,布满直径为 15μm～65μm 的细孔。新鲜蛋壳在壳外有一层厚约 10μm 的胶质薄膜,蛋壳内面紧贴一层间质膜,厚约 70μm。在蛋钝端间角质膜与蛋壳间分离成一气室。蛋壳颜色与卟啉多少有关,而与蛋的营养价值无关。

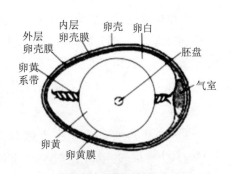

图9-1 蛋的结构

蛋黄和蛋清分别约占总可食部分的 1/3 和 2/3。蛋白包括两部分,外层为中等黏度的稀蛋清,内层包围在蛋黄周围的为胶冻样的稠蛋清。蛋黄表面包有蛋黄膜,由两条韧带将蛋黄固定在蛋的中央。

(二)蛋的组成成分及营养价值特点

蛋的微量营养成分受到品种、饲料、季节等多方面因素的影响,但蛋中宏量营养素含量总体上基本稳定。各种蛋的营养成分有共同之处,但蛋清与蛋黄两部分营养素组成有很大的不同。禽蛋的营养成分是极其丰富的,尤其含有人体所必需的优质蛋白质、脂肪、类脂质、矿物质及维生素等营养物质,而且消化吸收率非常高,堪称优质营养食品。

1. 蛋白质

蛋含丰富的优质蛋白,每百克鸡蛋含蛋白质 12.7g,两枚鸡蛋所含的蛋白质大致相当于150g 鱼或瘦肉的蛋白质。鸡蛋蛋白质的消化率在牛奶、猪肉、牛肉和大米中也最高。

蛋中的蛋白质分为简单蛋白质和结合蛋白质,其中蛋白内含有较多的简单蛋白质,在蛋黄中含有较多复杂的卵黄磷蛋白和卵黄球蛋白。蛋清由于含水分较高,所含的蛋白质占全蛋的 51% 左右,蛋黄的蛋白质占全蛋的 46% 左右。

蛋的蛋白质不但含有人体需要的各种氨基酸,而且氨基酸组成的模式与合成人体组织蛋白质所需的模式十分相近,生物学价值达 95 以上,为天然食物中最理想的优质蛋白质,常作为食物蛋白质营养质量评价的参考蛋白。

2. 脂类

鸡蛋清中含脂肪极少,98%的脂肪存在于蛋黄当中。蛋黄中的脂肪几乎全部与蛋白质结合的乳化形式存在,因而消化吸收率较高。蛋黄中脂肪含量约为 30%~33%,其余 10% 为磷脂及约有 20% 为甘油三酯固醇类,胆固醇约 3% 左右。蛋黄脂肪中的脂肪酸,以单不饱和脂肪酸油酸最为丰富,含量达 46.2%,另外还含有棕榈酸(24.5%)、亚油酸(14.7%)、硬脂酸(6.4%)、棕榈油酸(6.6%)及少量的亚麻酸、花生四烯酸(AA)、二十二碳六烯酸(DHA)等。这些脂肪酸大多是人体所必需的。蛋黄是磷脂的极好来源,包括卵磷脂(70%)、脑磷脂(25%)及神经磷脂、糖脂质、脑苷脂等。所含卵磷脂具有降低血胆固醇的效果,并能促进脂溶性维生素的吸收。

3. 碳水化合物

鸡蛋中碳水化合物含量极低,大约为 1%,其中一部分与蛋白质相结合而存在,含量为0.5%左右。另一部分游离存在,含量约 0.4%所含碳水化合物中 98% 为葡萄糖,这些微量的葡萄糖是蛋粉制作中发生褐变的原因之一,因此,蛋粉在干燥之前须采用葡萄糖氧化酶除去蛋中的葡萄糖,使其在加工储藏过程中不发生褐变。

4. 矿物质

蛋中的矿物质主要存在于蛋黄部分,蛋清部分含量较低。蛋黄中含矿物质 1.1%~1.5%,其中磷最为丰富,达 240mg/100g;其次为钙,达 112mg/100g。蛋黄是多种矿物质的良好来源,包括铁、硫、镁、钾、钠等。蛋中含铁量较高,但以非血红素铁形式存在。由于卵黄高磷蛋白对铁的吸收具有干扰作用,因此蛋黄中铁的生物利用率较低,仅为 3% 左右。

蛋中的矿物质含量受饲料因素影响较大。通过调整饲料成分,可改变其中的含量。目前市场上已有富硒蛋、富碘蛋、高锌蛋、高钙蛋等特种鸡蛋或鸭蛋销售。

5. 维生素和其他微量活性物质

蛋中维生素含量十分丰富,且品种较为齐全,包括所有的 B 族维生素、维生素 A、维生素 D、维生素 E、维生素 K 和微量的维生素 C。其中绝大部分的维生素 A、维生素 D、维生素 E 及大部分维生素 B_1 都存在于蛋黄中。鸭蛋和鹅蛋的维生素含量总体而言高于鸡蛋。蛋中的维生素含量受到品种、季节和饲料的影响。禽蛋中维生素 A、维生素 B_2、维生素 B_6 和泛酸含量较高,其中最突出的是维生素 A 与核黄素。一枚鸡蛋约可满足成年女子一日维生素 B_2 推荐量的 13%,维生素 A 推荐量的 22%。蛋黄的颜色与饲料中的胡萝卜素、叶黄素、玉米黄素等有关,与维生素 A 含量无关。

蛋中含有多种酶类,如蛋白酶、二肽酶、溶菌酶,α-淀粉酶、解脂酶等。鲜蛋的酶是没有活性的,当胚胎开始发育或由于贮存温度过高时,酶就被激活。蛋中酶受温度的影响较大,例如溶菌酶在 37℃~40℃ 及 pH7.2 时活力最强,α-淀粉酶在 63℃ 加热 3min~4min 时完全失去活性。

蛋黄是胆碱和甜菜碱的良好来源,甜菜碱具有降低血脂和预防动脉粥样硬化的功效。

鸡蛋壳、蛋清、蛋黄、蛋白膜和蛋黄膜均含有一定量的唾液酸,该成分具有一定免疫活性,对轮状病毒有抑制作用。

(三)加工过程对蛋类营养价值的影响

在一般的烹调加工条件下,如荷包蛋、油炸蛋、炒蛋或带壳蒸煮时,对蛋的营养价值影响很小,仅维生素 B_1 和 B_2 有少量损失(8%~15%)。有人观察在烹调中维生素 B_2 的稳定性并指出,将整蛋煮得很"老"时,也看不到维生素的损失;炒蛋时如果无强光的影响,约损失 10%;油炸可破坏 16%;荷包蛋损失 13%。煮的"嫩蛋",人体消化较快,但消化率不因烹调方法而受影响。熟蛋清要比生蛋清消化吸收和利用得更完全,而蛋黄则不论生或熟同样可被人体利用。

通过烹调不但可以杀灭细菌,提高消化吸收速度,而且使抗胰蛋白酶因素、抗生物素蛋白等抗营养因子失去活性。

鲜蛋经过加工制成的皮蛋、咸蛋和糟蛋等,其蛋白质的含量变化不大。但是,皮蛋由于在制作过程中加碱,从而使蛋中维生素 B_1 和维生素 B_2 受到较为严重的破坏,含硫氨基酸含量下降,镁、铁等矿物质生物利用率下降,但钠和配料中所含的矿物质含量上升。咸蛋的制作过程对蛋的营养价值影响不大,只有钠含量大幅度上升,不利于高血压、心血管疾病和肾病患者,故这些患者应注意不要经常食用咸蛋。由于盐的作用,咸蛋黄中的蛋白质发生凝固变性,并与脂类成分分离,使蛋黄中的脂肪聚集,形成出油现象。糟蛋是用鲜蛋泡在酒糟中制成的,由于酒精的作用使蛋壳中的钙盐渗透到糟蛋中,故糟蛋中钙的含量明显高于鲜蛋。

(四)蛋类的合理食用

1. 不生吃鸡蛋

吃生鸡蛋或不熟的鸡蛋不仅消化率比熟鸡蛋低,而且对身体有很多不利。一方面生蛋清中含有抗生物素和抗胰蛋白酶,前者妨碍生物素的吸收,后者抑制胰蛋白酶的活力,但当蛋煮熟后,此两种酶即被破坏;另一方面,在显微镜下观察,鸡蛋外壳充满小孔,这些小孔比致病菌要大几十倍至几百倍,因此,鸡蛋随时都可能有病原体侵入,如食用了这种被病原体感染的鸡蛋,人体就可能出现畏寒、发热、恶心、呕吐、腹痛、腹泻等症状,所以蛋必须煮熟后吃,以免发生疾病。

2. 合理加工贮存减少营养损失

煎鸡蛋和烤鸡蛋中的维生素 B_1、维生素 B_2 损失率分别为 15% 和 20%,而叶酸损失率可高达 65%。但煮鸡蛋几乎不引起维生素的损失。

鲜蛋贮存在温度 1℃~3℃,相对湿度为 85% 的冷藏库内可保存 5 个月。在 0℃ 保藏鸡蛋一个月,对维生素 A、维生素 D、维生素 B_1 无影响,但维生素 B_2、烟酸和叶酸分别有 14%、17% 和 16% 的损失。鲜蛋气室较小,但随着贮存时间的延长,其水分缓慢蒸发,当蛋内气室逐渐增大到 1/3 时,即有变质可能。变质的蛋带有恶臭味,如霉菌侵入蛋内,在适宜条件下可形成黑斑,称黑斑蛋。腐败变质的蛋不能食用,应予以销毁。

第七节　乳及乳制品的营养价值

乳类主要包括牛乳、羊乳、马乳和水牛乳等,经常食用的是牛乳和羊乳。乳类经浓缩、发酵等工艺可制成乳制品,如乳粉、酸奶、炼乳等。乳类营养丰富,含有人体所必需的营养成分,组成比例适宜,而且是容易消化吸收的天然食品。它是婴幼儿的主要食物,也是病人、老人、孕妇、乳母以及体弱者的良好营养品。现代乳品业已成为食品工业的重要部分,积极发展我国的乳品业对改善人民膳食构成,提高优质蛋白质和钙等的供应具有重要意义。

一、乳类的营养价值

乳的成分十分复杂,含有上百种化学成分,是乳白色的复杂乳胶体,含量最多的是水,约占 83%;乳糖、水溶性盐类以及维生素呈分子或离子态形成溶液;乳白蛋白及乳球蛋白呈大分子态,形成高分子溶液;酪蛋白在乳中形成酪蛋白钙-磷酸钙复合体胶粒,呈胶体悬浮液;乳脂肪呈细小的微粒状分散在乳清中,有少量蛋白质和磷脂包在脂肪粒周围,起乳化剂作用,以维持脂肪粒呈乳胶状态,故乳类为多级分散体系的乳胶体。

乳的味道温和,稍有甜味,是因为含有乳糖的缘故。鲜乳的特有香味是来自一些低分子化合物如丙酮、乙醛、短链脂肪酸和内酯。乳的香味随温度升高而增强,冷却则减弱。

正常乳的比重平均为 1.032,比重大小与乳中固体物质的含量有关。乳的各种成分虽有一定变动范围,但基本上是较稳定的,其中仅脂肪含量变化较大。

(一)蛋白质

牛乳中的蛋白质含量比较恒定,约 3.0%~3.5%,羊奶为 3.5%~3.8%,牦牛奶和水牛奶超过 4%。牛乳的蛋白质组成以酪蛋白为主,例如牛奶中酪蛋白占总蛋白量的 86%,其次是乳清蛋白为 9%,乳球蛋白较少,约为 3%,其他还有血清免疫球蛋白和多种酶类等。牛奶中含有多种免疫球蛋白,如含有抗沙门氏菌抗体、抗脊髓灰质炎病毒抗体等,这些抗体能增强人体抗病能力。

牛乳蛋白质为优质蛋白,含有人体必需的 8 种氨基酸,消化吸收率可达87%~89%,生物价为 85,易于消化吸收,高于一般肉类。但是,人乳中酪蛋白含量少而乳清蛋白含量高,易于被儿童消化吸收。为了使乳制品的蛋白质组成接近于人乳,可利用乳清蛋白加以调整,从而生产出母乳化的高质量婴儿营养食品。

(二)脂类

乳中脂类的含量约为 3%~5%,100mL 乳中胆固醇含量约为 15mg。与其他动物性食品相比,乳中脂肪含量及胆固醇含量比较低,而且容易消化吸收,给机体造成的负担少。因此对患有消化道疾病,肝、肾疾病的患者,乳脂肪优于其他脂类。

乳中脂肪颗粒直径约 3μm,分散于乳清中,1mL 牛乳中约有 20 亿~40 亿个。少量蛋白质和磷脂包在脂肪粒周围,起乳化作用,以保持脂肪呈乳胶状态便于消化吸收,其消化吸收率可达98%。羊奶脂肪球大小为牛奶的 1/3,更易消化吸收。

牛乳中已被分离出来的脂肪酸达 400 多种,包括碳链长度从 2~28 的各种脂肪酸,以偶数直链中长脂肪酸为多(如豆蔻酸、棕榈酸、硬脂酸、油酸等)。牛乳脂肪特点为含一定数量中短链脂肪酸(4~10 碳),少于 14 碳的脂肪酸含量达 14%,挥发性、水溶性脂肪酸达 8%。丁酸是反刍动物特有脂肪酸,这种组成特点赋予乳脂肪以柔润的质地和特有的香气。牛乳中胆固醇含量少,100mL 乳中胆固醇含量约为 15 mg,而且还含有能降低血胆固醇的 3-羟基-3-甲基戊二酸及乳清酸,对中老年尤为适宜。

(三)碳水化合物

乳类中天然存在的碳水化合物主要为乳糖,牛乳中的含量为 4.6 %,人乳为 7.0%~7.9%。乳糖在自然界中仅存在于哺乳动物的乳汁中,其甜度为蔗糖的 1/6。一分子乳糖消化时可得一分子葡萄糖和一分子半乳糖。

乳糖能促进人类肠道内有益乳酸菌的生长,可以抑制肠内异常发酵造成的中毒现象,有利于肠道健康;乳糖还有调节胃酸,促进胃肠蠕动和消化腺分泌作用。同时乳糖有利于钙的吸收,因而乳中碳水化合物不仅能提供能量,而且营养价值要高于其他碳水化合物。由于乳糖能促进钙等矿物质的吸收,也为婴儿肠道内双歧杆菌生长所必需,所以对幼小动物的生长发育具有特殊的意义。但对于部分不经常喝乳的成年人来说,体内乳糖酶的活性过低,大量食用乳制品后可能引起乳糖不耐症的发生。用固定化乳糖酶将乳糖水解为半乳糖和葡萄糖,可以解决乳糖不耐受的问题,同时增加牛奶的风味及甜度。

(四)矿物质

牛乳中含有丰富的矿物质,约 0.6%~0.7%,主要包括钙、磷、镁、钾、钠、硫等多种元素,此外还有铜、锌、锰等微量元素,它们大部分与有机酸、无机酸结合成盐类。特别是钙含量高,而且钙、磷比例合理,有利于消化吸收,1L 牛奶可提供 1200mg 钙,牛乳是人体钙的最佳来源。但是,乳中铁含量较少,每 L 中仅含 3mg 铁,如以牛奶喂养婴儿,应同时补充含铁高的食物,如新鲜果汁和菜泥,以增加铁的供给。

此外,乳中的成碱元素(如钙、钾、钠等)多于成酸元素(氯、硫、磷),因此,乳与蔬菜、水果一样,属于成碱性食品,有助于维持体内的酸碱平衡。成年人每人每日钙的推荐摄入量为800mg,孕妇、乳母、老年人需要更多的钙。每天饮用250mL牛奶就可以获得大约250 mg钙,相当于推荐摄入量的1/3,同时乳中的钙具有较高的生物利用率,为膳食中最好的天然钙来源。

(五)维生素

乳类中含有多种维生素,尤其是维生素A和B族维生素中维生素B2的重要来源。

牛乳中的B族维生素主要由牛瘤胃中的微生物产生,受环境因素影响较小。但牛乳中其他维生素的含量可因奶牛的饲养条件、季节、加工方式不同有一定的变化。如维生素A与胡萝卜素,在牛棚饲养,每升中分别含377IU和0.089mg,而在牧场放牧时,分别增至1266IU和0.237mg;在有青饲料时,乳中的维生素A、胡萝卜素、维生素C含量较冬春季喂干饲料时有明显增加。奶中维生素D含量不高,但夏季日照多时,其含量有一定增加。

脂溶性维生素存在于牛奶的脂肪部分中,水溶性维生素则存在于水相乳清中。乳清呈现的淡黄绿色即为维生素B_2的颜色。脱脂奶的脂溶性维生素含量随着脂肪的去除而显著下降,必要时需进行营养强化。

(六)其他成分

1. 酶类

主要是水解酶、氧化还原酶和转移酶等。

水解酶包括淀粉酶、酯酶、脂酶等,帮助消化营养物质,对幼小动物的营养吸收具有重要意义。溶菌酶对于牛奶保存最为重要,新鲜未污染牛奶可在4℃下保存36h。碱性磷酸酯酶是热杀菌的指示酶,加热后测定此酶活性可推知加热杀菌效果。脂酶存在时牛奶脂肪遭到缓慢水解而酸败。

2. 有机酸

牛乳中核酸含量低,痛风患者可以食用。乳中有机酸90%为柠檬酸,可促进钙在乳中分散,利于吸收。此外牛乳中还含有丁酸,丁酸与乳脂中的其他抗癌成分如维生素D、视黄酸和白介素协同作用,可抑制癌细胞增殖或分化,因此对乳腺癌、肠癌等肿瘤细胞的生长和分化具有抑制作用。

3. 其他生理活性物质

活性肽类是乳蛋白质在人体肠道消化过程中产生的蛋白酶水解产物。包括镇静安神肽、抗血管紧张素肽、抗血栓肽、刺激巨噬细胞吞噬活性的免疫调节肽、促进钙吸收的酪蛋白磷酸肽、促进DNA合成的促进生长肽、抑制细菌的抗菌肽等。

牛乳中所含的乳铁蛋白是一类重要的生理活性物质,具有调解铁代谢、促进生长;抗炎,调节巨噬细胞活性,预防肠道感染;促进肠道钻膜细胞分裂更新;刺激双歧杆菌生长;抗病毒等作用。

此外,乳中还含有免疫球蛋白、共轭亚油酸、激素和生长因子等其他生理活性物质。

二、乳制品的营养价值

经过巴氏消毒直接供饮用的乳称为鲜乳。正确进行巴氏消毒对乳的组成和性质皆无明显影响,但对热不稳定的维生素 C 和维生素 B$_1$约可损失 20%~25%。消毒后的乳最好立即进行均质化处理,使脂肪粒变小,分散更均匀,防止产品发生脂肪上浮现象。根据不同的需要,鲜乳可加工成一系列产品,主要包括乳粉、炼乳、酸乳、奶酪、乳饮料等。因加工工艺不同,乳制品的营养成分有很大差异。

(一) 奶粉

鲜奶经脱水干燥制成的粉状物即为奶粉。根据食用的目的,奶粉可分为全脂奶粉、脱脂奶粉和调制奶粉等。

全脂乳粉是将鲜乳浓缩除去 70%~80%水分后,经喷雾干燥或热滚筒法脱水制成。每 1g 乳粉相当于 7g 原料牛乳所含的固体物质。脂肪含量不低于 26%,喷雾干燥法制成的乳粉粉粒小,溶解度高,无异味,营养成分损失少,营养价值较高。

脱脂乳粉是将鲜乳脱去脂肪,再经上述方法制成的乳粉。其脂肪含量只有 1.3%,脂溶性维生素损失较多,供腹泻婴儿及需要少油膳食的患者食用。

调制乳粉(母乳化奶粉)是以牛奶为基础,参照人乳组成的模式和特点,进行调整和改善,使其更适合婴幼儿的生理特点和需要。主要是减少牛乳粉中酪蛋白、甘油三酯、钙、磷和钠的含量,添加了乳清蛋白、亚油酸和乳糖,强化了维生素和矿物质等。

(二) 炼乳

炼乳为浓缩乳的一种,主要分为淡炼乳和甜炼乳。

淡炼乳是新鲜乳经低温真空条件下浓缩,除去约 2/3 水分,灭菌而成。因受加工的影响,维生素受到一定程度的破坏,因此常用维生素加以强化,按适当比例稀释后,营养价值与鲜乳相同,适合婴儿和对鲜乳过敏者食用。

甜炼乳是在鲜乳中加 15%蔗糖后浓缩制成。利用其渗透压的作用抑制微生物的繁殖,产品中蔗糖浓度可达 40%以上。因糖分过高,需经大量水冲淡后饮用,营养成分相对下降,不宜供婴儿食用。

(三) 酸乳

以鲜牛乳或乳粉为原料,经过预处理,然后接入纯培养的保加利亚乳杆菌和嗜热链球菌作为发酵剂,并保温一定时间,因产生乳酸而使酪蛋白凝结的成品,称为酸乳。

牛乳经乳酸菌发酵后游离氨基酸和肽增加,更易消化吸收,同时乳糖减少,使乳糖酶活性低的成人易于接受。维生素含量与鲜乳相似,但叶酸含量增加一倍。由于酸度增加,利于一些维生素保存。乳酸菌进入肠道可抑制一些腐败菌的生长,调整肠道菌群,防止腐败胺类对人体的不良作用。

(四) 奶酪

奶酪为一种营养价值很高的发酵乳制品,是在原料乳中加入适当量的乳酸菌发酵剂或凝乳酶,使蛋白质发生凝固,并加盐、压榨排出乳清之后的产品。1kg 奶酪制品由 10kg 牛奶浓缩而成,所以其营养价值要比牛奶高。每 100g 奶酪含能量 1.4MJ,蛋白质 27.5g,脂肪 23.5g,碳水化合物 3.5g,维生素 A152mgRE,硫胺素 0.06mg,核黄素 0.9 mg,烟酸 0.62mg,维生素 E0.6mg,胆固醇 11mg,钙 799mg,铁 24mg,锌 6.97mg。

（五）乳饮料

乳饮料、乳酸饮料和乳酸菌饮料的蛋白质含量一般仅为牛乳的1/3,其中配料为水、糖或甜味剂、果汁、有机酸、香精等。乳酸饮料未经发酵加工制成,但添加有乳酸使其具有一定酸味,乳酸菌饮料经乳酸菌发酵加工制成。乳饮料的营养价值低于液态乳类产品,不宜作为儿童营养食品食用,但因其风味多样,味甜可口,故为儿童和青少年所喜爱。

三、乳类及其制品的合理食用

（一）鲜奶

鲜奶水分含量高,营养素种类齐全,十分有利于微生物生长繁殖,因此须经严格消毒灭菌后方可食用。消毒方法常用煮沸法和巴氏消毒法。煮沸法是将乳直接煮沸,达到消毒目的,多在家庭使用,营养成分有一定损失。巴氏消毒常用两种方法,即低温长时(63℃,加热30min)和高温短时(90℃,加热1s)。巴氏消毒对乳的组成和性质均无明显影响,但维生素C约损失20%～25%。

（二）牛初乳

母牛分娩一周内的牛乳称为初乳,黏度大,有异味和苦味,乳清蛋白含量高,乳糖含量低,矿物质含量高,含较多初生牛犊所需的各种免疫球蛋白。此后免疫球蛋白下降,乳糖含量上升到常态。泌乳期即将结束时分泌的乳质量变劣。初乳和末乳不适宜作为加工原料。患病乳牛所产乳不应用于销售和加工。

（三）乳品保存

乳品应避光保存,以保护其中的维生素。鲜牛奶经日光照射1min,B族维生素和维生素C损失较大。即使在微弱的阳光下,经6h后B族维生素也仅剩一半,而在避光器皿中保存的牛乳,其维生素损失很少,并且还能保持牛乳特有的鲜味。

【复习思考题】

1. 评价食品营养价值的指标有哪些? 如何利用各项指标对食品的营养价值进行评价?
2. 大豆及其制品有哪些营养特点? 大豆中的抗营养因素有哪些?
3. 为什么提倡吃全谷类? 为什么精米白面在膳食中的比例不能过高?
4. 试述谷类食物的营养特点,并依据其蛋白质构成特点,阐述通过食物搭配以提高谷类食物蛋白质营养学价值的具体措施。
5. 乳类、蛋类、肉类食品的营养价值有何异同点?

第十章　食品安全与质量标准体系

【本章目标】

1. 熟悉质量安全标准体系建立的意义和架构,能够运用食品质量安全标准体系指导生产。

2. 了解我国食品质量安全标准的概念,掌握植物性制品、动物性食品、果蔬及其制品易发生的质量安全问题,并联系实际指导生产实践。

3. 理解食品安全及《食品安全法》的重要意义。

4. 熟悉 GMP、HACCP、ISO 质量管理体系的作用、程序及相互关系。

第一节　食品营养与卫生安全概述

一、食品营养与卫生安全的研究内容

食品营养与卫生安全是主要研究饮食与健康的相互作用及其规律、作用机制以及据此提出预防疾病、保护和促进健康的政策措施和相关法规的一门学科。食品营养与卫生安全包括两门既密切联系而又相互区别的学科,即营养学与食品卫生学。

(一)营养学与食品卫生安全学的定义

1. 营养学的定义

营养学是研究人体营养规律以及改善措施的科学,即营养学是研究食物中对人体有益的成分及人体摄取和利用这些成分以维持、促进健康的规律和机制,在此基础上采取具体的、宏观的、社会性措施改善人类健康、提高生命质量的一门科学。

2. 食品卫生学定义

食品卫生学是指研究食品中可能存在的、危害人体健康的有害因素及其对人体的作用规律和机制,并在此基础上提出具体、宏观的预防措施,以提高食品卫生质量、保护食用者安全的科学。

3. 二者的联系与区别

首先,营养学与食品卫生学的联系比较密切。营养学与食品卫生学有共同的研究对象,即研究食物和人体的关系,或者说研究食物(饮食)与健康的关系。其次,营养学与食品卫生学在具体研究目标、研究目的、研究方法、理论体系等方面存在着显著差异。具体而言,营养学是研究食物中的有益成分与健康的关系,食品卫生学则是研究食物中的有害成分与健康的关系。

(二)营养学与食品卫生学的研究内容

1. 营养学的主要研究内容

营养学的研究内容主要包括食物营养、人体营养和公共营养三大方面。

(1)食物营养主要阐述食物的营养组成、功能及为保持、改善、弥补食物的营养缺陷所采取的各种措施。近年来,对植物性食品中含有的生物活性成分功能的研究已成为食物营养的重要研究内容。另外,食物营养还包括对食物新资源的开发、利用等方面。

(2)人体营养主要阐述营养素与人体之间的相互作用。为保持人体健康,一方面,人体应摄入含有一定种类、数量、适宜比例营养素的食物;另一方面,营养素摄入过多或不足均会对人体健康造成危害。近年来对因营养素摄入不平衡而导致的营养方面相关疾病的研究取得较大进展,其中分子营养学基础研究及营养疾病预防已成为人体营养领域的重要研究内容。此外,特殊生理条件和特殊环境条件下人群的营养需求也是人体营养研究的重要领域。

(3)公共营养是基于人群营养状况,有针对性地提出解决人群营养存在问题的措施。公共营养侧重于阐述人群或社区的营养问题,以及导致和决定这些营养问题的因素,具有实践性、宏观性、社会性和多学科性等特点。公共营养主要包括以下研究内容:膳食营养素参考摄入量、膳食结构与膳食指南、营养调查与评价、营养监测、营养教育、食物营养规划与营养改善、社区营养、饮食行为与营养、食物与营养的政策与法规。

2. 食品卫生学的主要研究内容

概括来说,食品卫生学的研究内容主要包括食品污染、食品及其加工技术的卫生问题、食源性疾病及食品安全评价体系的建立和食品卫生监督管理四大方面。

(1)食品污染。主要阐明食品中可能存在的有害因素的种类、来源、性质、数量和污染食品的程度,对人体健康的影响与机制以及防止食品污染的措施等。

(2)食品及其加工技术的卫生问题。主要包括食品在生产、运输、贮存、销售等各环节可能或容易出现的卫生问题及预防管理措施。另外,应用食品新技术制造出的新型食品,如转基因食品、酶工程食品、辐照食品等也是食品卫生学研究的新问题。

(3)食源性疾病及食品安全评价体系的建立。包括食物中毒、食源性肠道传染病、人畜共患传染病、食源性寄生虫病等食源性疾病的预防及控制,一直是食品卫生学重要的研究内容。建立完善的食品安全评价体系不仅能够确保我国居民身体健康,同时也有促进国民经济发展和维持政治稳定的作用。

(4)食品卫生监督管理。主要阐述食品卫生安全法律体系的构成、性质及在食品卫生监督管理中的地位与功能。食品卫生标准是以我国食品安全法为主要法律依据,其相关制定原则与制定程序也是食品卫生学的重要研究内容。此外,加强食品(餐饮)生产企业自身卫生管理手段如生产质量管理规范(GMP)、危害分析的临界控制点(HACCP)系统等也是保障食品卫生质量的重要措施。

二、一些相关术语的含义

(一)绿色食品、有机食品与无公害食品

绿色食品是特指遵循可持续发展原则,按照特定生产方式生产,经专门机构认证,许可使用绿色食品标志的无污染的安全、优质、营养类食品。之所以称为"绿色",是因为自然资源和生态环境是食品生产的基本条件,由于与生命、资源、环境保护相关的事物国际上通常冠之以"绿色",为了突出这类食品出自良好的生态环境,并能给人们带来旺盛的生命活力,因此将其定名为绿色食品。

有机食品指来自有机农业生产体系,根据有机农业生产要求和相应标准生产加工,并且通过合法的有机食品认证机构认证的农副产品及其加工品。按照有机农业生产标准,有机食品在生产过程中不得使用化学肥料、农药、生长调节剂和畜禽饲料添加剂等物质,并且禁止使用转基因技术生产出来的食品。有机食品在我国有时也称为生态食品或生物食品。

无公害食品是指产地环境、生产过程和终端产品符合无公害食品标准及规范,经过专门机构认定,获得使用无公害食品标志的食品。

绿色食品、有机食品和无公害食品都是安全食品,从种植、收获、加工生产到储藏运输过程中都采用无污染的工艺技术,实现了从土地(产地)到餐桌的全过程质量安全控制,从而确保食品的安全性。尽管如此,绿色食品、有机食品和无公害食品在认证标准、认证机构、认证方法、标志、级别等方面各有要求,不能混淆。

(二)保健食品与强化食品

保健食品指标明具有特定保健功能的食品,即适宜于特定人群食用,具有调节人体机能功效,不以治疗疾病为目的的食品。保健食品的特点体现在它对人体机能的调节上,能够增强人体的免疫力。对生理机能正常、想要维护身体健康或预防疾病的人来说,保健食品是一种营养补充品;对生理机能异常的人来说,保健食品是一种调节生理机能、强化免疫功能的食品。必须明确,保健食品不是药品,要严格区分保健食品与药品的区别。

在食品中补充某些特殊的营养素,称为食品的强化。添加的营养素称为强化剂,而由此制成的食品则称为强化食品。

(三)食品卫生、食品安全与食品添加剂

食品卫生是指为确保食品安全性和适用性在食物链的所有阶段必须采取的一切条件和措施。食品安全是指食品无毒、无害,符合应有的营养要求,对人体健康不造成任何急性、亚急性或者慢性危害。食品添加剂是指为改善食品品质和色、香、味,以及为防腐、保鲜和加工工艺的需要而加入食品中的人工合成或者天然物质。

(四)转基因食品

转基因食品是指利用分子生物学手段,将某些生物的基因转移到其他生物物种上,使其出现原物种不具有的性状或产物,以转基因生物原料加工生产的食品就是转基因食品。目前,对食用转基因食品存在很大争论,国际上还未能够就转基因食品的安全性达成共识。

第二节 植物性食品的卫生问题

一、谷类、豆类的卫生问题

(一)谷类、豆类主要卫生问题

1. 真菌和真菌毒素污染

粮豆类在农田生长期、收获及贮藏过程中的各个环节均可受到真菌污染。当环境湿度较大、温度增高时,真菌易在粮豆中生长繁殖并使粮豆发霉,不仅使粮豆的感官性状改变,降低和失去其营养价值,而且还可能产生相应的真菌毒素,对人体健康造成危害。常见污染粮豆的真菌有曲霉、青霉、毛霉、根霉和镰刀菌等。

2. 农药残留

粮豆中农药残留可来自防治病虫害和除草时直接施用的农药和通过空气、土壤等途径将环境中污染的农药残留物吸收到粮豆作物中。

3. 毒性有害物质的污染

主要是汞、镉、砷、铅、铬和氰化物等。其原因主要是用未经处理或处理不彻底的工业废水和生活污水对农田、菜地的灌溉所造成。一般情况下,污水中的有害有机成分经过生物、物理及化学方法处理后可减少甚至消除,但以金属有毒物为主的无机有害成分或中间产物难以去除。

4. 仓储害虫

常见的仓储害虫有甲虫(大谷盗、米象、谷蠹和黑粉虫等)、螨虫(粉螨)及蛾类(螟蛾)等50余种。当仓库温度在18℃~21℃、相对湿度65%以上时,适于虫卵孵化及害虫繁殖;当仓库温度在10℃以下时,害虫活动减少。

5. 其他污染

包括无机夹杂物和有毒种子的污染,其中泥土、沙石和金属是粮豆中的主要无机夹杂物,可来自田园、晒场、农具和加工机械等。这些夹杂物不但影响粮豆的感官性状,而且可能损伤牙齿和胃肠道组织。麦角、毒麦、麦仙翁籽、槐籽、毛果洋莱莉籽、曼陀罗籽、苍耳子等均是粮豆在农田生长期和收割时可能混杂的有毒植物种子。

6. 掺伪

粮食的掺伪有以下几种:

(1)为了掩盖霉变,如在大米中掺入霉变米、陈米;将陈小米洗后染色冒充新小米,煮食这类粮食有苦辣味或霉味。

(2)为了增白而掺入有毒物质,如在米粉和粉丝中加入有毒的荧光增白剂;在面粉中掺入滑石粉、石膏等,在面制品中掺入禁用的吊白块等。

(3)以次充好,如在粮食中掺入沙石;糯米中掺入大米、藕粉中掺入薯于淀粉等。

(二)对谷类、豆类的卫生要求

不同品种的粮豆都具有固有的色泽及气味,有异味时应慎食,霉变的不能食用,尤其是成品粮。为了保证食用安全,我国对粮豆类食品已制定了许多卫生标准,如对原粮有害物质容许量的规定,每千克含农药马拉硫磷不得超过 8mg,六六六不得超过 0.3mg,DDT 不得超过 0.2mg 等。

(三)对豆制品的卫生要求

我国传统的豆制品含水量高,营养成分丰富,但若有微生物污染,极易繁殖引起腐败变质。而目前不少豆制品生产以手工加工为主,卫生条件比较差,生产器具、管道和操作人员等多种因素只要其中有一环没有按卫生标准做好清洁工作,就会成为污染源头。另外,产品的保存方式也很重要,豆制品成品能够新鲜存放的时间很短,特别是夏季,如果豆制品不及时冷藏很快就会变质。因此,要注意搞好豆腐、豆浆等豆制品的卫生管理。通常豆制品在销售和贮藏时最好用小包装。豆制品中使用的添加剂也要按照有关规定,严禁超标使用食品添加剂。

豆制品感官上的变化能灵敏地反映出豆制品的新鲜程度。例如,新鲜的豆腐块形整齐、软硬适宜、质地细嫩、有弹性,随着鲜度下降,颜色开始发暗、质地溃散、并有黄色液体析出、产品发黏、变酸并产生异味。

二、薯类卫生要求

过去,薯类食物是我国北方冬季的主要蔬菜。在长期保存过程中,保存不当可能会使马铃薯发芽。发芽的马铃薯含有有毒物质龙葵素,一旦食用发芽马铃薯可能造成食物中毒。木薯中含有氰苷,必须去除干净,否则有食物中毒的可能。

三、水果和蔬菜的主要卫生问题

(一)水果和蔬菜主要卫生问题

1. 微生物和寄生虫卵污染

蔬菜在栽培中可因利用人畜的粪、尿做肥料被肠道致病菌和寄生虫卵所污染。国内外每年都有许多因生吃蔬菜而引起肠道传染病和肠寄生虫病的报道。蔬菜、水果在收获、运输和销售过程中管理不当也可被肠道致病菌和寄生虫卵污染,一般表皮破损严重的水果大肠杆菌检出率高。

2. 工业废水和生活污水污染

用未经无害化处理的工业废水和生活污水灌溉农田,可使蔬菜受到化学性污染。

3. 农药残留

使用过农药的蔬菜水果收获后常会有部分农药残留。其中,绿叶蔬菜农药残留问题比较突出。因此,在水果蔬菜上市销售前一段时间内禁止喷洒农药,以免农药残留量大造成食用者食物中毒。

4. 腐败变质与亚硝酸盐含量较高

蔬菜和水果储藏条件不当极易腐败变质,原因除了本身含有的氧化酶发生作用外,还与微生物大量生长繁殖有关。低温储藏能够减缓腐败变质的速度。正常生长情况下,蔬菜中所含有的硝酸盐与亚硝酸盐很少。但是,在生长期间气候干旱或者收获后储存环境不当等条件下,都会使蔬菜里的硝酸盐与亚硝酸盐含量增加。食用含有较多硝酸盐与亚硝酸盐的蔬菜会引起食物中毒。

(二)水果和蔬菜的卫生要求

1. 保持新鲜

为了避免腐败变质和亚硝酸盐含量过多,蔬菜和水果最好不要长期保藏,采收后及时食用不但营养价值高,而且新鲜、适口。水果蔬菜需要储藏时,应选择那些外形完整无伤的,最好以小包装形式进行低温储藏。

2. 清洗消毒

为安全食用蔬菜,既要杀灭肠道致病菌和寄生虫卵,又要防止营养素的流失,最好的方法是先在流动水中清洗,然后在沸水中进行极短时间的热烫。食用水果前也应彻底洗净。浸泡消毒后的水果蔬菜要及时清洗干净。

第三节　动物性食品的卫生问题

一、畜禽肉的主要卫生问题

(一)畜肉的主要卫生问题

1. 腐败变质

肉类在加工和保藏过程中,如果卫生管理不当,往往会发生腐败变质。健康畜肉的 pH 较低,具有一定的抑菌能力;而病畜肉 pH 较高,且在宰杀前即有细菌侵入机体,由于细菌的生长繁殖,可使宰杀后的病畜肉迅速分解,引起腐败变质。

2. 人畜共患传染病

对人有传染性的牲畜疾病,称为人畜共患传染病,如炭疽、布氏杆菌病和口蹄疫等。有些牲畜疾病如猪瘟、猪出血性败血症虽然不感染人,但当牲畜患病以后,可以继发沙门氏菌感染,同样可以引起人食物中毒。

3. 人畜共患寄生虫病

主要有囊虫病、旋毛虫病等。蛔虫、姜片虫、猪弓形虫病也是人畜共患寄生虫病。为防寄生虫,畜肉食用之前必须充分加热烧熟,烹调时防止交叉污染。

4. 药物残留

动物用药包括抗生素、抗寄生虫药、激素及生长促进剂等。常见的抗生素类有青霉素、头孢菌素、庆大霉素、卡那霉素、链霉素、新霉素、土霉素、金霉素、四环素、红霉素、螺旋霉素以及氯霉素。为保证食品安全,我国农业部对动物性食物中的兽药残留量进行了详细规定,如严禁在饲料中添加盐酸克伦特罗(瘦肉精)。

经过兽医卫生检验,肉品分为三类:良质肉、条件可食肉和废弃肉。良质肉是指健康畜肉,食用不受限制;条件可食肉是指必须经过高温、冷冻或者其他有效处理方法处理达到卫生要求并食用无害的肉;废弃肉是指那些患有烈性传染病的牲畜肉尸,或者严重感染囊尾蚴的肉品以及死因不明的死畜肉和严重腐败变质的畜肉。

(二) 禽肉的主要卫生问题

禽肉主要有两类微生物污染,一类为病原微生物,如沙门氏菌、金黄色葡萄球菌和其他致病菌,这些致病菌侵入肌肉内部引起食物中毒;另一类为假单胞菌等非致病微生物,能够在低温下生长繁殖,引起禽肉外表改变甚至腐败变质,在禽肉表面可产生色斑。为确保禽肉卫生必须做到合理宰杀、加强卫生检验和宰后冷冻保存等事项。

二、蛋类的卫生问题

(一) 微生物污染

微生物可通过患病母禽或者附着在蛋壳表面而污染禽蛋。患病母禽的生殖器杀菌能力减弱,当吃了含有病菌的饲料后,病原菌可通过血液循环侵入卵巢,在蛋黄形成过程中造成污染。常见的致病菌是沙门氏菌,如鸡白痢沙门菌、鸡伤寒沙门菌等。鸡、鸭、鹅都易受到病菌感染,特别是鸭、鹅等水禽的感染率更高。

为了防止细菌引起的食物中毒,一般不允许用水禽蛋作为糕点原料,水禽蛋必须煮沸10min以上方可食用。附着在蛋壳表面上的微生物主要来自禽类的生殖腔、不洁的产蛋场所及储存容器等,污染的微生物可从蛋壳上的气孔进入蛋壳内。常见细菌有假单胞菌属、无色杆菌属、变形杆菌属、沙门氏菌属等。受污染蛋壳表面的细菌可达400万~500万个,污染严重者可高达1亿个以上。真菌也可经蛋壳的裂纹或气孔进入蛋内。常见的有分支孢霉、黄曲霉、毛霉、青霉、白霉等。

新鲜蛋清中含有溶菌酶,有抑菌作用,一旦作用丧失,腐败菌便在适宜的条件下迅速繁殖。蛋白质在细菌蛋白酶作用下逐渐被分解,使蛋黄系带松弛和断裂,导致蛋黄移位,如果蛋黄贴在壳上称为"贴壳蛋";随后蛋黄膜分解,使蛋黄散开,形成"散黄蛋";如果条件继续恶化,则蛋清和蛋黄混为一体,称为"浑汤蛋"。蛋白质进一步被细菌分解,造成某些氨基酸分解形成硫化氢、氨和胺类化合物而使禽蛋出现恶臭味。禽蛋受到真菌污染后,真菌在蛋壳内壁和蛋膜上生长繁殖,形成肉眼可见的大小不同的暗色斑点,称为"黑斑蛋"。

(二) 化学性污染

鲜蛋的化学性污染物主要是汞,其来源可由空气、水和饲料等进入禽体内,致使所产的蛋中含汞量超标。此外,农药、激素、抗生素以及其他化学污染物均可通过禽饲料及饮水途径进入母禽体内,残留在蛋中。

(三) 其他卫生问题

鲜蛋是一种有生命的个体,可不停地通过蛋壳气孔进行呼吸,因此它具有吸收异味的特性。应该将鲜蛋单独存放以免其吸收异味减低营养价值;此外,受精的禽蛋在25℃~28℃条件下开始发育,在35℃时胚胎发育较快。胚胎一经发育,蛋的营养价值则显著下降,所以必须注意控制鲜蛋的储藏温度。

三、水产品卫生问题

(一)卫生问题

1. 腐败变质

在鱼的体表、鳃及肠道中含有一定量细菌。当鱼肉开始腐败变质时,鱼体表层的黏液蛋白被细菌酶分解,呈现浑浊并有臭味;表皮结缔组织被分解,会致使鱼鳞易于脱落;眼球周围组织被分解,会使眼球下陷、浑浊无光;鳃部在细菌的作用下由鲜红变成暗褐色并带有臭味;肠内细菌大量繁殖产气,使腹部膨胀,肛门膨出;严重腐败变质的鱼表现为肌肉与鱼骨脱离。

2. 寄生虫病

食用被寄生虫感染的水产品可引起寄生虫病。在我国主要有华支睾吸虫(肝吸虫)及魏氏并殖吸虫(肺吸虫)两种。预防华支睾吸虫病、魏氏并殖吸虫病最好的方法是加强宣传不吃"鱼生"(即生鱼片)、生蟹、生泥螺,水产品要彻底煮熟方可食用。

3. 化学性污染

工业废水中的有害物质或者化学农药污染物污染江河、湖泊中的水体进而污染生活在其中的水产品,食用被污染的水产品之后容易引起食物中毒。

近年国外有鱼类等水产品被放射性核元素污染的报告,亦应引起重视。

(二)卫生管理措施

鱼的保鲜就是要抑制鱼体组织酶的活性和防止微生物的污染并抑制微生物繁殖,有效的措施是低温、盐腌、防止微生物污染及减少鱼体损伤。此外,运输过程应注意运输工器具的卫生,要避免污水和化学毒物的污染,含有天然毒素的水产品要取出内脏,河豚鱼不得流入市场。

四、乳类卫生问题

(一)乳类的主要卫生问题

奶类食品的主要卫生问题是微生物污染以及有毒有害物质污染等。

1. 奶中存在的微生物

一般情况下,刚挤出的奶中存在的微生物可能有八联球菌、荧光杆菌、酵母菌和真菌;如果卫生条件差,还会有枯草杆菌、链球菌、大肠杆菌、产气杆菌等。新鲜的奶具有自我抑制细菌生长繁殖的能力,不同温度下生奶的抑菌力是不同的:在0℃时可保持48h,5℃时可保持36h,10℃时可保持24h,25℃时可保持6h,而在30℃时仅能保持3h。因此,奶挤出以后应及时冷却,以免微生物大量繁殖致使奶腐败变质。

2. 致病菌对奶的污染

主要是动物本身的致病菌,通过乳腺进入奶中。常见的致病菌有牛型结核杆菌、布氏杆菌、口蹄疫病毒、炭疽杆菌和致牛乳房炎的葡萄球菌、放线菌等。此外,挤奶时和奶挤出后至食用前的各个环节也可能受到污染。致病菌主要来源于挤奶员的手、挤奶用具、容器、空气和水,以及畜体表面。致病菌还有伤寒杆菌、副伤寒杆菌、痢疾杆菌、白喉杆菌及溶血性链球菌等。

3. 奶及奶制品的有毒有害物质残留

主要是治疗病牛使用的抗生素、饲料中真菌的有毒代谢产物、农药残留、重金属和放射性核元素等对奶的污染。

4. 人为掺伪

(1)电解质类。如盐、明矾、石灰水等。

(2)非电解质类。如尿素、三聚氰胺等。

(3)胶体物质。一般为大分子液体,以胶体溶液、乳浊液等形式存在,如米汤、豆浆等。

(4)防腐剂。如甲醛、硼酸、苯甲酸、水杨酸等,也有的掺入青霉素等抗生素。

(5)为保持牛奶表面活性掺入洗衣粉。掺假掺杂行为对消费者的身体健康造成严重危害。如我国 2008 年 9 月份发生的"三聚氰胺"事件,是不法分子为了使掺水牛奶蛋白质达标在乳中添加化学物质三聚氰胺。

(二)乳制品卫生要求

1. 消毒奶

感官指标要求:色泽为均匀一致的乳白或微黄色,具有乳固有的滋味和气味,无异味,无沉淀,无凝块,无黏稠物的均匀液体。此外,对消毒牛奶的理化指标及卫生检验也作出明文规定。消毒奶的卫生质量应该达到 GB 194645—2010《食品安全国家标准 巴氏杀菌乳》及 GB 25190—2010《食品安全国家标准 灭菌乳》的要求。

2. 奶制品

奶制品包括炼乳、各种奶粉、酸奶、复合奶、奶酪和含奶饮料等。乳制品使用的添加剂应符合 GB 2760—2014《食品安全国家标准 食品添加剂使用标准》;用做酸奶的菌种应纯良、无害;乳制品包装必须严密完整;乳品商标必须与内容相符,必须注明品名、厂名、生产日期、批量、保质期限及食用方法。

(1)全脂奶粉 感官性状应为浅黄色、具有纯正的乳香味、干燥均匀的粉末,经搅拌可迅速溶于水,不结块。全脂奶粉卫生质量应达到 GB 19644—2010《食品安全国家标准 乳粉》的要求。

(2)炼乳 为乳白色或微黄色、有光泽、具有牛乳的滋味、质地均匀、黏度适中的黏稠液体。炼乳的卫生质量应该达到 GB 13102—2010《食品安全国家标准 炼乳》的要求。

(3)酸奶呈乳白色或略显微黄色,具有纯正的乳酸味,凝块均匀细腻,无气泡,允许少量乳清析出。制果味酸奶时允许加入各种果汁,加入的香料应符合食品添加剂使用卫生标准

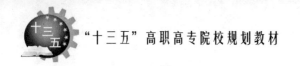

的规定。酸奶在出售前应贮存在2℃~6℃的仓库或冰箱内,贮存时间不应超过7d,酸奶的卫生质量应该达到 GB 19302—2010《食品安全国家标准 发酵乳》的要求。

(4)正常奶油为均匀一致的乳白色或浅黄色,组织状态柔软、细腻、无孔隙、无析水现象,具有奶油的纯香味。奶油卫生质量应该达到 GB 19646—2010《食品安全国家标准 稀奶油、奶油和无水奶油》的要求。

第四节 食品安全体系简介

一、《中华人民共和国食品安全法》简介

2009 年 2 月 28 日,第十一届全国人民代表大会常务委员会第七次会议通过了《中华人民共和国食品安全法》(以下简称《食品安全法》),并于 2009 年 6 月 1 日正式实施。此法于 2013 年启动修订,新修订的《中华人民共和国食品安全法》于 2015 年 4 月 24 日经第十二届全国人大常委会第十四次会议审议通过,于 2015 年 10 月 1 日起正式施行。《食品安全法》共分为总则、食品安全风险监测和评估、食品安全标准、食品生产经营、食品检验、食品进出口、食品安全事故处置、监督管理、法律责任和附则共十章 154 条,是规范我国食品安全领域的根本法。

(一)《食品安全法》的立法宗旨

《食品安全法》第一条对立法宗旨进行说明,"为保证食品安全,保障公众身体健康和生命安全,制定本法"。为实现立法宗旨,《食品安全法》第四条规定,"食品生产经营者应当依照法律、法规和食品安全标准从事生产经营活动,对社会和公众负责,保证食品安全,接受社会监督,承担社会责任"。

为实现立法宗旨,《食品安全法》第五条规定,"国务院设立食品安全委员会,其工作职责由国务院规定"。具体来说,"国务院卫生行政部门承担食品安全综合协调职责,负责食品安全风险评估、食品安全标准制定、食品安全信息公布、食品检验机构的资质认定条件和检验规范的制定,组织查处食品安全重大事故。国务院质量监督、工商行政管理和国家食品药品监督管理部门依照本法和国务院规定的职责,分别对食品生产、食品流通、餐饮服务活动实施监督管理"。由此可见,《食品安全法》明确规定餐饮服务领域的食品安全工作由国家食品药品监督管理部门承担。

《食品安全法》第六条还规定了各级地方政府在食品安全方面应当承担相应的责任。为实现立法宗旨,鼓励广大群众积极参与对食品安全的监督,《食品安全法》第十二条规定,"任何组织或者个人有权举报食品生产经营中违反本法的行为,有权向有关部门了解食品安全信息,对食品安全监督管理工作提出意见和建议"。

本法体现在制度设计上主要表现为:一是学习国际先进经验,建立以食品安全风险评估为基础的科学管理制度。明确食品安全风险评估结果应当成为制定或者修订食品安全标准、确定食源性疾病控制对策的重要依据。二是坚持预防为主。遵循食品安全监管规律,对食品的生产、加工、包装、运输、贮藏和销售等各个环节,对食品生产经营过程中涉及的食品

添加剂、食品相关产品、运输工具等各有关事项,有针对性地确定有关制度,并建立良好生产规范、危害分析和关键控制点等机制,做到防患于未然。同时,建立食品安全事故预防和处置机制,提高应急处理能力。三是强化了食品生产经营者作为保证食品安全的第一责任人的法律责任,引导食品生产经营者在生产经营活动中重质量、重服务、重信誉、重自律,以形成确保食品安全的长效机制。并据此规定了不安全食品召回制度、食品标签制度和索票索证等制度,并加大对食品生产经营违法的处罚力度。四是建立以权责一致为原则,分工明晰、责任明确、权威高效,决策与执行适度分开、相互协调的食品安全监管体制。进一步明确地方人民政府对本行政区域的食品安全监管负总责。赋予行政机关必要的监管权力,同时强化行政监管不到位应承担的法律责任。

一个企业产品的优质和安全是一个企业发展的根本条件和前提。积极履行保证食品安全的社会责任,对于食品企业的健康稳定发展能够带来积极的作用:一是可以提升企业品牌形象,增强企业核心竞争力;二是可以赢得市场和人心,提升企业经济效益;三是可以加速实现社会的可持续发展和提高人民生活水平。本法对于食品生产经营者是食品安全的第一责任人的规定,可以从正反两方面理解:从正面来说,食品生产经营者应当依照法律、法规和食品安全标准从事生产经营活动。食品企业追求利润无可厚非,但前提是一定要承担起保证食品安全的社会责任。食品企业应该努力提供安全、丰富、优质的产品,以保障消费者的身心健康,满足广大消费者的需求,增进社会的福利,这样才称得上是对社会和公众负责。在保证食品安全的前提下进行生产经营活动的过程中,还要尊重消费者权利、维护消费者利益,接受广泛的社会监督,即新闻媒体等的舆论监督和其他组织、个人的监督等。从反面来说,如果食品生产经营者出现违法行为,违反了保证食品安全的社会责任,危害到公众的身体健康和生命安全,就理应受到法律制裁,并对受害者承担起损害赔偿等相应的法律责任。

(二)修订后的《食品安全法》亮点

1. 食品安全可全程追溯

明确建立最严格的全过程监管制度,进一步强调食品生产经营者的主体责任和监管部门的监管责任;建立从田间到餐桌的全链条监管,让问题食品无处藏身。新法规定,食品生产经营者应当依照本法的规定,建立食品安全追溯体系,保证食品可追溯。国家鼓励食品生产经营企业采用信息化手段采集、留存生产经营信息,建立食品安全追溯体系。

2. 添加剂不许可不得生产

我国的食品添加剂乱用、滥用现象十分突出,在监管上几乎是空白。很多商家大量宣传食品添加剂功能积极的方面和作用,但对其负面作用却无人宣传,老百姓根本不知情。新法明确,国家对食品添加剂生产实行许可制度。从事食品添加剂生产,应当具有与所生产食品添加剂品种相适应的场所、生产设备或设施、专业技术人员和管理制度,并依法取得食品添加剂生产许可。

3. 剧毒、高毒农药有禁区

利用剧毒农药、化肥、膨大剂等对蔬菜瓜果进行病虫害防治、催肥,是百姓最担忧的食品安全问题之一。此次修法明确,禁止将剧毒、高毒农药用于蔬菜、瓜果、茶叶和中草药材等国家规定的农作物。国家对农药的使用实行严格的管理制度,加快淘汰剧毒、高毒、高残留农药,推动替代产品的研发和应用,鼓励使用高效低毒低残留农药。

4. 只要有危险食品就得召回

食品生产者发现生产的食品不符合安全标准或有证据证明可能危害人体健康的,应当立即停止生产,召回已经上市销售的食品,通知相关生产经营者和消费者,并记录召回和通知情况。食药监部门认为必要的,可以实施现场监督。

5. 批发市场须抽查农产品

食用农产品批发市场应当配备检验设备和人员,或者委托食品检验机构,对进场销售的食用农产品抽样检验。进入市场销售的食用农产品在包装、运输等过程中使用保鲜剂、防腐剂等食品添加剂和包装材料,应当符合食品安全国家标准。

6. 网上卖食品必须"实名制"

对新出现的网络食品安全问题,虽然食品生产者是第一责任人,但网络消费者往往不知道生产经营者是谁,导致追责困难的问题,新法明确:网络食品交易第三方平台提供者应当对入网食品经营者进行实名登记,消费者合法权益受损,可以向入网食品经营者或生产者要求赔偿。第三方平台提供者不能提供入网食品经营者真实名称、地址和有效联系方式的,由网络食品交易第三方平台提供者赔偿。

7. 保健品不得宣称能当药吃

保健品乱象一直也被社会广为关注。新《食品安全法》明确,保健食品的标签、说明书不得涉及疾病预防、治疗功能,内容应当真实,与注册或备案的内容一致,载明适宜人群、不适宜人群、功效成分或标志性成分及其含量等,并声明"本品不能代替药物"。

8. 婴儿乳粉配方必须注册

针对目前我国婴儿乳粉的配方过多过滥的乱象,新法规定,婴幼儿配方乳粉的产品配方应当经国务院食品药品监督管理部门注册。注册时,应当提交配方研发报告和其他表明配方科学性、安全性的材料。

9. 举报食品违法将受保护

食品安全需要社会共治,因此接受社会投诉、举报并及时查处,是打击食品生产经营违法行为的重要方式。但现实中,投诉无门、举报不纠的现象还是存在的,很多消费者受到侵害后往往自认倒霉,这也助长了食品生产经营者的违法行为。新法明确,县级以上政府的食药、质监等部门应公布本部门电子邮件地址或电话,接受咨询、投诉、举报,有关部门应当对举报人的信息予以保密,保护举报人的合法权益。举报人举报所在企业的,该企业不得予以解除、变更劳动合同或以其他方式对举报人进行打击报复。

10. 监管不到位责任人将"被辞职"

这次修改食品安全法,建立了最严格的各方的法律责任制度,而且对生产经营企业有了最严厉的处罚制度,对失职渎职的地方政府官员和监督部门也实行了最严肃的问责,对一些检验检测部门也实行了最严厉的追责制度。新法明确,违反本法规定,县级以上食药、卫生、质监、农业等部门有下列行为之一的,对直接负责的主管人员和其他直接责任人员给予记大过处分;情节较重的,给予降级或撤职处分;情节严重的,给予开除处分;造成严重后果的,其主要负责人还应当引咎辞职:隐瞒、谎报、缓报食品安全事故;未按规定查处食品安全事故,或者接到食品安全事故报告未及时处理,造成事故扩大或蔓延;经食品安全风险评估得出食品、食品添加剂、食品相关产品不安全结论后,未及时采取相应措施,造成食品安全事故或不良社会影响。

二、《食品安全法》用语的含义

(一)食品的定义

食品是指各种供人食用或者饮用的成品和原料以及按照传统既是食品又是药品的物品如丁香、八角、枣、薄荷、藿香、蜂蜜等,但是不包括以治疗为目的的物品。

(二)食品安全

食品安全是指食品无毒、无害,符合应当有的营养要求,对人体健康不造成任何急性、亚急性或者慢性危害。

1. 生产日期、保质期

(1)生产日期:又名制造日期,是食品成为最终产品的日期,也包括包装或灌装日期,即将食品装入(灌入)包装物或容器中,形成最终销售单元的日期。

(2)保质期:预包装食品在标签指明的贮存条件下,保持品质的期限。在此期限内,产品完全适于销售,并保持标签中不必说明或已经说明的特有品质。

GB 7718—2011《食品安全国家标准 预包装食品标签通则》规定,直接向消费者提供的预包装食品标签标示应包括食品生产日期和保质期。日期标示不得另外加贴、补印或篡改。

2. 食源性疾病

食源性疾病是指食品中致病因素进入人体引起的感染性、中毒性等疾病。

3. 食品安全事故

食品安全事故是指食物中毒、食源性疾病、食品污染等源于食品、对人体健康有危害或者可能有危害的事故。

三、食品标准与食品标签

食品标准是关系人们健康的前提和保证,是提高国家食品产业竞争力、促进国际贸易的重要技术支撑,同时也是实现食品产业结构调整、强化国家食品监督管理和食品市场规范化的重要手段。

(一)食品国际标准制定组织简介

1. 国外制定食品标准组织

世界范围内制定食品标准的组织是国际食品法典委员会(CAC)与国际标准化组织(ISO)。

第十章 食品安全与质量标准体系

271

国际食品法典委员会(CAC)是一个政府间协调食品标准的国际组织。1962年,联合国粮农组织(FAO)和世界卫生组织(WHO)联合召开食品标准会议,共同制定食品法典,就基本食品标准及有关问题达成国际协定,以促进那些符合规定质量和安全要求的食品的正常贸易。截至2007年4月,CAC有175个成员国,覆盖世界人口的98%。

为了提供一致性的国际水平的要求,自2001年起,ISO食品领域技术委员会组织食品专家会同专业国际组织的代表,并与CAC密切合作,制定了关于《食品安全管理体系》(FSMS)认证的标准,即ISO22000,并于2005年9月1日正式颁布了《食品安全管理体系食品链中各类组织的要求》(ISO 22000:2005)。(ISO简介见第5节。)

2. 中国食品法典委员会

我国于1986年正式加入国际食品法典委员会。中国食品法典委员会(National Codex Committee of China)是负责与国际食品法典委员会(CAC)进行联络,并组织国内各相关部门参与CAC工作的协调机构。中国食品法典委员会由卫生部、农业部、国家食品药品监督管理局、商务部、国家质量监督检验检疫总局、国家粮食局、国家食品工业管理中心、中国商业联合会及中华全国供销合作总社等9个成员单位组成。

(二)主要发达国家和地区的食品标准化

美国、加拿大和欧盟等发达国家和地区在食品标准化方面有显著的特点,其食品标准化体系一般分为两层,一层是政府机构颁布的食品类别的法律和强制性技术法规,另一层是食品相关非政府组织制定的食品标准,两者相辅相成,成为各自食品安全体系有力的技术性支撑。

(三)我国食品国家标准实施现状

我国目前已经建立了由国家标准(GB)、行业标准(如农业标准NY)、地方标准(DB)和企业标准(QB)组成的食品标准体系。

(四)食品标准的概念

食品标准定义为:一定范围内(如国家、区域、食品行业或企业、某一产品类别等)为达到食品质量、安全、营养等要求,以及为保障人体健康,对食品及其生产加工销售过程中的各种相关因素所作的管理性规定或技术性规定。这种规定须经权威部门认可或相关方协调认可。

(五)食品标准的分类

从不同的目的和角度出发,依据不同的准则,可以将食品标准划分成不同的标准种类。根据我国食品标准分类的现行做法,同时参照国际上最普遍使用的标准分类方法,对食品标准种类划分如下,如表10-1所示。

表10-1 从不同角度对食品标准进行分类

划分角度	食品标准种类
按标准的属性分类	强制性食品标准和推荐性食品标准
按标准的层级分类	国家标准、行业标准、地方标准和企业标准

表 10-1(续)

划分角度	食品标准种类
按标准的内容分类	食品基础标准、食品安全限量标准、食品检验检测方法标准、食品质量安全控制与管理技术标准、食品标签标准、重要食品产品标准、食品接触材料与制品标准、其他标准等
按食品的类别分类	豆类和豆类制品、食用淀粉和淀粉衍生物、水果和蔬菜制品、肉制品和蛋制品、水产品、乳制品、食用油脂、食糖、糖果和巧克力、食用蜂产品、茶叶、饮料、饮料酒、调味品、特殊膳食食品、新型发酵制品、食品添加剂、罐藏食品标准等

(六)主要的食品基础通用标准

食品基础通用标准适用于非单一性产品,主要包括食品安全基础标准、食品分类与术语标准、食品接触材料卫生要求标准、食品质量安全控制与管理技术标准、食品检验检测方法标准、食品标签标准,涉及初级生产、加工、市场流通、消费等环节,是重要的基础性标准。

1. 食品分类标准

食品分类标准是对食品大类产品进行分类规范的标准。涉及加工食品和未加工食品的国家标准和行业标准主要包括:GB/T 4754—2011《国民经济行业分类》中的加工食品部分;GB/T 7635.1—2002《全国主要产品分类与代码　第 1 部分:可运输产品》中的加工食品部分等。

2. 食品术语标准

术语标准化,即运用标准化的原理和方法,通过制定术语标准,使之达到一定范围内的术语统一,从而获得最佳秩序和社会效益。我国现已颁布了 18 项食品术语的国家标准和行业标准,其中包括 GB/T 15091—1994《食品工业基本术语》、1 项食品行业基本术语国家标准和 GB/T 15109—2008《白酒工业术语》、SC/T 3012—2002《水产品加工术语》等 17 项产品术语的国家和行业标准,此外还有一些分散于众多技术标准中的术语。但这些术语标准多数过于陈旧,有些行业术语标准严重缺失,因此,亟待修订以尽可能与国际接轨。

3. 食品检验检测方法标准

评价食品的好坏,人们只有通过检验与分析才能准确地鉴定食品的质量、营养、卫生与安全。如 GB 4789(所有部分)、GB 5009(所有部分)和 GB 15193(所有部分)规定了常用的食品卫生检验检测方法标准。

4. 食品标签

(1)国外食品标签标准现状

为了保护公众利益、维护公平食品贸易,许多国家制定了预包装食品标签法规或标准。与我国现行的强制性国家标准 GB 7718—2011《食品安全国家标准　预包装食品标签通则》及相关标准规定的内容相比,国际食品法典委员会(CAC)、欧盟、美国、日本、澳大利亚和新西兰、韩国等主要发达国家的食品标签法规更为严格一些。

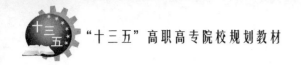

（2）食品标签标准的基本内容

食品标签是指在食品包装容器上或附于食品包装容器上的一切附签、吊牌、文字、图形、符号说明物。它是对食品质量特性、安全特性、食（饮）用说明的描述。

我国现行的最重要的食品标签标准有 GB 7718—2011《食品安全国家标准 预包装食品标签通则》和 GB 13432—2013《食品安全国家标准预包装特殊膳食用食品标签》。

其中，GB 7718—2011《食品安全国家标准 预包装食品标签通则》要求预包装食品必须标示的内容有：食品名称、配料清单、净含量和沥干物（固形物）含量、制造者的名称和地址、生产日期（或包装日期）和保质期、产品标准号等。要求"所有标示内容均不应另外加贴、补印或篡改"。

GB 13432—2013《食品安全国家标准 预包装特殊膳食用食品标签》规定允许在食品标签上作营养声称及标示营养知识。还允许符合一定条件的一般食品和特殊膳食用食品标示营养素含量水平声称、营养素含量比较声称和营养素作用声称，如"低能量"、"减少了"、"铁是血红细胞的形成因子"等。

（3）我国食品标签标准的发展方向

为规范食品营养标签，引导公众合理消费，卫生部公布了《食品营养标签管理规范》（以下简称《规范》），并于 2008 年 5 月 1 日开始施行。2011 年又出台了 GB 28050—2011《食品安全国家标准 预包装食品营养标签通则》。国家鼓励食品企业对其生产的产品标示营养标签。卫生部将根据该规范的实施情况和消费者的健康需要，确定强制进行营养标示的食品品种、营养成分及实施时间。

《规范》明确，营养标签是指向消费者提供食品营养成分信息和特性的说明，包括营养成分表、营养声称和营养成分功能声称。营养成分表是标有食品营养成分名称和含量的表格，表格中可以标示的营养成分包括能量、营养素、水分和膳食纤维等。《规范》规定，食品企业标示食品营养成分、营养声称、营养成分功能声称时，应首先标示能量、蛋白质、脂肪和碳水化合物 4 种核心营养素及其含量。食品营养标签上还可以标示饱和脂肪（酸）、胆固醇、糖、膳食纤维、维生素和矿物质。营养标签中营养成分标示应当以每 100 克（毫升）和/或每份食品中的含量数值标示，并同时标示所含营养成分占营养素参考值（NRV）的百分比。营养声称是指对食物营养特性的描述和说明，包括含量声称和比较声称。营养成分功能声称是指某营养成分可以维持人体正常生长、发育和正常生理功能等作用的声称。

《规范》强调，任何产品标签标示和宣传等不得对营养声称方式和用语进行删改和添加，也不得明示或暗示该产品对治疗疾病的作用。由于虚假或者错误的营养标签对消费者产生误导和造成健康损害的，食品企业应当依法承担相应责任。

四、食品质量安全市场准入制度及食品生产许可（QS 与 SC）

国家质量监督检验检疫总局从 2002 年起启动了食品质量安全市场准入制度，相关的供货企业必须在获得食品生产许可证、得到市场准入资格后，才能把所生产的货品投放集贸市场、超市和商店销售。这是我国食品安全方面与国际接轨所采取的一项重大措施。

（一）QS 的起源及发展

我国在食品上实行食品质量安全市场准入制度，主要是借鉴美国已立法强制实施食品

GMP 认证。我国是全世界第二个强制实行食品质量安全认证的国家。自 2001 年国家建立市场准入制度至今，食品质量安全市场准入制度一直是逐步推进的。

(二)市场准入的概念

所谓市场准入，是指允许货物劳务和资本参与市场的程度。食品质量安全市场准入制度规定：具备规定条件的生产者才允许进行生产经营活动，具备规定条件的食品才允许生产销售。实行食品质量安全市场准入制度是一种政府行为，是一项行政许可制度，一种监管制度。

(三)食品质量安全市场准入标志

对实施食品生产许可制度的产品实行市场准入标志制度。2015 年 10 月 1 日前对检验合格的食品要加印(贴)市场准入标志，没有加贴标志的食品不准进入市场销售。食品市场准入标志由"质量安全"的英文 Quality Safety 字头"QS"和"质量安全"中文字样组成。标志的主色调为蓝色，字母"Q"与"质量安全"四个中文字样为蓝色，字母"S"为白色，其具体的式样、尺寸及颜色有专门的规定。

市场准入标志属于质量标志，它有四个方面的作用：
(1)表明本产品取得食品生产许可证；
(2)表明本产品经过出厂检验；
(3)供货单位明示本产品符合食品质量安全的基本要求；
(4)政府通过对食品市场准入标志的监督管理，有利于购置识别，有利于保护消费者的合法权益。

(四)食品质量安全市场准入制度

市场准入是为了防止资源配置低效或过度竞争，它具体通过政府有关部门对市场主体的登记、发放许可证、发放执照等方式，来对食品生产市场加以掌握和管理。它的核心内容是：

1. 供货单位的食品生产许可证制度

对于具备基本生产条件、能够保证食品质量安全的单位，发放《食品生产许可证》，准予生产获证范围内的产品；未获得《食品生产许可证》的企业不准生产食品。这就从生产条件上保证了企业能生产出符合质量安全要求的产品。

对申请《食品生产许可证》的单位，除提交营业执照外，还须提供企业质量管理文件，对执行企业标准的还应提供省级卫生部门备案的企业产品标准，以备监督管理。

国家质检总局统一公告取得《食品生产许可证》的企业名单，企业在其货品的销售包装上加印(贴)该食品的《食品生产许可证》编号。

根据国家《工业产品许可证管理办法》的规定，任何单位和个人不得伪造、转让和冒用生产许可证。

2. 货物的强制性检验制度

未经检验或经检验不合格的食品不准出厂销售。对于不具备自检条件的生产企业强令实行委托检验。食品质量安全市场准入制度适合我国企业现有的生产条件和管理水平，能

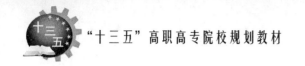

有效地把住产品出厂安全质量关。

（五）编码新规："SC"标志代替"QS"标志

2015年10月1日之后，国家食品药品监督管理总局第16号令《食品生产许可管理办法》规定"质量安全"标识"QS"取消，由"生产安全"（SC）替代。"SC"是"生产"的汉语拼音字母缩写，后跟14个阿拉伯数字，从左至右依次为：3位食品类别编码、2位省（自治区、直辖市）代码、2位市（地）代码、2位县（区）代码、4位顺序码、1位校验码。食品、食品添加剂类别编码用第1-3位数字标识，具体为第1位数字代表食品、食品添加剂生产许可识别码，阿拉伯数字"1"代表食品，阿拉伯数字"2"代表食品添加剂；第2、第3位数字代表食品、食品添加剂类别编号，"01"代表粮食加工品，"02"代表食用油、油脂及其制品，"03"代表调味品，以此类推，"27"代表保健食品，"28"代表特殊医学用途配方食品，"29"代表婴幼儿配方食品，"30"代表特殊膳食食品，"31"代表其他食品。而食品添加剂类别编号标识为："01"代表食品添加剂，"02"代表食品用香精，"03"代表复配食品添加剂。

"SC"编码代表着企业唯一许可编码，即食品生产许可改革后将实行"一企一证"，包括即使同一家企业从事普通食品、保健食品和食品添加剂等3类产品生产，也仅发放一张生产许可证。这样就能够实现食品的追溯。也说明了"QS"体现的是由政府部门担保的食品安全，"SC"则体现了食品生产企业在保证食品安全方面的主体地位，而监管部门则从单纯发证，变成了事前事中事后的持续监管。

2018年10月1日及以后生产的食品，一律不得继续使用原包装和标签以及"QS"标志。

五、良好生产规范（GMP）

GMP（Good Manufacturing Practice）是为保障食品安全与质量而制定的贯穿食品生产全过程的一系列措施、方法和技术要求，是一种具有专业特性的品质保证（QA）或制造管理体系，简称良好生产规范。

GMP也是一种具体的食品质量保证体系，其要求食品工厂在制造、包装及贮运食品等过程的有关人员以及建筑、设施、设备等的设置，卫生制造过程、产品质量等管理均能符合良好生产规范，防止食品在不卫生条件或可能引起污染及品质变坏的环境下生产，减少生产事故的发生，确保食品安全卫生和品质稳定。

GMP的重点是：确认食品生产过程安全性；防止异物、毒物、微生物污染食品；有双重检验制度，防止出现人为的损失；标签的管理，生产记录、报告的存档以及建立完善的管理制度。

（一）GMP的形成与发展

CMP已被国际食品法典委员会（CAC）采纳，并作为国际规范推荐给CAC各成员国政府。GMP较多应用于制药工业，许多国家也将其用于食品工业，制定出相应的GMP法规。继美国之后，日本、加拿大、新加坡、德国、澳大利亚和中国等都在积极推行食品GMP。到目前为止，全世界已有100多个国家颁布了有关GMP的法规。

（二）实施GMP的意义

制定和实施GMP的主要目的是为了保护消费者的利益，保证食品卫生质量；同时也是为了保护食品生产企业,使企业有法可依、有章可循;另外,实施 GMP 是政府和法律赋予食品行业的责任,并且也是中国加入 WTO 之后,实行食品质量保证制度的需要——因为食品生产企业若未通过 GMP 认证,就可能被拒之于国际贸易的技术壁垒之外。它的意义主要体现在以下几个方面:

(1)食品 GMP 的实施,首先为食品生产过程提供了一整套必须遵循的组合标准,使食品生产经营人员认识食品生产的特殊性,由此产生积极的工作态度,激发他们对食品质量高度负责的精神,消除生产上的不良习惯,使食品生产企业对原料、辅料、包装材料的要求更为严格。

(2)有助于食品生产企业采用新技术、新设备,从而保证食品质量。

(3)为卫生行政部门、食品卫生监督员提供监督检查的依据。

(4)为建立国际食品标准提供基础以便于食品的国际贸易。

(三)GMP 的分类

从适用范围来说,现行的 GMP 可分为三类:

(1)具有国际性质的 GMP,如 WHO 的 GMP,北欧七国自由贸易联盟制定的 GMP(或 PIC:Pharmaceutic Inspection Convention),东南亚国家联盟制定的 GMP 等。

(2)国家权力机构颁发的 GMP,如中华人民共和国卫生部及后来国家食品药品监督管理局、美国 FDA、英国卫生和社会保险部、日本厚生省等制定的 GMP。

(3)工业组织制定的 GMP,如美国制药工业联合会制定的,其标准不低于美国政府制定的 GMP、中国医药工业公司制定的 GMP 及其实施指南,甚至包括药厂或公司自己的制定的 GMP。

六、GMP 对食品安全的控制

(一)人员卫生

经体检或监督观察,凡是患有或疑似患有疾病、开放性损伤、包括疖或感染性创伤,或可成为食品、食品接触面或食品包装材料的微生物污染源的员工,直至消除上述病症之前均不得参与作业,否则会造成污染。凡是在工作中直接接触食物、食物接触面及食品包装材料的员工,在其当班时应严格遵守卫生操作规范,使食品免受污染。负责监督卫生或食品污染的人员应当受过相关教育或具有经验,或两者皆具备,这样才有能力生产出洁净和安全的食品。

(二)建筑物与设施

操作人员控制范围之内的食品厂的四周场地应保持卫生,防止食品受污染。厂房建筑物及其结构的大小、施工与设计应便于以食品生产为目的的日常维护和卫生作业。工厂的建筑物、固定灯具及其他有形设施应在卫生的条件下进行保养,并且保持维修良好,防止食品成为掺杂产品。对用具和设备进行清洗和消毒时,应防止食品、食品接触面或食品包装材料受到污染。食品厂的任何区域均不得存在任何害虫。所有食品接触面,包括用具及接触食品的设备的表面,都应尽可能经常地进行清洗,以免食品受到污染。每个工厂都应配备足够的卫生设施及用具,包括供水、输水设施、污水处理系统、卫生间设施、洗手设施、垃圾及废料处理系统等。

(三)设备

工厂的所有设备和用具的设计,采用的材料和制作工艺,应便于充分地清洗和适当地维护。这些设备和用具的设计、制造和使用,应能防止食品中掺杂污染源。接触食物的表面应耐腐蚀,它们应采用无毒的材料制成,能经受侵蚀作用。接触食物的表面的接缝应平滑,而且维护得当,能尽量减少食物颗粒、脏物及有机物的堆积,从而将微生物生长繁殖的机会降低到最小限度。食品加工、处理区域内不与食品接触的设备应结构合理,便于保持清洁卫生。食品的存放、输送和加工系统的设计结构应能使其保持良好的卫生状态。

(四)生产和加工控制

食品的进料、检查、运输、分选、预制、加工、包装、贮存等所有作业都应严格按照卫生要求进行。应采用适当的质量管理方法,确保食品适合人们食用,并确保包装材料是安全适用的。工厂的整体卫生应由一名或数名指定的称职的人员进行监督。应采取一切合理的预防措施,确保生产工序不会构成污染源。必要时,应采用化学的、微生物的或外来杂质的检测方法去验明卫生控制的失误或可能发生的食品污染。凡是污染已达到界定的掺杂程度的食品都应一律退回,或者如果允许的话,需经过处理加工以消除其污染。

七、危害分析与关键控制点系统(HACCP)

(一)HACCP 体系产生的背景

随着食源性疾病案例数的增长,食品工业及食品管理机构正面临着如下这些新的挑战:引起食源性疾病的病因中出现新的细菌;全球食品供应特点发生变化;食品加工和服务中出现的新技术;人们的饮食习惯发生改变;越来越多的人群面临不断增长的食源性疾病患病风险。这使得美国不得不重新评估现行的食品安全系统,也带动了我国食品安全系统的建设。

2001 年中国加入 WTO,在享受权利的同时必须履行相应的义务。根据《实施卫生与植物卫生措施协定》(SPS 协定)规定,各成员在制定本国的条例时,必须建立在国际标准、准则或建议的基础上。而 HACCP 体系是向全世界推广使用的食品安全管理体系。在过去几年里,我国在出口企业积极推行 HACCP 体系,对于扩大出口贸易起到了积极的作用。

随着关税壁垒的弱化,贸易的技术性壁垒越来越成为发达国家限制农产品进口的手段,实行 HACCP 体系管理,无疑是跨越技术性贸易壁垒最有效的手段之一。HACCP 体系对所有的食品生产厂都适用,但不同生产厂在实施该体系中,有难有易,不论难易程度如何,全面实施 HACCP 体系是大势所趋。我国食品行业已融入整个国际大市场中,这一趋势要求在提高产品内在质量的同时,通过应用 HACCP 体系,为取得通往国际市场的"通行证"打下良好的基础。目前 HACCP 体系已经成为我国出入境检验检疫管理部门对出口食品企业实施监督管理的一项重要措施。

我国是食品生产大国,食品工业是我国的支柱产业,也是出口的重要产业,而食品安全是食品生产企业的生存保证,因此,在我国推广实施 HACCP 管理系统对于提高食品卫生质量、保障人民身体健康、促进出口贸易发展均有十分重要的意义。

(二)建立 HACCP 体系的意义

HACCP 作为一种与传统食品安全质量管理体系截然不同的崭新的食品安全保障模式，它的实施对保障食品安全具有广泛而深远的意义。

1. 增强消费者和政府的信心

因食用不洁食品将对消费者的消费信心产生沉重的打击，而食品事故的发生将同时动摇政府对企业食品安全保障的信心，从而加强对企业的监管。HACCP 的实施将改变传统的食品监管方式，使政府从被动的市场抽检，变为政府主动地参与企业食品安全体系的建立，促进企业更积极地实施安全控制的手段。并将政府对食品安全的监管，从市场转向企业。

2. 消除贸易壁垒

非关税壁垒已成为国际贸易中重要的手段。为保障贸易的畅通，对国际上其他国家已强制性实施的管理规范，须学习和掌握，并灵活地加以应用，减少其成为国际贸易的障碍。

3. 增加市场机会

良好的产品质量将不断增强消费者信心，特别是在政府的不断抽查中，总是保持良好的企业，将受到消费者的青睐，形成良好的市场机会。

4. 降低生产成本

降低生产成本可以从提高质量入手。如果产品不合格，会导致使企业不得不回收产品或废弃产品，提高企业生产费用。另外，如果消费者因食用不合格食品致病，可以向企业投诉或向法院起诉该企业，既影响产品信誉，也增加企业支出。

5. 提高产品质量的一致性

HACCP 的实施使生产过程更规范，在提高产品安全性的同时，也大大提高了产品质量的均匀性。

6. 提高员工对食品安全的参与

HACCP 的实施使生产操作更规范，并促进员工对提高公司产品安全的全面参与。

HACCP 认证工作由国家最高认证管理机构——中国国家认证认可监督管理委员会(简称认监委，CNCA)统一管理。CNCA 作为唯一的直属国家认监委的认证机构，是全国唯一获得认可的 HACCP 认证中心。面对加入 WTO，我国的食品行业面临着在质量管理和安全卫生控制方面与国际惯例和进口国法规要求接轨的迫切形势，推行 HACCP 控制、加强食品安全卫生体系的管理已成了食品企业尤其是出口食品企业迎接 WTO 挑战、打破进口国技术壁垒、实现食品安全控制技术进步的当务之急。虽然 HACCP 体系不是零风险体系，但由于它能显著地减少食品安全危害的风险，其控制方法已为全世界所认可，HACCP 体系验证和认证有助于树立公众对食品安全的信心。

(三)HACCP 体系的运行优势

1. HACCP 体系优点

HACCP 体系的最大优点在于它是一种系统性强、结构严谨、理性化、有多项约束、适用性强而效益显著的以预防为主的质量保证方法。运用恰当,则可以提供更多的安全性和可靠性。它强调识别并预防食品污染的风险,克服食品安全控制方面传统方法(通过检测,而不是预防食品安全问题)的限制,并且比传统的大量抽样检查的运行费用少得多。

2. 有完整的科学依据

由于保存了公司符合食品安全法的长时间记录,而不是在某一天的符合程度,使政府部门的调查效率更高,结果更有效,有助于法规方面的权威人士开展调查工作;当加工完成或处理偏离要求时,HACCP 体系中有效的监视和数据记录可以帮助指出失控问题的原因。

3. 识别潜在危害

即使以前未经历过类似的失效问题,也可以识别可能的、合理的潜在危害。因此,对同类食品企业都有指导意义。同时,HACCP 体系有更充分的允许变化的弹性。例如,在设备设计方面的改进,在与产品相关的加工程序和技术开发方面的提高等。因此,HACCP 体系并不是千篇一律的一副面孔,各食品企业需要根据自己的实际情况制订有效的 HACCP 计划。

4. 与其他质量管理体系协调一致

可以提高食品企业在全球市场上的竞争力,提高食品安全的信誉度,促进贸易发展。

(四)HACCP 体系的有关概念

1. HACCP 的定义

HACCP 是 Hazard Analysis and Critical Control Point 的缩写,即危害分析和关键控制点。GB/T 15091—1994《食品工业基本术语》对其规定的定义是:生产(加工)安全食品的一种控制手段;对原料、关键生产工序及影响产品安全的人为因素进行分析,确定加工过程中的关键环节,建立、完善监控程序和监控标准,采取规范的纠正措施。HACCP 是对可能发生在食品加工环节中的危害进行评估,进而采取控制的一种预防性的食品安全控制体系,有别于传统的质量控制方法;HACCP 是对原料、各生产工序中影响产品安全的各种因素进行分析,确定加工过程中的关键环节,建立并完善监控程序和监控标准,采取有效的纠正措施,将危害预防、消除或降低到消费者可接受水平,以确保食品加工者能为消费者提供更安全的食品。

HACCP 表示危害分析的临界控制点。确保食品在生产、加工、制造、准备和食用等过程中的安全,在危害识别、评价和控制方面是一种科学、合理和系统的方法。识别食品生产过程中危害可能发生的环节并采取适当的控制措施防止危害的发生。通过对加工过程的每一步进行监视和控制,从而降低危害发生的概率。

2. HACCP 体系的内涵

HACCP 体系是任何食品企业在食品加工或制造中采取的一系列相关步骤,包括从食品制备到食用的全部过程。它集中注意到那些必须加以控制的关键操作,它的内容是全面综合性的,它包括原料、加工以及产品制成后的使用。该系统具有连续性,因而当问题出现时或出现后短时间就会发现,并能立即采取改正措施。

3. HACCP 体系中常用术语

在 HACCP 体系中的主要常用术语见表 10-2。

表 10-2　HACCP 体系所涉及的常用术语及定义

序号	常用术语	定义
1	危害 （Hazard）	指食品中可能影响人体健康的生物性、化学性和物理性因素
2	危害分析 （Hazard Analysis，HA）	指收集和确定有关的危害以及导致这些危害产生和存在的条件；评估危害的严重性和危险性以判定危害的性质、程度和对人体健康的潜在影响，以确定哪些危害对于食品安全是重要的
3	显著危害 （Significant Hazard）	有可能发生并且可能对消费者导致不可接受的危害；有发生的可能性和严重性
4	环节，步骤 （Step）	指食品从初级产品到最终食用的整个食物链中的某个点、步骤、操作或阶段
5	关键控制点 （Critical Control Point，CCP）	指一个操作环节，通过在该步骤施予预防或控制措施，能消除或最大程度地降低一个或几个危害
6	控制措施 （Control Measure）	指判定控制措施是否有效实行的指标。可以是感官指标，如色、香、味；物理性指标，如时间、温度；也可以是化学性指标，如含盐量、pH；微生物学特性指标为菌落总数、致病菌数量
7	关键限值 （Critical Limits，CL）	区分可接受和不可接受水平的标准值
8	操作限值 （Operating Limits）	比关键限值更严格的、由操作者用来减少偏离风险的标准
9	偏差 （Deviation）	指达不到关键指标限量
10	监测 （Monitor）	指对于控制指标进行有计划地连续检测，从而评估某个 CCP 是否得到控制的工作
11	纠偏措施 （Corrective Action）	当针对关键控制点（CCP）的监测显示该关键控制点失去控制时所采取的措施
12	确认 （Validation）	证实 HACCP 计划中各要素是有效的
13	验证 （Verification）	应用不同方法、程序、试验等评估手段，以确定食品生产是否符合 HACCP 计划的要求

　　常见的危害包括：生物性污染：致病性微生物及其毒素、寄生虫、有毒动植物；化学性污染：杀虫剂、洗涤剂、抗生素、重金属、滥用添加剂等；物理性污染：金属碎片、玻璃渣、石头、木屑和放射性物质等。

　　引起食源性疾病的危害可分为三类：威胁生命致害因子（LI）：如肉毒杆菌、霍乱弧菌、鼠伤寒沙门氏菌、河豚毒素、麻痹性贝类毒素等；引起严重后果或慢性病的因子（SI）：如沙门氏菌、志贺氏菌、空肠弯曲菌、副溶血性弧菌、甲肝病毒、致病性大肠杆菌等；造成中度或轻微疾病的因子（MI）：如产气荚膜梭菌、蜡样芽孢杆菌、多数寄生虫等。需要强调，严重性随剂量和个体的不同而不同，通常剂量越高，疾病发生的严重程度就越高。高危人群（如婴幼儿、病人、老年人)对微生物危害的敏感性比健康成人高,这些人患病的后果较严重。

关键控制点(CCP)又可分为 CCP1 和 CCP2 两种。CCP1 是一个操作环节,可以消除或预防危害,如高温消毒。CCP2 指一个操作环节能最大程度地减少危害或延迟危害的发生,但不能完全消除危害,如冷藏易腐败的食品。

八、HACCP 对食品安全的控制

HACCP 原理经过实际应用与修改,已被国际食品法典委员会(CAC)确认,由以下 7 个基本原则组成(见表 10 -3)。尽管每条原则都是独立的,但它们协同工作,共同构成一个有效食品安全计划的基本结构。以下通过详细介绍每一条原则,来阐述 HACCP 对食品安全的控制。

表 10-3　HACCP 体系的 7 项原则

序号	HACCP 体系的 7 项原则
1	危害分析
2	确定食品制备的关键控制点(CCP)
3	为每个关键控制点建立其必须满足的临界限(阈值)
4	建立 CCP 的监控程序
5	建立超过临界限时应采取的纠正措施
6	建立 HACCP 正常运作的验证程序
7	建立见证 HACCP 体系有效记录的文件保持系统

(一)危害分析

HACCP 体系的第一个原则是危害分析,包括确定危害是在食品生产过程中产生的,还是在产品使用中产生的。危害分析首先全面检查原料配方和产品清单,确定其中所有的潜在危险性食物。这一类食物能够为细菌提供合适的生长环境,导致食品快速腐败,而变得不安全,通常是水分活度较高的食物,包括肉类、乳制品、家禽、蛋类、豆类、面食、米饭及土豆等熟食品、切开的香瓜等。

进行危害分析时,还应该进行风险评估。风险是指某条件或某些条件下导致危害的可能性。每种操作方式及每个食品经营企业,都会给消费者带来不同程度的风险。对于风险极小或不可能发生的危害,不必列入 HACCP 体系。

危害分析的最后阶段是建立预防措施。一般而言,HACCP 只研究容易被测量、监控和记录的预防措施,如限制潜在危险性食物在危险温度带内的时间。食品的温度和时间是很容易被监控的指标,因此也是 HACCP 计划中最常使用的预防措施。

(二)确定关键控制点(CCP)

HACCP 系统的第二个原则是确定食品生产过程的关键控制点(CCP)。对于由潜在危险性食物造成最多的生物性危害,关键控制点具备了杀死细菌的"杀灭过程",或阻止、减慢细菌生长速度的"控制过程"。

最常使用的 CCP 是烹调、冷却、再加热和保温/保冷。烹调和再加热到正确的温度能杀死食品中的细菌,而正确的冷却、保温/保冷能防止或减缓细菌的生长速度。

关键控制点的确定首先从检查具有潜在性危害的原料配方和为该配方开发的生产流程图开始,流程图应跟踪从原料接收到成品供应的全部过程。不同食品的具体加工过程可能会有一些差别,但所有的食品加工流程都包括以下基本步骤,如图 10-1 所示。

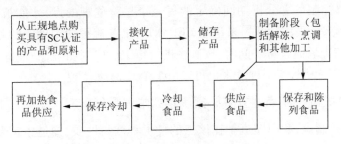

图 10-1　食品加工流程基本步骤

在食品生产过程中,全程控制食品温度是确保食品安全的最根本的预防措施。但是,时间也是一个不可忽略的重要手段。通常,食品保存在危险温度带内 4h 或 4h 以上,有害微生物就可能繁殖到引起食源性疾病的水平。如炸鸡烹调后如果保温在 57℃ 或以上温度条件下,会使炸鸡很快因水分丢失而导致品质下降,此时预防措施重点应控制食品在危险温度带的时间。当把时间作为一个 CCP 时,食品从制备到食用的时间不能超过 4h。

为帮助企业建立一个有效的 HACCP 计划,通过回答决策树上的每一个问题,可以轻松地确定食品生产流程中影响食品安全的关键控制点,具体如图 10-2 所示。

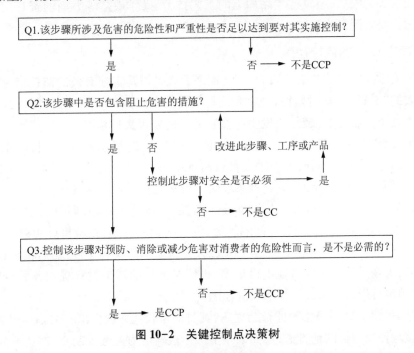

图 10-2　关键控制点决策树

当为生产加工场所制订 HACCP 计划时,要考虑企业的特定环境。用于确定关键控制点

（CCP）的决策树会有助于验证你所在企业的食品流程中哪些步骤是 CCP。一个关键控制点就是食品生产流程中的一个操作（规范、制备步骤或程序），这个操作（规范、制备步骤或程序）可以预防、消除或把危害降低到可接受的水平。也就是说关键控制点是加工工序一旦失控则有可能产生对健康不可容忍危害的那些环节。

HACCP 计划中关键控制点（CCP）的确定有一定的要求，并非有一定危害就设为是关键控制点，只有能够控制危害分析期间确定的每一个显著危害的点，才能被认为是关键控制点。HACCP 执行人员采用判断树来认定 CCP，即对工艺流程图中确定的各控制点（加工工序）使用判断树按先后回答每一问题，按次序进行审定。应当明确，一种危害（如微生物）往往可由几个 CCP 来控制，若干种危害也可以由 1 个 CCP 来体现。

（三）为每个关键控制点建立其必须满足的临界限（阈值）

确定了关键控制点，我们知道了在该点的危害程度与性质，知道了需要控制什么，但这还不够，这条原则的应用包括考虑采取什么措施，将危害风险降低到安全水平。建立临界限，确保每个关键控制点能有效地阻止一种生物、化学或物理性危害，当超出临界限时就可能发生或即将发生一个危害。临界限应定义明确，以便容易判断其是否得到满足。

为每个关键控制点建立的临界限，通常是一个或多个必须有效的规定量，若这些临界限中的任何一个失控，则 CCP 失控，并存在一个潜在（可能）的危害。临界限最常使用的判断指标是温度、时间、湿度、水分活度、pH、滴定酸度、防腐剂、有效氯、黏度等所规定的物理或化学的极限性状，以及感官指标如外观和气味等。

为了确定关键控制点的临界限，应全面地收集法规、技术标准的资料，从中找出与产品性状及安全有关的限量，还应有产品加工的工艺技术、操作规范等方面的资料。总之，必须保证临界限容易被测量或观察。

（四）建立 CCP 的监控程序

确立了关键控制点及其临界限后，随之而来的就是对其实施有效的监控措施，这是关键控制点成败的"关键"。通过监控、观察和测量关键控制点，将结果与临界限进行比较，从而判定其是否处于控制之下（或是否发生失控），并及时发现失控情况。

当一个关键控制点没有得到满足时，食源性疾病的风险增大。因此，监控程序是 HACCP 体系的关键组成部分，可提供文件资料证明 HACCP 体系处于正常运作中。当最常被监控的临界限得不到满足时，应立刻采取纠正措施使其回到控制状态。

监控通常有两种形式：连续监控和非连续监控，连续监控是最理想的监控方式，即使非连续监控也必须是"可行的"。监控间隔越短，发现问题就越早，补救措施也就越多（如再加热，而不是丢弃）。监控结果必须记录与 CCP 有关的全部记录和文件，然后根据这些信息资料作出判断，为今后采取某些措施提供依据，也可对失控的加工过程提出预警，即使当加工完成时，监控也可以帮助指出失控问题的原因。

监控是 HACCP 体系最重要的行为之一，其目的是收集数据作出有关临界限的决定。监控要在最接近控制目标的地方进行，如果一个操作被确定为关键控制点，并为其建立了临界限，但执行时没有在合适的地方设置监控系统，那么，这个操作实际并没有被纳入 HACCP 体系。

(五) 制定超过临界限时应采取的纠正措施

当监控结果指出一个关键控制点失控时,也就是监控指标超过了临界限时,可能会产生严重后果。此时,HACCP 体系应立即采取纠正措施,而且必须在偏差导致安全危害发生之前采取措施甚至停止生产流程。当所有的关键控制点处于控制之下时,重新启动生产流程。

首先确定问题发生的原因,然后确定纠正措施。例如,烤肠加工中烘烤达不到指定温度时应延长加热时间,提高温度至 70℃～80℃;升高温度后,仍不合格者填写"纠偏措施记录",报质管部对不合格品提出处理意见,同时设备维修部进行检查维修。

如有可能,纠正措施一般应是在 HACCP 计划中提前决定的。实施时一般包括两步:第一步,纠正或消除发生偏离 CL 的原因,重新加工控制;第二步,确定在偏离期间生产的产品,并决定如何处理。采取的纠正措施包括产品的处理情况时应加以记录,证明增加了这些纠正措施的修正系统能满足临界限要求。

(六) 建立 HACCP 体系正常运作的验证程序

HACCP 体系的第六条原则是验证你的系统是否在正常运作中,验证时应复查整个 HACCP 体系及其记录,由研究小组规定验证操作程序的方法和频率。验证过程包括两步:1. 必须验证每个 CCP 的临界限能够防止、消除危害或把危害降低到可接受的水平;2. 必须验证整个 HACCP 计划正有效地运作。如果每个 CCP 的临界限都得到满足,那么可以减少最后成品抽样检查的数量和频率。但是,为确保产品安全,还是要经常检查 HACCP 流程计划和监控记录。验证方法可包括内部审查体系、对中间产品样品和最终产品样品的微生物检验、在选出的 CCP 上进行更多的彻底/强化的检测、调查市场供应中与产品有关的意想不到的卫生/腐败问题和消费者使用产品的数据。

(七) 建立见证 HACCP 体系有效记录的文件保持系统

一个有效的 HACCP 体系需要建立和保持一份书面的 HACCP 计划。该计划应包括 HACCP 实施过程中的以下步骤(见图 10-3),这些步骤是对上述原理的运用。

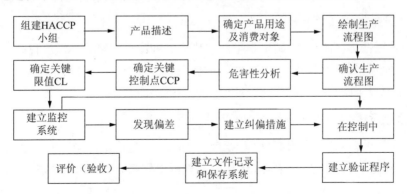

图 10-3 实施 HACCP 计划的步骤表

HACCP 计划需保持的记录数随食品经营企业的不同而不同,并依赖于食品加工的种类。例如,一所大学餐厅的碗筷消毒操作,可能比相邻小餐馆需要保持更多的记录。HACCP 的具体内容,由食品生产操作的复杂性决定,要求保持足够的、能证明系统正常运作的记录,

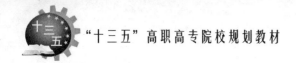

但记录格式要尽可能简单。具体采用什么方法记录信息并不重要,只要方便记录和能快速存取日志中的信息即可。

如果在某一 CCP 处的一个控制措施发生改变,而在流程图上又未记录这一改变,那么类似的问题肯定会再次出现。因此,在 HACCP 实施中所发生的任何变化都必须完整地编入 HACCP 计划。对使用者来说,这一点很重要,即要确保能从记录中获得准确的最新信息,另外也避免高层管理部门在更新 HACCP 体系时因此而造成的不必要的资源浪费。所以,记录保持对 HACCP 体系的整体效力至关重要。另外,为方便食品生产员工随时记录,必须为其备好监控和记录临界限用的必需设备,如一个书写板、一张工作记录单、一支温度计、一块表以及其他的设备。

九、HACCP 在餐饮企业中的应用举例

下面介绍某高校食堂 HACCP 体系的建立和实施。

(一)食品分类及描述

学生食堂每天供应的菜品虽然很多,涉及的食品原料包括肉、禽、鱼、豆制品、蛋、蔬菜、米、面、油、调味品等几十种。根据中餐加工的特点,按基本加工工序和食用方式可将所有食品分成两大类,即热食类和冷食类。

1. 热食类食品

食品原料经过煮、炒、炸、煎、焖、蒸、烤、烧等烹调方式加热处理,立即装盘供应给学生食用。具体包括米饭类、热菜类、汤类、热面食类等。经过高温处理过的食品可杀死烹调前存在的有害细菌、病毒和寄生虫。

2. 冷食类食品

食品原料经过烹制成熟后再冷却(冷藏)、调味,简单制作并装盘,不经再加热直接入口的食品。包括冷荤、冷菜、熟食、卤味、凉拌面等。

(二)食堂菜品加工流程图

根据中餐烹饪工艺流程,绘制出学生食堂热食类和冷食类菜品加工流程图。

热食类:原料采购验收→贮藏→预处理→烹饪→盛装→保温→出售。

冷食类:原料采购验收→贮藏→预处理→热加工→冷藏→盛装→出售。

(三)建立危害分析工作表和 HACCP 计划表

根据加工工艺流程图,应用 HACCP 原理对食品加工过程中可能产生危害的工序以及危害的因素进行分析,找出关键控制点,建立危害分析工作表和 HACCP 计划表(见表 10-4 和表 10-5)。

1. 食堂中的危害分析

对餐饮原材料的生产、原料成分、餐饮食品的加工制造、食品消费各阶段及餐具的清洗等环节进行分析,确定食品生产、销售、消费等各阶段可能发生的危害及危害的程度,并提出相应的防护措施来控制这些危害。

餐饮业与其他行业相比具有可控性不强、品种多、即食性强、工艺流程多、烹饪方法多等特殊性。因此,对食堂中的危害分析,分别对采购过程、烹调前预处理过程、烹调过程、分销过程、餐具清洗过程、饭粥加工过程、面点与西点加工过程通过 HACCP 判断树进行分析,以确定哪道工序是或不是 CCP 点。

表 10-4　某高校食堂危害分析表

加工工序	潜在危害	危害来源	控制措施	CCP（是/否）
原料采购	致病菌、毒素、药物残留	种、养殖源头及运输贮存过程致病菌污染	感官检查,索取检验、检疫证明	是
预处理	异物、生物毒素	原料未洗净,原料毒素未去除	用 GMP 和标准卫生操作规程（SSOP）控制	否
半成品加工	致病菌	设备不卫生,生熟不分造成交叉污染	用 GMP 和 SSOP 控制	否
熟制	致病菌	加热温度和时间不够,致病菌和毒素残留	菜品中心温度达到 75℃,时间不足	是
盛装	致病菌及化学物质	盛装容器清洗消毒不严,洗涤剂、消毒剂清洗不干净	用 GMP 和 SSOP 控制	否
出售	有害微生物	常温下致病菌繁殖	热藏出售,温度控制在 60℃ 以上	是
复热	致病菌	常温下致病菌繁殖	复热菜品中心温度达到 75℃,时间不足	是

2. HACCP 计划

为了制定完善的 HACCP 计划,并确保其有效执行,应成立 HACCP 小组,从食堂不同专业人员中抽调业务骨干组建 HACCP 工作小组,小组成员由餐饮管理人员、厨师、服务人员组成。对食堂所生产加工的食品进行全过程的分析、研究,从原料采购到产品贮存、从生产到销售、消费方式等都一一分析,制订 HACCP 计划。

根据危害分析的结果,编制 HACCP 计划。HACCP 计划是受控文件,应包括如下信息:①HACCP 计划所要控制的危害;②控制确定危害的关键控制点;③针对每个危害,在每个关键控制点（CCP）上的关键限值;④每个关键控制点（CCP）中每种危害的监视程序;⑤关键限值超出时应采取的措施;⑥负责执行每个监视程序的人员;⑦监视结果的记录点。

食堂的产品较多,诸多环节都存在 CCP 点。如表 10 -5 所示。

表 10-5　某高校食堂 HACCP 计划表

关键控制点（CCP）	显著危害	关键限值	监控 内容	监控 方法	监控 频率	监控 监控者	纠偏措施	档案记录	验证措施
CCP1 水产品采购、验收	细菌病原体、激素饲料、水质污染、重金属	供方合格证明	合格证明	检查确认	每批	原料验收人员	拒收死鱼,拒收无合格证明的冻鱼	入库单、供应商异常情况登记表、合格证（冰冻）	食堂经理每日审核记录

表 10-5（续）

关键控制点（CCP）	显著危害	关键限值	监控				纠偏措施	档案记录	验证措施
			内容	方法	频率	监控者			
CCP2 肉、禽类采购、验收	病毒、致病菌、寄生虫、兽药、促生长素	猪肉检疫证明、禽肉检疫证明	合格证明	检查确认	每批	原料验收人员	拒收无检疫证明的原料	验收记录、供应商异常情况登记表、检疫证明	同上
CCP3 葱、蔬菜验收	可能有残留农药	经试剂测试，试剂变蓝色	农药残留	试剂测试	每批	原料验收人员	测试不合格浸泡20分钟再测试	入库单、供应商异常情况登记表、蔬菜农药测试	同上
CCP4 米、面粉、调料、面条验收	农药残留、重金属、真菌毒素、过量增白剂	SC 标志	面粉安全证明	检查确认	每批	原料验收人员	拒收无合格证明的原料	入库单、供应商异常情况登记表	食堂经理每日审核记录，每半年对产品检测报告进行验证
CCP5 蛋、牛奶产品验收	激素、抗生素	供方证明或申明	合格证明	检查确认	每批	原料验收人员	拒收无合格证明的原料	入库单、供应商异常情况登记表	同上
CCP6 水产品、肉类冷冻贮存及设备	致病菌生长、致病菌污染	冷冻温度操作限值为-20℃~-3℃	冷冻温度	观察温度计	每天记录一次，发现异常随时记录	冷库管理员	调整温度，确认偏离的产品，隔离待评估	冷冻记录、纠偏记录	同上
CCP7 水产品类蒸、炸制	病原体存活	中心温度大于70℃	中心温度	工作技能观察	每锅	制作人员	延长时间	食品卫生安全检查验证工作日志、纠偏记录	中心温度计定期抽检、终产品的检测（每年一次），每年对中心温度计进行校准
CCP8 炒菜									
CCP9 豆浆煮制	未煮熟存在皂苷	温度100℃以上	温度	观察	每批	制作人员	确认偏离的产品，延长蒸制时间	主食加工制作记录、食品卫生安全检查验证工作日志、纠偏记录	每日审核记录，每季用标准压力表进行检定
CCP10 面食煮制	致病菌存活	中心温度大于70℃	菜肴熟透程度	工作技能观察	每锅	制作人员	延长时间	食品卫生安全检查日志	食堂主任每日轮流抽检
CCP11 餐具消毒	致病菌未杀灭	热力消毒95℃~100℃，10min~15min，电子消毒30min	温度时间	观察	每批	清洗员	调整温度，确认偏离的产品，延长时间	餐具消毒记录、纠偏记录	每日审核记录，每季用数显表测试一次，每年对数显表进行检定
CCP12 剩菜剩饭	致病菌再生	是否馊	剩菜剩饭	观察	每批	食堂大组长	倒入泔水桶	剩菜剩饭处理记录	食堂经理每日审核

十、ISO、GMP、HACCP 之间的关系

（一）ISO 简介

国际标准化组织（International Organization for Standardization），简称 ISO。ISO 成立于 1946 年，是世界上最大、最具权威的非政府性机构。ISO 的总部设在瑞士日内瓦。

ISO 的主要活动是制定国际标准，协调世界范围内的标准化工作，共同研究有关标准化问题。它在国际标准化中占主导地位。

ISO 的目的和宗旨是：在世界范围内促进标准化工作的发展，以利于国际物资交流和互助，并扩大在知识、科学、技术和经济方面的合作。

ISO 制定自愿性技术标准，不要求强制执行，这一点不同于 CAC。已经为世界广泛接受的质量管理体系标准 ISO 9001（即 GB/T 19001）和环境管理体系标准 ISO 14001（即 GB/T 24001）就是由 ISO 制定的。

（二）ISO 体系与 GMP、HACCP 之间的异同

在食品业中，HACCP 应用得越来越广泛，它逐渐从一种管理手段和方法演变为一种管理模式或者说管理体系。国际标准化组织（ISO）与其他国际组织密切合作，以 HACCP 原理为基础，吸收并融合了其他管理体系标准中的有益内容，形成了以 HACCP 为基础的食品安全管理体系。

以 HACCP 原理为基础而制定的 ISO 22000 食品安全管理体系标准是在广泛吸收了 ISO 9001 质量管理体系的基本原则和过程方法的基础上而产生的，它是对 HACCP 原理的丰富和完善。ISO 22000 与 ISO 9001 有相同的框架，并包含 HACCP 原理的核心内容。ISO 22000 能使全世界范围内的组织以一种协调一致的方法应用 HACCP 原理，不会因国家和产品的不同而大相径庭。

国际上，许多公司根据 ISO 22000 国际标准系列建立其质量管理体系。该体系可通过官方认证，也可作为公司内部管理体系形式。ISO 22000 标准可用于许多组织的各项活动之中。那么已经实施或正准备在近几年内实施 ISO 22000 标准的企业，对 HACCP 和 ISO 22000 之间的关系一定存在不少疑惑。

1. HACCP 和 ISO 22000 的共性

首先，建立质量管理体系的目的是为了确保产品质量能满足食品安全与卫生的各项要求。从这方面考虑，HACCP 可被视为一种能保证食品安全生产的质量管理体系。

ISO 是旨在预防和检测任何不合格产品的生产和流通，通过采取纠正措施以保证不再生产不合格产品。ISO 22000 意味着产品在 100% 时间内符合各项标准规范。这里显然存在一个严重问题，生产虽然符合标准规范，但产品可能具有潜在的不安全性，一旦出现这样的情况，那么就意味着整个质量体系将导致每次生产的都是具有潜在不安全性的产品。

怎样才能确保产品的安全性？目前的最佳法方法就是利用 HACCP，同时采用 ISO 22000 管理 HACCP 体系。ISO 22000 和 HACCP 分别涉及食品的质量和食品安全性，两者有许多共同之处。例如，这两种体系都要求公司全体员工的参与，采取的方法都经过严格组织化，都涉及对 CCP 的测定和控制。这两种体系都属于质量保证体系，力求以最经济的方式使产品

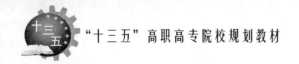

的质量和安全性达到最大致信度。

2. HACCP 与食品 GMP 的关系

《中华人民共和国食品安全法》和《国家食品卫生标准》等法律法规的全面贯彻实施,需要有一个可操作的技术方法,这就是对食品生产到销售的一系列环节中实施 HACCP,制定出一个符合实际的食品企业能达到的卫生技术规范,即 GMP。纵观国内目前食品卫生监督的发展趋势,HACCP 体系在我国食品企业实施已得到国家卫生部的推广,并印发了《食品企业 HACCP 实施指南》,指导食品企业提高食品安全的管理水平。HACCP 在我国食品企业卫生规范(GMP)中施行的可行性也得到了国内食品卫生专家的高度认可;并认为制作 GMP前,先进行 HACCP 分析是一种良好方法,以保证它的科学性和实践性,以 HACCP 来推动GMP 的实施。

在 HACCP 体系中,如何区分关键控制点(CCP)和"一般"控制点(CP)就成为 HACCP研究中的核心问题之一。一般来说,每个控制点都有助于确保食品安全,但只有那些对产品安全非常重要、需要实施全面控制的点才能称为关键控制点,而其他许多控制点仅仅是良好生产规范(GMP)中的一部分。GMP 体现了食品企业卫生质量管理的普遍原则,而 HACCP则是针对每一个企业生产过程的特殊原则。

通常,根据所谓良好生产规范(GMP)生产的食品是安全的.如果达不到这样的效果,我们就不能将这种操作规范称为"良好"了。多数情况下,食品之所以会导致食源性疾病,是因为生产偏离了 GMP 要求,或没有及时发现生产中的事故。也就是说,如何检测和控制食品生产的各个方面是 GMP 的内容之一,而 HACCP 则着重强调了保证食品安全的关键控制点。与一般控制点相比,有关 CCP 的文件和记录方面需要更多的技术知识,因此,如果实施HACCP 体系,员工必须得到更好的培训以提高其识别偏离和及时采取纠偏措施的能力。

GMP 是保证 HACCP 体系有效实施的基本条件,HACCP 体系是确保 GMP 贯彻执行的有效管理方法,两者相辅相成,能更有效地保证食品的安全。因此在食品 GMP 制定过程中,必须应用 HACCP 技术对产品的生产进行全过程的调查分析,增加规范的科学性,该系统的应用体现在企业自身管理和卫生监督与监测工作上的优势。可以说,良好生产规范是实施HACCP 体系的先决条件之一。

3. HACCP、ISO 22000 和 GMP 三者之间的关系

HACCP、ISO 22000 和 GMP 三者之间既有联系又有区别。其最终目的都在于保证产品的质量和安全,但侧重点不同,HACCP 是食品行业中实施的一种全面、系统化的控制方法,它以科学为基础,对食品生产中的每个环节、每项措施、每个组分进行危害风险(即危害发生的可能性和严重性)的鉴定、评估,找出关键点加以控制,做到既全面又有重点。如今,HACCP 体系已成为保证食品安全的最佳方法。ISO 22000 族标准强调的是建立质量体系,因为质量体系是确保产品符合规定要求的保证,质量管理是在质量体系下运行的,没有质量体系也就不存在质量管理,而 GMP 主要是以预防为主的质量和安全管理,从其基本内容看,无论是硬件改造还是软件管理都体现了预防为主的原则。总之,HACCP、ISO 22000 与 GMP三者之间的关系及它们的侧重点可用图 10-4 来说明。

图 10-4　HACCP、ISO 22000 和 GMP 三者关系图

HACCP 原理奠定了保障食品安全性最可靠的科学基础,但在生产管理实践中发现它也存在着一些不足和缺陷。即强调在管理中进行事前危害分析,引入数据和对关键过程进行监控的同时,忽视了它是否置身于一个完善的、系统的和严密的管理体系中,只有具备这样的体系,才能使其更好地发挥作用。以 HACCP 原理为基础而制定的 ISO 22000 食品安全管理体系标准正是为了弥补以上的不足,所以可以说 ISO 22000 是 HACCP 原理在食品安全管理问题上由原理向体系标准的升级,更有利于企业在食品安全上进行管理。

在实际生产过程中,HACCP 在两种情形下是 ISO 质量体系的有效补充:

(1)当没有正式 ISO 质量体系存在时,HACCP 有助于建立一些 ISO 标准中关于安全方面的规范,也就是说 HACCP 可以行使 ISO 体系的职能。实际上,如果食品企业执行了 HACCP 中的七大原则,它的产品就应该符合 ISO 9000 的标准。

(2)当有正式的 ISO 质量体系存在时,ISO 质量体系一般在 HACCP 的框架内对保证产品安全发挥具体作用。HACCP 计划中的具体和整体要求比质量系统更严谨。

十一、食品生产通用卫生规范公告

GB 14881—2013《食品安全国家标准　食品生产通用卫生规范》于 2014 年 6 月 1 日起正式施行,其作用意在规范食品生产行为,防止食品生产过程的各种污染;规范企业食品生产过程管理的技术措施;监管部门开展生产过程监管与执法的重要依据。

【复习思考题】

1. 常见的动植物食品及其制品易发生哪些质量问题?

2. 什么叫食品质量安全标准? 有什么作用?

3. 2015 年 10 月 1 日实施的《食品安全法》有哪些改变及亮点?

4. 简述 GMP、HACCP、ISO 各自的作用、程序及相互关系。

第十一章　不同人群的营养

【本章目标】

1. 掌握女性特殊时期(妊娠期、哺乳期)的生理特征、营养需要及膳食原则。

2. 掌握特殊年龄人群(婴幼儿、学龄前儿童、学龄儿童、青少年和老年人)的生理特征、营养需要及膳食原则。

3. 熟悉特殊环境(低温、高温环境、运动员和职业性接触有毒有害物质人群)对人体能量和营养素代谢的影响及营养需求。

第一节　孕妇的营养与膳食

妊娠是胎儿在母体内生长、发育、成熟的过程,妊娠期间的妇女称为孕妇。妊娠全程为280天,约40周。孕期妇女生理状态及代谢会发生较大改变,这些变化是为了给胎儿营造一个最佳的生长环境,并维持母体健康。

一、孕期的生理特征

(一)内分泌及代谢改变

孕期母体内分泌会发生一系列改变,随着妊娠时间的增加,胎盘的逐渐增大,母体内雌激素、孕激素及胎盘激素的分泌水平也相应地提高,特别是胎盘催乳素,其分泌增加的速率与胎盘增大的速率保持一致。

雌激素对甲状腺激素的合成及基础代谢的调节均有重要作用。雌二醇激素能够调节碳水化合物和脂类的代谢,可加快母体骨骼更新速度。孕期血液中甲状腺素 T_3、T_4 水平升高,可能引起孕妇轻微甲状腺肿。孕激素可刺激母体呼吸,松弛平滑肌,有助于子宫扩张,降低胃肠道的活性,有利于营养吸收,还可蓄积脂肪,促进乳腺小叶发育,并抑制乳腺在孕期的分泌。胎盘催乳激素能够刺激胎盘和胎儿生长,与垂体催乳素共同刺激母体乳腺的发育和分泌。通过刺激母体脂肪分解,提高母体血液游离脂肪酸浓度,通过拮抗胰岛素,使更多的葡萄糖运送至胎儿,从而维持营养物质由母体向胎儿转运。

孕期代谢调节可促进母体对营养素的吸收和利用,为胎儿生长创造了有益的内环境。孕期合成代谢增加、基础代谢升高,至孕晚期升高15%~20%,孕晚期基础代谢每天约增加628kJ。孕期对碳水化合物、脂类和蛋白质的利用也有改变。对蛋白质的吸收增加,为子宫、胎儿和乳腺发育提供保障。对脂类的吸收增加,贮存较多的脂肪,以利于泌乳和分娩过程的能量消耗。对其他营养素如水、电解质和维生素等代谢均发生不同程度的变化。

（二）消化系统功能改变

孕期激素的变化引起平滑肌松弛，使胃肠蠕动减慢，胃排空及食物在肠道停留时间延长，使营养素吸收更加充分，对某些营养素如钙、铁、维生素 B_{12} 和叶酸等的吸收能力得到增强，但也易引发胃肠胀气及便秘。由于胃酸和消化液的分泌减少，易导致食物消化不良。由于贲门括约肌松弛，胃内容物也可能逆流入食管，引起恶心、呕吐等妊娠反应。

（三）肾功能改变

为了适应孕前基础代谢的增加，清除胎儿和母亲自身的代谢废物，孕妇肾功能也会发生变化。孕期肾功能负担增加，有效肾血浆流量及肾小球滤过率增强，尿中蛋白质代谢产物尿素、肌酐等排出量增多。由于肾小管的再吸收能力没有增加，所以尿中葡萄糖、氨基酸、水溶性维生素的排出量也明显增加。其中，葡萄糖的排出量可增加 10 倍以上，故餐后可出现糖尿。妊娠期间，体内水分潴留增加，久站或久坐都会导致下肢血液循环不畅，易出现凹陷性水肿。若仅有下肢凹陷性水肿，属正常生理现象，但若出现上肢或面部水肿，应密切注意，排除妊娠高血压综合征。

（四）血容量及血液动力学变化

孕期血浆容量随妊娠时间的增加而逐渐增加，到怀孕 28 周~32 周时到达高峰，最大增加量约为 50%。红细胞和血红蛋白的量也逐渐增加，至分娩时可增加 20%。血容量增加幅度大于红细胞的幅度，使血液相对稀释，血液中血红蛋白浓度下降，所以出现生理性贫血。孕早期血浆总蛋白浓度即开始降低，根据世界卫生组织的建议，孕早期和孕末期贫血的界定为血红蛋白 Hb≤110g/L，而孕中期为 Hb≤105g/L。孕期几乎血浆中所有营养素浓度均降低，但某些脂溶性维生素如维生素 E、胡萝卜素的浓度上升。母体血容量的增多及血浆营养素水平的降低有利于将营养素转运至胎儿，并有利于胎儿将排泄物输出体外。

（五）体重增长

健康孕妇若不限制饮食，孕期一般可增重 9kg~13kg。妊娠初期，体重增加非常缓慢，随后逐渐加快。妊娠前 3 个月，体重仅增加 1kg~2kg，后期每周平均增加约 400g。体重的增加主要是因为胎儿、子宫、胎盘和乳腺的增长以及母体血液和细胞外液的增加等因素导致。

孕前体重、受孕年龄等对孕期增重均有影响，一般孕前消瘦者，孕期增重应高于正常妇女，而孕前超重或肥胖者则相反。妊娠时体重正常，计划哺乳的女性，孕前增重适宜值为 12kg。根据孕前体质指数（BMI）推荐女性孕期增重值，见表 11-1。

表 11-1　按孕前 BMI 推荐女性孕期增重适宜范围

指标	BMI	推荐体重增长范围/kg
低	<19.8	12.5~18
正常	19.8~26.0	11.5~16
超重	26.0~29.0	7~11.5
肥胖	>29.0	6~6.8

二、孕期的营养需要

孕期妇女,由于孕育胎儿、分娩及分泌乳汁的需要,对营养素的需求有所增加。充足、完整、均衡的孕期营养是确保孕妇和胎儿健康的关键。孕期营养不良对母体健康和胎儿正常发育都将产生不良影响。对胎儿影响主要包括胎儿在母体内发育迟缓、生长停滞,可导致低出生体重儿、早产儿、胎儿先天畸形发生率增加,围产期婴儿死亡率增高,影响胎儿大脑发育甚至成年后体力、智力的全面发展。研究发现,新生儿低出生体重与母体营养状况相关。其中,女性孕前体质指数偏低、孕期营养不良、孕前增重不足、血浆总蛋白水平低、孕期贫血、吸烟或酗酒等因素均会不同程度地影响胎儿生长发育。

妊娠一般分为 3 个阶段,即孕早期(怀孕 1~3 个月)、孕中期(怀孕 4~6 个月)和孕晚期(怀孕 7~9 个月)。妊娠阶段不同,胎儿生长速度不同,母体对营养需求也不同。

(一)能量

合理摄取能量是成功妊娠的基础。与非孕相比,孕期的能量消耗主要来自胎儿的生长发育、胎盘和母体组织增长所需的能量与代谢消化。《中国居民膳食营养素参考摄入量》(2013 版)推荐孕中后期能量 RNI 在非孕的基础上每日增加 836.8kJ(200kcal)。但通过增加食物摄入量来增加营养素的供给极易引起体重的过度增长,应通过改变膳食质量满足各种营养素和能量的需要。此外,要做到密切监测和控制孕期每周体重的增加,孕妇每周增重约 0.5kg 为宜。

(二)蛋白质

妊娠期间需要补充约 925g 蛋白质,以供给胎儿、胎盘、羊水、血容量增加及母体子宫和乳房等组织的生长发育需要。其中胎儿约 440g,胎盘 100g,羊水 3g,子宫 166g,乳腺 81g,血液 135g。由于胎儿早期肝脏尚未发育成熟,缺乏合成氨基酸的酶,所有氨基酸均需由母体提供。WHO 建议妊娠后半期较非孕妇女应每日增加摄入优质蛋白质 9g,由于我国膳食植物性食品摄入较多,蛋白质利用率通常较低,《中国居民膳食营养素参考摄入量》(2013 版)建议孕早期蛋白质摄入 55g/d、孕中期 70g/d、孕晚期 85g/d。

(三)脂类

脂类是人类膳食能量的重要来源,对于预防早产、流产、促进泌乳均有重要影响。而且脂类也是胎儿器官发育,形成大脑组织必不可少的重要营养物质。孕期需 3kg~4kg 的脂肪积累以备产后泌乳。此外膳食脂类物质中的磷脂及长链多不饱和脂肪酸,对人类生命早期脑-神经系统和视网膜等发育具有重要作用。

从妊娠 20 周起,胎儿的脑细胞分裂开始加速,作为脑细胞结构和功能成分的磷脂需要量开始增加。长链多不饱和脂肪酸如花生四烯酸(AA)和二十二碳六烯酸(DHA)为脑磷脂合成所必须。在胎儿期和出生后数月的时间里,花生四烯酸和二十二碳六烯酸迅速积累到胎儿和婴儿脑中。而这些多不饱和脂肪酸必须由母体提供。《中国居民膳食营养素参考摄入量》(2013 版)建议,孕妇膳食脂类物质应占总能量的 20%~30%,其中饱和脂肪酸、单不饱和脂肪酸和多不饱和脂肪酸分别为<10%、10% 和 10%。ω-6 系列多不饱和脂肪酸和 ω-3

系列多不饱和脂肪酸的比值为(4~6)∶1。

(四)矿物质

孕期膳食中最可能缺乏的矿物质是钙、铁、锌和碘。

1. 钙

妊娠期妇女对钙的需要除了维持自身各项生理功能外,还应满足胎儿骨骼和牙齿发育的需求。胎儿出生时,体内钙储备约30g。为了保证胎儿对钙的需要,孕期机体会自发进行调控,钙的吸收率会有所增加。

调查资料表明,我国妇女孕期膳食钙的实际摄入量为500mg/d~800mg/d。孕期钙的补充,可降低母体高血压和先兆子痫的危险。一旦孕期钙供给不足,胎儿将会从母体骨骼和牙齿中争夺大量钙以满足自身需要,导致母体的骨密度下降,易患手脚抽搐或骨质软化症。

食物中的钙吸收率为30%左右,钙最好的来源是奶和奶制品以及豆类及其制品。其次,芝麻和虾皮等海产品也是不错的钙来源,但摄入过多的钙可能导致孕妇便秘,也会影响其他营养素的吸收。《中国居民膳食营养素参考摄入量》(2013版)建议,孕早期钙适宜摄入量(RNI)为800mg/d,孕中期为1000mg/d,孕晚期为1200mg/d。

2. 铁

实验表明,孕早期的铁缺乏与早产和婴儿的低出生体重有关。孕期母体内铁的储存量约为1000mg,其中,胎儿体内约300mg,红细胞增加约需要450mg,其余储留在胎盘中。分娩时将损失80%的储留铁,仅有200mg左右会保留在母体中。孕期妇女每日需储备铁3.57mg。孕30~34周,铁的需要量将达到高峰,即每天需要7mg铁。对于妊娠正常的女性,孕期小肠对铁的吸收率会增加,从第12周的7%增加至24周的36%,再到36周的66%。

《中国居民膳食营养素参考摄入量》(2013版)建议,孕早期铁的推荐摄入量(RNI)为20mg/d,孕中期为24mg/d,孕晚期为29mg/d。动物肝脏、血液及瘦肉等铁含量丰富并且吸收率高,是铁的良好来源。此外,蛋黄、豆类、油菜、黑芝麻等含铁也相对较多。但植物性食物所含非血红素铁吸收率不足10%,若长期素食将会导致孕期缺铁性贫血,应多食用动物性食品加以补充,或适当补充铁制剂或铁强化食品。

3. 锌

锌是促进胎儿生长发育的必须微量元素之一,妊娠期间母体和胎儿组织中储留的锌总量约为100mg,其中约53mg储存在胎儿体内。孕期缺锌可干扰胎儿中枢神经系统发育,甚至可能引发先天性畸形。《中国居民膳食营养素参考摄入量》(2013版)建议,孕期锌RNI为9.5mg/d,最高耐受量(UL)为40mg/d。食物锌的吸收率为20%,有专家建议对素食人群、大量吸烟者、多次妊娠者以及大量摄入钙剂、铁剂者,应额外补锌15mg/d。若铁剂补充大于30mg/d可能会干扰锌的吸收,因此,建议妊娠期间治疗缺铁性贫血的孕妇应同时补锌15mg/d。

4. 碘

碘是人体合成甲状腺激素最重要的原料,碘缺乏可使孕妇合成甲状腺素减少,导致甲状腺功能减退,降低母体新陈代谢,并因此减少对胎儿的营养供给。孕期缺碘还可导致胎儿甲状腺功能低下,引起胎儿出生后的生长发育迟缓、智力低下、语言障碍、耳聋和运动神经障碍为标志的克汀病。据世界卫生组织统计,全世界有两千万人因孕期母亲缺碘而导致大脑损伤。纠正孕妇碘缺乏,尤其在妊娠头 3 个月补碘,可有效预防克汀病。《中国居民膳食营养素参考摄入量》(2013 版)建议,孕期碘 RNI 为 230μg/d,最高耐受量(UL)为 600μg/d。

(五)维生素

孕期维生素在血液中的浓度均有下降,这与孕期的正常生理调整有关。大多数维生素在孕期都需要及时补充。

1. 脂溶性维生素

(1)维生素 A

维生素 A 可促进胎儿大脑发育,孕期缺乏维生素 A 可引起胎儿发育迟缓、早产、低出生体重、智力低下、角膜软化,孕妇出现皮肤干燥、乳头干裂等。孕前适当补充维生素 A 可降低孕妇的死亡率。虽然维生素 A 是胎儿所必需的,但过量摄入容易导致孕妇中毒,尤其在孕早期,影响胎儿骨骼正常发育,引起中枢神经系统畸形。

《中国居民膳食营养素参考摄入量》(2013 版)建议,孕早期维生素 A 的 RNI 为 700μg/d,孕中晚期维生素 A 的 RNI 为 770μg/d,UL 为 3000μg/d。维生素 A 的主要来源有动物肝脏、牛奶、蛋黄、深绿色及黄红色蔬果。对于营养补充剂和维生素 A 强化食品,应注意补充的总量,以防止过量摄入。

(2)维生素 D

维生素 D 可促进钙的吸收与沉积,有促进妊娠期钙平衡的作用。胎盘对钙的转运是主动转运过程,需要维生素 D 及其依赖钙结合的蛋白的作用。孕期维生素 D 缺乏可导致母体和婴儿钙代谢紊乱,导致新生儿低钙血症、手足抽搐、婴儿牙釉质发育不良以及母体骨质软化症。维生素 D 主要依靠紫外光在皮内合成,缺乏日光的高纬度地区,尤其在冬季,几乎不能合成维生素 D,因此维生素 D 的补充十分重要。海鱼、动物肝脏、蛋黄和瘦肉中维生素 D 相对较多。孕期维生素 D 的 RNI 为 10μg/d,UL 为 50μg/d。

(3)维生素 E

维生素 E 对细胞膜,特别是红细胞膜上长链脂肪酸的稳定性有保护作用,防止其出现氧化,从而有效防止脑细胞发生活性衰退。若孕期缺乏维生素 E,可能妨碍胎儿大脑发育,造成脑功能障碍,出生后智力下降等。在孕期适当补充维生素 E 对预防新生儿溶血有益。维生素 E 广泛存在于各种谷物、豆类和果仁中,孕期维生素 E 的 RNI 为 14mg/d。

(4)维生素 K

维生素 K 与凝血有关,缺乏会导致凝血酶原下降,凝血过程受阻。产前补充维生素 K 或新生儿补充维生素 K 均可有效预防因维生素 K 缺乏引起的出血。维生素 K 的 RNI 为 80μg/d。

2. 水溶性维生素

(1)维生素 B_1

孕期缺乏维生素 B_1,可导致新生儿维生素 B_1 缺乏症,出现先天性脚气病。维生素 B_1 缺乏也影响胃肠道功能,尤其在孕早期特别重要。这是因为早孕反应会使食物摄入减少,极易

引起维生素 B_1 的缺乏,并因此导致胃肠功能下降,继而加重早孕反应,引起营养不良。动物内脏如肝、心、肾、瘦肉,粗加工的粮谷类以及豆类是维生素 B_1 的良好来源。中国营养学会建议孕早期维生素 B_1 的 RNI 为 1.2mg/d,孕中期为 1.4mg/d,孕晚期为 1.5mg/d。

(2)维生素 B_2

孕期缺乏维生素 B_2 可导致胎儿生长发育迟缓。缺铁性贫血与维生素 B_2 也有一定关系。动物性食品如肝脏、蛋黄、奶类是维生素 B_2 的主要来源。中国营养学会建议孕早期维生素 B_2 的 RNI 为 1.2mg/d,孕中期为 1.4mg/d,孕晚期为 1.5mg/d。

(3)维生素 B_6

孕期维生素 B_6 可用于辅助治疗早孕反应,也可用叶酸和维生素 B_{12} 共同预防妊娠高血压征。维生素 B_6 的食物来源主要是动物肝脏、肉类、豆类及坚果。《中国居民膳食营养素参考摄入量》(2013 版)建议孕期维生素 B_6 的 RNI 为 2.2mg/d。

(4)叶酸

叶酸参与嘌呤和胸腺嘧啶的合成,可进一步合成 DNA 和 RNA,对正常红细胞的形成有促进作用。缺乏叶酸会使红细胞发育与成熟受到影响,导致巨幼红细胞性贫血,在孕妇中较为常见。叶酸摄入不足对妊娠的影响包括低出生体重、胎盘早剥和神经管畸形。有报道称,妊娠前和孕期前几周每日补充叶酸 4mg,可使以前生产过神经管缺损婴儿的孕妇生产的婴儿不再出现此类疾病。据统计,我国每年有 8 万～10 万神经管畸形婴儿出生,北方高于南方,农村多于城市,夏季高于冬春季。神经管形成始于胚胎发育早期(受精卵植入子宫的第 16d)。因此,叶酸的补充应从计划怀孕或可能怀孕前开始。《中国居民膳食营养素参考摄入量》(2013 版)建议,孕期叶酸 RNI 为 600μgDFE/d[叶酸当量(DFE,μg)指天然食物来源的叶酸(μg)+1.7×合成叶酸(μg)]。叶酸来源于深绿色蔬菜,由于食物中叶酸的生物利用率仅为补充剂的 50%,因此每日补充 400μg 叶酸或使用叶酸强化食物更为有效。

三、孕期的合理膳食

(一)孕早期膳食

孕早期,孕妇对膳食中能量及各种营养素的需要量与孕前基本相同。孕早期孕妇常伴有恶心、呕吐、食欲不振等早孕症状,膳食宜清淡易消化、少吃多餐。

1. 少食多餐

孕早期进食餐次、数量、食物种类及时间可根据孕妇食欲和妊娠反应轻重及时调整。采取少食多餐的方法,既可避免暴饮暴食,又可以避免长时间不吃东西导致低血糖,引发恶心等。对于妊娠反应较重的孕妇,少食多餐不仅可以随时补充身体营养需要,还能减轻按时就餐造成的胃部压力,维持体内的血糖平衡。而对于食欲特别好的孕妇,少食多餐可以在满足营养的同时,减轻胃部负担。

2. 保证充足的碳水化合物

孕早期应尽量多摄入富含碳水化合物的谷物和水果,保证每天至少摄入 150g 碳水化合物。但应注意不可只吃精米、精面,因为谷物在加工过程中会损失大量的 B 族维生素,特别是维生素 B_1 和某些矿物质,容易引起营养缺乏症,对孕妇神经系统和免疫系统功能都会产生严重影响,也会导致胎儿健康受损。

3. 增加叶酸的摄入

叶酸对胎儿的 DNA 复制和机体发育有着至关重要的作用。缺乏叶酸可导致巨幼红细胞贫血,增加胎儿发生神经管畸形及早产的危险。为了保障胎儿的健康,女性应在怀孕前 3 个月就开始摄取叶酸,受孕后每日应继续补充叶酸 $400\mu g$,直至整个孕期。富含叶酸的食物有动物肝脏、菠菜、生菜、油菜等深绿色蔬菜和豆类。

4. 饮食清淡、适口、易消化

尽量选择清淡、适口、易消化的食物,避免加重妊娠反应。食用易消化的食物,可以促进营养吸收,减轻胃肠的负担。清淡、适口、容易消化的食物包括各种水果、蔬菜及流质食物,如酸奶、粥类。孕早期摄入汤类、粥类可有效补充水分,既能减轻胃肠负担,又能预防脱水和便秘。

5. 戒烟禁酒

烟草、酒精对胎儿发育各个阶段均有明显的毒性作用,容易引起流产、早产、畸形等。烟草中尼古丁等有毒物质可导致胎儿缺氧、营养不良、生长发育迟缓。酒精可通过胎盘进入胎儿血液,同样可引起胎儿发育不良、中枢神经系统异常、智力低下等。因此,孕前和怀孕期间必须严格戒烟禁酒,并远离吸烟环境以保障胎儿健康发育。

(二)孕中期、末期膳食

怀孕 3 个月以后,孕妇体重每周平均增加 350g~400g,各种营养素及能量需要也相应增加。此阶段膳食中碳水化合物提供的能量占总能量 50%~65% 为宜。不宜过分摄取油腻食品,防止体重增加过多,脂类提供的能量占总能量 20%~30%。

1. 保证优质蛋白供给

在孕中、末期,蛋白质在体内储存相对较多,孕妇膳食蛋白质供给应有所增加,应多摄入鱼、禽、蛋和瘦肉。动物性食品和豆类是优质蛋白的良好来源,其中鱼类还可提供 ω-3 系列多不饱和脂肪酸,对于孕 20 周后胎儿脑和视网膜的发育极为重要。蛋类是卵磷脂、维生素 A 和维生素 B_2 的良好来源,每天应摄入 1 个鸡蛋。

2. 保证足量的钙和维生素 D 的摄入

孕期全程均需要补充钙,但孕晚期对钙的需求量明显增加,因为胎儿的骨骼和牙齿钙化加速,体内一半以上的钙是在孕晚期最后两个月储存的。因此,孕晚期应特别注意补钙,同时也应注意补充维生素 D 以促进钙的吸收。孕晚期应经常摄取奶类、豆类和鱼类,同时避免摄入抑制钙吸收的草酸、植酸等物质。

3. 适当补充含铁丰富的食物

从孕中期开始,血容量和血红蛋白开始显著增加,孕妇逐渐成为缺铁性贫血高危人群。基于孕妇和胎儿对铁的需要,宜从孕中期开始增加铁的摄入。孕妇应适当补充含铁丰富的动物肝脏、血液、瘦肉等,必要时可在医生指导下服用铁制剂。同时,应注意多摄入富含维生素 C 的水果、蔬菜,促进铁的吸收,也应避免摄入对铁吸收有影响的鞣酸等物质。

4. 避免过度咸食

孕期有些孕妇的口味会发生改变,嗜好咸辣食物,做菜时经常过量用盐,喜食腌制肉类和咸菜。食盐摄入增多,会导致高血压病的发病率升高。妊娠高血压综合征是女性孕期发生的一种特殊疾病,其主要症状为:水肿、高血压和蛋白尿,严重者可伴有头痛、眼花、晕眩、胸闷等自觉症状。孕妇若过度咸食,容易引起妊娠高血压综合征。为了自身和胎儿的健康,孕期应减少盐的摄入,饮食尽量保持清淡,每日食盐摄入量应少于6g。

5. 避免长期素食

孕期一直保持素食非常不利于胎儿的发育。如果孕期长时间不注重动物性食品摄入,会导致蛋白质供给不足,会影响胎儿大脑发育以及出生后的智力水平。如果脂类摄入不足,容易引起胎儿出生后体重过轻,免疫力低。对于孕妇来说,也可能发生贫血、水肿和高血压等。因此,孕期要经常摄入动物性食品以补充蛋白质、脂类、维生素和矿物质等物质。

第二节 哺乳期妇女的营养与膳食

分娩后凡为婴儿哺乳的妇女称为乳母。怀孕期间,女性体内各种激素分泌促进乳房的发育。分娩后,雌激素和孕激素水平突然下降,同时垂体催乳素水平增加,开始泌乳。乳汁的质和量都会影响婴儿生长,哺乳期、孕期甚至孕前的营养状况都会影响乳汁的质和量。乳母膳食营养素摄入不足,将首先动用自身营养储备稳定乳汁营养成分。若长期营养素摄入不足,将导致泌乳量下降。因此,要重视哺乳期营养,保障乳母和婴儿健康。

一、哺乳期的生理特征

(一)乳腺发育

妊娠期在雌激素和孕激素的共同作用下,乳腺管迅速增生,腺泡增大。至妊娠后期,垂体分泌的催乳素等多种激素会促进乳腺上皮细胞转变成分泌细胞,腺泡开始分泌乳汁。哺乳期乳腺结构与妊娠期相似,但腺体发育更好,腺泡腔增大。断乳后,催乳素水平下降,乳腺停止分泌,腺组织逐渐萎缩,乳腺转入静止期。

(二)乳汁生成

乳汁的产生包括泌乳和排乳两个过程,二者受复杂的神经内分泌机制调节,其中垂体是参与泌乳和排乳的最主要内分泌腺。妊娠期卵巢和胎盘产生的雌激素和孕激素可刺激腺泡和乳腺管的发育,但对垂体分泌的催乳素有抑制作用,因此孕期通常不分泌乳汁。分娩后,雌激素和孕激素水平骤然下降,垂体催乳素开始分泌,促使腺泡分泌乳汁。此时,乳母开始有乳房胀满感,但乳汁不会自动排出,还需通过泌乳反射和排乳反射来完成,这两个反射关键在于婴儿的吸吮刺激。感觉神经末梢将刺激冲动传至脑下垂体后叶,使之分泌催乳素。该激素随血液循环作用于乳腺管周围肌肉上皮细胞,使之收缩从而将乳汁排出,形成排乳反射。吸吮刺激引起另一部分神经冲动,直接传递到脑下垂体前叶,使之分泌催乳素,刺激腺泡继续分泌乳汁。

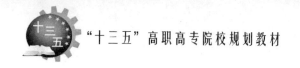

二、哺乳期妇女的营养需要

哺乳期妇女基础代谢率增高,泌乳量逐渐增加,易出现虚胖、面色晦暗等现象。产后乳汁分泌消耗的能量较多,须及时补充。若孕前至哺乳期一直处于营养素摄入不足状态,乳汁的分泌量会下降。此时,乳母体内分解代谢就已增加,常见体重减轻和营养不良特征。健康而营养状况良好的乳母,膳食对乳汁中营养素的影响不明显,乳汁中蛋白质含量较恒定。如果乳母在孕期和哺乳期的蛋白质和能量均处于不足或缺乏的边缘,则乳母的营养状况将影响乳汁营养素水平。乳汁中脂溶性维生素和水溶性维生素的含量,均会在不同程度上受乳母膳食中维生素摄入量的影响,特别是这些维生素处于缺乏状况时将更为明显。

哺乳期妇女的营养状况非常重要。一方面要补偿妊娠和分娩时损耗的营养素储存,促进组织器官恢复功能。另一方面要分泌乳汁、哺育婴儿。如果乳母营养摄入不足,将会影响自身健康,减少乳汁分泌、降低乳汁质量,影响婴儿生长。

(一)能量

哺乳期妇女基础代谢上升 10%~20%。产后 1 个月内,每日泌乳量约 500mL;3 个月后,每日泌乳量可达 750mL~850mL。乳汁转化效率约 80%,3766kJ 的能量才能合成 1L 乳汁。因此,哺乳期需要消耗大量能量,需在非孕期基础上额外增加 2092kJ/d 的能量。蛋白质、脂类和碳水化合物的供能比分别为 13%~15%、20%~30%、55%~60%。

(二)蛋白质

母乳中蛋白质不同时期含量有差异,常乳的蛋白质含量为 1.1g/100mL,正常情况下乳母每日泌乳约 750mL,所含蛋白质约 9g。但由于膳食蛋白质转变为乳汁会有部分损失,一般有效转化率为 50%~70%。因此,中国营养学会建议乳母每天应较成年女子多摄入 20g 膳食蛋白质。《中国居民膳食营养素参考摄入量》(2013 版)建议乳母每天摄入 80g 蛋白质,其中一部分应为优质蛋白。动物性食品如鱼类、禽类、蛋类、乳类、瘦肉及豆类是优质蛋白的良好来源。

(三)脂类

乳母膳食脂类物质的构成可影响乳汁成分。与孕期相比,乳母对脂类物质的需求量增加较多,主要是因为乳汁中脂肪含量较高,膳食中脂类低于 1g/kg 体重时泌乳量下降。我国乳母脂肪 RNI 与成人相同,膳食脂类物质供给占总能量 20%~30%。母乳脂肪含量并不稳定,当每次哺乳临近结束时,脂肪含量相对哺乳前段有所提高,有利于控制婴儿的食欲。脂类的摄入能够促进婴儿脑部发育,尤其是其中的不饱和脂肪酸,如二十二碳六烯酸(DHA),对中枢神经发育尤为重要。因此,乳母应通过膳食摄入适量的脂类。

(四)碳水化合物

乳母膳食中碳水化合物建议占膳食总能量的 55%~65%。碳水化合物对乳汁质量的影响不是很大,但它是乳母的主要能量来源,大脑和脏器都需要它来提供足够的能量。过多的摄入碳水化合物,特别是简单的碳水化合物如蔗糖、麦芽糖等可导致肥胖。因此,应减少摄取简单碳水化合物,如糕点、糖果等,多摄取谷类、蔬菜、全麦面包等高膳食纤维的复合碳水化合物。

（五）矿物质

母乳中的主要常量元素包括钙、磷、镁、钾、钠等，其浓度一般不受膳食的影响。而母乳中的微量元素碘和硒则受膳食影响，膳食中碘和硒摄入量增加，乳汁中的含量也会相应的增加。下面介绍两种母乳中的重要矿物质。

1. 钙

正常乳汁中含钙约 34mg/100mL，乳汁中钙含量较为稳定，通常不受膳食影响，如果钙摄入不足，将动用母体内钙储备以维持乳汁中钙含量的稳定。《中国居民膳食营养素参考摄入量》（2013 版）建议乳母钙的 RNI 为 1000mg/d，可耐受最高摄入量（UL）为 2000mg/d。由于我国膳食中钙含量普遍偏低，乳母常因为缺钙而导致骨软化症。因此，乳母应增加含钙食物的摄入，除摄取含钙丰富的食品如牛奶、骨粉、海产品、豆制品外，还应补充一些含钙制剂，平时注意多晒太阳及服用鱼肝油等，同时应尽量减少摄入草酸、植酸等妨碍钙吸收的食物。

2. 铁

由于铁几乎不能通过乳腺进入乳汁，所以乳汁内铁含量甚少，仅为 0.05mg/100mL。虽然乳母不会因为月经失铁，也不用供给婴儿需要，但哺乳期膳食仍需要铁的补充，主要目的在于恢复孕期和分娩导致的铁流失。《中国居民膳食营养素参考摄入量》（2013 版）建议乳母膳食铁的 RNI 为 24mg/d，UL 为 50mg/d。由于食物中铁的吸收率仅为 10% 左右，除每日应从膳食中摄入含铁丰富的食物外，还可考虑补充小剂量铁制剂以防止哺乳期缺铁造成的贫血。

（六）维生素

乳母膳食中各种维生素的含量必须相应增加，以促进乳汁分泌，保障婴儿正常生长和乳母健康。

1. 脂溶性维生素

哺乳期维生素 A 和维生素 D 的需要量增加。脂溶性维生素中只有维生素 A 可部分通过乳腺进入乳汁，膳食中维生素 A 含量多少直接影响乳汁中维生素 A 的含量，继而影响到婴儿的生长发育和健康状况。《中国居民膳食营养素参考摄入量》（2013 版）建议乳母膳食维生素 A 的 RNI 为 1300μg/d。维生素 D 和维生素 E 虽然几乎不能进入乳腺，但乳母需要充足的维生素 D 来维持钙平衡，RNI 为 10μg/d。而维生素 E 具有促进泌乳的作用，乳母可通过植物油和豆类摄取。

2. 水溶性维生素

多数水溶性维生素均可自由通过乳腺进入乳汁，但乳腺具有调节作用，当乳汁中维生素含量达到一定程度后就不会继续增加。维生素 B_1 能够促进食欲和泌乳，如果乳汁中缺乏该维生素可能引起婴儿脚气病。维生素 B_1 在母乳中含量为 0.02mg/100mL，乳腺通过率仅为 50%。因此，对于乳母应特别注意补充维生素 B_1，《中国居民膳食营养素参考摄入量》（2013 版）建议乳母的维生素 B_1 的 RNI 为 1.5mg/d，可通过摄入瘦肉、粗粮和豆类进行补充。维生素 B_2、烟酸和维生素 C 均可自由通过乳腺进入乳汁。若乳母缺乏新鲜蔬菜和水果的摄入，

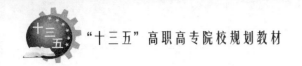

将会引起婴儿出现维生素 C 缺乏症。乳母膳食中维生素 C 的 RNI 为 150mg/d,UL 为 2000mg/d,经常食用新鲜果蔬,特别是鲜枣和柑橘类即可满足需要。

(七)水

水分摄入与乳汁分泌量关系密切,水分摄入不足直接影响乳汁分泌量。由于泌乳的需要,乳母每日需比正常成人多摄入约 1L 的水。因此,乳母不仅应增加每日饮水量,还要多摄入一定量的流质食物,如骨汤、肉汤、菜汤和粥类等,不仅可促进乳汁分泌,还可补充其他营养素。

三、哺乳期妇女的合理膳食

由于哺乳期妇女既要补偿妊娠、分娩时所损耗的营养素储备,促进机体各项功能的恢复,又要分泌乳汁,哺育婴儿,所以对能量和各种营养素的需要量都有所增加。哺乳期应选用营养价值较高的食物,科学饮食,合理运动,保持健康心态。

(一)合理搭配产褥期膳食

分娩后到机体和生殖器基本复原的一段时期,一般需要 6~8 周,称为产褥期,即哺乳期的前 1~2 个月。产褥期的营养主要用于补偿妊娠和分娩时的消耗,促进母体组织器官的恢复,预防各种产后并发症,并为乳汁的分泌提供必要的营养。产后 1d~2d 内应摄入易消化的流质或半流质食物,如混沌、挂面、鸡汤、肉汤等,但剖宫产者应忌食牛奶、豆浆、蔗糖等胀气食品。产褥期可比平时多增加动物性食品的摄入,如禽类、鱼类、瘦肉、动物肝脏、肾脏和全血,以补充优质蛋白和铁。同时也不可忽视水果和蔬菜的摄入,每天要摄入适量的新鲜果蔬,补充维生素、矿物质和膳食纤维。产褥期妇女还应注意饮食平衡,保证食物多样而不过量,以减少消化器官负担,避免产后肥胖。

(二)增加动物性食品的摄入

肉、蛋、乳等动物性食品可为乳母提供优质蛋白质。乳母每天应摄入鱼、禽、蛋、肉类约 220g。动物肝脏、动物血和瘦肉等含铁丰富,有利于预防或纠正缺铁性贫血。海产品富含多不饱和脂肪酸,有利于婴儿大脑发育,乳母可适量选择。如果增加动物性食品有困难时,可多食用大豆及其制品以补充优质蛋白,大豆每天应摄入 25g 左右。

(三)增加含钙食物的摄入

乳母对钙的需求量较大,哺乳期应特别注意钙的补充。乳类含钙丰富,且易吸收,是钙的良好食物来源。乳母每日应摄入牛奶 400mL~500mL,以补充大量的水分和钙。同时,膳食中也可增加鱼虾类、豆制品以及芝麻和深绿色蔬菜等含钙丰富的食物。必要时可在医生的指导下适当补充钙制剂。

(四)膳食多样,适当运动

哺乳期食物选择要多样,搭配要合理,以满足营养需要为目的。食物选择不能过于单一,要注意粗细搭配。每日膳食应摄入谷类 200g~300g,薯类 75g,其中杂粮不少于每日膳食总量的 1/5。蔬菜和水果是维生素和矿物质的重要来源,每日应摄入蔬菜 500g,其中绿叶和红黄色等有色蔬菜应占 2/3 以上；水果类 200g～400g。同时，还应摄入一定的豆制品、坚果及动物性食品以补充优质蛋白和脂类。

多数女性生育后体重均会有所增加，产后若不进行合理运动，保持健康体重，可能会引起肥胖。因此，乳母除注意合理饮食外，还应进行适当的规律性身体活动和锻炼，以促进机体恢复，减轻产后并发症的发生。合理的运动十分必要，但不要因为试图减去妊娠期增加的体重而控制饮食。哺乳期需额外摄取 25% 的能量和大量营养素，若刻意控制饮食则无法满足母乳所需的额外营养素，某些情况下进行饮食调控还将导致泌乳量不足。

(五)忌烟酒、辛辣刺激性食物

乳母吸烟（包括间接吸烟）、酗酒都会对自身和婴儿健康造成危害。浓茶、咖啡和辛辣刺激性食物也可造成内分泌紊乱，从而影响乳汁分泌的质和量。因此，为了婴儿的健康，哺乳期要做到忌烟禁酒，远离浓茶、咖啡辛辣刺激性食物。同时，愉悦的心情和充足的睡眠也有利于乳汁的分泌。

第三节　婴儿的营养与膳食

婴儿期是指从出生到满一周岁前的阶段。婴儿期是人类生命从母体内生活到母体外生活的过渡时期。在膳食结构上是从完全依赖母乳到摄入复合食物的过渡时期。婴儿期的突出特点是生长发育旺盛，需要良好的营养供给。婴儿期的营养与膳食是机体体格与智力发育的基础保障。

一、婴儿的生理特征

婴儿的生长发育是机体组织器官增长和功能成熟的过程，由遗传和环境因素共同决定。婴儿期是人类生命生长发育的第一高峰期。婴儿出生 5～6 个月时体重可增至出生重的 2 倍，1 周岁时可达出生体重的 3 倍，身长可达出生时的 1.5 倍。婴儿期也是脑细胞增值的高峰期，脑细胞数量增多，体积增大，6 个月时脑重可达出生时的 2 倍，1 周岁时脑重接近成人的 2/3。胸围可以反映胸廓和胸背肌肉的发育程度，婴儿出生时胸围比头围小 1cm～2cm，至 1 周岁时与头围基本相等，并开始超过头围。婴儿的生长发育迅猛，但肾脏和胃肠道尚未发育成熟，胃容量很小，消化功能亦不完善。这些都限制了可摄入食物的种类，因此婴儿需要频繁饮食，选择流质食物，还要满足高能量、高营养的要求。

二、婴儿的营养需要

(一)能量

婴儿期对能量需求较大，每千克体重所需能量较成人高 3～4 倍。婴儿对能量的需求取决于基础代谢、生长发育、活动强度、食物的特殊动力作用、能量的储存与排泄耗能。其中，基础代谢及维持体温占总能量的 50%～60%，食物的特殊动力作用占总量的 7%～8%，未被消化吸收利用的能量占总量的 10% 左右，其余的能量主要用于生长和活动。婴儿生长发育对能量的需求与生长速度成正比。出生前 4 个月中，生长发育迅猛，日均增重 20g～25g，至一周岁时,生长速率逐渐下降,日均增重约 15g。尽管个体之间存在差异,但婴儿期每千克体重对能量的需求是人类一生中最高的。中国营养学会建议,0~6 个月婴儿能量适宜摄入量(AI)为 0.38MJ/(kg·d),7~12 个月的婴儿为 0.33MJ/(kg·d)。

(二)蛋白质

婴儿对蛋白质需求按每单位体重计高于成人。蛋白质,特别是优质蛋白对于婴儿旺盛的生长发育极为重要,婴儿期蛋白质摄入量的 60%~70% 都用于生长。从出生到 1 岁之间,每日蛋白质的供给量约为 2g/kg(体重)~4g/kg(体重),若全部以母乳喂养,蛋白质摄入量约为 2g/kg,若以牛乳喂养,蛋白质摄入量约为 3.5g/kg,若以代乳品喂养则为 4g/kg。

膳食蛋白质的总需求量取决于氨基酸的成分,如果一种或多种氨基酸缺乏,则蛋白质的合成速率会受到影响,从而可能导致生长受到抑制。成人需要 8 种必需氨基酸,而婴儿除了这 8 种必需氨基酸外还需要组氨酸。在某些情况下,半胱氨酸和牛磺酸也是婴儿必需的。蛋白质长期摄入不足会影响婴儿生长发育,但摄入过多则会增加婴儿肾脏的负担。

(三)脂类

脂类的主要成分脂肪是婴儿能量和必需脂肪酸的重要来源,也是脂溶性维生素的载体。由于婴儿胃的容积小,所以需要高热量的营养素,而脂肪正符合此条件。特别是对于新生儿,脂肪是其膳食能量的主要来源。中国营养学会推荐,0~6 个月婴儿脂肪占总能量比例为 48%,7~12 个月占总能量 40%。

婴儿期膳食脂肪主要来自乳类和各种代乳品。母乳中脂肪所占热量为 50%~55%,其中不饱和脂肪酸含量高达 55% 以上。多不饱和脂肪酸含量约占总脂肪 8%,对于婴儿神经系统的发育、视功能的成熟以及智力和认知能力的发展均具有重要意义。因此,婴儿在断奶后也应通过适当添加辅食来补充与母乳中含量相当的必需脂肪酸。

(四)碳水化合物

碳水化合物能为机体提供能量,构成人体组织,促进婴儿的生长发育。一个健康的婴儿,约有 37% 的能量是由碳水化合物供给的。母乳喂养的婴儿碳水化合物供能比约 37%,人工喂养婴儿略高约 40%~50%。母乳和牛乳中主要碳水化合物是乳糖,母乳和婴儿配方奶粉中的乳糖含量约为 7%,而牛乳中的乳糖含量约为 4%~5%,母乳喂养的婴儿 1/3 的能量来自乳糖。

乳糖可以促进矿物质,如钙、镁等吸收,同时也有利于双歧杆菌的生长,从而使胃肠保持酸性环境,抑制有害菌增值。婴儿到 3 个月后才有淀粉酶产生,所以多糖类食物要等 4~6 个月时才能开始逐渐添加。虽然婴儿早期淀粉消化能力尚未成熟,但乳糖酶的活性比成人高,所以婴儿极少发生病原性乳糖不耐症。

婴儿膳食中碳水化合物不宜过多,因为碳水化合物在肠内经细菌发酵,会产酸、产气并刺激肠蠕动,引起腹泻。同时,过多的甜食也会导致婴儿偏食和蛀牙的产生。

(五)矿物质

婴儿必需但又容易缺乏的矿物质主要包括钙、铁、锌、碘,不仅影响婴儿的体格发育,还能影响行为和智力的发育。

1. 钙

母乳中钙含量约为 350mg/L。若婴儿每天摄入 800mL 乳汁,可得到约 280mg 的钙。由于母乳中钙的吸收率高,所以出生后 6 个月内全母乳喂养的婴儿并不会出现明显缺钙症状。尽管牛乳中钙的含量是母乳的 2~3 倍,但钙磷比例不合适,会导致婴儿对钙的吸收率处于较低水平。如果婴儿长期缺乏足够的钙可影响发育,易患佝偻病。《中国居民膳食营养素参考摄入量》(2013 版)建议 0~6 个月婴儿钙的 AI 为 200mg/d,7~12 个月为 250mg/d。

2. 铁

正常新生儿体内储备足够的铁,可以满足 4~6 个月的需要。虽然婴儿对母乳中铁的吸收率可达 75%,但母乳中铁含量甚微,无法满足生理需要。因此,自第 4 个月起就应补充其他的含铁食物,如强化铁的配方米粉、奶粉、肝泥及蛋黄等。《中国居民膳食营养素参考摄入量》(2013 版)建议 0~6 个月婴儿铁的 AI 为 0.3mg/d,7~12 个月为 10mg/d。

3. 锌

锌对于婴儿的发育极为重要,缺锌易引起小儿食欲下降,发育迟缓。和铁一样,足月的新生儿体内也储备了足量的锌,可以弥补母乳中锌含量的不足。即便如此,在 4 个月后也应从膳食中摄取一定量的锌。肝泥、蛋黄和婴儿配方食品是婴儿期锌的良好来源。《中国居民膳食营养素参考摄入量》(2013 版)建议 0~6 个月婴儿锌的 AI 为 2mg/d,6 个月以上的 RNI 为 3.5mg/d。

4. 碘

婴儿期缺碘可引起听力、语言和运动障碍,表现为智力低下,体格发育迟缓等症状为主要特征的不可逆性智力损害。我国内陆地区甚至沿海地区碘缺乏较为常见,天然食品和水中碘含量较低,如果孕妇和乳母不补充含碘食品,容易导致婴儿碘缺乏病。《中国居民膳食营养素参考摄入量》(2013 版)建议 0~6 个月婴儿碘的 RNI 为 85μg/d,6 个月以上的 RNI 为 115μg/d。

(六)维生素

婴儿缺乏任何一种维生素都可影响其正常的生长发育。婴儿期维生素的来源主要是母乳和辅食。膳食均衡的乳母,乳汁中的维生素基本能够满足婴儿生长需要,其他方式喂养的婴儿需注意维生素的补充。

1. 维生素 A

维生素 A 有促进生长和提高机体抵抗力的作用,缺乏维生素 A 可能导致婴儿发育迟缓,体重不足,也容易患各种传染病。乳类是婴儿维生素 A 的主要来源,但牛乳中的维生素 A 仅为母乳含量的一半。婴儿断奶后应特别注意补充维生素 A,可通过摄入动物性食品如肝脏、蛋黄进行补充。必要时可补充维生素 A 制剂或鱼肝油,但摄入不可过多,以防引起过量中毒。中国营养学会建议 0~6 个月婴儿维生素 A 的 AI 为 300μg/d,7~12 个月为 350μg/d。

2. 维生素 D

维生素 D 能促进体内钙和磷的吸收,对婴儿的生长发育和预防佝偻病极为重要,其摄入量应为成人的 2 倍。但母乳和牛乳中的维生素 D 含量均较低,无法满足婴儿需要,因此,从出生后 2 周到 1 岁半之内都需要补充维生素 D。富含维生素 D 的食物较少,可以通过补充鱼肝油或维生素 D 制剂以及适当户外运动(如晒太阳)等方式预防维生素 D 的缺乏。《中国居民膳食营养素参考摄入量》(2013 版)建议婴儿期维生素 D 的 RNI 为 10μg/d。

3. 维生素 E

早产儿或低出生体重儿易发生维生素 E 的缺乏,可能会引起溶血性贫血、血小板增加及硬肿症。母乳中维生素 E 含量为 14.8mg/L,牛乳中维生素 E 含量远低于母乳。《中国居民膳食营养素参考摄入量》(2013 版)建议婴儿期维生素 E 的 AI 为 3mg/d~4mg/d。

4. 维生素 K

婴儿期胃肠功能尚不成熟,特别是新生儿肠道正常菌群尚未建立,肠道内细菌合成的维生素 K 较少,容易发生维生素 K 缺乏性出血。母乳中的维生素 K 约 15μg/L,牛乳和婴儿配方奶粉中维生素 K 约为母乳的 4 倍,因此,纯母乳喂养的婴儿更易缺乏维生素 K。对于早产儿,出生初期需要注射维生素 K。出生 1 个月后一般不容易出现维生素 K 的缺乏,但长期使用抗生素会影响维生素 K 的吸收,应注意及时补充。中国营养学会建议婴儿维生素 K 的 AI 为 2μg/d~10μg/d。

5. 维生素 C

维生素 C 对骨骼、牙齿和毛细血管间质细胞的形成非常重要。母乳喂养的婴儿不易缺乏维生素 C,但牛乳中维生素 C 含量仅为母乳 1/4,在加热煮沸和存放过程中又会有部分损失,因此,纯牛乳喂养的婴儿出生 2 周后,应适当补充菜汤、柑橘汁、西红柿或维生素 C 制剂等。《中国居民膳食营养素参考摄入量》(2013 版)建议维生素 C 的 AI 为 40mg/d。

三、婴儿的合理膳食

(一)母乳喂养

母乳是唯一的营养最全面的食物,是婴儿最理想的天然食品。母乳喂养是人类哺育下一代的最佳方式,不仅能够全面提供 4~6 个月内婴儿所需的各种营养物质,还能提高婴儿免疫力,促进乳母产后康复。母乳喂养有如下诸多优势。

1. 母乳营养丰富

母乳中营养素齐全,能满足婴儿生长发育的需要。母乳喂养所提供的能量及各种营养素的种类、数量、比例优于任何代乳品,完全能够满足 4~6 个月以内婴儿生长发育的需要。母乳中的营养素适合于婴儿的消化能力,不会增加肾脏负担,是婴儿的首选食物。

(1)富含优质蛋白

母乳中蛋白质含量约为 1.1g/100mL,低于牛乳,但其中的乳清蛋白与酪蛋白比例为 70∶30,而牛乳为 18∶82。乳清蛋白可以在胃内形成较稀软的凝乳,更易于消化吸收。母乳中所含必须氨基酸的组成被认为是最理想的,和婴儿体内必需氨基酸构成极为一致,能被最大程度的利用。此外,母乳中还含有较多的胱氨酸和牛磺酸,利于婴儿生长发育需要。母乳中胱氨酸含量为 240mg/L,高于牛乳的 130mg/L。新生儿与早产儿脑组织和肝脏中不含胱氨酸酶或含量较低,又无法利用其他含硫氨基酸合成胱氨酸,所以有人认为胱氨酸对于新生儿和早产儿来说是一种必需氨基酸。母乳中牛磺酸即氨基乙磺酸,含量为425mg/L,是成人血清中的10倍。婴儿期间肝脏尚不成熟,无法合成牛磺酸,必须由食物供给,而牛磺酸对于婴儿大脑及视网膜发育至关重要。

(2)富含脂类物质

母乳中所含的脂类无论从数量上还是种类上都要高于牛乳,其脂肪酸构成包括短链、中链和长链脂肪酸。在构成上以不饱和脂肪酸为主,其中以亚油酸(LA)含量最高,花生四烯酸(AA)和二十二碳六烯酸(DHA)也有较高含量。这些多不饱和脂肪酸对婴儿大脑发育具有重要作用。母乳含有丰富的脂酶,可在低温下将甘油三酯分解为游离的脂肪酸,相对牛乳更易于婴儿消化吸收。此外,母乳中还有较多的卵磷脂、鞘磷脂等,同样有利于婴儿大脑发育。

(3)含丰富的乳糖

母乳中乳糖含量约6.8%,高于牛乳。乳糖有利于"益生菌"的生长,以双歧杆菌为主的益生菌能够发酵乳糖产生乳酸从而降低肠道pH,抑制致病菌在肠道内繁殖。同时酸性环境可促进钙的吸收,有利于婴儿的胃肠健康。

(4)矿物质

母乳中钙含量低于牛乳,但钙、磷比例适宜为2:1,有利于婴儿吸收,加上乳糖的作用,完全能满足婴儿对钙的需要。母乳和牛乳铁均较低,但母乳中铁的吸收率可达50%,而牛乳仅为10%。此外,母乳中锌、铜含量远高于牛乳,有利于婴儿生长发育,而钠、钾、磷、氯含量均低于牛乳,但足以满足婴儿需要。

(5)维生素

母乳中维生素含量易受膳食营养状况的影响。乳母营养状态好时,婴儿前6个月内所需的维生素如硫胺素、核黄素等基本上可以从母乳中得到满足,但维生素D必须额外补充,特别是日照较少的地区和季节。每100mL母乳中维生素C的含量为4.3mg,可满足婴儿的需要,而牛乳中的维生素C常因加热被破坏。此外,母乳中的维生素A、维生素E的含量均高于牛乳。

2. 母乳中富含免疫物质

母乳中的免疫成分对于尚未发育成熟的婴儿免疫系统极为重要。很多研究表明母乳喂养具有抗感染作用,人工喂养的婴儿因肠道和呼吸道感染导致死亡的危险性要远高于母乳喂养的婴儿。母乳中含有多种免疫活性成分,它们在婴儿胃肠道内相对稳定,并且有抵抗消化的作用,所以才能在婴儿自身免疫系统发育尚不健全时发挥抗感染作用。

(1)母乳中特异性免疫物质

母乳尤其是初乳中含多种免疫活性物质,其中特异性免疫物质包括免疫细胞和抗体。母乳中的白细胞主要是嗜中性粒细胞和巨噬细胞,主要存在于3~4个月的母乳中。而抗体主要存在于初乳,以分泌型免疫球蛋白A(IgA)为主,占初乳免疫球蛋白的90%。产后1~2天的初乳中也含有较高水平的免疫球蛋白M(IgM),含量达到甚至超过成人血清水平,但持续时间较短,产后7d下降至微量。母乳中还有少量的免疫球蛋白G(IgG),浓度不足血液浓度的1%,但可持续至产后6个月。

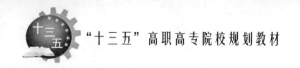

（2）母乳中的非特异性免疫物质

母乳中的非特异性免疫物质主要包括乳铁蛋白、溶菌酶、过氧化氢酶、补体及双歧因子等。初乳中的乳铁蛋白含量丰富，可达 5mg/mL~6mg/mL，4 周后下降至 2mg/mL，以后一直维持在 1mg/mL。初乳中的补体含量较高，主要有 C_3 和 C_4，但随后迅速下降。补体可辅助 IgA 和溶菌酶降解细菌，母乳中的溶菌酶含量是牛乳中的 8 倍。此外，母乳中还含有低聚糖和共轭糖原等碳水化合物，能够起到抵抗细菌的作用；纤维结合素能够促进吞噬细胞的吞噬作用；而双歧因子可以通过增加有益菌数量，降低肠道 pH，抵抗有害菌的增值；抗氧化物质如 β-胡萝卜素、α-生育酚、过氧化氢酶等具有抗炎症反应和抗氧化作用。

3. 母乳的其他优点

（1）哺乳行为可增进母子间情感的交流

哺乳是一项有益于母子双方身心健康的活动。通过哺乳能够增进母子感情，有利于婴儿智力及正常情感的发育和形成。

（2）哺乳有利于产后康复

哺乳有利于乳母子宫的收缩和恢复。由于哺乳过程中婴儿不断吸吮乳房，能刺激乳母分泌催产素而引起子宫收缩，有助于产后康复。另外，乳汁的分泌需要消耗大量能量，从而加速孕期贮存于母体内脂肪的消耗，有利于乳母尽快恢复正常体重。

（3）母乳喂养不易发生过敏

牛乳蛋白质与人体蛋白质存在一定差异，当牛乳通过婴儿尚不完善的肠粘膜而被吸收时，可能引起过敏反应，表现为肠道持续少量出血或婴儿湿疹等，尤其是用加热不足的牛乳喂养婴儿。而母乳喂养的婴儿极少发生过敏，也不存在过度喂养的问题。

（4）母乳喂养经济方便

母乳喂养婴儿经济方便，又不易污染，任何时间母亲都可提供温度适宜的乳汁给婴儿。研究表明，经历过母乳喂养的儿童极少发生肥胖，糖尿病的发病率也较低。

（二）人工喂养

若因为各种原因无法实现母乳喂养时，可采用牛乳、羊乳等代乳品喂养婴儿，这种完全不用母乳喂养的方式称为人工喂养。

1. 牛乳

牛乳蛋白质和矿物质含量比母乳高 2~3 倍，但乳糖仅为母乳的 60%。牛乳中宏量营养素比例也与母乳差别甚大，酪蛋白较多，不饱和脂肪酸和免疫因子缺乏。若以牛乳喂养婴儿，会增加患感染性疾病的可能。

2. 羊乳

羊乳成分和牛乳相似，但脂肪和蛋白质多于牛乳，尤其是蛋白质构成方面，以乳清蛋白居多，凝块较细，脂肪球较小，容易消化。但羊乳中叶酸和维生素 B_{12} 含量少，容易导致婴儿发生巨幼红细胞贫血。

3. 婴儿配方奶粉

在全脂奶粉的基础上减少酪蛋白含量，增加乳清蛋白、乳糖含量，强化各种维生素、微量元素,并以植物油替代牛乳脂肪使之尽可能接近母乳营养成分,这种乳粉称为婴儿配方乳粉。婴儿配方乳粉相对于牛乳和全脂乳粉来说更容易消化吸收,是缺乏母乳的幼小婴儿的理想选择。但婴儿配方乳粉中的营养成分与母乳仍存在一定差别,故不能完全取代母乳。

(三)混合喂养

由于各种原因导致母乳不足或不能按时喂养时,采用婴儿代乳品作为母乳的补充或部分替代,称为混合喂养。对于6个月以下,尤其是0~4个月的婴儿,采用混合喂养要优于人工喂养。混合喂养时选择的婴儿代乳品与人工喂养一致,6个月前以乳类为主,以保证优质蛋白的供给,6个月后可补充谷类和豆类食品。混合喂养的时间、方法和次数应根据婴儿体重、母乳缺少的程度而定,代乳品的补充应以婴儿吃饱为止。在混合喂养过程中应注意的是,即便母乳不足,也应坚持按时为婴儿哺乳,婴儿吸空乳汁可以刺激乳汁的分泌,防止乳汁进一步减少。若母亲因故不能按时哺乳,可用收集的母乳或代乳品喂养一次,同时乳母应将多余的乳汁挤出或排空,以利于乳汁的持续分泌。收集母乳要用清洁的奶瓶,低温储存,煮沸后可用来在不能按时喂奶时喂给婴儿。

(四)辅食添加

其它食物或液体与母乳同时喂养称为辅食添加。正常母乳喂养的婴儿从4~6个月开始体重可增加至6kg~7kg,而母乳的分泌量并不会随着婴儿的生长而增加。此时,仅依靠母乳喂养已经不能完全满足婴儿生长的需要,应逐步添加辅食作为补充。

1. 添加时间

婴儿辅食主要是用于母乳充足条件下的正常补充,添加时间从母乳喂养4~6个月至1岁后完全取代母乳较为适宜,是断乳前的一个过渡期。出生后4个月内添加辅食对婴儿生长并无益处,相反还会增加胃肠道感染和食物过敏的风险。但也不应迟于6个月以后,以免造成婴儿营养不良。辅食的添加应在坚持母乳喂养的前提下,有步骤地逐量添加,保障婴儿正常发育,顺利进入幼儿期。

2. 添加种类

(1)婴儿4~6个月

4个月开始补充蛋黄,6个月时可喂肝泥、胡萝卜泥、水果泥等含锌丰富的食物。6个月的婴儿已具备一定的淀粉消化能力,婴儿配方米粉和稀粥是这一时期理想的选择。

(2)婴儿7~8个月

6个月后,婴儿牙齿逐个萌出,可以逐渐地少量添加一些半固体、固体食物,如蛋黄泥、稀饭、饼干、馒头片、面包片等,以培养婴儿的咀嚼能力,帮助牙齿生长。

(3)婴儿8个月以后

8个月后可逐渐添加蛋白质丰富的食物如鱼肉、肉松、肉末、肝末、豆腐、切碎煮烂的蔬菜等,补充维生素和矿物质,预防婴儿便秘。

第四节 幼儿的营养与膳食

从1~3岁之间称为幼儿期。此阶段机体各器官系统发育尚不完全,对食物消化、吸收

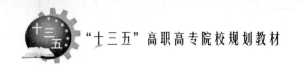

能力有限。饮食习惯的培养在这一时期显得尤为重要,因此,需要特别关注该阶段的食物营养。

一、幼儿期的生理特征

幼儿期生长发育虽然不及婴儿期迅猛,但与成人相比非常旺盛。该阶段体重每年增加约 2kg,到 2 岁时身高可增加 11cm~13cm,3 岁时可增加 8cm~9cm。幼儿头颅的发育与其他部位相比,处于领先地位,1~3 岁内头围全年增长 2cm,以后直至 15 岁,仅增长 4~5cm。出生时新生儿的胸围比头围小 1~2cm,到 1 岁左右胸围已赶上头围。牙齿的发育可以反映骨骼的发育情况,1 岁时婴儿应萌出 6~8 颗乳牙,到 2 岁半时 20 颗乳牙应全部出齐。颅囟的变化可反映颅骨发育情况,一般 1 岁半的幼儿颅囟已经闭合。幼儿期接触外界环境开始增多,神经心理发展迅速,智力、语言、记忆及思维想象力、精细运动等发展增快。另外,幼儿期的食欲相比婴儿期略有下降,应注意营养素的补充。

二、幼儿的营养需求

(一)能量

幼儿期每天的活动量有所增加,因此需要补充更多能量。该阶段基础代谢的能量需要约占总能量需要量的 60%,男女之间差别不大。《中国居民膳食营养素参考摄入量》(2013版)建议幼儿期的能量摄入为:男性 3.77MJ/d~5.23MJ/d,女性 3.35MJ/d~5.02MJ/d。

(二)蛋白质

幼儿对蛋白质的需要量相对多于成人,且质量也要比成人高,优质蛋白应占 50%。1 岁以上的幼儿无论能量还是蛋白质的需要都相当于母亲的一半。《中国居民膳食营养素参考摄入量》(2013 版)建议幼儿期的蛋白质 RNI 为 25g/d~30g/d。

(三)脂类

《中国居民膳食营养素参考摄入量》(2013 版)建议幼儿期脂类物质提供的能量占总能量的适宜摄入量(AI)为 35%。膳食脂类物质中亚油酸应占膳食能量的 3%~5%,α-亚麻酸应占 0.5%~1%。几乎所有植物油中均含亚油酸,但 α-亚麻酸仅在大豆油、菜籽油等少数油脂中含有,应注意补充。

(四)碳水化合物

幼儿活动量大,耗能较多,对碳水化合物的需求也相应增大。对于 2 岁以下的幼儿不宜食用过多的淀粉和糖,因为富含碳水化合物的食物体积较大,可能降低食物的营养素密度和总能量的摄入。而过多摄入蔗糖,不但会引起幼儿挑食,还容易诱发龋齿、肥胖等诸多健康问题。此外,过高的膳食纤维和植酸盐也会妨碍营养素的吸收利用。

(五)矿物质

幼儿期钙的 RNI 为 600mg/d,吸收率仅为 35%。乳及乳制品仍是钙的最好来源。幼儿期每天需要 9mg 铁,但我国儿童,特别是农村儿童膳食铁主要以植物性铁为主,吸收率低,导致幼儿期缺铁性贫血多发,动物肝脏和血是良好补铁食物。缺锌和缺碘都会影响幼儿生长发育,特别是缺锌会导致幼儿味觉减退、食欲不振、贫血、伤口愈合不良、免疫力下降等。中国营养学会建议,锌的 RNI 为 4.0mg/d,碘的 RNI 为 90μg/d。膳食中锌的良好来源是贝类、动物内脏、蘑菇等,碘的食物来源为海产品。

(六)维生素

维生素 A 与幼儿生长发育、生殖、视觉及抗感染等有关,RNI 为 320μg/d,可通过食用动物肝脏、胡萝卜等补充。维生素 D 缺乏易引起幼儿佝偻病,中国营养学会建议幼儿维生素 D 的 RNI 为 10μg/d,可通过晒太阳或食用鱼肝油补充。此外,维生素 B_1、维生素 B_2 和维生素 C 也易缺乏,幼儿期维生素 B_1 的 RNI 为 0.6mg/d,维生素 B_2 的 RNI 为 0.6mg/d,维生素 C 的 RNI 为 40mg/d。

三、幼儿的合理膳食

幼儿膳食是从婴儿期的以乳类为主,逐渐过渡到以鱼、禽、肉、蛋、乳及蔬菜、水果为辅的混合膳食,最后再过渡到为以谷类为主的平衡膳食。幼儿期食物种类要多样,制作要精细,营养浓度要高,饮食要定时、不偏食、不挑食,养成良好的习惯。每日应达到 4 至 5 餐,膳食安排可采用三餐两点制。幼儿膳食烹调方法应与成人有别,应与幼儿的消化、代谢能力相适应,主要以软饭、碎食为主。

根据幼儿营养需要,膳食中需要增加富含钙、铁的食物及增加维生素 A、维生素 D、维生素 C 等的摄入,必要时补充强化铁食物、水果汁、鱼肝油及维生素片。2 岁后,如身体健康且能得到包括蔬菜、水果在内的较好膳食,则不需额外补充维生素。

(一)谷类及薯类食物

谷类及薯类是碳水化合物和 B 族维生素的主要来源,也是蛋白质等营养素的重要来源。幼儿期膳食应逐渐过渡到以谷类为主,如大米和面制品等,同时可适当添加杂粮和薯类。食物加工应做到粗细合理,避免加工过细导致营养素损失或加工过粗引起吸收障碍。

(二)动物性食品

膳食中应有一定量的鱼、肉、禽、奶、蛋和豆制品。这些食品可以为幼儿提供丰富的优质蛋白、钙、铁、维生素 A、维生素 D 及 B 族维生素,对于幼儿的生长发育和机体免疫均具有重要作用。

(三)水果和蔬菜

水果和蔬菜是维生素 C 和 β-胡萝卜素的重要来源,也是维生素 B_2、钙、钾、钠、镁等常量元素和膳食纤维的重要来源。水果和蔬菜具有良好的感官性状,能够激发幼儿食欲,避免厌食。

第五节　儿童和青少年的营养与膳食

学龄前儿童通常指 3~6 周岁的儿童,学龄儿童一般指 7~12 岁进入小学阶段的儿童,青

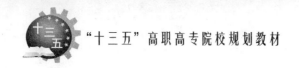

少年期指13~18岁进入中学阶段的少年。与成人相比,各期的营养需要有各自特点,其共同特点是生长发育需要充足的能量和各种营养素。

一、儿童和青少年的生理特征

(一)学龄前儿童的生理特征

学龄前儿童的身高、体重稳步增长,神经细胞的分化已基本完成,但脑细胞体积的增大及神经纤维的髓鞘化仍在继续进行,应提供足够的能量和营养供给。学龄前儿童咀嚼和消化能力仍然有限,应注意烹调的方法。此外,此阶段需注重营养教育,培养儿童形成良好的饮食习惯和卫生习惯,如不挑食、不偏食、不暴饮暴食、细嚼慢咽和不乱吃零食等。

(二)学龄儿童的生理特征

学龄期儿童生长迅速,代谢旺盛,每年体重可增加2kg~3kg,身高可增加5cm~6cm。此阶段儿童在心理和生理上会发生一系列变化,机体组织和器官逐渐完善。大脑在出生5年内已基本发育成熟,因此学龄期儿童思维能力活跃,记忆力最强。但生殖器官直到10岁后才开始发育,至青春期男女之间的身体组成和差异才开始显现。

(三)青少年的生理特征

青春期包括青春发育期和少年期,相当于初中和高中学龄期。青春期体格发育速度加快,身高、体重的突发性增长是其主要特征。人的一生中身高和体重有两次突增,婴儿期生长发育最快,之后逐渐减缓,直至青春期又突然加快。此阶段体重每年可增加2kg~5kg,个别可达到8kg~10kg,所增加的体重相当于其成人时体重的一半。身高每年可增高2cm~8cm,个别可达10cm~12cm,增加的身高相当于其成人时身高的15%。

青春发育期被称为生长发育的第二高峰期,一般女孩始于10~12岁,男孩始于12~14岁,通常持续2~2.5年,女孩持续时间比男孩短。此阶段生殖系统发育迅速,第二性征逐渐明显,女孩发育的重要标志是月经初潮,男孩发育的重要标志是胡须、喉结和声音的变化。充足的营养是生长发育、强健体魄、获得知识的物质基础,青春期的生长速度、性成熟程度、运动能力、学习能力和劳动效率都与营养状况有关,当营养不良时青春期可推迟1~2年。

二、儿童和青少年的营养需求

(一)学龄前儿童

1. 能量

学龄前儿童基础代谢率高,基础代谢耗能约占总能量60%。随着年龄的增大,单位体重所需能量相对减少,为21kJ/(kg·d)~63kJ/(kg·d),活泼好动的儿童能量消耗较多。由于个体差异较大,需要的能量也有所不同。《中国居民膳食营养素参考摄入量》(2013版)推荐4~6岁能量和宏量营养素摄入量见表11-2。

表 11-2 4~6 岁学龄前儿童能量和蛋白质参考摄入量

年龄/岁	能量（EER）				蛋白质/（g/d） RNI
	MJ/d		kcal/d		
	男	女	男	女	
4~	5.44	5.23	1300	1250	30
5~	5.86	5.44	1400	1300	30
6~	6.69	6.07	1600	1450	35

注:6 岁~ 能量需要量为身体活动水平中度的推荐值

2. 蛋白质

学龄前儿童正值生长发育期,肌肉发育较快,需要蛋白质较多,每增长 1kg 体重需要 160g 蛋白质积累。该阶段蛋白质供给量应占总能量的 12%~14%,其中必需氨基酸需要量占总氨基酸 36%。每天膳食蛋白质中至少一半应来自动物性蛋白质和豆类蛋白质,以保证优质蛋白的摄入,避免由于蛋白质营养不良引起的低体重和生长发育迟缓。

3. 脂类

学龄前儿童能量、免疫功能、脑的发育和神经髓鞘的形成均需要脂类物质的参与。学龄前儿童每天每千克体重需要 4g~6g 脂类,特别是对必须脂肪酸的需求较多。由于儿童胃的容量较成人小,而能量需求又较高,所以膳食脂类物质供能相对较多,占总能量的 20%~30%,其中亚油酸供能不应低于总能量的 4%,α-亚麻酸供能不低于总能量的 0.6%。

4. 碳水化合物

学龄前儿童每日膳食中碳水化合物摄入量应占总能量的 50%~65%。蔗糖等纯糖摄入后可被快速吸收转变为脂肪存储在体内,易引起肥胖。因此,学龄前儿童不宜过多摄入蔗糖,每日摄入量一般不应超过 10g。膳食纤维摄入也应适量,过量摄入膳食纤维容易引起胃肠胀气、不适或腹泻,影响食欲,阻碍营养素的吸收。

5. 矿物质

学龄前儿童对矿物质的需求量较大,如钙、磷、铁、锌、碘和铜等必须保证足量摄入。乳和乳制品是钙的良好来源,豆类、芝麻、虾皮、海带也含有一定的钙。学龄前儿童是缺碘敏感人群,可以适量选择摄入含碘高的海带、紫菜、鱼虾类海产品。除此之外,学龄前儿童还经常出现铁和锌的缺乏,常导致生长发育迟缓、味觉下降、异食癖、易感染等,应适量摄入动物肝脏、瘦肉、禽类、海产品。

6. 维生素

维生素 A 和维生素 D 对于学龄前儿童的生长,特别是骨骼的发育至关重要。每天摄入一定量的乳制品和鱼类,每周至少摄入 1 次动物肝脏,同时增加户外运动,可有效补充维生素 A 和维生素 D。水溶性维生素如维生素 C、维生素 B_1、维生素 B_2 和烟酸等与体内能量代谢和生长发育也有一定关系,必须充分供给。

(二)学龄儿童与青少年

1. 能量

少年儿童生长发育快,合成代谢旺盛,能量处于正平衡状态。青春期能量的需求甚至超过从事轻体力劳动的成人。《中国居民膳食营养素参考摄入量》(2013 版)推荐 7~17 岁少年儿童能量和宏量营养素摄入量为:碳水化合物约占 50%~65%,脂类约占 20%~30%,蛋白质约占 12%~14%。

2. 蛋白质

少年儿童生长发育旺盛,机体合成新组织较多,性器官逐渐发达,再加上学习任务繁重,必须保证充足的蛋白质供给。若蛋白质摄入不足,可导致生长发育迟缓、体质虚弱、学习效率下降等。7~10 岁儿童蛋白质的 RNI 为 40g~50g,11~13 岁男女童分别为 60g 和 55g,14~17 岁男女青少年为 75g 和 60g。在食物选择上应注意优质蛋白的摄入,动物性食品和大豆蛋白质应占总蛋白质量的 1/2。

3. 脂类

通常对少年儿童的膳食脂类物质摄入不需特别限制,但该阶段脂类摄入过多会导致肥胖,增加成年后心血管疾病和癌症风险,特别是脂类成分中饱和脂肪酸不宜摄入过多。少年儿童膳食中饱和脂肪酸、单不饱和脂肪酸和多不饱和脂肪酸比例应小于 1:1:1,ω-3 系列和 ω-6 系列多不饱和脂肪酸的比例为(4~6):1。

4. 碳水化合物

对于喜好运动需要较高能量的青少年,充足的碳水化合物是机体的能源保障,不仅可以避免脂类的过度摄入,同时能够节省蛋白质的消耗。我国居民膳食中碳水化合物的主要来源是谷类和薯类,在水果和蔬菜中也有少量碳水化合物。但应该注意的是,含蔗糖的糖果、糕点和饮料等摄入要适量,避免肥胖和龋齿的发生。

5. 矿物质

为满足该阶段的快速生长,调节正常生理功能,矿物质的供给应进一步增加。学龄儿童和青春期的钙推荐摄入量为 1000mg/d,但 11~13 岁是发育高峰期,钙的需求也有所增加,推荐摄入量为 1200mg/d。青春期贫血是少女常见疾病,14~17 岁女性铁的推荐摄入量为 18mg/d,男性为 16mg/d。缺锌会导致食欲变差,味觉迟钝甚至丧失,严重时可导致生长停滞,性发育不良以及免疫力下降等。中国营养学会建议锌的摄入量为 7~10 岁是 9mg/d,11~13 岁男性是 10mg/d,女性是 9mg/d。碘缺乏在儿童期和青春期的主要表现为甲状腺肿,特别是青春期发病率较高。7~10 岁碘的 RNI 为 90μg/d,11~13 岁为 110μg/d,14~17 岁为 120μg/d。

6. 维生素

维生素在维持机体生理功能方面有着不可替代的作用。学龄期儿童和青少年学习任务繁重,用眼机会多,因此维生素 A 缺乏的发生率远高于成人。中国营养学会建议 7~10 岁维生素 A 的 RNI 为 500μg/d,11~13 岁男性为 670μg/d,女性为 630μg/d,14~17 岁男性为 820μg/d,女性为 630μg/d。此外,机体能量代谢、蛋白质代谢和智力发育等都需要维生素参与,该阶段少年儿童要重视维生素的摄入,特别是要保证充足的维生素 A 和 B 族维生素。

三、儿童和青少年的营养与膳食

(一)学龄前儿童膳食

学龄前儿童应注意平衡膳食,每日摄入 150g~200g 谷类薯类,200mL~300mL 牛奶,一个鸡蛋,100g 鱼类、畜禽肉类及适量豆制品,150g 蔬菜和适量水果。每周摄入 1~2 次动物肝脏、一次富含碘、锌的海产品。膳食可采用三餐两点制,应培养良好的饮食习惯与卫生习惯。

(二)学龄儿童的膳食

安排好一日三餐,三餐分配为早餐占 30%~35%,午餐占 40%,晚餐占 25%~30%为宜。每日供给 300mL 牛奶,1 个鸡蛋,鱼类、畜禽肉类 100g~150g,谷类和薯类 300g~500g。此外,可根据学龄儿童实际情况,在上午增加一次课间餐,营养素和能量约占全日推荐量的 10%。同时要重视学龄期儿童早餐,提供高蛋白、充足能量的膳食,培养良好饮食习惯,少吃零食,饮用清淡饮料,控制食糖摄入。

(三)青少年的膳食

青少年时期是生长发育的第二高峰期,需要充足的营养。由于体重、身高增加迅速,能量需求相对成人高,在能量供给充足的前提下,注意保证蛋白质的摄入量和利用率。每日摄入谷类和薯类 400g~500g,瘦肉类 100g,鸡蛋 1 个,乳制品 300mL,豆制品适量,果蔬 500g~700g,其中绿叶蔬菜不低于 300g。

第六节　老年人的营养与膳食

世界卫生组织(WHO)对年龄进行划分:44 岁以下为青年;45~59 岁为中年;60~74 岁为年轻老人;75~89 岁为老年人;90 岁以上为长寿老人。我国从 2000 年已经进入老龄化社会,全国 65 岁以上人口比重超过 7%,中国已经成为世界上老年人口最多的国家,也是人口老龄化发展速度最快的国家之一。

一、老年人的衰老生理特征

一般认为 40~50 岁机体形态和功能就逐渐出现衰老现象。老年人细胞和组织再生能力相对下降,细胞代谢减慢,功能减弱,各种腺体分泌功能下降,对营养物质的吸收能力降低,基础代谢较中年人下降 15%~20%。组织蛋白质以分解代谢占优势,易出现负氮平衡,代谢脂类和碳水化合物的能力均下降。随年龄的增长,老年人胃肠蠕动减慢,消化液和酶分泌降低,结缔组织老化,胶原僵化,牙齿缺损,听觉、味觉、嗅觉退化,身高降低,免疫力下降,易感染疾病。

二、老年人的营养需要

(一)能量

对于老年人而言,由于生活方式不同,对能量的需要差异较大。一般来说,老年人的能量供给量以低于正常的供给标准较为适宜。若摄入过多能量,可能造成脂肪的蓄积而引起肥胖,从而影响寿命。中国营养学会建议50~60岁人群,能量供给可比正常成人减少10%,61~70岁可减少20%,70岁以上可减少30%。此外,老年人胃肠功能下降,膳食安排应尽量做到少食多餐,定时定量。老年人能量和蛋白质推荐摄入量见表11-3。

表11-3 老年人能量和蛋白质推荐摄入量

年龄/岁	能量/MJ		蛋白质/g	
	男	女	男	女
65~79轻体力活动	8.58	7.11	65	55
65~79中等体力活动	9.83	8.16	65	55
80~轻体力活动	7.95	6.28	65	55
80~中等体力活动	9.20	7.32	65	55

(二)蛋白质

老年人新陈代谢以分解代谢为主,当膳食蛋白质摄入不足时,易出现负氮平衡。因此,应保证营养价值高和易于消化吸收的优质蛋白的供给,优质蛋白应占总蛋白质的1/3~1/2。如果能量主要由粮食提供,其蛋白质的含量仅能达到推荐量的一半左右,需要蛋白质含量高的动物性食品,如鱼类、肉类、蛋类和乳类进行补充。但这样动物脂肪的摄入比例就会偏高,需要选择适宜的食物品种和数量。大豆及其制品价格便宜,种类繁多,可提供优质蛋白,而且不含胆固醇,是老年人获取蛋白质的最佳选择之一。虽然蛋白质对老年人的健康具有重要意义,但老年人的消化能力和肝脏解毒能力逐渐下降,蛋白质摄入过多会增加肝肾负担。

(三)碳水化合物

对于我国老年人而言,碳水化合物仍是能量的主要来源,占总能量的50%~65%为宜。由于老年人糖耐量低,胰岛素分泌量减少,而且对血糖的调节能力下降,易发生血糖升高。因此,老年人不宜食用高蔗糖食品,以防止血糖升高和血脂升高。此外,也不宜多食用水果、蜂蜜等含果糖高的食品。应多吃粗粮、蔬菜和水果,增加膳食纤维的摄入量,以利于增强肠蠕动,防止便秘。

(四)脂类

脂类成分随年龄增加而增加,从20到60岁,体脂占总体重的比例男性由11%增加到30%,女性由33%上升至45%。老年人胆汁分泌量减少,脂酶活性降低,对脂类的消化吸收功能下降,体内脂类物质分解排泄迟缓,血浆脂质如血清总脂、甘油三酯和胆固醇含量相比青壮年升高。因此,脂类的摄入不宜过多,一般脂类供热占总能量的20%~30%为宜,减少动物性脂肪的摄入,以富含多不饱和脂肪酸的植物油为主,最好以豆油、芝麻油、花生油和玉米油等交替食用。

(五)矿物质

由于胃肠功能降低,胃酸分泌减少,对矿物质的吸收能力明显下降。老年人对钙的吸收能力下降,一般在20%左右,体力活动减少又降低了骨骼中钙的沉积,故老年人易发生钙的负平衡,经常出现骨质疏松等骨病。钙的充足对老年人十分重要。钙的RNI为1000mg/d。由于老年人造血机能减退,对铁的吸收利用能力也比一般人差,缺铁性贫血较为常见。老年人铁的RNI为12mg/d,应注意选择含血红素铁高的食物,同时还应多食用富含维生素C的蔬菜和水果,以促进铁的吸收。此外,老年人还应注意微量元素锌、铜、硒、铬等的膳食补充。

(六)维生素

老年人由于牙齿脱落、咀嚼能力降低、胃肠道消化吸收功能减退等导致果蔬食用量受限,而且食物烹调时间过长也使维生素的缺乏更为严重。老年人体内代谢和免疫功能降低,需要充足的维生素调节体内代谢、增强抗病能力及延缓衰老。膳食中应多含新鲜有色的叶菜和各种水果,多摄入粗粮、鱼类、豆类和瘦肉以补充维生素。

由于食量下降、户外运动减少和控制高脂饮食,使维生素A和维生素D的吸收与利用率降低。《中国居民膳食营养素参考摄入量》(2013版)建议老年人维生素A的RNI为:男性800μg/d,女性700μg/d,维生素D为15μg/d。

维生素E为抗氧化的重要维生素,缺乏维生素E时,体内细胞某些成分被氧化分解后形成棕色沉积物,称为脂褐素。脂褐素随着衰老过程在体内堆积,成为老年斑,补充维生素E可减少细胞内脂褐素的形成。

B族维生素如维生素B_1、维生素B_6、维生素B_{12}和叶酸等对老年人非常重要。其含量不足可导致巨幼红细胞贫血和高同型半胱氨酸血脂的发生,继而可能引发动脉粥样硬化。因此,这些维生素应及时补充,以提高机体免疫功能,预防恶性贫血和动脉粥样硬化等疾病的发生。

维生素C对老年人也有重要作用,充足的维生素C可促进组织胶原蛋白合成,维持毛细血管弹性,防止老年血管硬化,促进胆固醇代谢排出,增强抵抗力。因此,应充分保证维生素C的供给,老年人维生素C的RNI为100mg/d。

三、老年人的合理膳食

合理膳食是健康的基础,对于改善老年人营养状况,提高免疫力,预防疾病,延年益寿具有重要作用。以下为老年人膳食需注意的几点原则:

(一)少食多餐,食物多样

老年人饮食不宜过饥过饱,可增加膳食餐次,定时定量进食。进餐时要细嚼慢咽,促进对食物的吸收,避免胃肠不适。应尽量提高食物的感官和质量,注意食物的色、香、味、形,保证食物种类丰富,满足老年人需要的各种营养素摄入充足。

(二)优化烹调方式

老年人消化器官生理功能不同程度的减退,咀嚼能力和胃肠蠕动减弱,消化液分泌减少。烹调时应切碎煮烂,使食物松软,易于消化吸收,同时应避免过分烹调致使一些营养素流失。烹调方式宜多变且少用调味品,饮食以清淡为主,控制盐的用量,避免引起高血压。

(三)重视营养不良和能量过高

老年人摄取食物量减少,可能导致营养不良。可在膳食食物选择上适量增加易于消化的谷类、豆类、瘦肉、鱼类、动物血和肝脏,以及新鲜的水果和绿叶蔬菜的摄入。不宜摄入高热量的食物,如煎炸食物和甜品糖果,以避免肥胖引起的各类慢性病。

(四)增加户外运动,维持健康体重

大量研究证实,体力活动不足和能量摄入过多引起的超重和肥胖是高血压、高血脂和高血糖等慢性非传染性疾病的危险因素。老年人应积极参加适度的体力活动,维持健康体重,同时增加紫外线照射,促进体内维生素 D 的合成,预防骨质疏松。

第七节　特殊环境人群的营养与合理膳食

一、高温作业人员的营养与膳食

通常把 32℃以上的工作环境、炎热地区 35℃以上生活环境或气温 30℃以上,湿度超过80%的工作场所称为高温环境。因产生的原因不同,可将高温环境分为自然高温环境和工业高温环境。自然高温环境是由日光辐射引起的,受影响最大的是露天工作者。工业高温环境主要是由各种燃料燃烧、机械转动摩擦等引起的,受影响最大的是工业生产者,如炼钢和机械制造工作者。

(一)高温对代谢的影响

高温环境下机体热耗能增加,体温调节和水盐代谢发生变化,甚至会影响人体消化、循环功能。

1. 能量代谢

高温环境引起体温上升,机体大量排汗,基础代谢率增高,心率加快,耗氧增加,热能散失增多。高温环境下人体食欲减退,过多摄入能量存在一定困难,应适当补充 10% 左右能量。

2. 营养素流失

高温环境下,水分和无机盐损失较大,严重者可导致体内水分与电解质紊乱,引起肌肉痉挛。汗液中主要包含钠、钾、钙、镁、铁、锌、铜等矿物元素,其中钠盐占 54%~68%。同时,绝大多数水溶性维生素也会随汗液流出,特别是维生素 C、维生素 B_1 和维生素 B_2。高温还可增加蛋白质分解,尿氮排出增加,导致负氮平衡。

(二)高温环境下的营养需要

由高温引起的营养素流失可导致中暑,出现头痛、头晕、心慌、口渴、恶心、呕吐、皮肤湿冷、血压下降甚至晕厥或神志模糊等症状。因此,对于高温环境工作者应及时补充营养素。水分的补充应与汗液丢失水分量相适应,以保持机体水平衡为原则。高温条件下,人体每天出汗可达 3L~5L,应少量多次进行补水。同时,应增加无机盐、维生素和蛋白质的供给。全天失水 2L~3L 时需补充 7g~10g 食盐,摄取维生素 C、维生素 B_1 和维生素 B_2 的量达到150mg~200mg、2.5mg 和 3mg。此外,蛋白质的补充不宜过多,以免加重肾脏负担,补充蛋白质时优质蛋白比例不应低于 50%。

二、低温作业人员的营养与膳食

人体长期处于环境温度 10℃ 以下或长期在局部温度 10℃ 环境下工作视为低温环境。我国低温环境主要见于冬季北方地区。此外，职业性接触低温如南极考察、冷库作业等都属于低温工作环境。

（一）低温对代谢的影响

低温环境下，人体能量消耗增加。寒冷会使人体出现寒战和其他不随意运动，使基础代谢增加 10%~15%。低温环境衣着笨重，消耗较多体力，造成额外能量消耗。此外，低温下甲状腺分泌增加，使氧化磷酸化解联，碳水化合物氧化释放能量直接以热的形式向体外散发，造成能量损耗，总能量消耗约增加 5%~25%。寒冷环境中，碳水化合物供能有所下降，但不低于 50%，脂类供能 30%~40% 为宜，蛋白质供能 13%~15%。体内水和电解质代谢发生特殊改变，出现多尿、轻度脱水和失盐、血容积减少等症状。血液中锌、镁、钙、钠含量下降，水溶性维生素和维生素 A 消耗增加，维生素 D 合成不足。

（二）低温环境下的营养需要

随着低温环境下作业时间的延长，体内热能代谢方式也逐渐发生变化，以碳水化合物为主的能量来源已不能完全满足机体需要，应转变为以脂类供能为主，但比例不应过高，以免发生高脂血症或酮尿。由于蛋白质损失较多，应增加动物性食品的供给，保证充足的必须氨基酸。维生素 C 具有增强机体耐寒性作用，每天应摄入 70mg~120mg，同时增加维生素 B_1、维生素 B_2、烟酸、维生素 A 和维生素 D 的供给，以补充低温带来的维生素损失。此外，需及时补充钠、钙、镁、碘等矿物质，选择营养素密度高的食物，以维护机体正常生理功能，增强对低温环境的适应能力。

三、运动员的营养与膳食

（一）运动员的营养代谢特点

体育运动的能量代谢强度大，消耗率高，伴有不同程度的缺氧。多数运动项目中，运动员的骨骼肌快速做功，消耗大量体力和能量。运动员机体活动消耗的能量比基础代谢高几十倍。运动员的心肺功能、体内氧化脂肪的能力以及摄取和利用氧的能力均明显高于正常人。为了保证运动的协调性、持久力和爆发力，使运动员具有健康体质，顺利完成各项训练和比赛，就必须供给合理膳食，满足机体对各种营养素的需求。

（二）各种运动对营养的需要

（1）短跑、跳高、跳远运动员：要求速度快，灵敏度高，膳食应提供高碳水化合、高蛋白质和足量的磷。

（2）投掷运动员：应摄入比短跑更多的脂类、蛋白质和碳水化合物。

（3）马拉松、长跑和竞走运动员：膳食中应包含足量的碳水化合物、维生素 B_1、维生素 C、钾、钙、镁以及适量的脂类和蛋白质。

（4）球类运动员：应具有较高的体力、速度、耐力和灵敏度，膳食中应供给丰富的碳水化

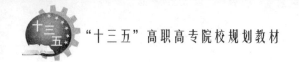

合物、蛋白质、维生素 C、维生素 B_1 和磷,比赛中应提供含电解质和维生素的饮料。

（5）举重、摔跤和柔道:需要充足的碳水化合物、蛋白质和脂类,并注意钾、钠和钙的补充。

（6）体操和技巧运动员:需要高度的速度、协调和灵敏,膳食应供给蛋白质和维生素 B_1、维生素 C、钙和磷的充足的食物,限制脂类的摄入。

（7）游泳运动员:提供足够的生热营养素、维生素 B_1、维生素 C 和磷等。

（8）射击和击剑项目:对视力要求特别高,膳食中应增加含维生素 A 的食物。

（9）登山运动员:高山易缺氧,食物应以碳水化合物为主,辅以适量蛋白质,维生素 C 供应也要充足。

（10）滑雪运动员:食物应有足够的碳水化合物、脂类和适量的维生素 B_1、磷及食盐。

四、职业性接触有毒有害物质人群的营养与膳食

（一）接触铅作业人员的营养要求与膳食

铅及其化合物主要存在于冶金、印刷、蓄电池、陶瓷、玻璃、油漆、染料等行业。铅可通过消化道或呼吸道进入人体,尤其以呼吸道为主,在体内蓄积,以不溶性正磷酸盐形式沉淀在骨骼中,引起慢性或急性中毒。铅主要引起神经系统的损害和血红蛋白合成障碍等疾病,主要表现包括神经、消化和循环系统三个方面的症状。膳食中补充维生素和优质蛋白可减少铅的吸收,促进铅的排出或提高机体对铅的耐受力。

1. 维生素 C

铅可促进维生素 C 消耗,使维生素 C 失去生理作用,长期接触铅可引起体内维生素 C 缺乏而引起坏血病。对于铅作业人员,适当补充维生素 C 可延缓铅中毒的出现或使中毒症状减轻。铅作业人员每日维生素 C 摄取量为 150mg,已有中毒症状者为 200mg。

2. 优质蛋白

蛋白质摄入不足会降低机体排铅能力,增加铅在体内的蓄积和机体对铅中毒的敏感性。因此,铅作业人员应摄取较多的蛋白质,蛋白质供给量应占能量 15% 为宜,尤其需要增加优质蛋白的供给。

3. 其他营养素

维生素 B_1 作为丙酮酸脱氢酶和转酮酶的辅助因子,能够与金属生成复合物,加速铅的转移,在日常膳食中应适当补充。维生素 B_{12} 和叶酸可以促进血红蛋白合成,促进红细胞生成,还有保护神经系统作用,应增加这些维生素的供给。接触铅的人还应减少脂类的摄入,增加水果和蔬菜的供给,以通过膳食纤维对铅的吸附作用促进体内铅的排出。

（二）接触苯作业人员的营养要求与膳食

苯主要用于有机溶剂、稀薄剂和化工原料中。接触苯的工作主要包括炼焦、石油裂化、塑料、油漆、染料、农药、印刷、合成橡胶以及合成洗涤剂等。苯主要以蒸汽形式经呼吸道吸入体内,是一种神经细胞毒素,主要对神经和造血系统造成危害,可使血管壁发生脂肪变性,损害骨髓,破坏造血功能。苯急性中毒的主要表现包括:头痛、头晕、恶心、呕吐,继而出现兴

奋或酒醉状态,严重时发生昏迷、抽搐、血压下降、呼吸和循环衰竭。慢性中毒以中性粒细胞数量减少最为常见,晚期可出现全血细胞减少,导致再生障碍性贫血,甚至诱发白血病。

苯作业人员应注意平衡膳食,增加优质蛋白的摄入,提高肝脏解毒能力。由于苯属于脂溶性有机溶剂,摄入脂类过多可促进苯的吸收,增加苯在体内的蓄积而产生慢性中毒,并增加机体对苯的敏感性,因此,膳食中脂类含量不宜过高。此外,碳水化合物代谢过程中可提供重要的解毒剂——葡萄糖醛酸,能够提高机体对苯的耐受性。适当增加维生素 C、维生素 B_6、维生素 B_{12}、叶酸、维生素 K 和铁的摄入也有利于改善苯中毒症状。

(三)接触磷作业人员的营养要求与膳食

磷作业人员一般指制取磷、磷肥、农药和染料等人员。膳食中应注意补充足量的维生素 C,以保护肝脏,促进代谢解毒。可增加新鲜蔬菜、水果、豆制品、乳制品和富含碳水化合物食物的摄入。

(四)接触汞作业人员的营养要求与膳食

汞作业人员主要是指从事汞矿开采和冶炼、仪器仪表制造、电器制造、化工、军火及医药等工作的人员。汞及其化合物可通过呼吸道、消化道或皮肤进入体内,在肝、肾、心和脑中蓄积,导致病变和生理功能紊乱。膳食中应供给足量的动物性食品和豆制品,这些食物中富含蛋氨酸,可与汞结合,减轻中毒症状。此外可通过食用含硒食物缓解中毒症状,同时绿色蔬菜中的膳食纤维也有利于汞的排出。

【拓展知识】

营养强化食品和保健食品

1. 营养强化食品

为保持食品原有营养成分,或者为了补充食品中所缺的营养素,向食品中添加一定量的食品营养强化剂,以提高其营养价值,称为营养强化。

几乎没有一种完整的天然食品能够满足人体所需的各种营养素需要,而且食品在烹饪、加工、贮存过程中往往有部分营养素损失。因此,为了满足人类营养需要,可以选择性地进行食品营养强化。

食品营养强化直接关系到广大群众的身体健康,关系到整个民族的整体素质和国际竞争力。为改善中国居民膳食中某些营养素缺乏的状况,必须根据政府的规划,开发生产符合中国居民营养改善要求的高质量营养强化食品,在全国推广营养强化的健康理念。

2. 保健食品

改革开放以来,人们生活水平逐渐提高,在满足温饱和口感的基础上对食品又提出了更高层次的要求,希望某些食品的摄取不仅能满足一般能量需要,而且要求具有特定的保健功能。如中老年人追求延缓衰老、健康长寿的食品,家长渴望有益于子女身体和智力发育的食品等。

我国保健食品起源于食疗,已为世界各国学者所公认。卫生部早在 1996 年发布的《保健食品管理办法》中就对保健食品做出过明确定义:"保健食品系指表明具有特定保健功能

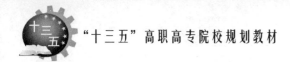

的食品。即适宜于特定人群食用,具有调节机体功能,不以治疗疾病为目的的食品"。

【复习思考题】

1. 和一般人群相比,妊娠期、哺乳期女性在能量和营养素需求方面有何特点?
2. 婴儿采用母乳喂养有哪些优点? 为什么提倡母乳喂养?
3. 试述幼儿、学龄前儿童、学龄儿童及青少年的膳食原则。
4. 试述老年人的生理特征及膳食原则。
5. 简述低温、高温环境下人群和运动员的膳食营养需要。

第十二章 营养与健康

【本章目标】

1. 了解营养素与各种疾病之间的关系。
2. 掌握不同营养素对免疫系统、肿瘤、高血压、冠心病和糖尿病的影响。
3. 了解肥胖的定义与分类,掌握肥胖的发生原因及危害。
4. 掌握预防各种疾病的膳食原则。

第一节 营养与免疫

一、营养与免疫的关联

人体与生俱来就拥有一个世界上最好的医生——免疫系统。免疫系统是身体对抗诸如细菌或病毒等传染源最好的防卫军。它是由白血球、免疫系统和抗体组成的复杂网络,当我们受伤时,它可以帮助伤口愈合,并且保护我们身体免受外来病毒的侵袭。当免疫系统正常运作的时候,它扮演一个强大的防线,能有效抵抗大多数的疾病。

均衡的营养和适当地保养身体,对免疫系统非常有帮助,不管我们身体状况如何,我们身体需要不断补给营养,当我们健康时均衡的营养可预防我们生病,同样,当我们生病时充分的营养可协助我们从疾病中复原过来。

由于免疫系统的强度及功能绝大部分取决于饮食,因此一旦营养失调,影响最深、最大的也是免疫系统。免疫系统一旦受损则难以弥补。饮食中蛋白质不适当时,会抑制体内蛋白质的合成,使抗体浓度减低。蛋白质-热量缺乏症是部分发展中国家的儿童常见的营养问题之一。近来对非洲儿童的研究显示,早年的营养不良会造成免疫系统的不健全,容易导致以呼吸道及胃肠为主的重复感染。

二、引起免疫下降的因素

(一)饮食观念不正确

缺乏营养保健知识也是现如今疾病增加的主要因素。现代人在饮食中摄取过多的脂肪,误认为营养就是要摄取多种肉类和乳制品,吸收超出身体所需的卡路里,而对日常的身体锻炼及对蔬菜、水果及绿色食品的摄取量都过少。摄入过多的肉类,不仅使蛋白质的摄取过量,增加肝肾负担外,也会摄入过多的动物性脂肪,导致血脂过高、心血管疾病,免疫力降低。

（二）过分依赖药物

药物主要针对人体免疫系统进行刺激，并且成功地治疗疾病。当然在完成这些任务的同时，部分药物会产生副作用，尤其是抗生素类的药物。美国食品及药物管理局（FDA）就特别告诫不要滥用抗生素。他们指出抗生素会使细菌及其他微生物具有明显的抗药性，他们能够逐步适应那些用以杀死或削弱它们的药物并生存下来。"抗生素抗性"或称为"抗菌素抗性"、"药物抗性"，主要是由过量使用抗生素引起的。

（三）压力

美国职业压力协会（AIS）解释，当人体面对紧张的情况时，脉搏会加速跳动，血液涌入大脑，这时头脑比较清晰，能够更好地作出决断，血糖上升给予我们更多能量，而血液也暂时不以消化以及运送养料为主要任务，而是迅速流到臂、腿等较大肌肉中，给人体更多力量、速度和能量。在远古时代这些反应帮助人体应付突发的自然挑战，例如与敌人作战或对抗野兽的袭击。不过，在现代生活中，愈来愈多的心理因素导致压力的产生，在这些情况下，频繁的焦虑会导致人体对压力的正常反应转变为有害的一面，并容易引发中风、心脏病、糖尿病、溃疡和肌肉僵硬等疾病。长期焦虑还会削弱免疫系统抵抗疾病的能力。科学家们认为压力会使人体分泌出皮质类固醇，这会抑制免疫系统并增加罹患癌症和流感等疾病的机会。

（四）环境污染

现代工业的发展为人类带来良好经济效益，同时也带来了严重的环境问题。释放于空气中的化学物质，倾注于水和土壤中的有毒废弃物，使纯净的水与空气日复不见；为了增加农作物产量，杀虫剂和化学肥料大量地使用；为了使动物更快的生长，抗生素和激素也大量地使用。这些物质最终进入食物链顶端的人体内，严重损害了人体免疫系统，导致人体各种疾病的产生。

三、营养素与免疫的关系

人体免疫力大多取决于遗传基因，但环境的影响也很大，其中又以饮食起决定性作用。人体的免疫系统总是在与人体内外部的致病因素作战，以阻止其对机体的危害。已被证实的致病因素很多：细菌、病毒、吸烟、酗酒、环境污染物质、阳光中的紫外线、精神压力、不良饮食以及人体自身产生的变异细胞。免疫系统在与其斗争中，每时每刻都会产生数以百万计免疫细胞，如 T 淋巴细胞、B 淋巴细胞和吞噬细胞等。而要生产出这些数目的免疫细胞以及保持免疫细胞的活力必须不断从食物中获取充足的营养素，食物中有多种营养素能刺激免疫系统，增强免疫力，如果缺乏这些成分，就会严重地影响身体的免疫机能。

（一）碳水化合物

碳水化合物是人体最重要的供能物质，主要参与 ATP 合成。保持充足的碳水化合物的摄入对维持机体健康具有非常重要的作用。有研究表明葡萄糖是机体产生免疫细胞（包括淋巴细胞、中性粒细胞、巨噬细胞）的重要原料。

（二）蛋白质

蛋白质是构成白血球和抗体的主要成分。实验证明，蛋白质严重缺乏的人，会使得免疫细胞中的淋巴球数目大量减少,造成免疫机能严重下降。

(三) 脂类

饮食当中脂类的成分和含量也可以通过改变细胞膜脂成分从而影响细胞(包括免疫细胞)的功能。必需脂肪酸缺乏,可降低 T 细胞免疫功能,饮食中不饱和脂肪酸的变化可直接影响细胞膜磷脂组成,间接影响着免疫细胞的功能。

(四) 维生素

维生素是人体健康的密友,是提高人体免疫力的不可或缺的因素,缺乏维生素人体免疫力也会随之下降。维生素 C 能刺激体内制造干扰素(一种抗癌活性物质),用来破坏病毒以减少与白血球的结合,保持白血球的数目。正常人在患感冒后,维生素 C 会被急速地消耗掉,因此,感冒期间注意多补维生素 C,可增强机体免疫力,减轻感冒症状。维生素 B_6 缺乏时会引起免疫退化、胸腺萎缩、淋巴球数目减少等病症。维生素 E 能增加抗体,清除滤过性病毒、细菌和癌细胞,还能维持白血球的稳定性,防止白血球细胞膜产生过氧化反应。维生素 A 缺乏可能导致抗体生成减少。在补充维生素 A 后,T 淋巴细胞的增殖活性、细胞毒性反应加强,NK 细胞和巨噬细胞活性增高,机体的免疫能力提高。

(五) 矿物质

铁、锌、铜、镁、硒等矿物质都和免疫能力有关联,人体缺乏时,都会严重影响免疫系统功能。这些物质有的能激活人体内上百种对生命具有重要意义的激素和酶,有的能使 T 淋巴细胞在与细菌和病毒斗争时显得更为活跃,但更多的是,它们能提供免疫系统生产抗体的所需要物质,从而确保抗体维持在一定水平。

四、增强免疫力的饮食原则

人体的免疫功能与每天所摄取的营养息息相关,因此均衡的饮食对人体的健康显得尤为重要。科学家们认为,免疫系统在与致病原的斗争中,免疫细胞总是大量地与敌人同归于尽,这会加重免疫系统负担,过多消耗免疫球蛋白。所以要求人们科学饮食,多食用有助于维护免疫系统功能的食物。为了增强免疫力,在饮食中应注意以下几点。

(一) 饮食多样化

研究表明,人体每天食用十种以上的食物,能有效地强化人体免疫能力,对人体健康非常有益。虽然食物中包含很多免疫系统所需的营养,但并没有特定一种食物能满足所有的营养需求。因此,在我们的饮食中应包含多种多样的食物,以维持适当的营养供给。

(二) 摄入足够的纤维物质

食用高纤维食物可以帮助人体调整血糖,研究指出纤维可以减缓碳水化合物的吸收,防止血糖的迅速升高。同时增加食物中的纤维物质可以促进胃肠的蠕动速度,并且减慢葡萄糖被吸收的速度。可溶性纤维和不可溶性纤维均可对肠功能的正常运作发挥起促进作用。大量研究表明,纤维不仅可以预防肠胃疾病,还可以预防一些致命的疾病,如冠心病和糖尿病等。人体内低密度脂蛋白偏高会导致心脏病的发生,而可溶性纤维可以降低低密度脂蛋

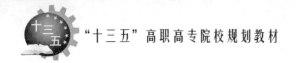

白的含量。事实证明,食用高含量的纤维食物也有助于瘦身,因为纤维可以阻止肠道对脂肪吸收。

(三)采用合理的烹调方式

生活中,烹调方式往往会对营养素产生不同的影响。一般生活中的煮、炸、煎等烹调方式产生的高热会使多数营养素被分解,烹调中去皮的方式也会使营养素流失。所以,在生活中采用合理的烹调方式非常重要。

第二节　营养与肿瘤

一、肿瘤概述

肿瘤(Tumor)指机体在各种致癌因素作用下,局部组织的某一个细胞在基因水平上失去对其生长的正常调控,导致其异常增生而形成的病变。肿瘤分为良性肿瘤和恶性肿瘤两大类。癌症(Cancer)亦称恶性肿瘤,机体某器官上皮细胞在各种致癌因素的作用下,使细胞恶性化,逐渐发展成为大量的癌细胞,即发生癌变,使某器官患癌症。据统计,在引起癌症发病的因素中,除环境因素外,1/3 的癌症与膳食有关,膳食摄入物的成分,膳食习惯,营养素摄入不足、过剩或营养素间的摄入不平衡都可能与癌症发病有关。越来越多的科学实验证实,35%～40%的癌症和饮食有关,主要包括食管癌、胃癌、结肠癌等。

目前,癌症已成为严重危害人类健康和生命的常见病、多发病。根据世界卫生组织的《世界癌症报告》,2012 年的统计数据表明当年全球有 1400 万人被诊断患癌。报告预测,到2025 年,全球每年新增患癌病例将增至 1900 万,到 2030 年将增至 2200 万,到 2035 年将增至 2400 万,即 20 年时间将增加近五成。随着越来越多发展中国家人民的生活水平改善,饮食结构发生变化,发展中国家人口患癌症的机率也大幅增长。

二、食物中的致癌物质

致癌物质(Carcinogens)是在一定条件下能诱发人类和动物癌症的物质,包括物理性、化学性以及生物学致癌物质。物理因素引起的癌症约占 5%～10%;化学性致癌物引起的人类癌症占 80%左右;生物性致癌物(如病毒)引起的癌症占 5%左右。饮食成分及其相关因素在癌变的启动、促进和进展的所有阶段均起作用。因此,膳食中摄入致癌物质是导致癌症发生的重要原因之一。食物中的致癌物质主要有下列四大类。

(一)多环芳烃类(PAH)

PAH 是含有两个或两个以上苯环的碳氢化合物,也是最早发现的一类化学致癌物。PAH 最突出的生物化学特性是具有致癌、致畸及致突变性。最典型的 PAH 物质如苯并(a)芘。不合理的加工方法,如烟熏和火烤食品,会因油的滴落燃烧造成苯并(a)芘对食品的污染。脂肪、胆固醇等在高温下也能够形成苯并(a)芘,如熏制品中苯并(a)芘的含量比普通肉的苯并(a)芘含量高 60 倍。长期接触苯并(a)芘,除能引起肺癌外,还会引起消化道癌、膀胱癌、乳腺癌等。喜欢吃烟熏食品的地区和民族,胃癌、食管癌发病率较高。

(二)杂环胺类化合物(HAAs)

杂环胺类化合物是食品在高温烹调加工过程中产生的一类有害化合物。其危害主要是引起致突变和致癌,致癌的主要靶器官为肝脏。富含蛋白质的食物(如肉、鱼等)高温分解会产生杂环胺类致癌物,这些物质是强致突变物,易引起结肠癌和乳腺癌等多种肿瘤。

(三)亚硝酸盐(Nitrite)

许多植物性食物中含有亚硝酸盐,或由硝酸盐还原形成亚硝酸盐。亚硝酸盐能抑制食品中梭状芽孢杆菌的生长,并与肉中的肌红蛋白结合形成红色亚硝基肌红蛋白而使产品美观,因此常用作腌肉时的添加剂。用亚硝酸盐腌制过的肉类中发现有亚硝胺类致癌物,如 N-二甲基亚硝胺和 N-亚硝基吡啶。亚硝胺类几乎可以引发人体所有脏器肿瘤,其中以消化道癌最为常见。亚硝胺类化合物普遍存在于谷物、牛奶、干酪、烟酒、熏肉、烤肉、海鱼、罐装食品以及饮水中。不新鲜的食品,尤其是煮过久放的蔬菜内亚硝酸盐的含量较高。

亚硝胺有 100 多种化合物,不同的亚硝胺可引起不同的肿瘤,最主要的有食道癌、胃癌、肝癌,而且可通过胎盘对后代诱发肿瘤或畸形。亚硝胺在自然界分布很广,含量较高的食品有咸鱼、虾皮、啤酒、咸肉及含硝的肉制品香肠等,肉菜馅放置时间过长也会产生亚硝酸盐。烂菜中含有大量的硝酸盐,受细菌和唾液的作用可分解为亚硝酸盐,再与蛋白质中的仲胺在胃内可合成亚硝胺。当胃液 pH 为 3 时,可抑制亚硝胺形成;当 pH 为 5 时,能促成亚硝胺的形成。

(四)黄曲霉毒素(AFT)

黄曲霉菌产生的毒性代谢产物,毒性极强,可致肝癌。由于黄曲霉素是一种热稳定的化学物质,所以在烹调过程中不易破坏。食品霉变易产生该物污染,主要污染花生、玉米、大米、棉籽等农作物及其制品。黄曲霉毒素是已知的一级致癌物。在一些肝癌高发区,发现人们常食用发酵食品,如豆腐乳、豆瓣酱等,这类食品在制作过程中如方法不当,容易产生黄曲霉毒素。

膳食成分及其相关因素在癌变的启动、促进和进展阶段均起作用。若膳食中富含蔬菜和水果,其中的生物活性物质可减少或消除致癌物对 DNA 的损伤。

三、营养素与癌症的关系

膳食的营养质量决定体内营养状况,从而决定癌变的转化。如果膳食中含致癌物质多,抗癌成分少,则促癌,反之则抑癌。合理的营养与膳食结构,能发挥营养素各自的抗癌功能,有效地防止癌症的发生。相反,膳食中的营养素过多或不足或不当亦有可能会转化为促癌物,诱导和促进癌症的发生。

(一)能量

膳食能量的摄入与癌症发生有明显的相关性,不论过量能量来源于碳水化合物、脂肪或蛋白质,都能增加癌症的发病率。摄入过多能量的人(表现在体重过重和肥胖)易患胰腺癌。动物实验表明,限制 50%能量摄入,自发性癌症发生率由对照的 52%下降至 27%,苯并(a)芘诱发皮肤癌的发生率由 65%下降至 22%。限制人类的膳食能量可减少自发性癌症和致癌物促癌的发生。体重超重的人比体重正常的人或较轻的人更容易患癌症。

(二)碳水化合物

碳水化合物中的淀粉被认为有预防结肠癌和直肠癌的作用,而高纤维的食品可能有预防结肠癌、直肠癌、乳腺癌和胰腺癌的作用。保护作用的机制可能是进入结肠的多糖通过发酵产生短链脂肪酸(醋酸、丙酸和丁酸等),从而使结肠内的酸度升高,降低二级胆酸的溶解度和毒性。丁酸有抑制 DNA 合成及刺激细胞分化的作用,从而产生某种保护效应。

植物多糖如枸杞多糖、香菇/猴头菇多糖、黑木耳多糖等生理活性物质,对抑癌、抗癌等具有很好的功效,能大大提高机体的免疫功能,是目前研究和开发的热门课题。

(三)脂类

含大量脂肪的高能量膳食可产生较多的脂质过氧化物和氧自由基,这些自由基在癌变形成后期对 DNA、核酸等物质有较强的破坏作用,而植物性食物中广泛存在的抗氧化生物活性物质则可减少自由基的产生。脂肪也能促进胆汁分泌,而结肠中的微生物能够将胆汁转化为致癌物质。含大量饱和脂肪的饮食能增加淋巴器官和消化器官癌变的几率。研究发现并非所有脂肪而只是某些类型的脂肪具有这些作用。如 $n-6$ 多不饱和脂肪酸有促进肿瘤发生的作用;$n-3$ 多不饱和脂肪酸则有抑制癌发生的作用。饱和脂肪酸和单不饱和脂肪酸的效应不像 $n-6$ 或 $n-3$ 多不饱和脂肪酸那么明确。动物试验表明,当脂肪含量由总能量的 $2\% \sim 5\%$ 增加到 $20\% \sim 27\%$ 时,动物癌症发生率增加和发生时间提早,达 35% 时可增加化学致癌物的诱发。因此,高脂肪膳食人群的上述癌症的发病率远高于食用脂肪较少的人群。

(四)蛋白质

食物中蛋白质含量较低,可促进癌变的发生。食管癌的高发区,一般是土地贫瘠、居民营养欠佳、蛋白质摄入不足的地方。但是,摄入过量的动物蛋白及膳食总蛋白又与结肠癌、乳腺癌、胰腺癌及前列腺癌等密切相关,并且发病率与摄入量呈正相关。可能与进入结肠的氨基酸通过发酵作用产生的氨有关。如果每日摄入超过 90g 的红肉,可能会增加患结肠癌、直肠癌等疾病的危险。

(五)维生素

食用新鲜的水果和蔬菜富含各种维生素,可降低罹患多数癌症的危险。研究表明,摄入蔬菜和水果与上皮癌,特别是消化系统(口咽部、食管、胃、结肠、直肠)癌和肺癌的危险性呈负相关。蔬菜和水果的保护作用是由其中的维生素、矿物质、纤维和植物化学物质之间的相互作用产生的。在蔬菜和水果中,被认为与防癌有关的抗氧化剂有:胡萝卜素、番茄红素、次胡萝卜素、叶酸、叶黄素等,它们普遍存在于各种蔬菜水果之中。绿叶蔬菜、胡萝卜、马铃薯和柑橘类的水果预防作用最强。

维生素 A 对癌症的抑制作用主要是防止上皮组织癌变,防止对 DNA 的内源性氧化损伤,抑制 DNA 的过度合成与基底细胞的增生,使之维持良好的分化状态。此外维生素 A 亦可抑制化学致癌物诱发肿瘤的形成。维生素 A 的前体,β-类胡萝卜素也具有抑制肿瘤发生的作用。

维生素 C 能与亚硝酸形成中间产物,减少体内亚硝酸盐的含量,从而抑制强致癌物亚硝胺的合成或促使形成的亚硝胺分解。维生素 C 还具有降低苯并(a)芘和黄曲霉毒素 B_1 的致癌作用。

(六)矿物质

某些微量元素对癌症的抑制作用是当今生命科学领域的重要研究课题。目前已知在膳食防癌中有重要作用的微量元素有硒、碘、钼、锗、铁等。硒可防止一系列化学致癌物诱发肿瘤,特别是胃肠道、泌尿生殖系统肿瘤和硒摄入量呈负相关;碘可预防甲状腺癌、女性乳腺癌、子宫内膜癌和卵巢癌等;钼可抑制食管癌的发病率;缺铁常与食道和胃部肿瘤有关等。

(七)醇类

主要摄入的醇类为乙醇亦称酒精,是酒类的主要成分,能量为 29.288kJ/g。过量饮酒是发生食道癌、口腔癌、结肠癌、直肠痛、乳腺癌和肝癌的危险因素。长期过量饮酒会导致乳腺、口腔、喉部、食管、直肠和肺部的癌变。有研究发现妇女饮酒与乳腺癌发作之间有线性关系,每天饮酒不多于一次的女性患乳腺癌的危险性也稍高于不饮酒的。而直肠癌在每天饮用超过一定量啤酒的人群中发作几率要比其他人高。此外,一旦出现癌变,酒精会加速癌症的发展。在某些部位,乙醇与其他致癌因素起协同作用。

四、肿瘤的膳食预防

肿瘤的病因很复杂,营养成分与肿瘤的关系也十分复杂。但合理的饮食营养却可以预防癌症的发生。应当针对饮食致癌因素调整膳食结构,注重合理营养,讲究平衡膳食,改善不良饮食习惯。世界癌症研究基金会多年来致力于癌症的基础、临床以及癌症预防等方面的研究,总结了全世界在癌症领域的研究成果,提出了具有广泛科学依据的从膳食和健康方面预防癌症的建议,具体如下。

(一)健康的膳食结构

食物要多样,使各种营养素齐全、营养素之间比例恰当,符合平衡膳食要求。适量蛋白质摄入,包括一定数量的优质蛋白质(鱼肉、蛋、奶)和豆类食品。大豆中含强抗氧化剂绿原酸,可减缓或切断人体蛋白损伤的氧化反应,还含有抑制癌基因产物的异黄酮和防止正常细胞恶变的蛋白酶抑制剂,能防止致癌物质与正常细胞脱氧核糖核酸的结合,从而起到预防癌症的作用,尤其对延缓乳腺癌的发病有明显功效。

(二)控制总能量摄入

维持正常体重,脂肪摄入应当适量,控制其占总能量的 20%～25%,饱和与不饱和脂肪酸的比例应合适。世界上不同地区、不同国家、不同时期、同一国家不同膳食脂肪量以及移民的流行病学调查都认为高脂肪膳食的地区、国家及人群中结肠癌和乳腺癌的发病率及死亡率高。脂肪的摄取量,尤其是动物脂肪的摄取量与此两种癌的发病率及死亡率为正相关。

(三)保证足量的蔬菜和水果

新鲜的蔬菜和水果在为人体提供必需的维生素、矿物元素的同时,还含有一些保护性的营养素和具有抗癌、抗肿瘤作用的功能性成分。如含胡萝卜素和维生素 C 的深黄绿色蔬菜。

花菜、卷心菜等十字花科蔬菜含有异硫氰酸盐,具有抑制致癌物质活力的作用;萝卜、胡萝卜能分解致癌物质亚硝酸,防癌、抗癌作用明显,还能提高机体免疫力。

大蒜、洋葱富含巯基化合物,能限制和消除亚硝酸盐、内源性亚硝酸等物质以及削弱固醇、甘油酸酯等对人体的有害作用,对癌细胞有一定抑制作用;竹笋含有大量胡萝卜素、B族维生素、维生素 C、维生素 E 和元素硒,具有一定的防癌抗癌功能;真菌金针菇、香菇、木耳能提高机体免疫力和机体抑制肿瘤的能力等。

(四)改进烹调方法

提倡快炒或生食新鲜蔬菜,以减少维生素 C 的流失。每日蔬菜要保持一定量,一般成人每天食用 500g 左右。

(五)提倡摄入全谷类食物

保证适量的微量元素、膳食纤维。谷物、玉米、糙米、米糠含有抑制癌细胞增殖成分,能使人体内的致癌物质失去作用,可预防肺癌、胃癌、食道癌、膀胱癌。一些研究认为膳食纤维与肿瘤呈负相关,低纤维素高脂肪膳食的人患结肠直肠癌的相对危险性高于吃低脂肪高纤维素的人。

(六)食物要新鲜

不食或少食腌制食品,不食霉菌污染(花生、玉米易受霉菌污染)或烧焦食物。食物保藏以冰箱为宜,时间不宜过长。

(七)避免高盐饮食

每日食盐摄入量以 6g 为宜。食盐过多可能会增加胃癌的危险性。此外,三餐要按时,进食时不宜过快、过烫。不饮烈酒,不吸烟。注意饮水水质。保持精神开朗、情绪乐观,经常进行体育锻炼。

第三节　营养与高血压

一、高血压

高血压(hypertension)是持续血压过高的疾病,会引起中风、心脏病、血管瘤、肾衰竭等疾病,高血压是一种以动脉压升高为特征,可伴有心脏、血管、脑和肾脏等器官功能性或器质性改变的全身性疾病,它有原发性高血压和继发性高血压之分。

按照世界卫生组织(WHO)建议使用的血压标准是:凡正常成人收缩压应小于或等于140mmHg(18.6kPa),舒张压小于或等于 90mmHg(12kPa),收缩压在 141mmHg～159mmHg(18.9kPa～21.2kPa)之间,舒张压在 91mmHg～94mmHg(12.1kPa～12.5kPa)之间,为临界高血压。判断高血压时,必须多次测量血压,至少有连续两次舒张压的平均值在 90mmHg(12.0kPa)或以上才能判定为高血压。

二、高血压的分类

根据血压升高的程度不同,高血压分为 3 级:

1 级高血压(轻度) 收缩压 140mmHg～159mmHg；舒张压 90mmH～99mmHg。

2 级高血压(中度) 收缩压 160mmHg～179mmHg；舒张压 100mmH～109mmHg。

3 级高血压(重度) 收缩压 ≥180mmHg；舒张压 ≥110mmHg。

单纯收缩期高血压 收缩压 ≥140mmHg；舒张压 <90mmHg。

三、高血压发病原因

(一)遗传因素

高血压有一定的遗传基础。统计表明,父母有高血压病的患者,其子女患高血压的机率明显高于父母没有高血压的人。双亲中有一人或均有高血压病者,其子女患高血压的机率要比普通人群高 1～2 倍。60%的高血压病人都有家族遗传史。

(二)年龄因素

高血压患者随着年龄的增加而增加,40 岁以上者发病率高,女性更年期前的患病率低于男性,而更年期后则高于男性。

(三)膳食因素

摄入食盐多者,高血压发病率高,有研究认为食盐<2g/d,几乎不发生高血压;而长期食盐摄入量 3g/d～4g/d,高血压发病率 3%,食盐摄入量 4g/d～15g/d,发病率 33.15%,食盐摄量>20g/d 发病率 30%。每日食盐摄入量越高,高血压的发病率越高。中国营养协会推荐食盐摄入量为<6g/d。同时,不良的生活习惯,如饮酒、抽烟和长期高脂饮食,与高血压的发病率密切相关。

(四)体质因素

肥胖者比正常人更容易患高血压,与其血脂高有非常大的关系。目前,中国人的平均体重超重和肥胖的比例已明显增加。在中国,北方地区人群的高血压的患病率高于南方地区。这种差别和南北两地人群的体质指数的差别是一致的。根据研究,体质指数每增加 1,那么5 年内出现高血压的危险性增加 9%;体质指数每增加 3,那么 4 年内发生高血压的危险性,男性增加 50%,女性增加 57%。另一方面,肥胖的高血压患者,如果能有效减肥,降低体重,那么血压水平也会明显下降。

(五)环境与职业

有噪声的工作环境、过度紧张的脑力劳动均易诱发高血压,城市中的高血压发病率高于农村。

四、营养素与高血压的关系

(一)钠和钾

有资料表明,高血压的发病率与居民膳食中钠盐摄入量呈显著正相关。钠盐摄入过多,可引起体内水分潴留,心肺排出量增加,组织过分灌注,而且可能通过下丘脑使交感神经活动增强,以至造成外周血管阻力增加和血压升高。与钠升高血压的作用相反,钾能阻止过量

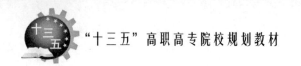

摄入食盐引起的血压升高。高钾低钠膳食对轻型高血压具有降压作用。

(二)钙

膳食中钙摄入不足可使血压升高,而增加钙的摄入量可使血压降低。一般认为膳食中每日钙摄入量少于 600mg 就有可能导致血压升高。

(三)蛋白质

目前认为,膳食蛋白质中含硫氨基酸如蛋氨酸、半胱氨酸含量较高时,高血压和脑卒中的发病率较低。牛磺酸是含硫氨基酸的代谢产物,有研究发现它对高血压患者有降压作用。也有研究提示,色氨酸和酪氨酸具有调节血压的作用。

(四)脂肪酸

研究表明,增加多不饱和脂肪酸的摄入和减少饱和脂肪酸的摄入都有利于降低血压。多不饱和脂肪酸的降压机制,可能因为其衍生的类二十烷酸能调节体内的水盐代谢和血管舒缩,从而影响血压的变化。

五、高血压的膳食预防与控制

(一)控制热能和体重

高血压病人在平时膳食中应遵循的饮食规律是少食多餐、适时定量、不饥不饱、不暴饮暴食且少吃甜食,同时注意饮食低热量、低脂肪、低胆固醇,少吃动物性蛋白。以便于保持体重在正常水平,从而更好地控制血压,避免血压的迅速升高。

(二)低盐

根据中国营养协会推荐,每人每天食盐摄入总量应严格控制在 6g 以内(注:酱油 3mL~5mL 相当于 1g 盐)。凡有轻度高血压或有高血压病家族史的,其实验摄入量最好控制在每日 5g 以下,对血压较高或合并心衰者摄盐量应更严格控制,每日盐量以 1g~2g 为宜。咸(酱)菜、腐乳、咸肉(蛋)、腌制品、蛤贝类、虾米、皮蛋、以及茼蒿菜、空心菜等蔬菜含钠量均较高,高血压患者应尽量少吃或不吃。

(三)高钾

钾是细胞内含量最高的矿物质,它有拮抗钠离子,对抗因盐摄取过多而导致的血压升高。富钾食物在平时膳食中应经常摄入,富钾食品有豆类、冬菇、黑枣、杏仁、核桃、花生、土豆、竹笋、瘦肉、鱼、禽肉类等,根茎类蔬菜如苋菜、油菜及大葱等,水果如香蕉、枣、桃、橘子等。

(四)补钙

钙不仅能维持骨头强健有力,同样也可以维持软组织的坚韧性,适当的钙营养能保持血压稳定,其作用机制与钙能抑制甲状旁腺分泌一种致高血压因子有关。富含钙的食品首推奶制品,其次为黄豆、葵花子、核桃、花生、鱼虾、红枣、鲜雪里蕻、蒜苗、海带、紫菜等。

(五)补镁

镁能稳定血管平滑肌细胞膜的钙通道,激活钙泵,排出钙离子,泵入钾离子,限制钠进入到细胞内。同时能减少应激诱导的去甲肾上腺素的释放,起到降低血压的作用。因此,重视镁的补充有助血压的控制。大豆、鱼、绿叶蔬菜、坚果、全谷类等食物富含镁元素。

(六)宜多吃含优质蛋白和维生素的食物

多摄入富含优质蛋白质的食物,如瘦肉、牛奶、鸡蛋、鱼、豆类及豆制品等。同时也要多摄入富含维生素的食物,如胡萝卜、荠菜、菠菜、苹果、西瓜、鲜梅、柠檬等。

(七)饮食中需控制的方面

为了保持血压相对稳定,高血压病人应尽量避免食用有刺激性的食品,如辛辣调味品。且在饮食中要注意少食动物脂肪、不食动物内脏等以及忌烟,因为香烟中的尼古丁能刺激心脏和血管,使血压升高,加速动脉粥样硬化的形成。

第四节　营养与冠心病

一、冠心病

冠状动脉粥样硬化性心脏病(CHD)简称冠心病,是指供给心脏营养物质的血管——冠状动脉发生严重粥样硬化或痉挛,使冠状动脉狭窄或阻塞,以及血栓形成造成管腔闭塞,导致心肌缺血缺氧或梗塞的器质性病变,故又称缺血性心脏病(IHD)。

冠心病是冠状动脉粥样硬化的结果,是一种最常见的心脏病,其发生与冠状动脉粥样硬化狭窄的程度和支数有密切关系。动脉粥样硬化的发病原因除遗传因素外,主要以环境因素为主,特别是营养因素。长期不合理的膳食,可影响血浆脂类和动脉壁的成分,产生动脉硬化;此外,患有高血压、糖尿病以及过度肥胖等疾病是也是诱发该病的主要因素。所以,了解营养与动脉硬化之间的关系对冠心病的防治十分重要。

二、营养素与冠心病的关系

(一)蛋白质

有报道指出,食用植物蛋白质多的地区,冠心病的发病率较食用动物蛋白多的地区显著的低。动物蛋白中氨基酸的种类比较齐全、比例合适,但蛋氨酸含量较高。蛋氨酸在机体内可通过酶的作用脱去甲基而形成同型半胱氨酸,同型半胱氨酸堆积易诱发冠心病。动物试验表明,用大豆蛋白完全代替动物蛋白可使血胆固醇含量显著降低。

(二)脂类

脂类中的脂肪对血胆固醇含量的影响主要取决于脂肪酸链的长短及不饱和程度。少于10个碳原子和多于18个碳原子的饱和脂肪酸几乎不升高血胆固醇;而月桂酸、豆蔻酸和棕榈酸等饱和脂肪酸具有升高血胆固醇的作用。这些饱和脂肪酸升高胆固醇的机制可能与其抑制低密度脂蛋白受体(LDL)活性,从而干扰 LDL 从血液中清除胆固醇有关。反式脂肪酸能降低 HDL,升高 LDL,从而增加冠心病发生的危险性,主要见于部分加氢的植物油,例如人造奶油、人造黄油。此外,薯条、饼干及一些焙烤食品中也应用到反式脂肪酸。

人每天必须从食物中获得不饱和脂肪酸,称为必需脂肪酸,是合成具有重要生理活性物质的原料,可降低血清胆固醇浓度和抑制血凝,防止动脉粥样硬化形成。单不饱和脂肪酸也具有降低血液胆固醇和甘油三酯的作用。

(三)碳水化合物

碳水化合物中蔗糖的消耗量与冠心病发病率和死亡率的关系比脂肪消耗更重要。肝脏能利用游离脂肪酸和碳水化合物合成极低密度脂蛋白(VLDL),故碳水化合物摄入过多,同样能使血清甘油三酯增高。碳水化合物过多可致肥胖,而肥胖是高脂血症易发凶素。碳水化合物摄入量和种类与冠心病发病率有关,当碳水化合物的摄入以淀粉为主时,肝脏和血清中的甘油三酯含量比食用果糖或葡萄糖时低;果糖对甘油三酯影响比蔗糖大,说明果糖更易合成脂肪,其次为葡萄糖,淀粉更次之。

(四)维生素

维生素 C 参与胆固醇代谢过程,如缺乏则胆固醇在血中堆积,而引起动脉粥样硬化。同时维生素 C 还可增加血管韧性,使血管弹性增强、脆性减少,可预防出血。

维生素 E 可防止多不饱和脂肪酸和磷脂的氧化,有助于维持细胞膜的完整性,提高氧利用率,使机体对缺氧耐受力增高,增强心肌对应激的适应能力。

维生素 PP 也称烟酸,它可以使末梢血管扩张、促使血栓溶解、降低血中甘油三酯,可以有效预防动脉粥样硬化。其他维生素如维生素 B_1、叶酸、维生素 B_6 和维生素 A 等,在抑制体内脂质过氧化、降低血脂水平方面都有一定的作用。

(五)矿物质

一些矿物元素对高脂血症及冠心病的发生有一定的影响。碘有减少胆固醇在动脉壁沉着的作用。钙在肠道中与脂肪酸结合,阻止其吸收而使血脂水平下降。铬可以提高 HDL 浓度,降低血清胆固醇的含量。硒对心肌有保护作用,钒有利于脂质代谢。钠和镉被认为与高血压的发病有关,因而也可间接地影响动脉粥样硬化。

(六)其他特殊的食物成分

香菇、木耳具有显著降胆固醇作用,木耳还具有抗凝血作用,因而对防治动脉粥样硬化有一定好处。洋葱、大蒜可使血胆固醇和血纤维蛋白原下降,凝血时间延长,血纤维蛋白溶解酶活力增高,主动脉脂类沉积减少。乙醇对脂代谢的影响比较复杂,有报道认为适量饮用葡萄酒特别是红葡萄酒,可使 HDL 含量显著增高,提示其在冠心病预防方面可能有好处。但大量饮酒可使血液中游离脂肪酸含量升高,因而引起肝合成更多的内源性甘油三酯和LDL,从而加大罹患冠心病的危险。

三、冠心病的预防与膳食控制

(一)食物多样、谷类为主

多选用复合碳水化合物,多吃粗粮,精细搭配,少食单糖、蔗糖和甜食。

(二)多吃蔬菜、水果和薯类

蔬菜水果中含大量维生素、矿物质和膳食纤维等。膳食中钾有降低血压和预防心率失常、脑卒中的作用,膳食中钾的摄入量应与钠相等,即钾钠的摄入比例应保持在 1 : 1。多吃蔬菜水果或应用高钾低钠的盐可提高钾的摄入量。

(三)常吃奶类、豆类或其制品

冠心病患者要常吃奶制品,且以脱脂奶为宜。大豆蛋白含有丰富的异黄酮、精氨酸等,每天摄入 25g 以上含有异黄酮的大豆蛋白可降低心血管疾病的危险性。

(四)经常吃适量禽、蛋、瘦肉,少吃肥肉和荤油及煎炸食品

控制膳食中总脂肪量及饱和脂肪酸的比例,摄入充足的单不饱和脂肪酸。少用氢化植物油,以减少反式脂肪酸摄入量。不吃肥肉,选用低脂肪奶及其制品。每周食用 1~2 次鱼和贝类食品,鱼和其他海洋动物的脂肪酸组成含有丰富的 EPA 和 DHA。植物油、大豆和绿叶蔬菜可以提供机体所需的 EPA 和 DHA 的前体物质,建议多选用含亚麻酸丰富的植物油和坚果等食品。烹调菜肴时应尽量不用猪油、黄油等含有饱和脂肪酸的动物油,最好用芝麻油、花生油、豆油、菜籽油等含有不饱和脂肪酸的植物油。应尽量减少肥肉、动物内脏及蛋类的摄入;增加不饱和脂肪酸含量较多的海鱼、豆类的摄入,可适当吃一些瘦肉和鸡肉。

(五)膳食清淡少盐

冠心病人饮食宜清淡,改变嗜咸的饮食习惯,减少食盐、食品添加剂和味精等使用量有助于控制膳食钠摄入量,盐的摄入量每人每天以不超过 6g 盐为宜。

第五节　营养与糖尿病

一、糖尿病

糖尿病(DM)有现代文明病之称,是一种以代谢紊乱为主的疾病,主要是因胰岛素的绝对与相对不足造成的糖代谢障碍性疾病。由于胰岛素的缺乏,引起人体内糖、脂肪、蛋白质代谢紊乱以及继发的维生素、水、电解质代谢紊乱等,血中葡萄糖不能正常地进入细胞产生能量,也不能转化为糖原而贮存,而是滞留于血液中,导致血糖升高和尿糖值增加为主要特点的一系列症状。

糖尿病的临床症状表现为"三多一少",即多饮、多食、多尿、体重减少,久病可发生眼、肾、脑、心脏等重要器官及神经、皮肤等组织的并发症。糖尿病导致的病残、病死率仅次于癌症和心血管疾病,为危害人类健康的第三大顽症,它与高血压、高血脂共同构成影响人类健康的三大危险因素。

二、糖尿病的类型

根据世界卫生组织与国际糖尿病联盟的分型建议,糖尿病可分为四种类型:

(一)Ⅰ型糖尿病

即胰岛素依赖型糖尿病,是由于胰腺 β 细胞被破坏导致胰岛素分泌绝对缺乏造成的,必须依赖外源性胰岛素治疗。多发于儿童和青少年,在我国糖尿病患者中约占 5%。多有糖尿

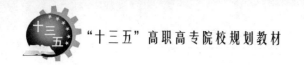

病家族史,起病急,症状较重,容易发生酮症、酸中毒。

(二)Ⅱ型糖尿病

即非胰岛素依赖型糖尿病,是最常见的糖尿病类型,占我国糖尿病患者总数的 90% ~ 95%。多发于中老年人,起病缓慢,病情隐匿,不发生 β 细胞的自身免疫性损伤,有胰岛素抵抗伴分泌不足。患者中肥胖或超重多见,多有生活方式不合理等情况,如高脂、高糖、高能量饮食,活动较少。

(三)妊娠糖尿病

一般在妊娠后期发生,占妊娠妇女的 2% ~ 3%。发病与妊娠期进食过多以及胎盘分泌的激素抵抗胰岛素的作用有关,大部分病人分娩后可恢复正常,但成为此后发生糖尿病的高危人群。

(四)其他类型糖尿病

指某些内分泌疾病、感染、药物及化学制剂引起的糖尿病和胰腺疾病,内分泌伴发的糖尿病,国内较少见。

三、糖尿病的诊断

1997 年,美国糖尿病协会公布糖尿病诊断标准如下:

(一)具有糖尿病症状,并且任意一次血糖≥11.1 mmol/L;空腹血糖≥7.0 mmol/L;口服葡萄糖耐量试验,服糖后 2h 血糖≥11.1 mmol/L。符合上述标准之一的患者,在另一天重复上述检查,若仍符合三条标准之一者即诊断为糖尿病。

(二)口服葡萄糖耐量试验,服糖后 2h 血糖在 7.8mmol/L ~ 11.1 mmol/L 诊断为糖耐量降低。

(三)空腹血糖在 6.1mmol/L ~ 7.0 mmol/L 之间诊断为空腹耐糖不良。

四、糖尿病的预防及膳食控制

(一)合理控制能量

合理控制能量摄入是糖尿病营养治疗的首要原则。体重是检验总能量摄入量是否合理的简便、有效指标。总能量确定以维持或略低于理想体重为宜,糖尿病患者每天摄入能量多为 4.2MJ ~ 10.9MJ,约占同类人群每日膳食中营养素供给量(RDA)的 80% 左右。建议每周称一次体重,并根据体重变化不断调整食物摄入量和运动量。肥胖者应逐渐减少能量摄入并注意增加运动,消瘦者应适当增加能量摄入,直至实际体重接近于理想体重。

(二)选用复合糖类,多摄入可溶性膳食纤维

由于糖尿病主要是糖代谢紊乱,因此饮食建议关注的焦点是所摄入的碳水化合物。不同类型的碳水化合物会产生不同的代谢反应,具体取决于与慢性疾病相关的各种因素。因此,碳水化合物的数量和质量是决定代谢反应的重要因素。原则上,使餐后血糖水平偏移较小的碳水化合物更容易被胰岛素活动或分泌受损的患者代谢。血糖生成指数(GI)是根据含

碳水化合物的食物对餐后血糖应答的影响而对其进行分类的一个指数，可作为衡量不同食物中碳水化合物影响血糖潜力的标准化指标。GI 数量高的食物或膳食，表示进入胃肠后消化快、吸收完全，葡萄糖迅速进入血液；反之则表示在胃肠内停留时间长，释放缓慢，葡萄糖进入血液后峰值低，下降速度慢。研究表明，GI 较低的食物可以改善糖尿病患者的血糖控制能力，降低高胆固醇人群血清中脂类的水平。

建议糖尿病患者饮食中的糖类占总能量 50%~60% 左右，多选用 GI 低的多糖类谷物，如玉米、荞麦、燕麦、红薯等，也可选用米、面等谷类。尽量做到每日食用一定量的粗粮。此外，研究表明膳食纤维有降低空腹血糖和改善糖耐量的作用，因此，糖尿病患者在他们的膳食中，要多吃一些富含纤维的食物，如蔬菜、水果、豆类等，建议每 4.2MJ 能量补充 12g~28g 膳食纤维，或每天膳食纤维供给总量约为 40g。含可溶性膳食纤维较多的食物有燕麦麸、香蕉、豆类等。一般来说，粗粮的血糖生产指数低于细粮，复合糖类低于精制糖。故糖尿病患者宜多食用粗粮和复合糖类，少用富含精制糖的甜点。

(三)选用优质蛋白质

蛋白质摄入量过多会增加肾负担，对正常人及糖尿病人均如此。有资料提示，糖尿病人的蛋白质摄入量过多可能是引发糖尿病肾病的一个饮食原因。因此，绝大多数情况下，建议糖尿病患者蛋白质的摄入量为总能量的 10%~20%。成人糖尿病患者按每天 1.0g/kg~1.5g/kg 供给；儿童糖尿病患者则按每天 2.0g/kg~3.0g/kg 供给；如有肾衰竭时，每天的摄入量应限制在 0.5g/kg~0.8g/kg，其中优质蛋白质应占总量的 50% 以上。此外，多选用大豆、兔、鱼、禽、瘦肉等食物，优质蛋白质至少占 33%。动物蛋白不低于蛋白质总量的 33%，同时补充一定量的豆类蛋白。

(四)控制脂肪和胆固醇的摄入

脂肪代替碳水化合物可减轻胰脏负担过重。但是高脂肪的膳食可增加心血管疾病的可能性，两者必须兼顾。因此，糖尿病患者的饮食应适当降低脂肪的摄入量。推荐的脂肪摄入量占总能量的 20%~30%，其中饱和脂肪酸不超过总能量的 10%。植物油至少占总脂肪的 33% 以上，膳食胆固醇摄入量每天应低于 300mg，合并高胆固醇血症时应控制在 200mg/d 以内。少食用牛油、羊油、猪油及奶油等，可食用豆油、花生油、芝麻油、菜籽油等植物油。

(五)提供丰富的维生素和矿物质

糖尿病人对维生素和矿物质的摄入量与健康人无异。补充 B 族维生素可改善神经症状，补充维生素 C 可改善血管循环。富含维生素 C 的食物有猕猴桃、芦柑、橙、柚、草莓等，可在两餐间食用。摄入甜水果或水果用量较大时要注意替代部分主食。能产生能量的营养性甜味剂如蜂蜜、浓缩果汁、麦芽糖等应计算在能量范围内，血糖控制不良者慎用。矿物质中的锌与胰岛素活性有关，而牡蛎、蛤蜊和蚌等贝类是锌的丰富来源，对抑制糖尿病十分有效。

(六)饮食多样化，合理进餐制度

糖尿病患者每天饮食应包含谷薯类、蔬菜、水果、大豆、奶类、瘦肉（含鱼虾）、蛋类、油脂类（包括坚果类）这八类食物，每类食物选用 1~3 种。每餐中需有提供能量、优质蛋白质和具有保护性营养素的食物。每天可安排 3~6 餐，注意要定时、定量，餐次及其能量分配比例

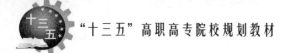

可根据饮食、血糖及活动情况决定。早、午、晚三餐比例可各占 1/3,也可为 1/5、2/5、2/5 或其他比例。酒精代谢不需要胰岛素,但会影响血糖和血脂,因此糖尿病人以禁酒为宜,如不可避免地要饮酒,一定要限量。

总之,糖尿病目前在发达国家和发展中国家都是日益严重的问题,并成为公共和个人医疗的沉重负担。对糖尿病人的营养治疗是在充分保证病人正常生长发育和保持机体功能的同时,力求使食物摄入、能量消耗(体力活动/运动)与药物治疗等治疗措施在体内发挥最佳协同作用,从而尽可能地使血糖、血脂接近或达到正常水平,使体内血糖、胰岛素水平处于良性循环状态,以预防和治疗糖尿病的急性和慢性并发症,改善健康状况,增强机体抵抗力,提供生活质量。

第六节　营养与肥胖

随着社会经济的发展和人们生活水平的提高,肥胖病也悄无声息地进入这个社会,逐渐成为一种危害人们生命健康的疾病。现在肥胖已经成为影响全世界的健康问题,肥胖问题严重影响着一部分人的生活、学习和工作,其中包括大部分青少年,不仅对其生理产生影响,而且会对其心理造成严重伤害。

一、肥胖的定义与分类

肥胖是指能量的摄入大于能量的消耗,多余的能量以脂肪的形式贮存在体内,当人体脂肪含量达到一定量时,即称为肥胖症。肥胖是一种代谢疾病,是一种营养素不平衡的表现,因为多余的食物被转化为脂肪后贮存,表现为脂肪细胞增多,细胞体积加大,体重超过按身高计算的标准体重 20% 以上。轻度肥胖者无症状;中度肥胖者有易疲乏、无力、气促现象;重度肥胖者可到左心扩大,心力衰竭,以致发生猝死。

根据肥胖的发病机理,肥胖可分为遗传性肥胖、继发性肥胖和单纯性肥胖,遗传性肥胖主要指遗传物质(染色体、DNA)发生改变而导致的肥胖,这种肥胖极为罕见,常有家族性肥胖倾向。继发性肥胖是由内分泌混乱或代谢障碍引起的一类疾病,占肥胖人群的 2% ~5%。单纯性肥胖是指排除由遗传性、代谢性疾病、外伤或其他疾病所引起的继发性、病理性肥胖,而单纯由于营养过剩所造成的全身性脂肪过度积累,这类肥胖人数占肥胖人总数的 95% 左右。

单纯性肥胖的分类有多种。按肥胖的程度可分轻、中、重三级或 I、II、III 三个等级。按脂肪的分布特点,肥胖可分为苹果型和鸭梨型两大类型。苹果型肥胖的特点是腹部肥胖,俗称"将军肚",多见于男性,脂肪主要在腹壁和腹腔内蓄积过多,被称为"中心型"或"向心性"肥胖,对代谢影响很大。向心性肥胖是糖尿病、高血脂和心血管疾病等多种慢性病的最重要危险因素之一。鸭梨型肥胖的特点是肚子不大,臀部和大腿粗,脂肪在外周,所以又叫外周型肥胖,多见于女性。通常,外周型肥胖者患心血管疾病、糖尿病的风险小于苹果型肥胖。

二、肥胖的诊断方法

当前,超重和肥胖最简单、最常用的鉴定方法有体重、身体质量指数、腰臀比和皮褶厚度等。

（一）体重

指人体的总质量,它是反映个体的生长发育水平和营养状况的形态指标,通常用以下几种方法进行评价:

标准体重又称理想体重,即不同年龄、性别和不同身高条件下符合健康概念的体重值。

婴儿和儿童的标准体重可按如下方法计算:

婴儿1~6个月标准体重(g)=出生体重(g)+月龄×600

7~12个月标准体重(g)=出生体重(g)+月龄×500

1岁以上标准体重(kg)=年龄×2+8

成人理想体重的参考值国外常用Broca公式,国内适用Broca改良公式或平田公式:

男性标准体重(kg)=身高(cm)－105

女性标准体重(kg)=身高(cm)－100

我国根据体重对胖瘦的评价标准为:实测体重占标准体重上下10%范围内为正常,大于10%为超重,大于20%为肥胖,超过40%为过度肥胖,小于10%为消瘦,小于20%为严重消瘦。

（二）身体质量指数（BMI）

身体质量指数又称体质指数,为体重除以身高(m)的平方的计算值。目前国际上广泛采用WHO推荐的BMI作为诊断或判定肥胖症的标准和方法。BMI值$18.5kg/m^2$~$24.9kg/m^2$为成人的正常范围。BMI$\geq$25 kg/m^2为超重,BMI$\geq$30kg/m^2为肥胖,肥胖症的BMI为40以上。但这是以西方人群的研究数据为基础制定的,不适合亚洲人群。中国肥胖问题工作组织根据对我国人群大规模的调查数据,于2003年提出了中国成年人判断超重和肥胖程度的标准,规定成人BMI$\geq$28为肥胖,24~27.9为超重,18.5~23.9为正常体重,BMI<18.5为体重过低。

BMI方法简便可行,只需测量身高、体重,不需要特殊设备和技术,比较实用并不受性别影响,在评价肥胖对健康的危害方面非常有用,但不能用来衡量机体组成及脂肪分布情况。因此,BMI值不能应用于运动员、孕妇和哺乳期妇女和65岁以上的老人。

（三）腰臀比（WHR）

肥胖者把多余的能量以脂肪的形式贮存在体内,因此,随着肥胖程度的增加,自身体型也会逐渐发生变化。反映体型最简单的检测方法是腰臀比(WHR),即腰围和臀围的比值。腰围为空腹状态下经脐部测得的身体水平周径,臀围为经臀部最隆起的部位测得的身体水平周径。世界卫生组织向心性肥胖标准为男性腰围不小于102cm,女性腰围不小于88cm。中国肥胖问题工作组织建议,中国男性腰围超过90cm,女性腰围大于等于80cm可视为肥胖。

WHR通常用来判定腹部脂肪的分布和变化。WHR值高指示上半身脂肪堆积,WHR值低指示下半身脂肪堆积。WHR值超过0.9(男)或0.85(女)可视为向心性肥胖,但其分界值随年龄、性别、人种不同而不同。研究发现,体质指数正常或不很高的人,若腹围男性大于

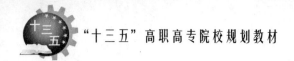

101cm、女性大于89cm，或WHR值男性大于0.9、女性大于0.85的腹型肥胖者，其危害与体质指数高者一样大，患心脏病的机会较高。

(四)皮褶厚度

皮褶厚度指身体某些部位皮肤捏起后的厚度。皮褶厚度和体脂含量间相关，可通过皮褶厚度的测量值估计人体体脂含量的百分比，从而判定肥胖程度。皮褶厚度测量法是测量皮肤及皮下脂肪厚度之和的一种方法。测量方法有X光、超声波、皮褶卡钳等。通常测量的部位有上臂肱三头肌部(代表四肢)和肩胛下角部(代表躯体)和髂嵴上部等。采用皮褶卡钳测量肩胛下和上臂肱三头肌腹处皮褶厚度，二者加在一起即为皮褶厚度.一般男性高于40mm，女性高于50mm可诊断为肥胖。但是皮褶厚度一般不单独作为肥胖的标准，而是与BMI结合起来判定。

皮褶厚度法虽然简单易行，相对简便、经济，但是其测量结果会受到诸多因素的影响，如不同测量部位的选择、读数时的误差、脂肪的可压缩性、皮下脂肪分布等，所以这种方法的判断结果和实际脂肪量之间存在一定的误差，且需要经过专门训练的人员才能精确得出测量的结果。

目前肥胖的判断标准主要应用BMI，因考虑了身高和体重两个因素，常用来对成人体重过低、体重超重和肥胖进行分类，且不受性别影响。

三、肥胖的危害

(一)肥胖对儿童的危害

1. 血管系统

肥胖可导致儿童血脂浓度增加、血压增高，心血管功能异常，肥胖儿童有心功能不全、动脉粥样硬化的趋势。

2. 内分泌及免疫系统

肥胖儿童的生长激素和泌乳素处于正常的低值、甲状腺素T3增高、性激素水平异常、胰岛素增高、糖代谢障碍。胰岛素增多是肥胖儿童发病机制中的重要因素，肥胖儿童往往有糖代谢障碍，超重率越高越容易发生糖尿病。肥胖儿童免疫功能明显紊乱，细胞免疫功能低下。

3. 生长、智力和心理发育

肥胖儿童常常有钙、锌摄入不足的现象，男女第二性征发育显著早于正常儿童。智商、反应速度、阅读量以及大脑工作能力等指标均值低于正常儿童，同时心理上存在抑郁、自卑和不协调等倾向。

(二)肥胖对成年人的危害

1. 循环系统

肥胖者血液中三酰甘油和胆固醇水平升高，血液的黏滞系数增大，动脉硬化与冠心病发生的危险性增高。肥胖者周围动脉阻力增加，易患高血压病。

2. 消化系统

肥胖者易出现便秘、腹胀等症状。肥胖者的胆固醇合成增加,从而导致胆汁中的胆固醇增加,发生胆结石的危险是非肥胖者的 4~5 倍。肥胖者往往伴有脂肪肝。

3. 呼吸系统

胸壁、纵膈等脂肪增多,使胸腔的顺应性下降,引起呼吸运动障碍,表现为头轻、气短、少动嗜睡,稍一活动即感疲乏无力,称为呼吸窘迫综合症,并可出现睡眠呼吸暂停。

4. 内分泌系统

肥胖者可出现内分泌紊乱,性激素分泌异常。

5. 肥胖与糖尿病

流行病学研究证明,腹部脂肪堆积是发生 II 型糖尿病的一个独立危险因素,常表现为葡萄糖耐量受损、胰岛素抵抗,而随着减肥体重下降,葡萄糖耐量会改善,胰岛素抵抗性也会减轻。

6. 肥胖与癌症

研究发现,肥胖与许多癌症的发病率呈正相关,肥胖妇女患子宫内癌、卵巢癌、宫颈癌和绝经后乳腺癌等激素依赖性癌症的危险性较大;另外,结肠癌等消化系统肿瘤的发生也与肥胖有关。

四、发生肥胖的原因

(一)遗传因素

遗传因素对肥胖的形成有重要的作用,一些肥胖患者常有家族肥胖史。据统计,父母一方肥胖,其子女肥胖的几率为 40%~50%;父母双方都肥胖的,其子女肥胖的几率将增加到 60%~80%。

(二)膳食因素

正常人的能量消耗与摄入能量相当时,机体不会产生肥胖。但是当摄入能量大大超过机体的能量消耗时,多余的能量会变成脂肪被机体贮存下来。特别是摄入过多的脂肪时,更易于变成体脂贮存。因此不良的饮食习惯是导致肥胖的主要原因。

(三)社会环境因素

据统计,发达国家中富裕阶层的肥胖的机率比中下层的低。其原因是富裕阶层的人吃的都是优质食品,也较为注意营养的合理搭配及参加户内外体育活动。在一些发展中国家,肥胖主要发生在富裕阶层的人,他们的营养意识还比较淡薄,而且习惯大量进食动物性食品和高热量食品。此外,由于交通的发达和方便快捷,人们的活动量明显减少。

(四)神经内分泌因素

神经内分泌在调节机体的饥饿与饱食方面发挥一定作用。情绪对食欲亦有很大影响,饱食终日容易引起肥胖。

五、肥胖的膳食控制

肥胖直接起因是长期能量摄入超标,治疗肥胖必须坚持足够时间,持之以恒,长期控制能量摄入和增加能量消耗,不可急于求成。建立控制饮食和增加体力活动的措施,是取得疗效和巩固疗效的保证,具体可采用以下措施。

(一)控制总能量摄入

能量限制要逐渐降低,避免骤然降至最低安全水平以下。辅以适当体力活动,增加能量消耗。成年轻度肥胖者,按每月减轻体重 0.5kg~1.0kg 为宜,即以每天减少 0.53MJ~1.05MJ 能量来确定每天 3 餐的标准。而成年中度以上肥胖者,以每周减轻体重 0.5kg~1.0kg 来确定,每天减少能量 2.31MJ~4.62MJ。每人每天饮食应尽量供给能量 4.20MJ,这是可以较长时间坚持的最低安全水平。

(二)控制糖类摄入量

糖类饱腹感低,可增加食欲;中度以上肥胖者有食欲亢进表现,低能量饮食中糖类比值仍按正常或高于正常要求给予,则患者难以接受。此外,为防止酮症出现,糖类供给应控制在占总能量 40%~55% 为宜。糖类在体内能转变为脂肪,尤其是肥胖者摄入单糖后,更容易以脂肪的形式沉积。因此,对含蔗糖、麦芽糖、果糖、蜜饯及甜点心等的食品,应尽量少吃或不吃。但在控制糖类摄入量时注意食物纤维不能减少,膳食纤维多的食物可适当多用。

(三)控制蛋白质摄入量

肥胖因摄入能量过多,过多能量无论来自何种物质都可引起肥胖,食物蛋白当然也不例外。同时,蛋白质营养过度还会导致肝、肾功能损害。对采用低能量饮食的中度以上肥胖者,蛋白质提供能量占总能量以 20%~30% 为宜,并选用高生物价蛋白。

(四)控制脂肪摄入量

减少能量供给时,必须减少饮食脂肪供给量,尤其要减少动物脂肪。肥胖者,脂肪沉积在皮下组织和内脏器官过多,常易引起脂肪肝、高脂血症及冠心病等并发症。为使饮食含能量较低而又耐饿性较强,对肥胖者饮食,脂肪应控制在总能量 25.6%~30%。

(五)限制食盐和嘌呤的摄入

食盐能引起口渴和刺激食欲,并能增加体重,多食不利于肥胖症的治疗,故食盐以 3g/d~6g/d 为宜。嘌呤在增进食欲的同时加重了肝、肾的代谢负担,故含高嘌呤的动物内脏,如肝、心、肾等应加以限制。

(六)食物多样化

饮食中主食尽量做到粗、细粮搭配,豆、粮搭配。不吃高温煎炸、香味浓郁、油脂含量多的食物,尽量用蒸、煮、炖、酱、凉拌等烹调方法。

(七)少吃夜食

睡前饮食,易使大量的热量蓄积,所以,夜间饮食易引起肥胖。同时还应注意晚餐的进食量不宜太多。

（八）控制膳食与增加运动相结合

将两者相结合,可克服因单纯减少膳食能量所产生的不利作用。二者相结合可使基础代谢率不致因摄入能量过低而下降,能达到更好的减重效果。积极运动可防止体重反弹,还可改善心肺功能,产生更多、更全面的健康效果。

【复习思考题】

1. 简述各营养素与人体免疫力的关系。

2. 食物中存在哪些致癌物质和抗癌物质?膳食结构和某些饮食习惯与癌发生有何关系?

3. 简述高血压的营养控制措施。

4. 简述冠心病的饮食预防措施和营养治疗原则。

5. 简述糖尿病的概念及饮食治疗原则。

6. 简述肥胖症的营养防治原则。

第十二章 营养与健康

参考文献

[1]孙远明.食品营养学[M].北京:中国农业大学出版社,2002.

[2]吴坤.营养与食品卫生学[M].北京:人民卫生出版社,2005.

[3]李勇.营养与食品卫生学[M].北京:北京大学医学出版社,2005.

[4]谢笔钧,何慧.食品分析[M].北京:科学出版社,2009.

[5]阚建全,段玉峰,姜发堂.食品化学[M].北京:中国计量出版社,2009.

[6]王莉.食品营养学[M].北京:化学工业出版社,2010.

[7]谢笔钧.食品化学[M].北京:科技出版社,2011.

[8]迟玉杰.食品化学[M].北京:化学工业出版社,2012.

[9]周才琼,周玉林.食品营养学[M].北京:中国质检出版社,2012.

[10]刘开华.食品营养学[M].北京:中国科学技术出版社,2013.

[11]汪东风.食品化学[M].北京:化学工业出版社,2014.

[12]中国营养学会.中国居民膳食营养素参考摄入量[M].北京:中国轻工业出版社,2013.

[13]中国营养学会.中国居民膳食指南(2016全新修订)[M].北京:人民卫生出版社,2016.